# 风景园林设计要素

〔美〕诺曼·K.布思　著
曹礼昆　曹德鲲　译

北京科学技术出版社

著作权合同登记号
图字：01-2013-5472

图书在版编目（CIP）数据

风景园林设计要素 /（美）诺曼·K. 布思著；曹礼昆，曹德鲲译.
—北京：北京科学技术出版社，2018.6（2022.7重印）

书名原文：BASIC ELEMENTS OF LANDSCAPE ARCHITECTURAL DESIGN

ISBN 978-7-5304-9478-3

Ⅰ.①风… Ⅱ.①诺… ②曹… ③曹… Ⅲ.①园林设计 Ⅳ.①TU986.2

中国版本图书馆CIP数据核字（2018）第046736号

策划编辑：王　晖
责任编辑：王　晖
责任校对：黄立辉
责任印制：李　茗
封面设计：申　彪
版式设计：北京锋尚制版有限公司
出 版 人：曾庆宇
出版发行：北京科学技术出版社
社　　址：北京西直门南大街16号
邮政编码：100035
电　　话：0086-10-66161951（总编室）
　　　　　0086-10-66113227（发行部）
网　　址：www.bkydw.cn
印　　刷：三河市国新印装有限公司
开　　本：787mm × 1092mm　1/16
字　　数：440千
印　　张：20.5
版　　次：2018年6月第1版
印　　次：2022年7月第8次印刷
ISBN 978-7-5304-9478-3

定　　价：75.00元

# 再版序

此版本是专门为中国的读者准备的，适合风景园林规划设计初学者以及其他与风景园林相关的设计领域的读者阅读。有经验的设计师也会在书中找到有用的风景园林基本元素的参考，并对其有新的认识。在此，我要非常感谢北京科学技术出版社将此书呈现给在造园领域有着悠久历史和光明前景的中国读者。作为本书作者，我感到非常荣幸。

无论是工匠还是艺术家，充分熟悉自身专业所用的材料是至关重要的。比如，木匠对木材的特性具有深刻的认识，泥瓦匠是石材和材料建造的专家，风景画画家是油画或水彩颜料的大师。每个匠人都熟知他们专业中材料的固有物理属性和如何及时有效地加以利用。材料在实践应用中的限制是什么，以及如何突破材料特性的限制等等。对于一个工匠来说，也许最重要的是能够充分意识到如何使用特定的材料来实现创造性的想法。

与此相似，风景园林设计师有责任去充分了解构成风景园林的要素和材料：地形、植物、建筑、铺装、园林构筑物和水体。风景园林设计师必须对这些设计要素有深入的认知才能对场地进行有效地设计和管理。在风景园林场地设计中，这点显得尤为重要。我们每天都能在庭院、居住区小游园、广场等城市开放空间、校园、公园、公司等地方感受到室外空间的尺度。在上述各种尺度下，风景园林的组成要素可以被触摸到、看到、闻到、听到，因此它们与设计效果有直接的关系。

本书的目的在于向读者介绍运用于风景园林设计中的要素和材料，更详细地说，旨在论述风景园林构成要素的语汇、意义、共性、潜在价值、以及设计导则。全书分为地形、植物、建筑、铺装、园林构筑物和水体这几个独立章节。

书中介绍的是非常基础的风景园林设计概念和原理。它们有的来自我生平的教育、经历、观察、旅行和阅读，有的则是我在教学实践中，通过观察学生如何学习，总结他们在专业初始阶段所犯的通病，以及梳理他们对设计意图的表达相关的内容而得出的成果。

本书可以作为进行更深入学习或者学习更多设计理论和方法的开始。希望读者能学习更多关于设计要素的知识来补充和拓展本书概括的设计理论和方法。另外，读者也可以用自己的设计哲学和方法来补充本书的基础概念，最终使每个设计者都能形成体现自我价值和符合自身情况的个性化设计方法。

希望本书对您的学业和事业有所帮助。尽情享受本书吧。

诺曼·K.布思

# 序

就最广泛的意义而言，风景园林规划设计学是一个专门的学科。其宗旨就是使人和室外环境相互协调，并在某种程度上使二者均有所受益。

美国风景园林设计师学会给风景园林规划设计学下了这样的定义：“它是一门对土地进行设计、规划和管理的艺术，它合理地安排自然和人工因素，借助科学知识和文化素养，本着对自然资源保护和管理的原则，最终创造出对人有益、使人愉快的美好环境。”长久以来，风景园林设计师们专心致力于各种与室外环境有关的各项工程中，从私家花园到上千平方公里土地的规划和管理。从全面的角度来看，风景园林设计师们有能力研究、分析和解决与室外环境有关的各类设计疑难问题。

为了能制订出大量复杂可行的设计规划，以说明千变万化的外界因素，风景园林设计师必须具备各种与设计专业有关的知识和技能，包括艺术、土木工程学、生态学、地理学、社会学、心理学、园艺学以及经营管理学。风景园林设计师还应具备电脑知识，还应有能力解决有闲阶层人员增加、而风景资源逐步减少的这一矛盾。如同过去一样，未来的风景园林设计师必须是一个受过良好教育、具有娴熟技能和多才多艺的人，他应能适应每个新设计工程中新出现的各种特殊情况。

就广义而言，风景园林规划设计过去是，将来也依然是融艺术和科学为一体的设计学科，它的基点就是将人和他们的室外活动与土地巧妙地联系在一起。尽管这一专业界限在将来会扩展到新的知识和技艺领域，但风景园林设计师在富于想象力的室外环境创造中，仍将保持传统的专业技能，这些技能微妙地处理着园地和工程委托人对生态、社会、经济及审美等方面的要求，这些要求也在观赏和情感上给人以极大的感染力。尤为重要的是，风景园林设计师的使命就是要创造出一个每日、每月、每年都于人有利、令人愉快、使人振奋的室外感受。

每一种艺术和设计学科，包括风景园林规划设计学，都具有特殊的、固有的表现手法。艺术家和设计师们正是利用这些手法来将他们的目的、思想、概念和情感转化成一个实际形象，以供人们欣赏和利用。例如，雕塑家借用泥土、石材、木料或钢铁作为表现手段，将现实化为艺术形象；画家则用油彩、墨水、铅笔或彩笔作为表现手段。同样，风景园林设计师也借助于两种普通的手法将想象转化为人们能接受的形象，一是用铅笔、墨水、奇妙的图标、纸张、纸板、电脑以及诸如此类的工具，将设计意图用图示或模型形式表现出来；二是利用地形、植物、建筑、铺装、构筑物，如台阶、坡道、围墙等，以及流水来建立具有三维空间的实体。第一套手法是利用具有代表性的方式来描绘设计意图，而第二套手法实际上就是设计的自身要素，换句话说，也就是风景园林规划设计的物质要素。

本书的目的是向读者介绍那些将风景园林规划变为实际形象的物质设计手段。确切地说，本书意欲向读者提供专业语言，风景园林规划设计的意义、特性、潜在用途和如何选址，如何选择植物，如何利用建筑、地貌、路基结构以及流水。本书各独立章节分别阐述了各设计要素。第一章主要讨论地形、地貌以及规划设计起点。以下两章论述植物素材和建筑要素，这两点与地形一道构成了大多数风景园林规划设计的主要结构与空间组成部分。再下两章谈及用以装饰和美化室外空间，弥补地形、植物及建筑等不足之处的铺装材料和构筑物。第六章论述在许多景观中作为装饰和点缀形式的水体。本书最后一章把设计程序概括为一个将所有物质设计要素统一为一个环绕风景园林规划设计的构架工程。

本书最初是一本为初始从事风景园林规划设计的专业人员，以及那些仅希望大致了解室外环境主要组成部分的意义和用途的人提供的有帮助的资料。尽管本书的重点放在风景园林规划设计上，但书中所提出的观点、概念并非仅局限于风景园林规划设计学科，其他专业学科的学生包括建筑、城市规划以及土木工程的学生，只要其专业也与室外环境及地形设计和构造有关，都会感到该书的内容同样具有教益。

数年前，该书是一套为风景园林规划设计专业学生准备的讲义和手稿。后来我感到有必要将基本的设计理论和概念用简单的文字和插图表达出来。本书正是体现了这一意图。此书编辑过程中，最感棘手的问题是如何得体地、用简单的、初学者易接受的基本术语来表达概念，而不是使用只有经验丰富的专家才能懂的晦涩、深奥的词汇。

本书中所展现的思想和理论，对于风景园林规划设计学来说是非常重要的。就专业人员来说，大多数均属基础知识，它们是通过教学、实习、观察和阅读而积累起来的。其他的观点则是通过我本人实践、旅游，我的教学实践、观察以及在设计室内对学生的设计进行纠正的过程中逐步形成的。其中有些思想是在指导学生克服设计初始阶段易出现的通病和误解而逐渐系统化的。

各位读者，本书只能被视为肤浅的开篇。它并非是书中所涉及的各专题最完整和权威性的说法。每位读者都可有权在此专题领域内提供更多的资料，以完善本书所提到的思想和理论。我断言，读者将会利用自身的职业道德和设计的基本原理来补充从书中所学到的知识，这将有助于权衡参考准则，并将其正确地运用到每一个新的设计中去。

风景园林规划设计学是一门使人激奋、令人神往的专门学科。我希望读者能通过本书，对风景园林规划设计的物质要素有较明确的理解和清醒的认识，从而使你能获得如我在研究和设计室外环境时所感受到的激情和自我满足一样。

诺曼·K.布思

# 目录

# 1 地形

**概要**

美学特征
地形空间感
用地形控制视线
利用地形排水
利用地形创造小气候条件
地形的实用功能

**地形的表现方式**

等高线表示法
高程点表示法
海蓑线表示法
明暗与色彩表示法
模型表示法
计算机绘图表示法
比例法
百分比法

**地形的类型**

平坦地形
凸地形
山脊
凹地形
谷地

**地形的实用功能**

分隔空间
控制视线
地形影响导游路线和速度
改善小气候
美学功能

**小结**

## 概要

风景园林设计师通常利用种种自然设计要素来创造和安排室外空间以满足人们的需要和享受。在运用这些要素进行设计时，地形是最重要，也是最常用的因素之一。地形是所有室外活动的基础。同时也可以认为它在设计的运用中既是一个美学要素，又是一个实用要素。本章主要论述地形的重要性，地形的表现方式，地形的类型，以及地形在风景园林规划设计中的功能作用。

“地形”是“地貌”的近义词，意思是地球表面三度空间的起伏变化。简而言之，地形就是地表的外观。就风景区范围而言，地形包括如下复杂多样的类型，如山谷、高山、丘陵、草原以及平原。这些地表类型一般称为“大地形”。从园林范围来讲，地形包含土丘、台地、斜坡、平地，或因台阶和坡道所引起的水平面变化的地形。这类地形统称为“小地形”。起伏最小的地形叫“微地形”，它包括沙丘上的微弱起伏或波纹，或是道路上石头和石块的不同质地变化。总之，地形是外部环境的地表因素。

在景观中，地形有很重要的意义，因为地形直接联系着众多的环境因素和环境外貌。此外，地形也能影响某一区域的美学特征，影响空间的构成和空间感受，也影响景观、排水、小气候、土地的使用，以及影响特定园址中的功能作用。地形还对景观中其他自然设计要素的作用和重要性起支配作用。这些要素包括植物、铺地材料、水体和建筑。所以，所有设计要素和外加在景观中的其他因素都在某种程度上依赖地形，并相联系。可以说，几乎任何设计要素都与地面相接触。因此，某一特定环境的地形变化，就意味着该地区的空间轮廓、外部形态，以及其他处于该区域中的自然要素的功能的变化。地面的形状、坡度和方位都会对依附在其上的一切因素产生影响。不过，虽然地形对其他设计要素有着直接的影响，但它尚不足以称为所有因素中最重要的因素。当然，这一切要取决于特定的场所和对重要性的看法。

由于其他设计要素必须在不同程度上与地面相接触，因而地形便成为室外环境中的基础成分。它是连接景观中所有因素和空间的主线，从而使它们一直延续到地平线的尽头或水体的边缘。在平坦的地方，地形的这一普遍作用便是统一和协调，它可以从视觉和功能方面将景观中其他成分交织在一起（图1-1）。相反，在丘陵或山区，地形的统一作用便失去了效果。因为在这些地区，山脊和高地常常将整个区域分割成各个独立的空间和用地。

地形对室外环境还有其他显著的影响。地形是构成景观任何部分的基本结构因素。它的作用如同建筑物的框架，或者说是动物的骨架。地形能系统地制定出环境的总顺序和形态。而其他因素则被看作是叠加在这构架表面的覆盖物。因此，在设计过程中的基址分析阶段，正确估价某一已知园址时，最明智的做法是首先对地形进行分析研究，尤其是该地形既不平坦，又不均匀时。基址地形的分析，能指导设计师掌握其结构和方位。同时也暗示风景园林设计师对各不同的用地、空间以及其他因素与园址地形的内在结构保持一致，如图1-2和图1-3两图所表

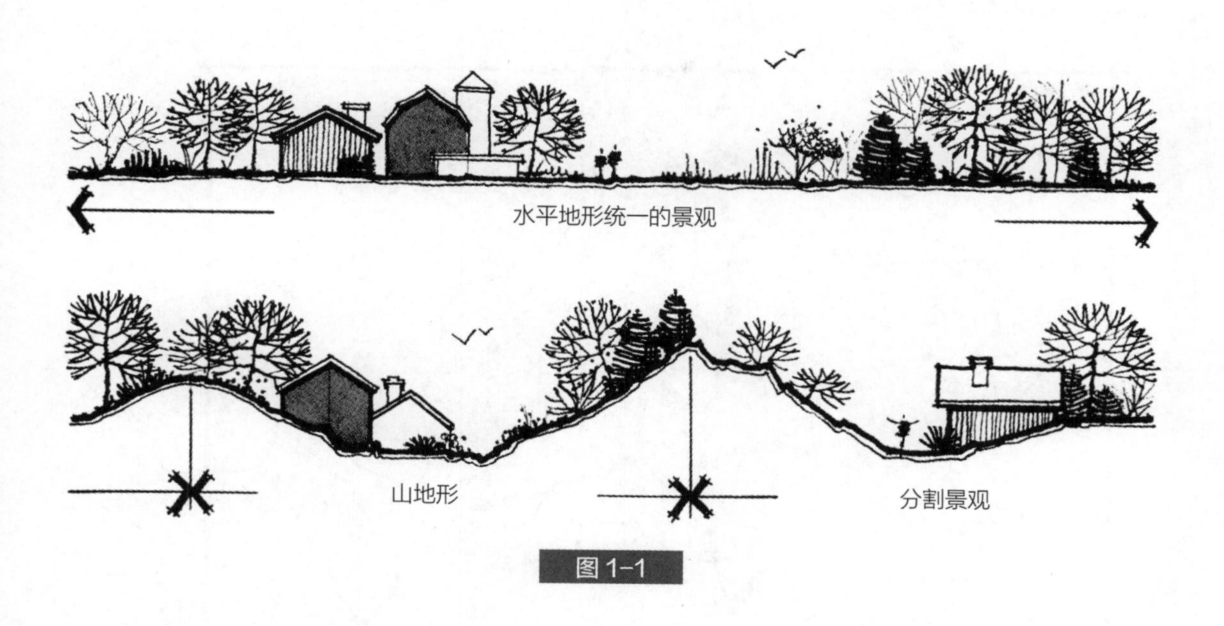


图 1-1

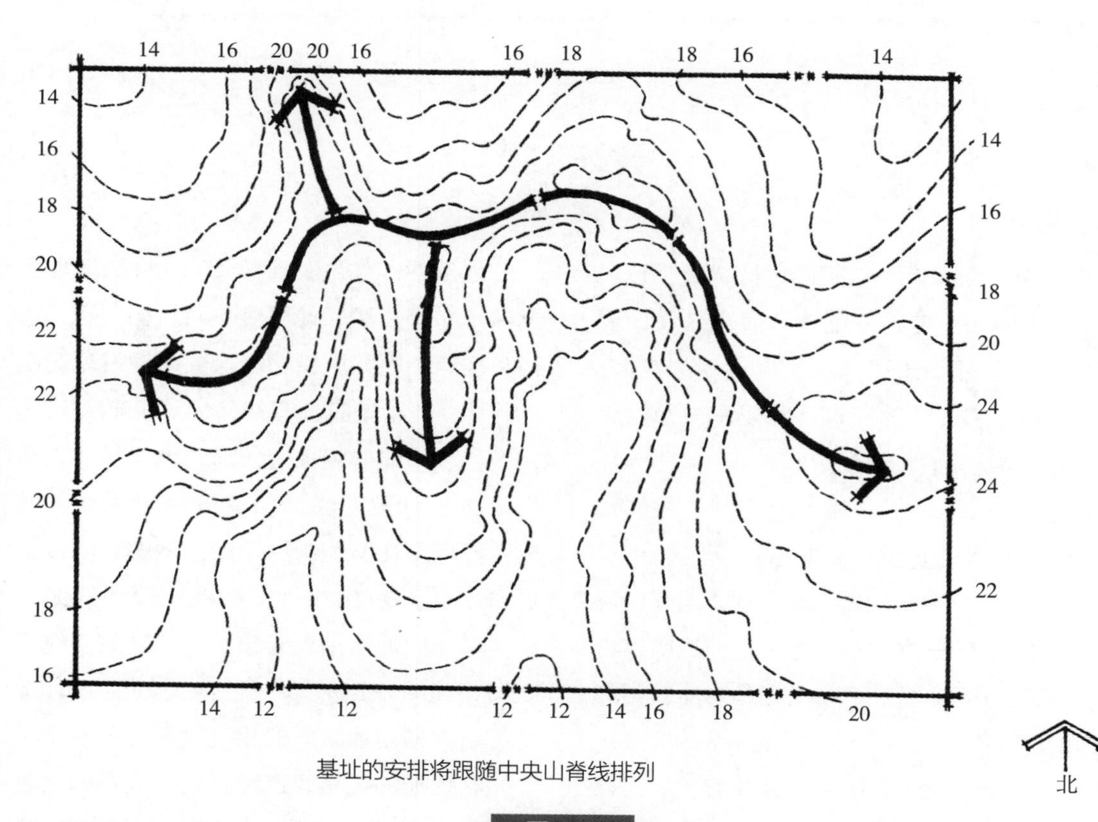


基址的安排将跟随中央山脊线排列

图 1-2

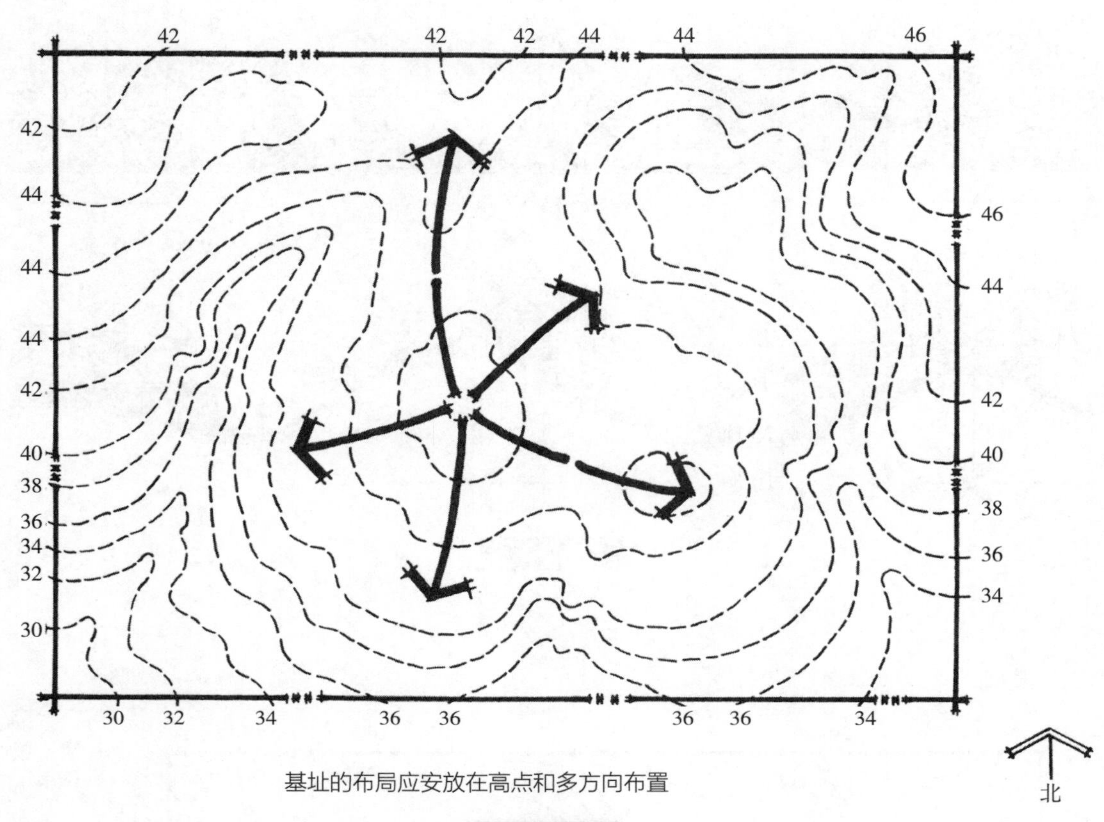


基址的布局应安放在高点和多方向布置

图1-3

示的地形的面积大小都相同，形状都相似，但图1-2所表示的地形结构，表明其设计要素应以线型排列布局，以顺应脊地的走向；而图1-3表明该地形只容许各要素放射性和多向性布局。有经验的设计师完全能熟练地"读懂"一园址或一区域的地形图，并能理解那一地区对设计或布局的意义。

另外，地形还可作为其他设计因素布局和使用功能布局的基础或场所，它是所有室外空间和用地的基础。这也就是为什么常称地面为"基础平面"（base plane）的缘故。正因为如此，设计程序中首要任务之一，通常是要绘制"基础图"（base sheet）或园址的地形图。如图1-4所示，这种原地形图通常绘有等高线、地界线、原有构筑物、道路及现存的植物。原始地形图可通过现场勘测、地图测绘或航测等方式绘制而成。

有了原地形图，设计师方能将其作为进行规划设计的基础。所有的设计思想和方案，都可以在覆盖于原地形图上的透明纸上进行研究推敲和绘制。在该过程中的第一步，是在原地形图上大致画出用地的功能分区图，如图1-5所示。在此基础上，设计师才好研究各用途之间的相互关系，以及它们与原有地形的关系。这种功能分区布局图是很重要的，因为它的布局会影响室外环境的

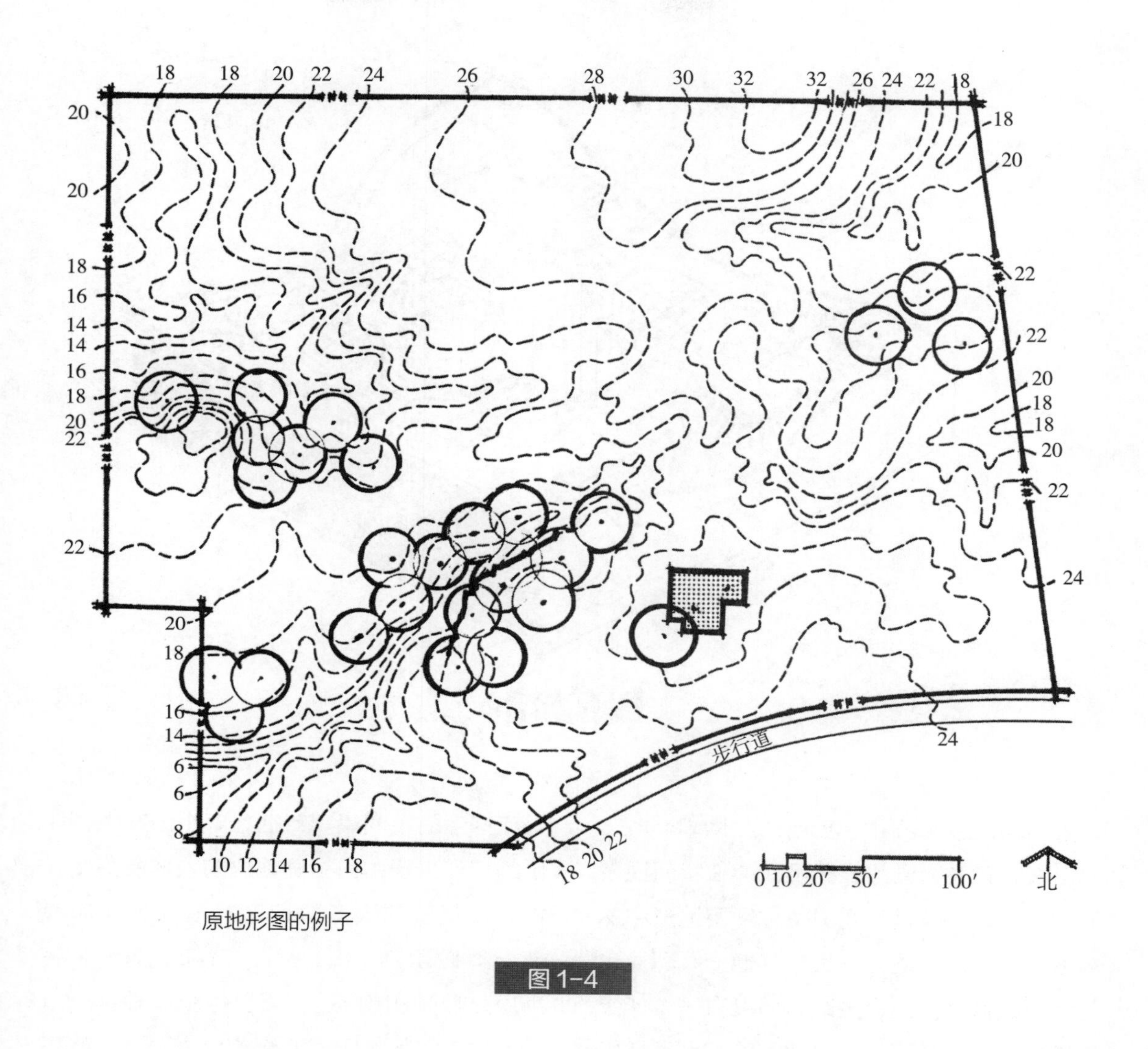


原地形图的例子

图1-4

序列、比例尺度、特征或主题，以及环境质量。一张结构合理，布局完美的平面图，可以为其他设计要素，包括垂直面和顶平面的统一奠定基础。另一方面，不好的平面布局会给整个环境带来许多问题，而这些问题在以后的设计阶段，即使使用巧妙的设计也难以弥补。不过，在此还应指出，尽管平面布局图关系重大，但风景园林设计师的注意力也不能完全被限制在这上面，而应考虑到设计的三维空间，以及实际的感觉效果如何。

对于风景园林职业来说，地形的含义被其职业的名称进一步突出强调了。风景园林一词的含义在《韦伯大学字典》中是这样描述的："地球的表面以及它所有的自然资源。"从以上特殊定义可以清楚地看到，陆地和土壤它们的三维形式都是风景园林概念的固有性质。从定义而言，"地形"和"风景园林"一词互为联系。如果说"建筑学"的定义为"建造房屋的科学或艺术"的话，那么也就有理由将"风景园林"解释为在地

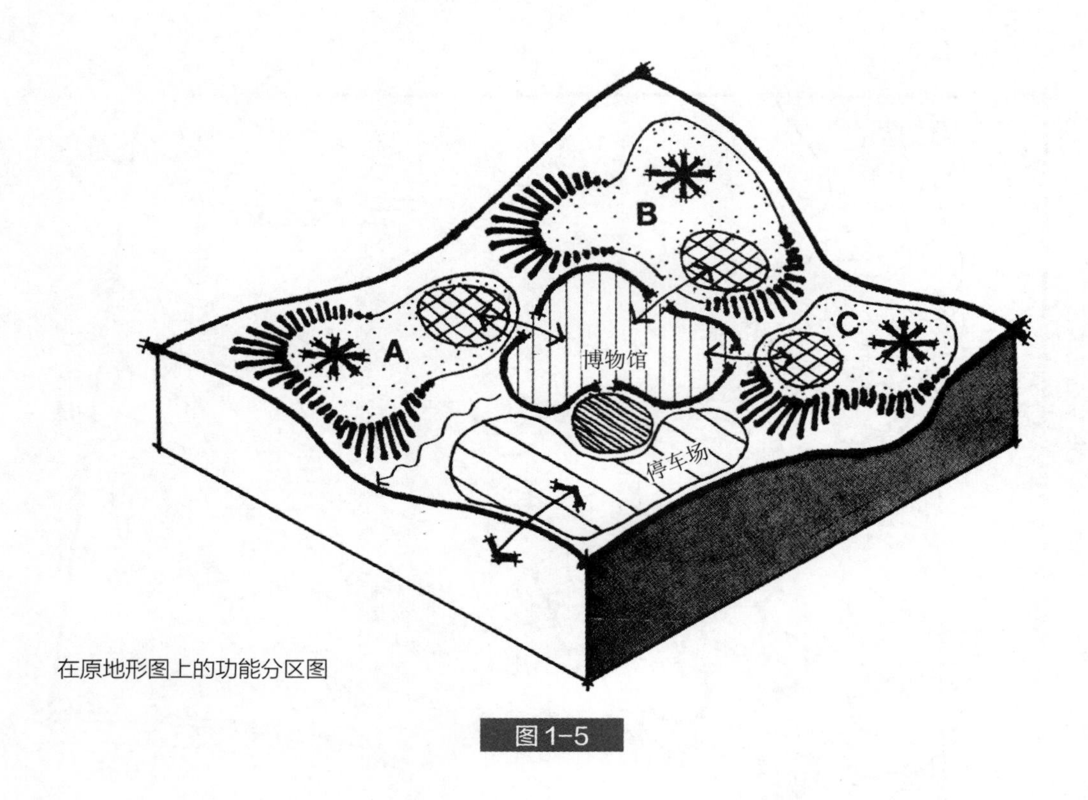


图 1-5

球表面和使用地表进行营造的艺术或科学。

由此看来，风景园林设计师独特而显著的特点之一，就是具有灵敏地利用地形和熟练地使用地形的能力。虽然其他一些职业也与地形的各个方面有关联，但没有一个能像风景园林设计师那样具有透彻的知识和技能去使用地形。此外，风景园林业还意味着为公众的使用和享受而改变和管理地球表面。

如前所述，地形对其他涉及室外空间的布置和设计的一系列因素将产生影响。因此，以下各个段落将对此进行较深入的探讨。

**美学特征**　地形对任何规模景观的韵律和美学特征有着直接的影响。崇山峻岭、丘陵、河谷、平原以及草原都是些形态各异的地形，都有着自身独特、极易识别的特征。图1-6、图1-7和图1-8展示了由于地形的差异而产生的不同景观特征。一个国家中各地区的特点主要由占主导地位的地形所决定。例如，美国的大多数地区常根据其地形特征而得以识别（图1-9）：东部沿海（沿海平原、丘陵和山谷）、阿巴拉契亚地区（山岳）、中西部地区（平原和大草原）、落基山脉地区（山岳）以及西部沿海地区（山岳、山谷和沿海悬崖）。虽然上述各地区也同样受其他因素的区分，如气候、植被以及文化，但地形却始终是最明显的视觉特征之一。

此外，根据其占主导地位的地形类型来看，上述的每一个较大的地区性地形还可以进一步被划分为更小的、具有鲜明特征的地形区域。例如，美国东南部地区常被描述为包括三种明显地形的区域：大平原、山麓以

图1-6

图1-7

图1-8

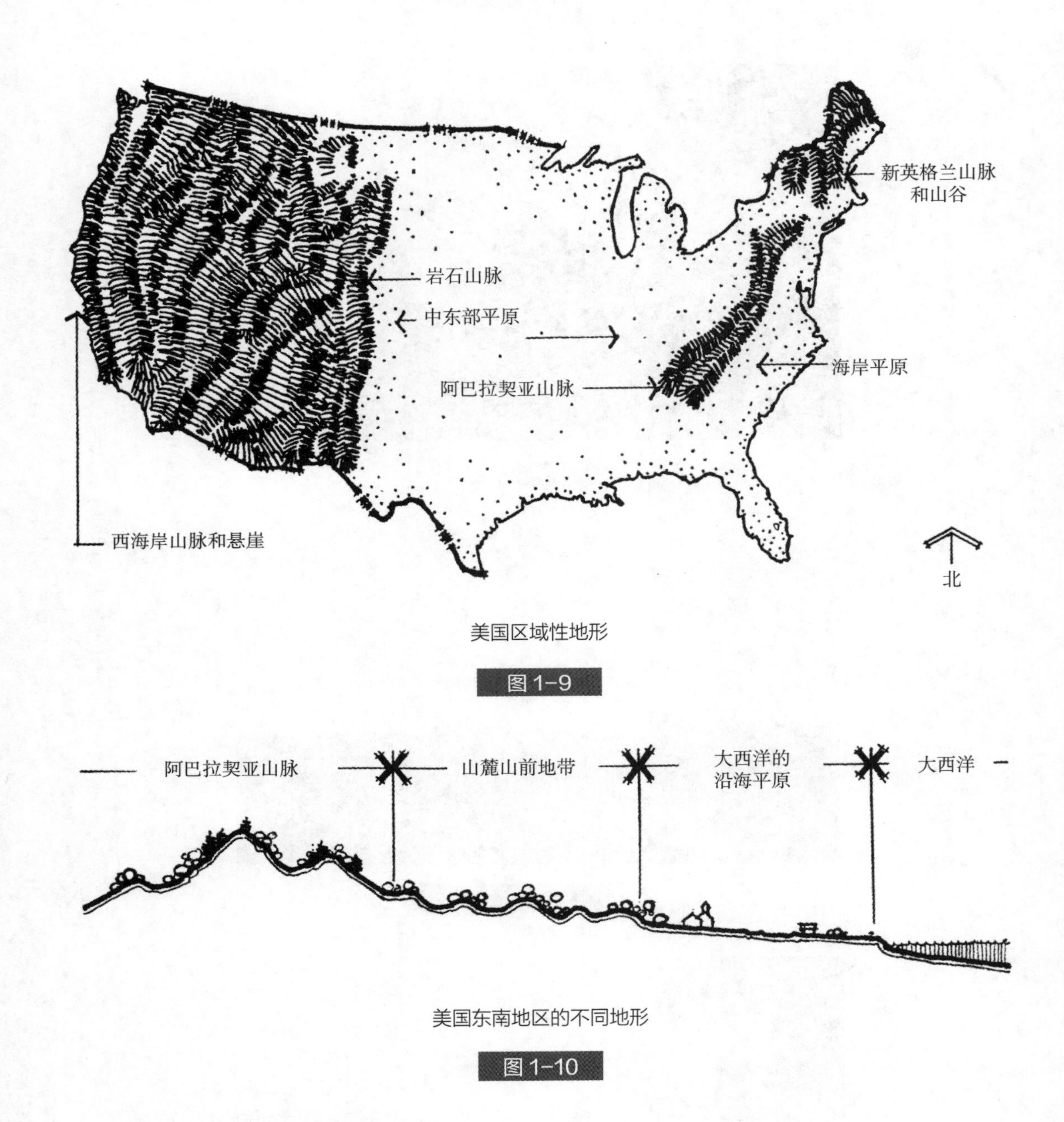


美国区域性地形

图 1-9



美国东南地区的不同地形

图 1-10

及山岳（图1-10）。这一片大平原，更确切地说是亚特兰大沿海平原，其显著特征就是具有广阔无边的低而平坦的土地，富饶的蔬菜农场和沿海村庄密布其上。而起伏的地形则构成了山峦的特征，牧草和粮食成为这一地形上的主要农作物。最后阿巴拉契亚山脉组成了具有崎岖陡峭山脉和山谷的地区。这里，畜牧业、小型协作体和采矿业主要分布在较低的山坡上和谷底中。毫无疑问，上述每一个地区的视觉特征都取决于其地形的特征。

将较平坦的地区和丘陵或山地做一比

较，同样能说明地形对景观特征的影响。相对较平坦的基地和地区，就像海洋或大湖泊一样，往往显示出相对空旷宽阔的景色（图1-11），人们能清晰地看到遥远的地平线或其他封闭式的较突出的陆上景物。由此，平坦地区常具有一种强烈的视觉连续性和统一感。景观的不同部分都可被当作总体的较小部分来加以欣赏。此外，天空也常作为大草原地区的主要因素，在这些地区，云层和太阳组成了极强的顶屏幕和光源。与平坦地形相比较，丘陵和山地都易在各山谷之间产生一种分隔感和孤立感（图1-12）。当一个人处于两山之间的山谷中，山地的斜坡便成为视觉重点，并且天空也被局限在头顶的较小区域之中。

在丘陵或山区内，山谷（低点）和山脊

图 1-11

图 1-12

（高点）的大小和间距也能直接影响景观的韵味（图1-13）。当某人穿过景点时所观察到的虚（山谷或低点）实（山脊或高点）空间之间的比例，可构成不同的音乐韵律。因此，西弗吉尼亚景观的韵律感就完全不同于新英格兰地区的韵律感，甚至不同于科罗拉多州西部地区的景观韵律感。

各类型的地形除了上述对地区性景观特征和韵律感的影响外，它们还能直接影响与之共存的造型和构图的美学特征。从各种与小地形有关的欧洲园林设计的比较上便可窥见一斑。例如，意大利文艺复兴时期的园林，如兰特别墅和德斯特别墅便完全顺应了丘陵似的意大利地形，其设计方式就是将整个园林景观建造在一系列界限分明、高程不同的台地上。这些高出的台地有开阔的视野，以便能充分地收览山谷的美景（图1-14）。从园址高处往低处所见到的清晰景观层次进一步构成了引人入胜的画面。与此同时，叠水的使用又展示了斜坡的动态景观。

法国文艺复兴时期的花园，如维克勒孔特和凡尔赛宫同样也直接顺应了地形形态。建造这些园林的地形，大致平坦，略微有起伏，这种地形极易形成具有法国文艺复兴时期坚硬的、人工几何形的造型特征。长而笔直的轴线和透视线、大面积的静水、错综复杂的花坛图案等都是表现平坦地形特征的因素和造型（图1-15）。

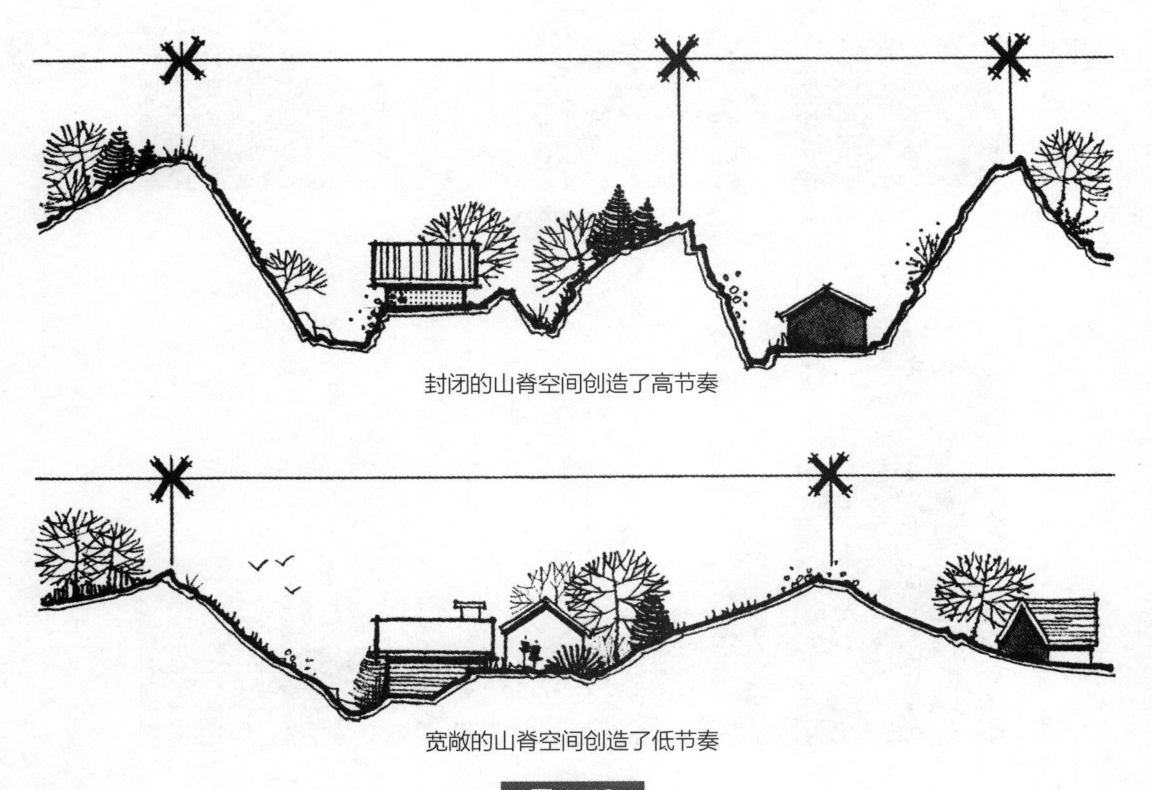


图1-13

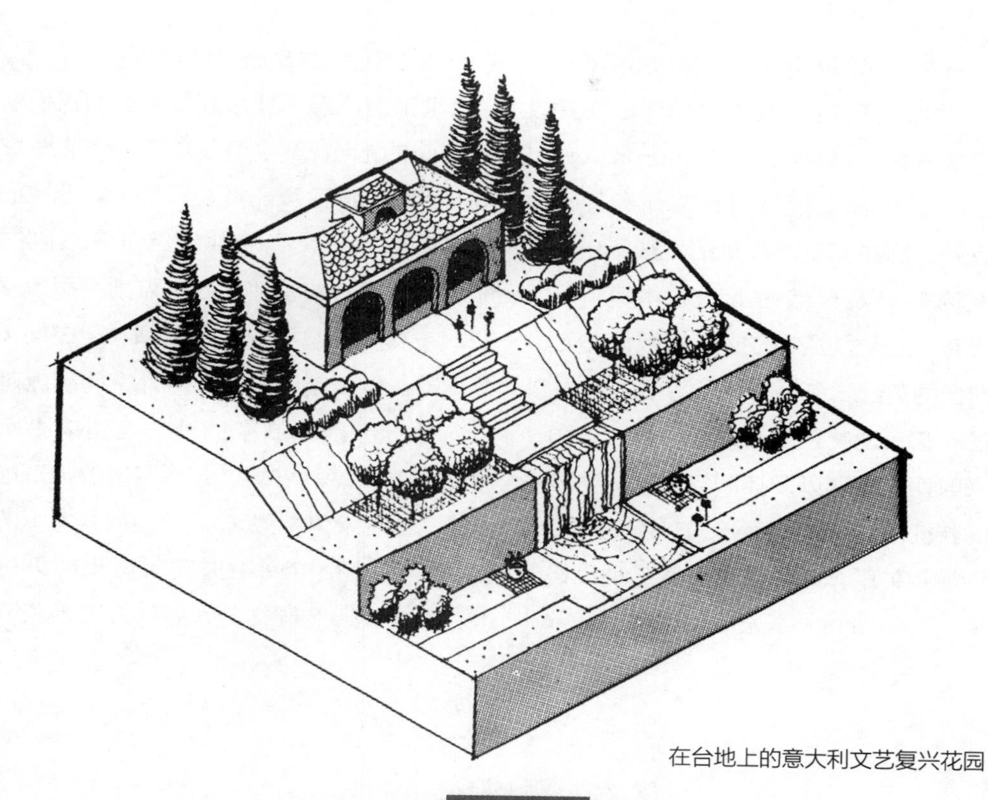

在台地上的意大利文艺复兴花园

图 1-14

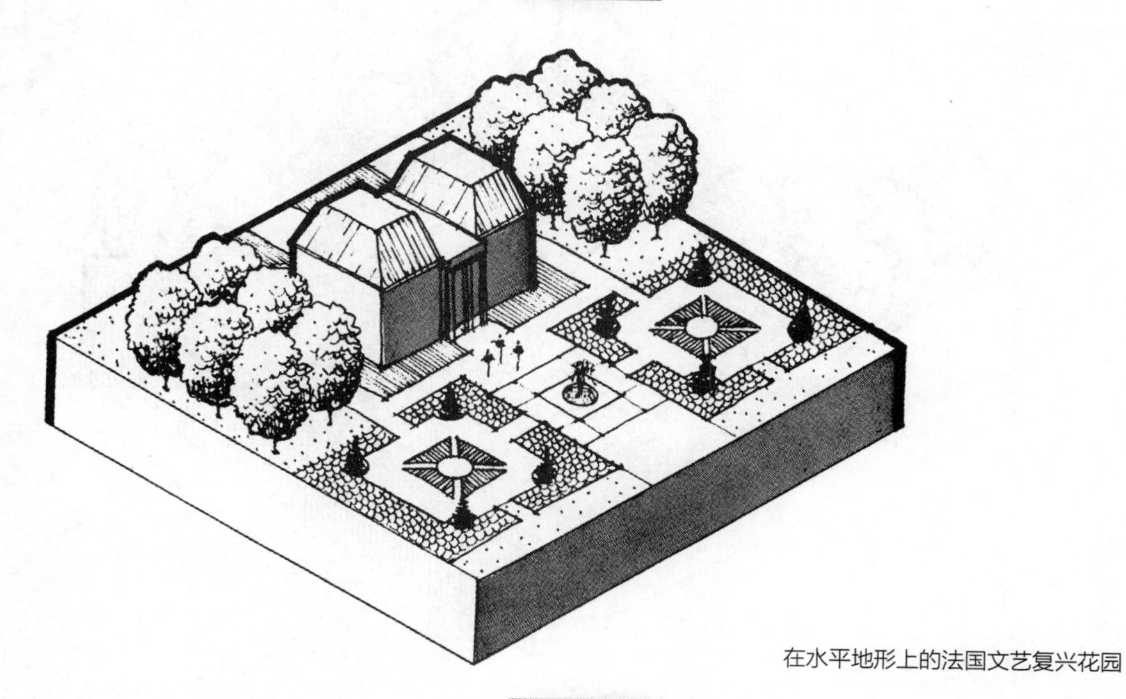

在水平地形上的法国文艺复兴花园

图 1-15

在英格兰，我们同样可看到与地形紧密相关的园林特征和设计风格。18世纪所建立的“自然式风景园林学派”（Land-scape Gardening School）就是时代文化和经济变迁的反映，它具有平缓起伏的地形，自然从生的树木，以及自然曲折的水体等特征（图1–16）。自然式学派的这些特征清楚地说明了典型的英国式乡村的地形特征。

上述的意大利文艺复兴时期园林，法国文艺复兴时期的花园以及英国自然式风景园林学派的特征和布局，都直接与其所处地区的地形特征相关联。而如将上述的三种风格相互调换，交错布局，毫无疑问，其设计效果将不伦不类，毫无欣赏价值。

**地形空间感**　地形同样能影响人们对户外空间的范围和气氛的感受。仅就地形而言，平坦的地区和园址在视觉上缺乏空间限制。平坦地形仅是一种缺乏垂直限制的平面因素，而斜坡和地面较高点则占据了垂直面的一部分，并且能够限制和封闭空间（图1–17）。斜坡越陡越高，户外空间感就越强烈。地形除能限制空间外，它还能影响一个空间的气氛。平坦、起伏平缓的地形能给人以美的享受和轻松感，而陡峭、崎岖的地形极易在一个空间中造成兴奋和恣纵的感受（图1–18）。同样，人所站立的地表面倾

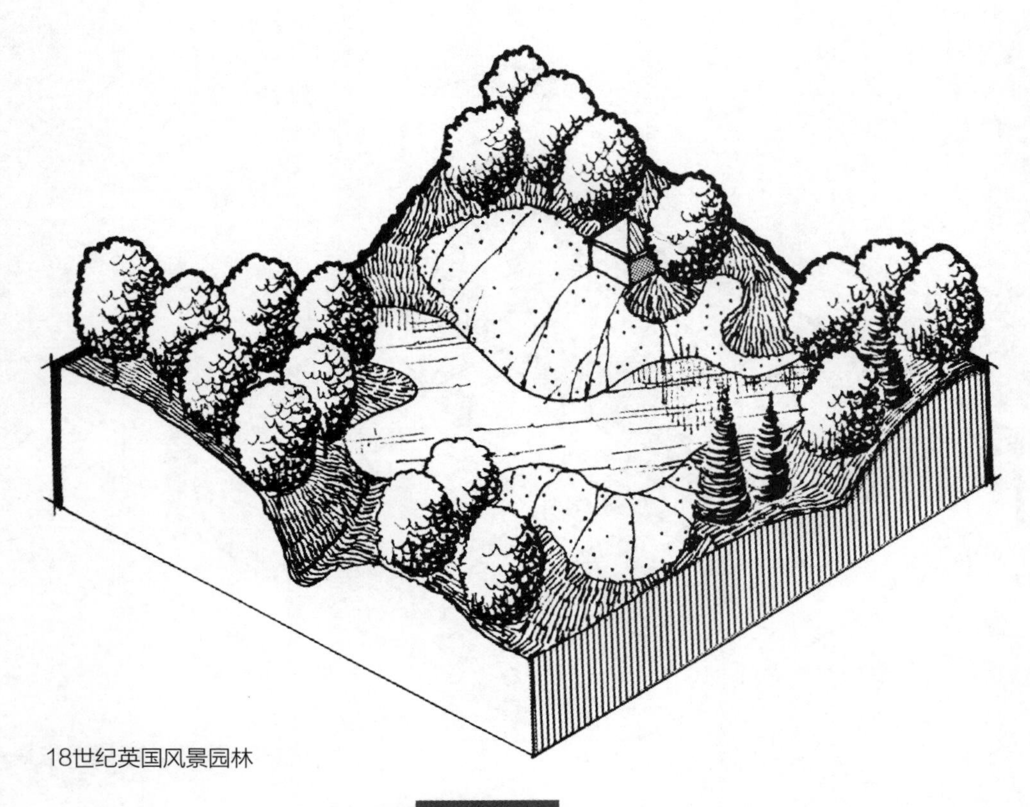

18世纪英国风景园林

图1–16

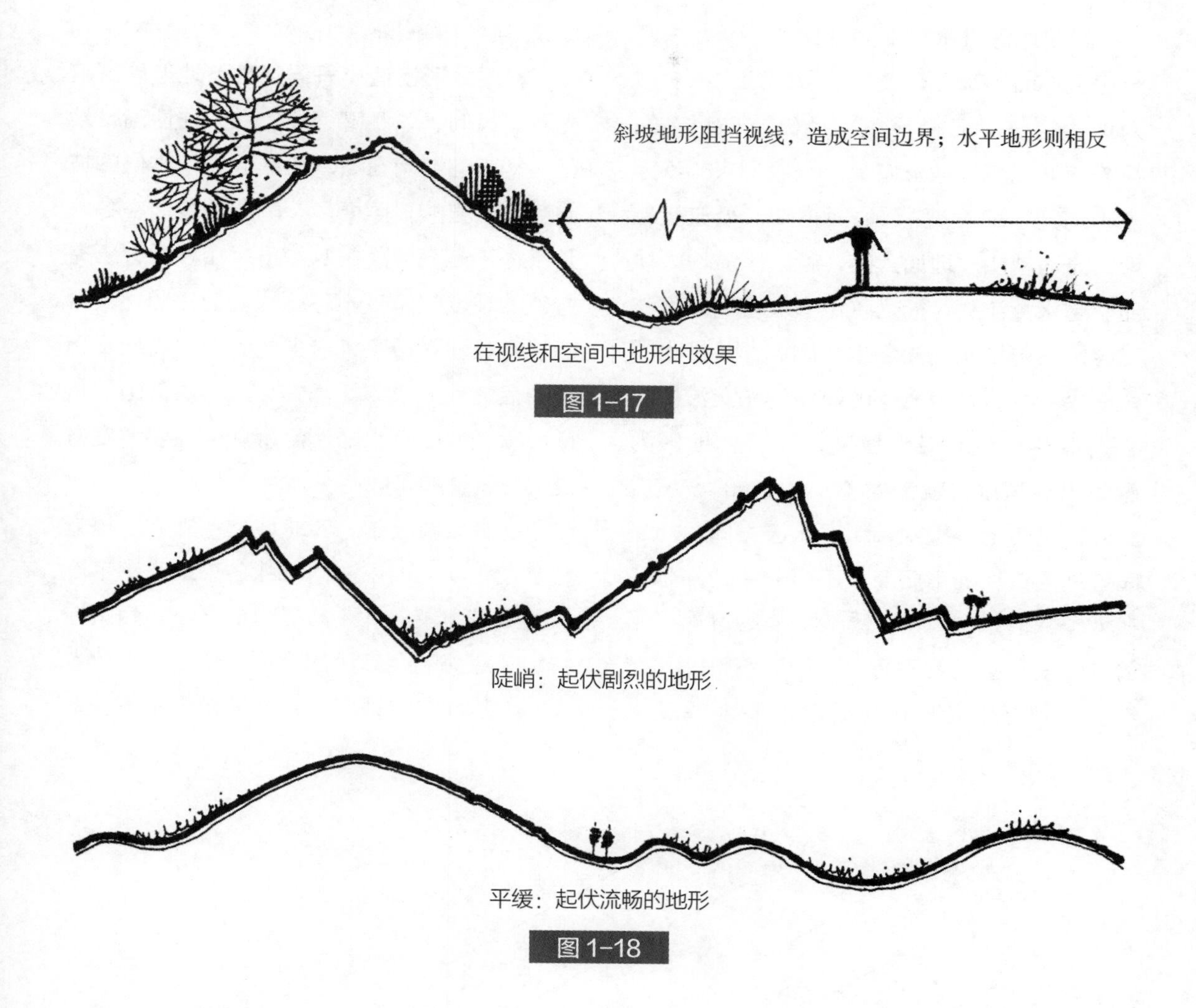


在视线和空间中地形的效果

图 1-17

陡峭：起伏剧烈的地形

平缓：起伏流畅的地形

图 1-18

斜度也会影响空间气氛。一个人站在平坦地面上时比站在斜坡上感到更安全、更轻松。斜坡地面使站立者感到不舒服，并易使他不断滑动。由著名建筑师赖特所设计，位于纽约的倾斜式古根海姆博物馆是古典建筑的典范，它充分显示了倾斜地平面的威力。在这里，观赏绘画的游人被倾斜的地面缓缓地向前推进，使他们不可能随意长时间地观赏某一件展品。据说，赖特有意建造这样的倾斜地面以表现超艺术的建筑学威力。

**用地形控制视线** 与空间限制紧密相关的是视野限制。在垂直面中，地形可影响可视目标和可视程度，可构成引人注目的透视线，可创造出景观序列或“景观的层次”，或彻底屏障不悦目因素。就地面而言，地形完全可以影响观赏者和所视景物或空间之间的高度和距离关系。观赏者既可低于或同高于景物，也可高于所视景物。而这每一种关系都能产生对被观赏景物细微的异样观感。

**利用地形排水** 降到地面的雨水，未曾渗透进地面的雨水，或未蒸发的雨水都会成为地表径流。而径流量、径流方向，以及径流速度无不与地形有关。一般说来（不考虑确切的土壤类型），地面越陡，径流量越大，流速越快。地面太陡，就会因流速太快而引起水土流失。而几乎没有坡度的地面，又会因不能排水而易积水。因此，从排水的角度来考虑，种植灌木的斜坡为防止流失，必须保持10%的最大坡度，而草坪地区为避免出现积水，就需有不小于1%的坡度。此外，调节地表排水和引导水流方向，乃是园址地形设计的重要而又不可分割的部分。在大多数情形中，排水系统极差的设计，尽管其外表和空间品质完善，但仍不可取。当然，作为野生动物栖息处的沼泽地或潮湿地，属唯一的例外。

**利用地形创造小气候条件** 地形能影响光照、风向，以及降雨量。在大陆性温带地区，朝南的坡向在冬季比其他任何方位的坡向受到的直接日照要多。朝北的坡向在冬季几乎得不到日照（图1–19）。在夏季，所有方位的坡度都可受到不同程度的日照，其中西坡所受辐射最强，这主要因为它直接暴晒于午后的太阳之下（图1–20）。从日照的角度而言，说明了大陆性温带地区主要坡度方位的总特征和可取性。

再看风向因素。西北坡在冬季完全暴露在寒风之中，而东南向坡在冬季却几乎不受风的吹袭（图1–21）。在整个夏季，西南向坡常受凉爽的西南风的吹拂。总之，由此看来，大陆性温带地区的东南坡向由于不受冬

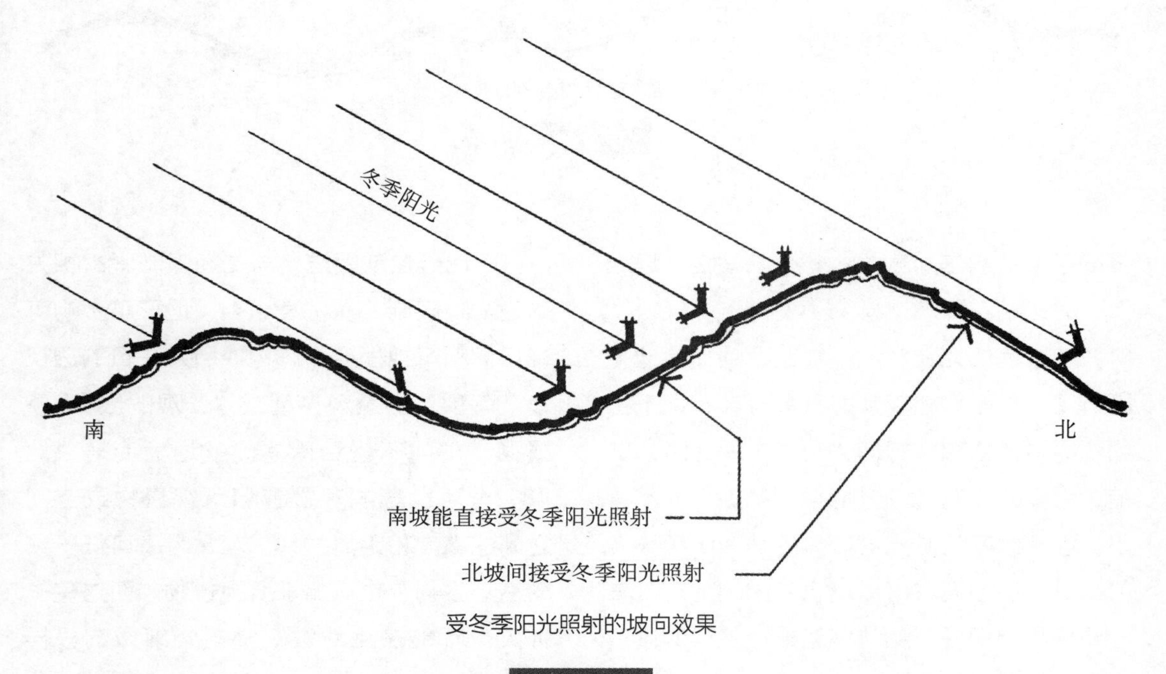


受冬季阳光照射的坡向效果

图1–19

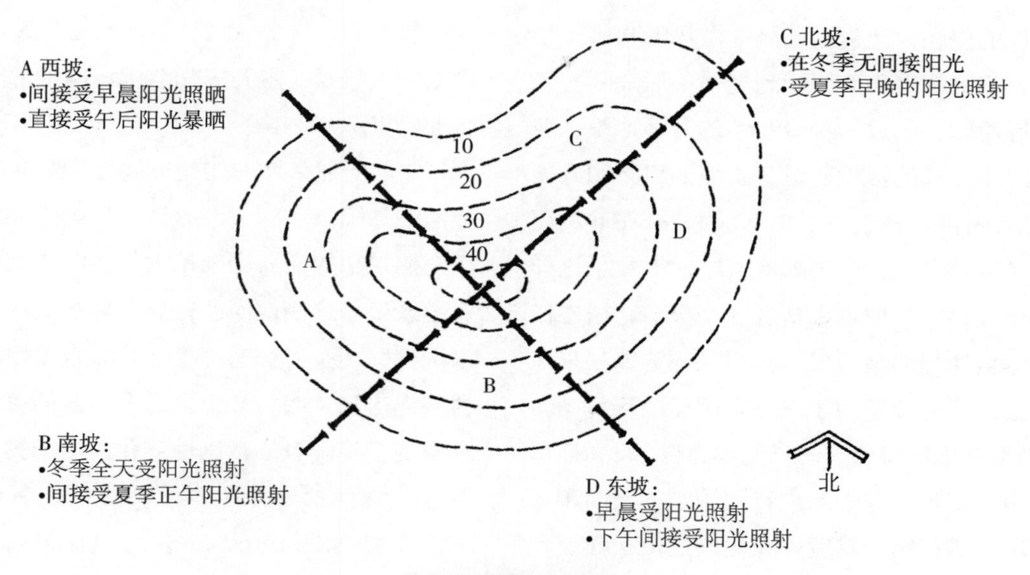


坡向受光照的效果图

图 1-20

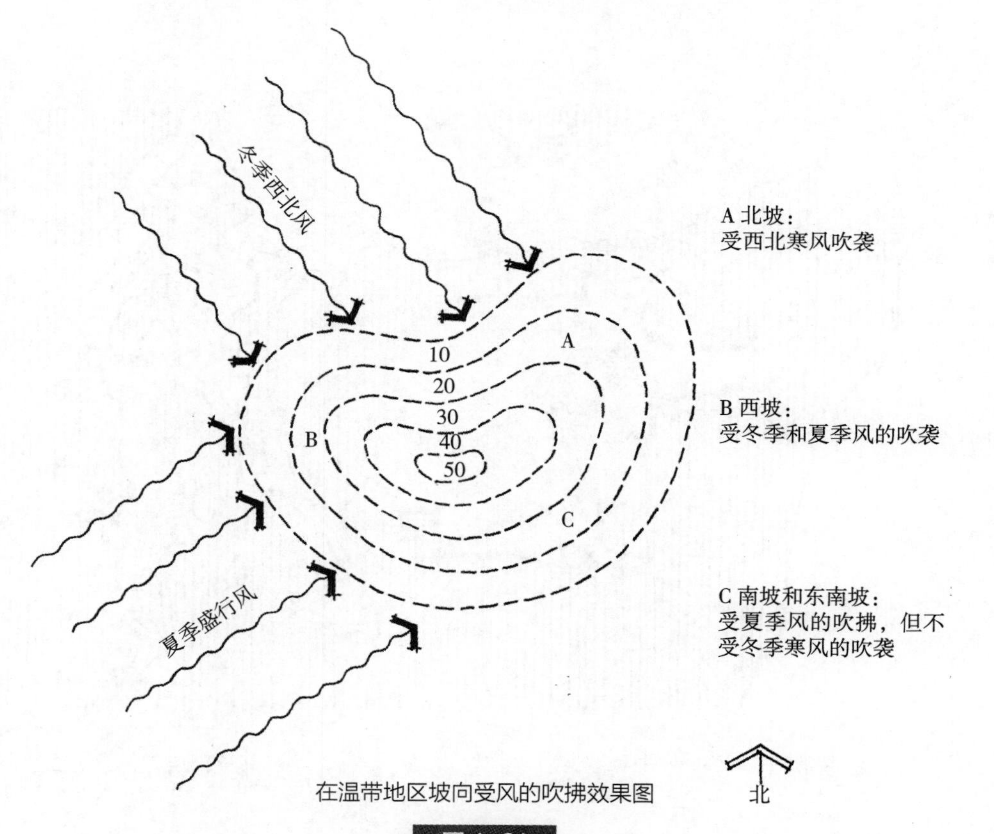


在温带地区坡向受风的吹拂效果图

图 1-21

季风的侵袭，而受益于夏季微风的吹拂，冬季太阳的辐射和间接受到夏季午后太阳的光照等原因，而成为最受欢迎的开发地段。坡向对小气候的影响还进一步得到自然和人工因素条件的证实。约翰·O.西蒙兹在他所著的《风景园林》一书的前言中，提及了这样一个故事：一位猎人告诉一个小孩，居住在北达科他州的金花鼠，其洞穴都选择在东南坡上，目的就是为了充分利用日照和风向。《形态功能和设计》一书的作者保尔·J.格雷诺也曾提到，位于河流和湖泊边的南面和东面坡向的村镇，其发展变化远比位于西面和北面坡向的村庄和城市更显著。他由此列举了辛辛那提、奥尔巴尼、普罗维登斯以及哈特福德等城市，他认为这些城市之所以具有优越的小气候，主要应归结于坡向和海岸的有利位置。

如前所述，地形的差异同样会影响某一地区的降雨量。历史上有详细记载的加利福尼亚州东部的沿海山脉和内华达山脉地区便有此效果。这些地面的较高区域构成了“雨水屏障”。另一个范例是位于华盛顿州的奥林匹克半岛（图1–22）。这里，各种海拔高度产生了降雨量的戏剧性变化。位于奥林匹克区山脉西面的太平洋沿海地区，其年平均降雨量为255mm。在遥远的东部和海拔较高的HOH雨林地区，其年平均降雨量为3555～3810mm。在更高的、海拔高度为

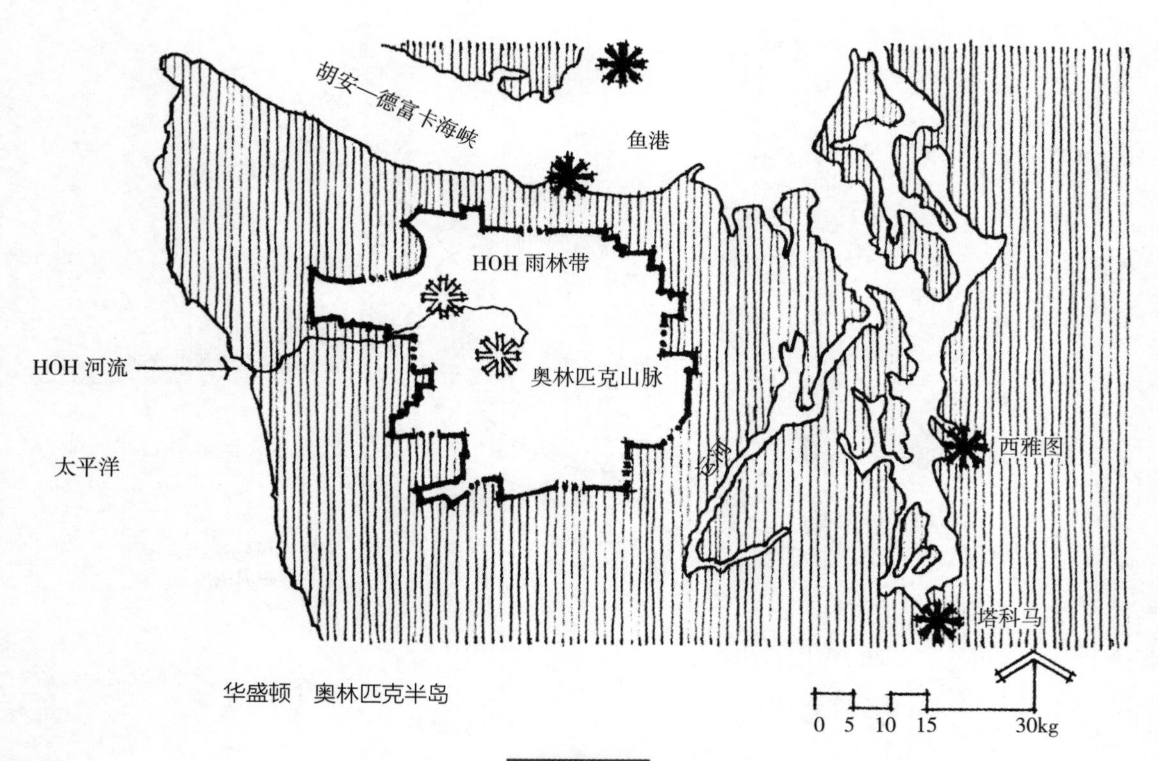


图1–22

2428m以上的HOH河上游的奥林匹斯山脉，年降雨量高达5080mm。而位于奥林匹克山脉北部和东部的地区，由于“雨水屏障”的缘故，其降雨量几乎微不足道。例如，胡德河地区，年降雨仅为380～510mm。虽然上述各地区之间的水平距离并不大，但地形的差异却导致了降雨量的巨大差异。

**地形的实用功能** 斜坡的坡度，山谷和山脉的构造以及地形的特征都会影响不同景观功能和土地用途的确定和组织。每一种土地的利用或园址功能，都有一个供其充分发挥的最佳坡度条件。这种条件，可建议具有某种功能的园址应不应该置于此处。例如，网球场的理想位置应在1％～3％的坡度上，如将网球场置于具有10％的坡度上是不明智的设计。因为这样需要花费巨额资金来改变环境条件，大幅度地改造地面。实际经验表明，坡度越平缓（尽管不小于1％），土地的开发使用越灵活，越可行。相对平缓的坡度在建造建筑时，只需稍微平整，并采用普通的、花费极小的工程手段，而且便于道路的铺筑和设施的安排。比较而言，坡度越大，对现实可行的土地利用的限制就越多。

地形的坡度，除了影响土地用途的确定外，一种土地的用途或功能与另一土地的用途之间的关系也要受到影响。在较平坦的地域，不同功能的分布可具有相当广泛的领域。在平坦地形上可有多种功能设计的选择。而在较陡的斜坡上，在山谷中、山脊上，各种土地的组织利用更精简，多为长条形。从土地用途的内部关系来看，较陡地面上的设计方案几乎没有什么选择余地。

地形还能影响地区性的土地利用和开发形式。例如，道路的土地使用形式，在较平坦的地区，一般比较笔直和呈正交状。美国中西部地区便如此（图1-23）。在这种地区，地形几乎不会限制将景观分割成网格状的公用土地测绘系统。但在具有突出的山谷和山脊的地区，局部的展开状则会出现异常。宾夕法尼亚州东部地区便是一个例证，这里山谷和山脊具有明显的东北—西南走向。当观察该地区的行车图时（图1-23）就会发现，大多数道路和村庄的布局反映了地形的特征，也是明显地呈现东北—西南走向。几乎没有出现西北—东南走向的道路。

地形对土地利用形式的另一个影响例证，可见于纽约或新英格兰景观和美国中西部景观的比较之上（图1-24）。在东部各州，谷底一般用于农场的开垦，道路的铺设，村庄的修建。山谷周围一般作为牧场，而山谷顶部栽种树木。在中西部，由于地形较平坦，因而土地的利用便出现相反的情形。在这里，河流和小溪之间的平坦高原主要用于开垦农场，而山谷则常种植树木，有时辟为风景区或娱乐场所。上述两种相异的地区性土地利用形式，完全是由相应地区的地形特征所致。

概括而言，根据上述的讨论和图示，我们可以认识到，地形显然是室外环境中的一个重要而具有深远影响的自然要素。它对如何观察土地、使用土地和设计土地都有着不可低估的影响。此外，正如前面提到的，地形以影响功能、特征和外貌的方式，直接与置于地面上的其他自然设计因素发生相互作用和影响。

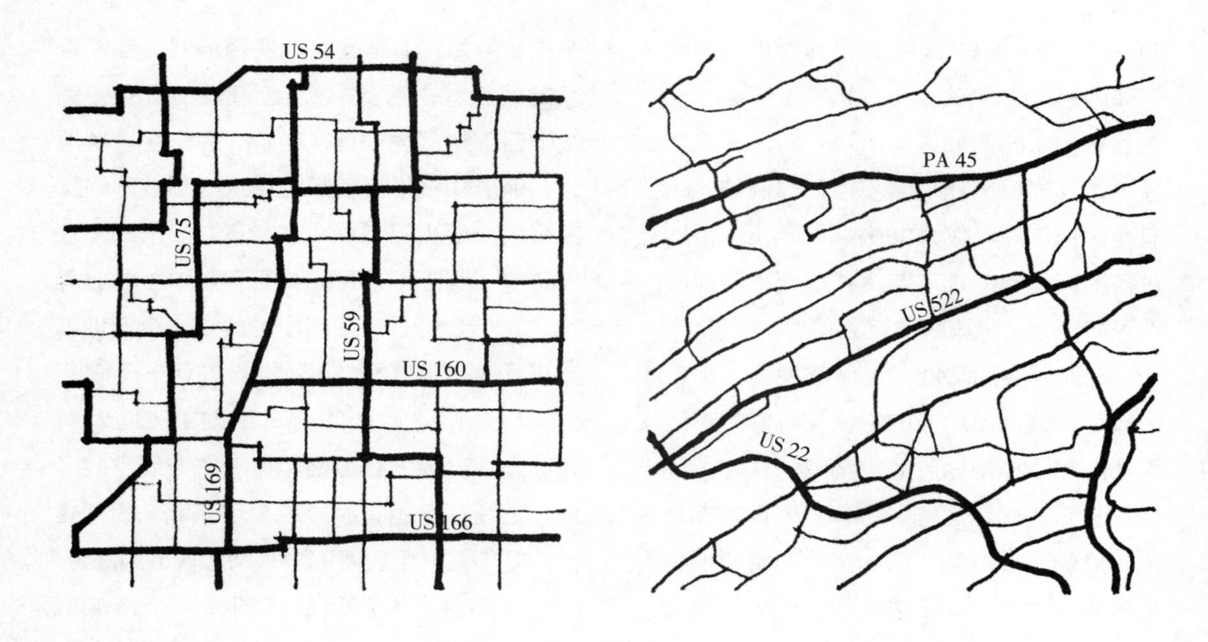


平坦地形：
东南部堪萨斯州的方格网的道路布局

山地形：
宾夕法尼亚东部道路随山脊和山谷的布局

图 1-23

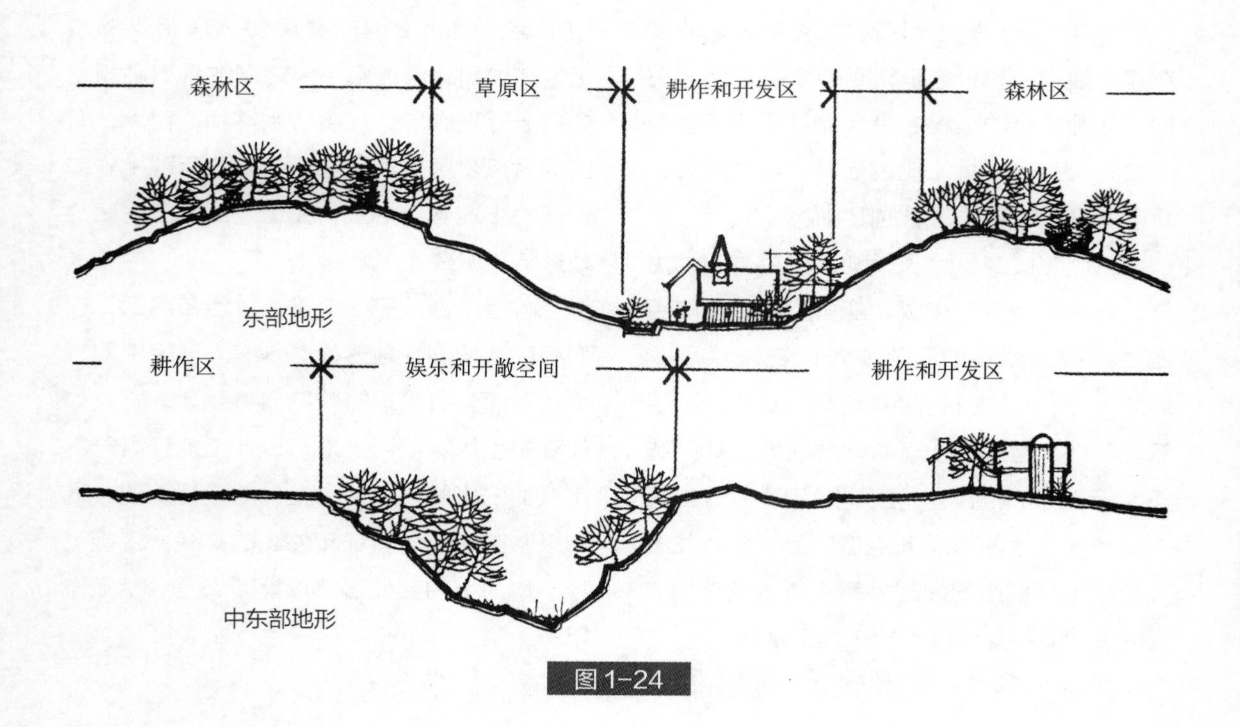


图 1-24

## 地形的表现方式

为了能有效地在风景园林设计中使用地形，首先应该对各种表达地形的方法有一个清楚的了解。常用来描绘和计算地形的一些方法包括等高线、明暗度和色彩、蓑状线、数字表示法、三度模型，以及计算机图解法。以上每一种方法在象征地形时，都具有其特点和用途。以下几部分将描述地形表现方法的选择以及各方法的用法。

**等高线表示法**　等高线是最常用的地形平面图表达法。由于风景园林设计师通常用平面图作为探讨地形设计的主要方法，因而也可将等高线视为在该职业中表现地形的最普遍的方式。所谓等高线，就是绘制在平面图上的线条，它将所有高于或低于水平面，具有相等垂直距离的各点连结成线，有时人们又将它称为基准点或水准标点。从理论上讲，如果用一个玻璃的水平面将其剖开，等高线应该显示出一种地形的轮廓（图1-25）。我们应该明白，等高线仅是一种象征地形的假想线，而在实际中是不存在的。

另一个需加以定义的、与其相关的术语叫作等高差。所谓“等高差”是指在一个已知平面上任意两条相邻等高线之间的垂直距离，而且等高差是一个常数，它常标注在图标上。例如，一个数字为1m的等高差，就表示在平面上的每一条等高线之间具有1m的海拔高度变化。等高差自始至终都在一个已知图示上保持不变，除非另有所标注（它不像等高线之间的水平距离，这一距离受斜坡坡度的影响而在一个平面上不停地变化）。不过，等高差会根据平面的规模，园址的倾斜度，以及所代表的地形的复杂性，而在各个平面图上有所变化。就大多数园址平面图的比例而言（图纸比例尺1：100～1000），等高差一般有1m或0.5m。而以地区性的比例而言（图纸比例尺

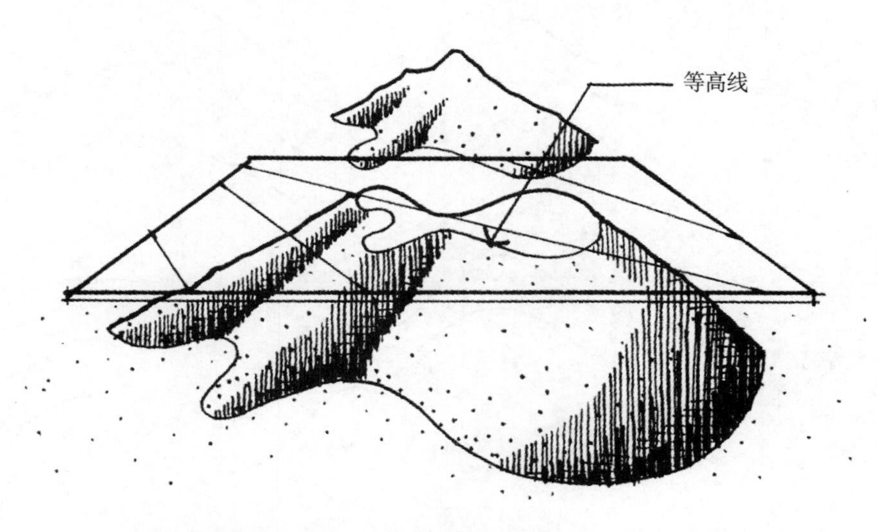


由平面从水平方向切断地形而在平面上所形成的线叫等高线

图1-25

为1：5000～30000），平面图的等高差可为5m、10m、15m。

在使用等高线时，应牢记一系列基本原则。第一，原地形等高线应用虚线表示（图1-26）。第二，改造后的地形等高线在平面图上用实线表示。土地表面所出现的任何变动或改造都称之为“地形改造”。为完成一系列设计目的，而在园址上进行地形的改造是非常必要的：① 建造合理的排水系统；② 地形改造后的园址应适应这些因素，如建筑物、道路、停车场、娱乐场所等；③ 创造出具有美学价值、悦人眼目的地平面。关于地形平整的其他目的和地形的有关用途，将在本章其他部分加以概述。总之，路基平整乃风景园林设计不可分割的一部分，因此，它必须在平面图上与功能和形式分布一样，同时经过周密的考虑。没有经验的设计师往往在总形状和位置均已定形后，才对路基平整加以考虑，这种倾向显然是不正确的，它往往会给设计过程的后期带来麻烦。要知道，对土地高度的运用，与空间和功能的水平分布同等重要。

使用平整的方法，为园址某一部分添加土壤，我们将它称之为“填方”。而“挖方”则用来表示移走园址上某一部分的土壤，或对其进行挖掘。一般说来，在一个固定园址进行地形平整时，既需要填方，也需要挖方。在平面图上，当等高实线从原等高线位置向低坡移时（走向较低数值的等高线），这就表示“填方”（图1-27）。反过来设计等高线走向高坡时（走向较高数值的等高线）则表示“挖方”。专门用来表示一个园址的路基平整的平面图叫“地形改造图”（图1-28）。

地形改造图既表示出地形改造的等高线

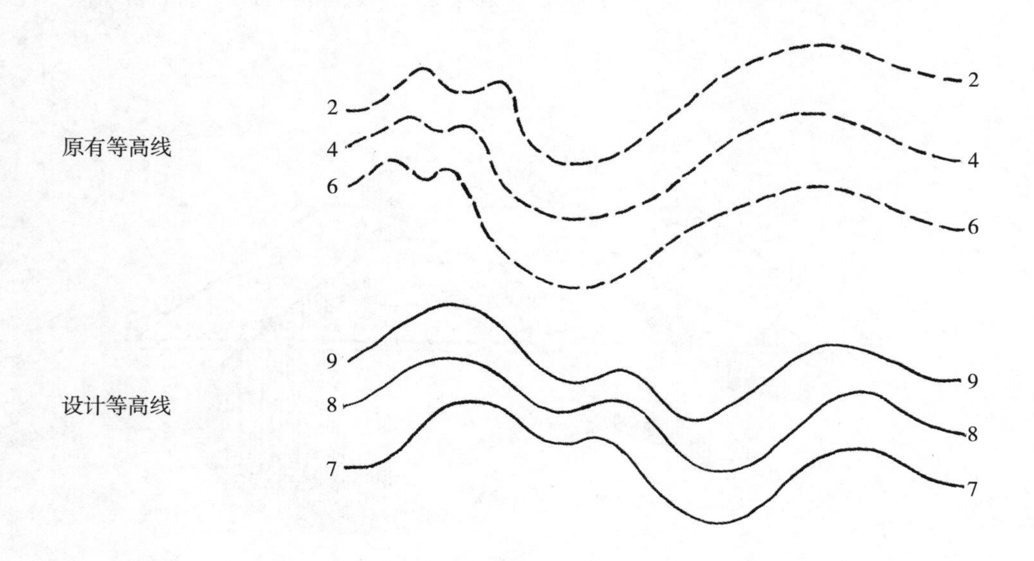


原等高线用虚线表示，设计等高线用实线

图 1-26

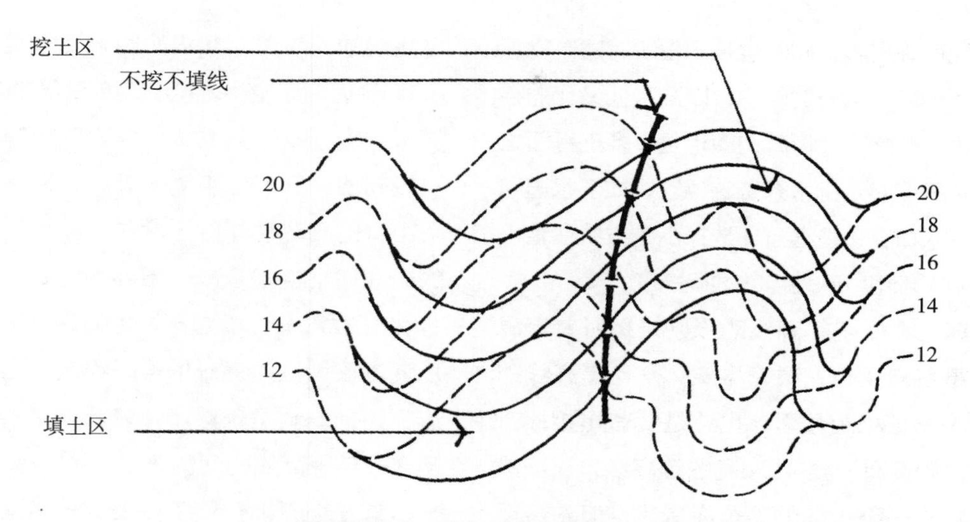


原等高线和设计等高线表示了挖土和填土

图 1-27

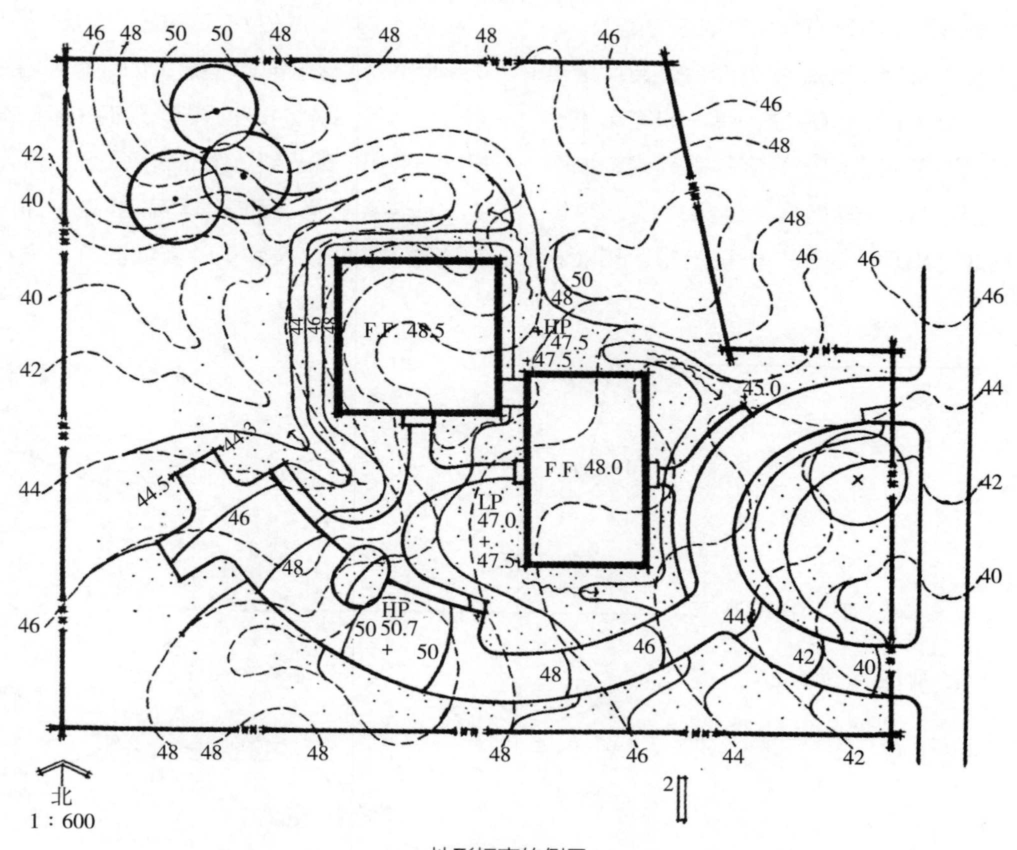


地形标高的例子

图 1-28

和原地形等高线，同时也表示出所有建筑物、大路、小道、围墙的轮廓，以及其他设计的结构要素。此外，地形改造图也是许多工程图之一，它既能显示排水系统的位置，如下水道和暗沟下水口，也能通过任选标高的方式在整个园址中表示出特殊地点的准确高度。

第三个使用等高线的原则，是所有等高线总是各自闭合，决无尽头。一条等高线即使与一园址相距数里，也总是要首尾相接。例如，假设有一条50cm高的等高线，它虽然要循行于一个大陆的整个海岸线，但到最后它仍会形成一条封闭的环形线。因此，在一个园址的范围内，各自闭合的等高线，一般说来其数值的大小，便意味着地形的高低。

第四个原则，等高线决不会交叉，这至少也是一个常识。换言之，单一的等高线决不会形成两条表示同一高度的等高线，如图1-29上半部分。根据推论结果表明，等高线必须成对出现。对于一个初始辨认和绘制等高线的人来说，在平面图上描绘某一多峰山脊高边时，必然会出现等高线的断裂。但是，接近山脊顶部或山谷底部的等高线的一般画法，则不使用单一等高线来表示像一个山脊的高峰那样的一度边缘。相反，这样的边缘通常被表示成一系列的标高点，如图1-29下半部分。要想更好地理解这一原则，那就应该记住，每一条等高线其一侧是较高点，而另一侧是较低点。较低点决不可同出现在一条等高线的两侧。

第五个原则，除了要表示一座固有的桥梁或某一挑悬物，等高线是不能互相交叉的。由于土壤本身不可能适应这些结构，因此，等高线也不应在一幅没有围墙或伸出物的土质园址平面图上交叉出现。但是，如确有围墙的存在，那么等高线将相互重叠，从而在平面图上形成一条单一的直线（图1-30）。

从某种意义上而言，等高线在平面图上的位置、分布以及特征，就如同符号词汇，

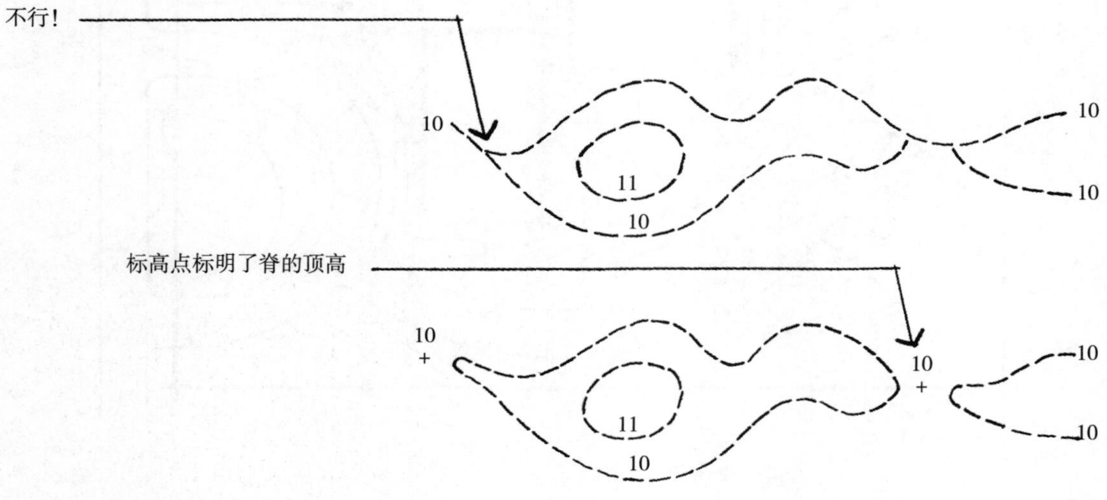

不行！
10
11
10
10
10

标高点标明了脊的顶高
10
+
11
10
10
+
10
10

等高线决不能交叉

图1-29

作为我们“辨认”一园址的地形之“标记”。例如，平面图上的等高线之间的水平距离（勿与等高距离相混淆）表示一个斜坡的坡度和一致性。等高线间的间距相等，则表示均匀的斜坡，而间距相异，则表示不规则性斜坡。同样，那种等高线间距朝向坡底疏，而接近坡顶密的斜坡就是一种凹状坡（图1-31）。凸状坡的情形正好与此相反，底部

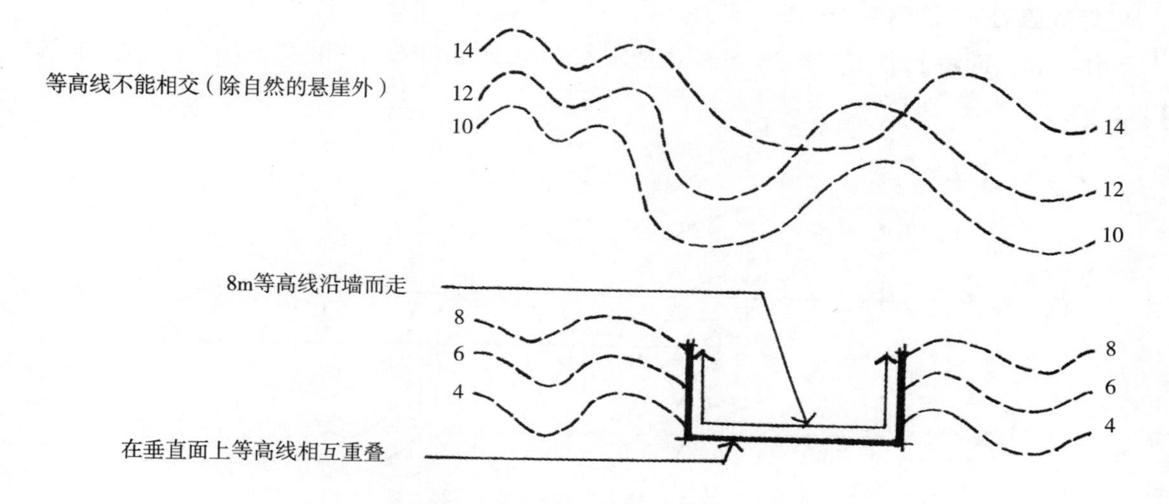


除了悬崖或垂面以外，等高线决不能相交

图1-30

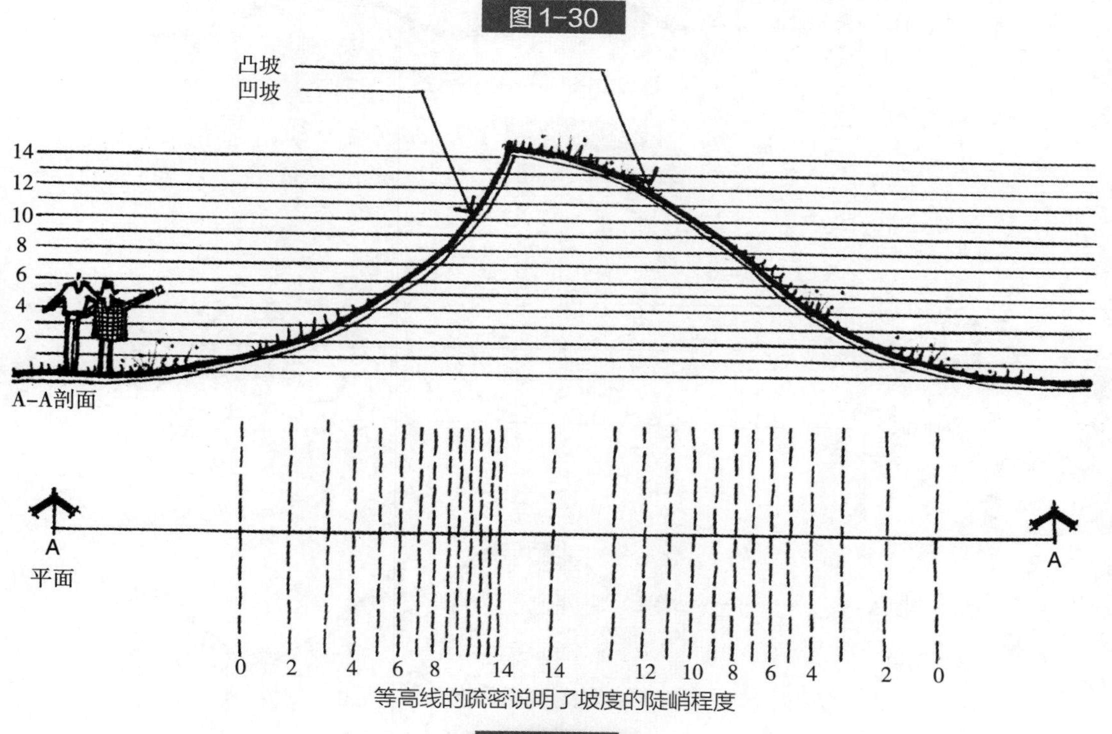


等高线的疏密说明了坡度的陡峭程度

图1-31

密而顶部疏。山谷在平面图上的标志是等高线向上指向，也就是说，它们指向较高数值的等高线（图1-32）。相反，山脊在平面图上的标志则是等高线向下指向，也就是指向较低数值的等高线（图1-32）。此外，山谷和山脊在平面图上也可通过等高线的位置来辨认，两条同等高度的等高线大致相互平行（为确认究竟是山谷还是山脊，必须进一步研究平面图）。凸状地形（勿与凸状斜坡相混）在平面上由同轴、闭合的中心最高数值等高线所表示（图1-33）。而凹状地形的表示则与此相反，即由同轴闭合，中心最低数

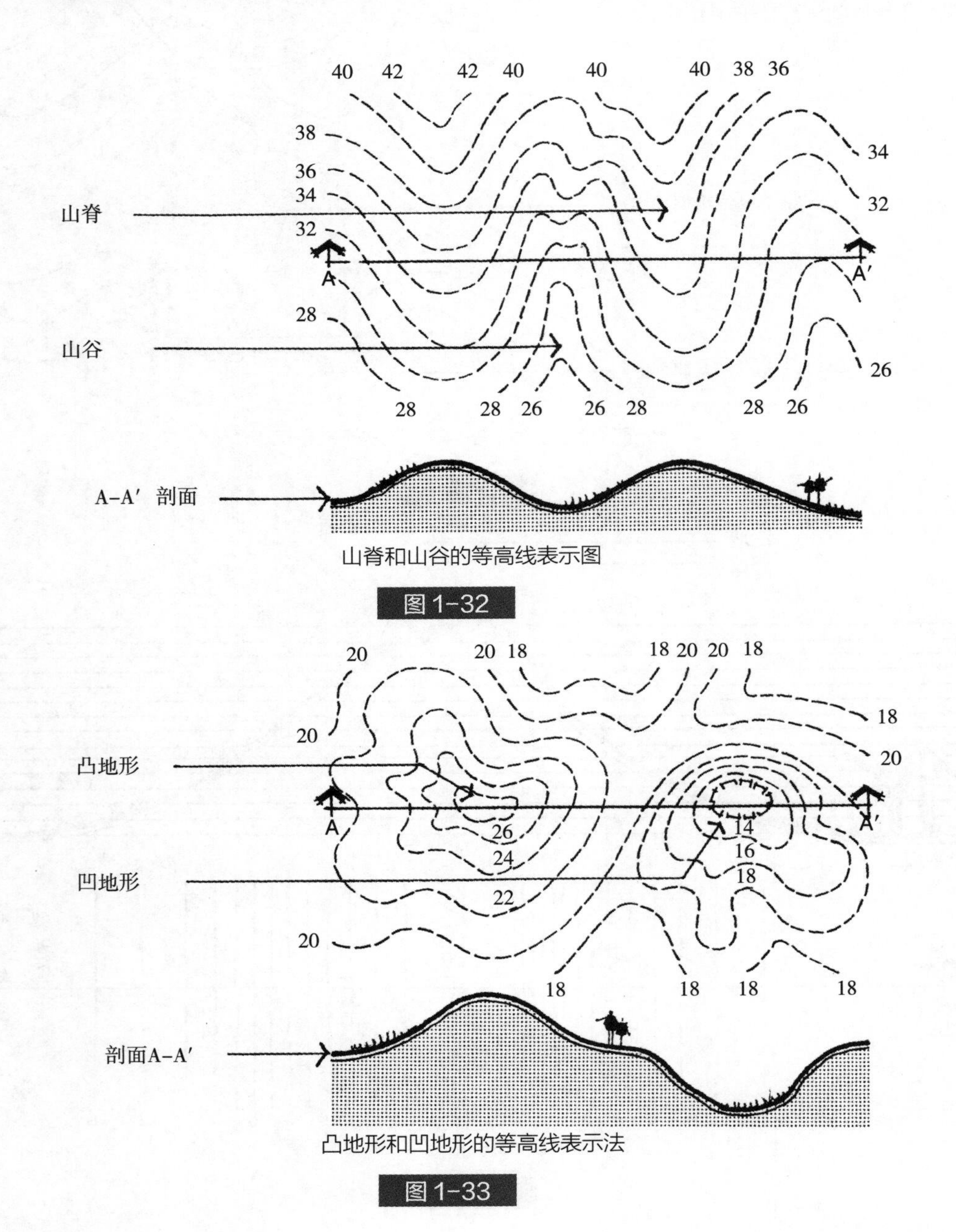


山脊和山谷的等高线表示图

图1-32

凸地形和凹地形的等高线表示法

图1-33

值的等高线表示。此外，凹状地形最低数值等高线的绘制，乃是在等高线自身的内部，用短小的海蓑线表示。在辨认一个园址的等高线平面图时，有时难以单独辨认出某一种地形类型，这是因为它们常一道连续出现（图1-34、图1-35）。例如，我们可以看到，

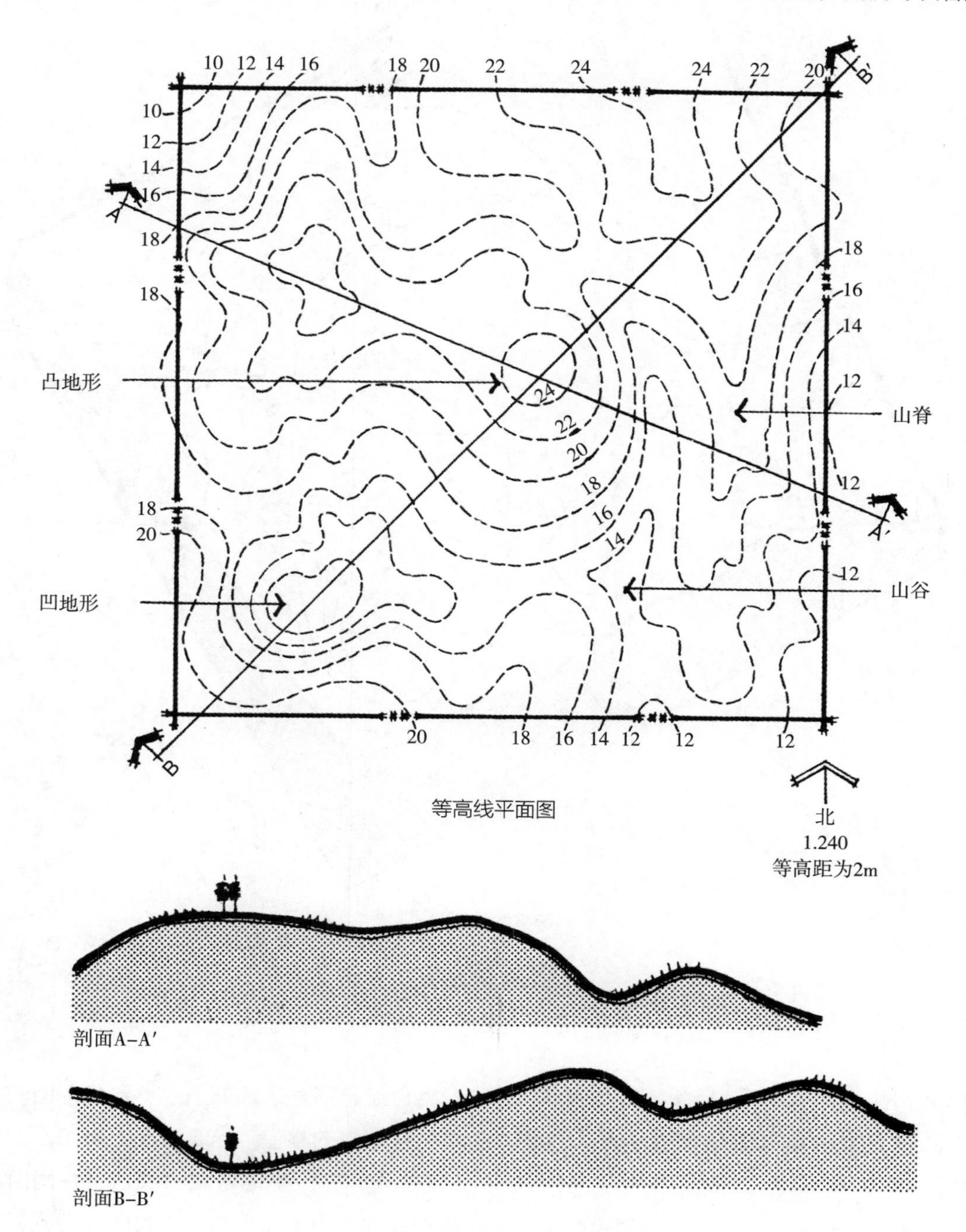


图1-34

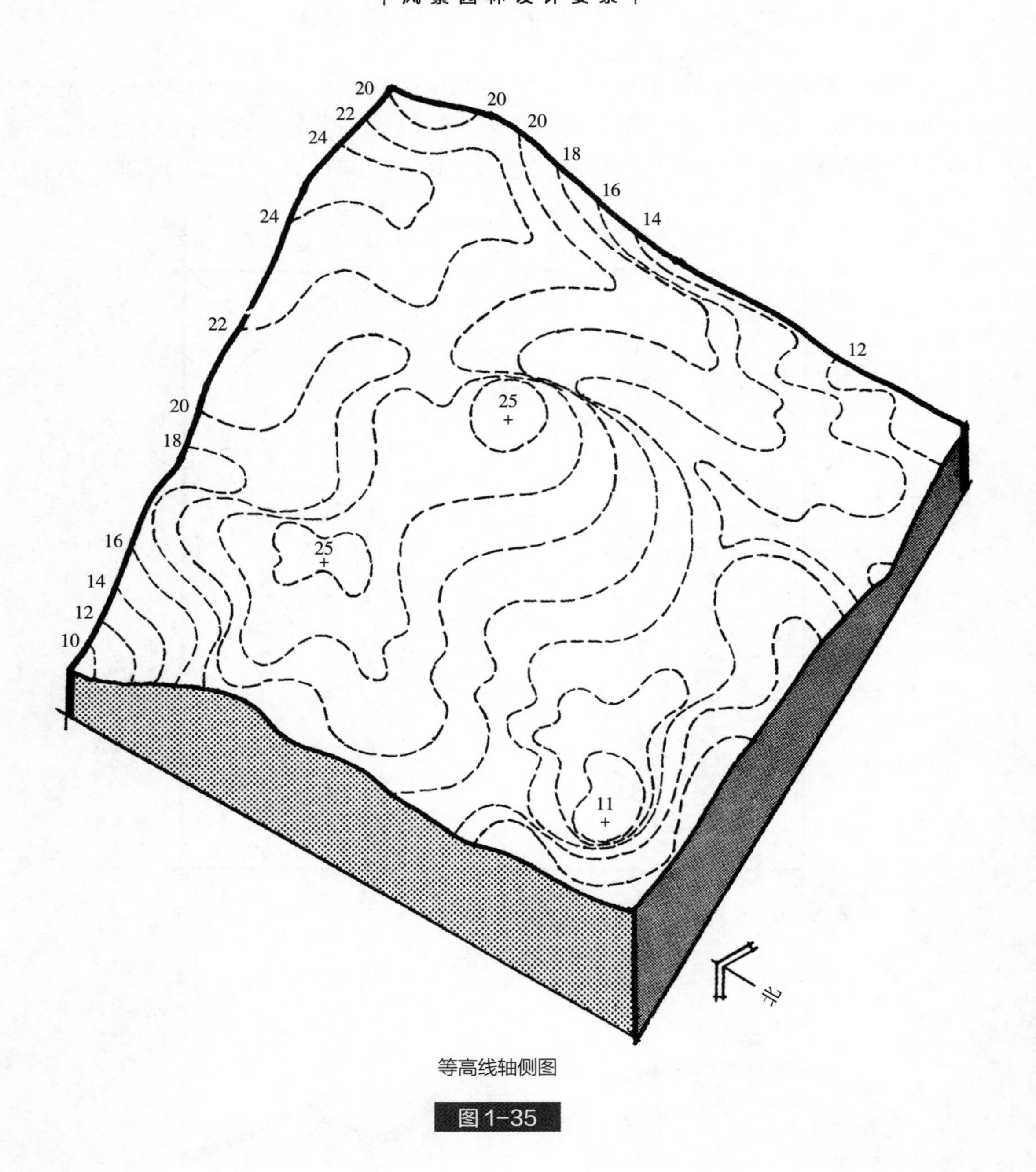


等高线轴侧图

图1-35

山谷的边也可能是一个山脊的边，同样，一个凸起的地形有可能紧挨着一个山脊而出现。

**高程点表示法**　在平面图或剖面图上，另一种表示海拔高度的方法叫标高点。所谓标高点就是指高于或低于水平参考平面的某单一特定点的高程。标高点在平面图上的标记是一个“+”字记号或一圆点，并同时配有相应的数值（图1-36）。前面曾提到，等高线是由整数来表示，这是因为它们表示

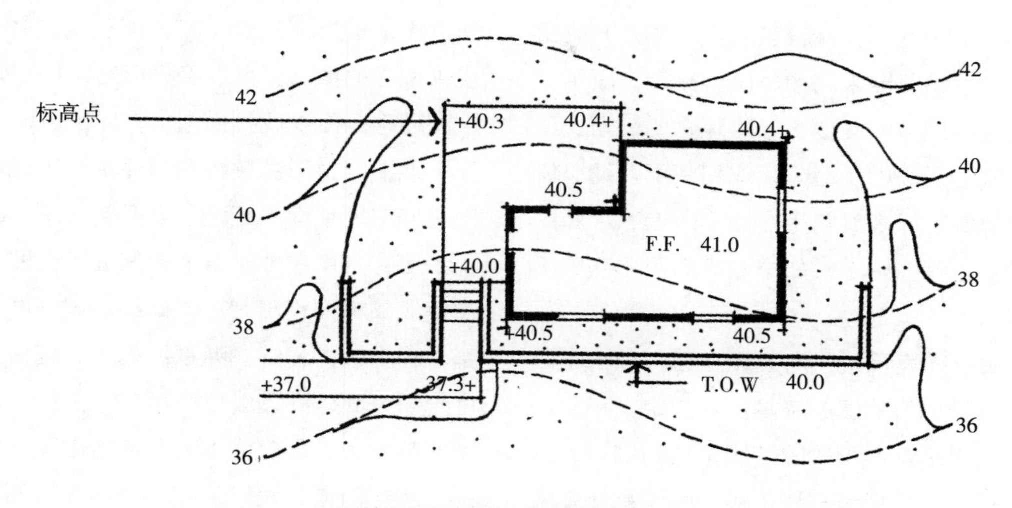


标高点标明在平面上的特殊高程变化

图 1-36

高于或低于一已知参考面的整个测量单位。然而由于标高点常位于等高线之间而不是之上，因而它们常用小数来表示，如一个标高点可能是 51.3 或 75.15。之所以使用小数而不是分数，主要因为确定地形高度的测绘制，来源于数字的科学基础。在野外与水准仪配套使用的标高测绘杆，其刻度也常为1ft*的几十等分或几百等分（至少在美国是这种情形）。

标高点的确切高度，取决于标高点的位置与任一边等高线距离的比例关系。在使用所谓“插入法”确定标高点高度时，通常假定标高点位于一个均匀的斜坡上，并在两等高线之间以恒定的比例上下波动。因此，标高点与相邻等高线在坡上和坡下之间的比例关系，就应与其在垂直高度的比例关系相同。例如，一标高点在水平距离上介乎于两等高线之间，那么其高度点与这两条等高线之间的垂直距离也应相等。因此，在对某一标高点使用插入法时，首先应确定制图比例尺和等高距离比例。第二步是测量水平距离的比例，标高点距离等高线和低等高线的比例，这样便建立了这两个距离之间的比例关系。例如，如果标高点距16ft等高线4ft，距17ft等高线16ft，那么标高点便为该两条等高线之间总距离的1/5。标高点的高度也应为这两条等高线之间垂直距离的1/5，或0.2ft，标高点就应为16.2。同样，若一点距30ft等高线20ft，距32ft等高线10ft，那么该标高点高度应为等距离的2/3，为31.33。在米制单位中，等高线与标高点之间比例关系的原则同样适用。标高数一般进位到

注：*1ft（英尺）= 0.3048m（米）。

1/10ft或1％坡比，当然还需要取决于地面的复杂性和所需求的精确度。标高一般用来描绘这些地点的高度，如建筑物的墙角、顶点、低点、栅栏、台阶顶部和底部以及墙体高端等等。标高最常用在地形改造、平面图和其他工程图之上，如排水平面图和基底平面图。

**海蓑线表示法**　海蓑线是另一种在平面图上表示地形的图解工具。从其定义来看，海蓑线均是互不相连的短线，它们均与等高线相垂直。等高线与海蓑线的画法是：先轻轻地画出等高线，然后在等高线之间加画上海蓑线，实例可见图1-37。海蓑线较之等高线来说更抽象、更不准确。但它常用在直观性园址平面图上或扫描图上，以图解的方式显示地形。由于海蓑线的特性更笼统，也由于它们在地平面上遮蔽了大多数细部，因此决不可将其用在地形改造或其他工程图上。海蓑线的粗细和密度对于描绘斜坡坡度来说是一种有效的方式。海蓑线越粗、越密则坡度越陡。此外海蓑线还可用在平面图上以产生明暗效果，从而使平面图产生更强的立体感。相应而言，表示阴坡的海蓑线暗而密，而阳坡海蓑线则明而疏。

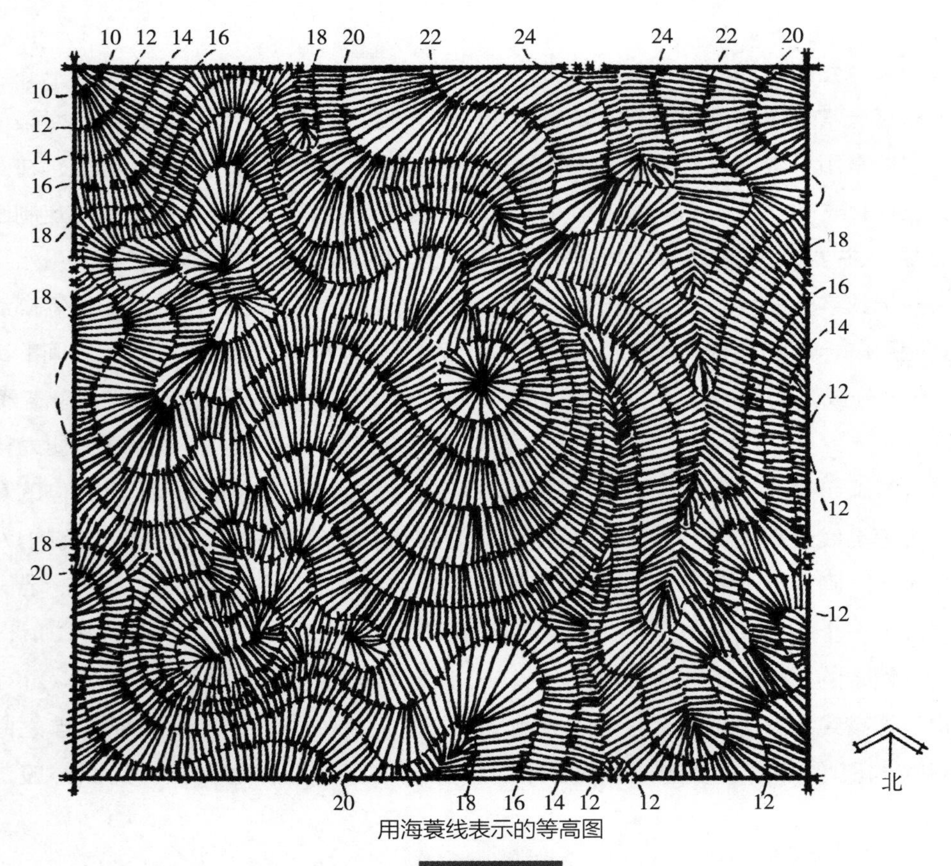

用海蓑线表示的等高图

图1-37

**明暗与色彩表示法** 明暗调（灰调）和色彩也可用来表示地形。明暗调和色彩最常用在“海拔立体地形图”上，以不同的浓淡或色彩表示高度的不同增值（图1–38）。每一种独立的明暗调或色彩在海拔地形图上，表示一个地区其地面高度介于两个已知高度之间。例如，特殊的褐色调可能表示园址上某一地区50~60ft的海拔高度，而另一种褐色则覆盖了海拔60~70ft的地区。根据这一方式，较淡的色调都用来表示较高的海拔，以产生有效的高度形象。当明暗色调层次渐进和均匀时，整个海拔图的外观最佳。为了能准确地在海拔图上描绘出总体地形，海拔高度的变化范围应在增值上保持恒定。在本段前面所提到的例证可以看到，每一增值的高度差恒定在10ft上。海拔立体图是一件很有帮助的分析工具，它可帮助我们确定园址上某一地区最高点与最低点的变化量，以及比较园址中不同两点间的相对高度。

此外，明暗度和色彩也被用在坡度分析图上。与海拔立体图一样，“坡度分析图”也是一种用以表达和了解某一特殊园址地形结构的手段。坡度分析图以斜坡坡度为基

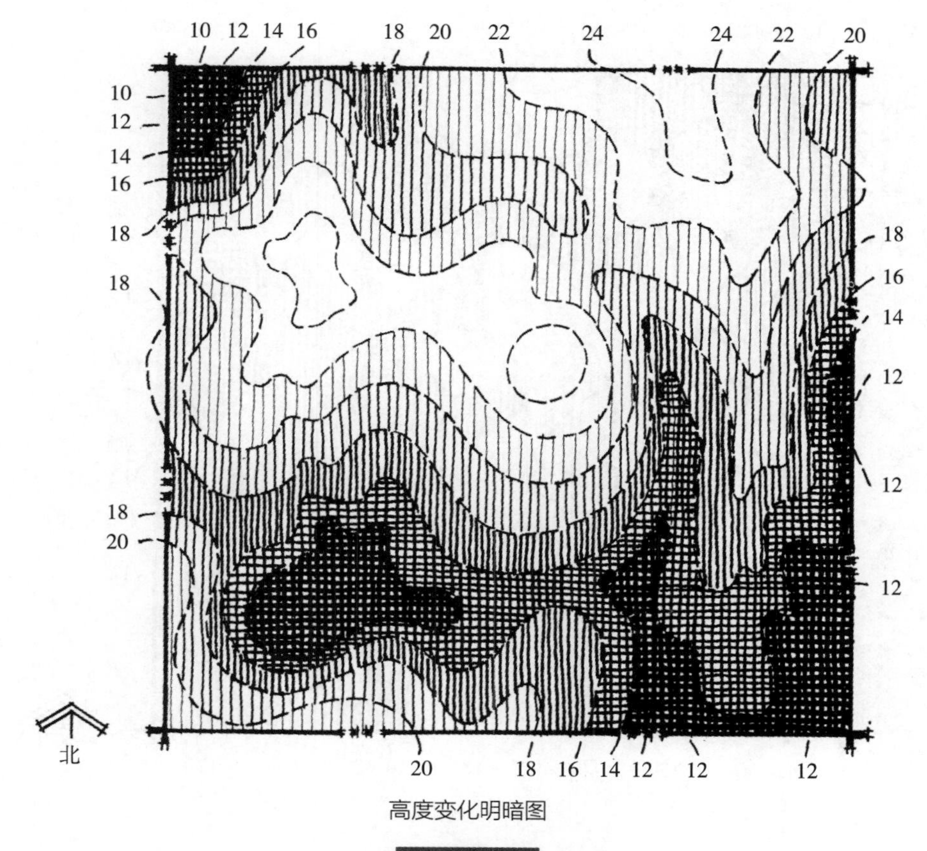


高度变化明暗图

图1–38

准，图上深色调一般代表较大的坡度，而浅色调则代表较缓的斜坡（图1-39）。坡度分析图的价值在于它能确定园址不同部分的土地利用和园林要素选点，该图通常在设计程序的园址分析阶段予以绘制。其作为分析工具的作用与被确定的斜坡类型数目有关，同时也与每一类斜坡的坡度百分比有关。这些类型的确定必须建立在园址的原有地形的复杂性以及所设想的土地利用之上。例如，对于修建居民住宅来说，其分析步骤应如下进行。

0~1%斜坡，太平坦不利于排水；1%~5%斜坡，理想的地形条件，只需最小程度的挖方；5%～10%斜坡，适于楼房建造，但需在坡度较高范围内更仔细地选址；10%~15%斜坡，住宅单元需呈错层状，并与等高线相平行，以减少挖填土方量，同时还需建造挡土墙；15%以上的斜坡，住宅需采用特殊建筑方式进行修建，如支撑柱式工程，道路的铺设及设施选取不易且造价高。比较而言，被用作商业中心以及附属停车场的工地则应如下进行分析：0～1%的坡度，太平坦不利排水；1%～5%坡度，可供选取的理想挖掘条件；5%～8%坡度，需进行定量的土方

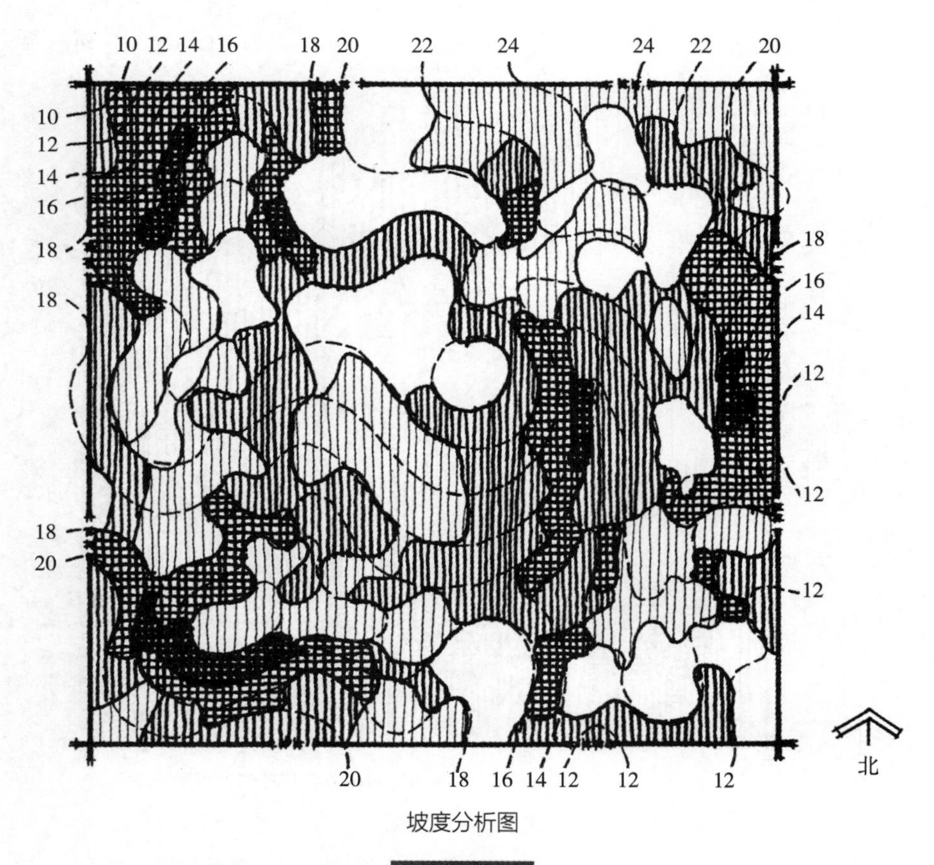


坡度分析图

图1-39

挖掘，停车处应与等高线相平行；8%以上的坡度，不宜进行工程修建，以避免毁坏环境。应该着重指出的是，坡度分析图只有当设计师着手对坡度类型进行评价和做结论时，才能成为名副其实的“分析”。而假如设计师仅进行计算和描绘斜坡种类，而不对每类斜坡的适合性或局限性进行评判，那么所整理出来的结果就最好贴上斜坡“目录”的字样。

**模型表示法** 模型可称是表示地形最直观有效的方式。对于那些在解释一个等高平面图时感到困难重重的外行或无经验的设计师来说尤为如此。模型可进行广泛的交流，并且是一种畅销的工具。但唯一不足的是，模型通常笨重、庞大，不利于保存和运输，并且制作起来耗时耗资。制作地形模型的材料可以是陶土、木板（图1-40）、软木、泡沫板、厚硬纸板或者聚苯乙烯酯。制作材料的选取，则必须依据模型的效果预想以及所表示的地形复杂性而定。

图1-40

**计算机绘图表示法** 现有的一系列计算机程序，可让使用者对地形的某一区域的平面和立体面有一充分认识。图像等的输出，依据程序和计算能力而显示在终端荧光屏上，或是像“硬拷贝”一样复制在白纸上（图1-41）。计算机图示方法的优点就在于它能

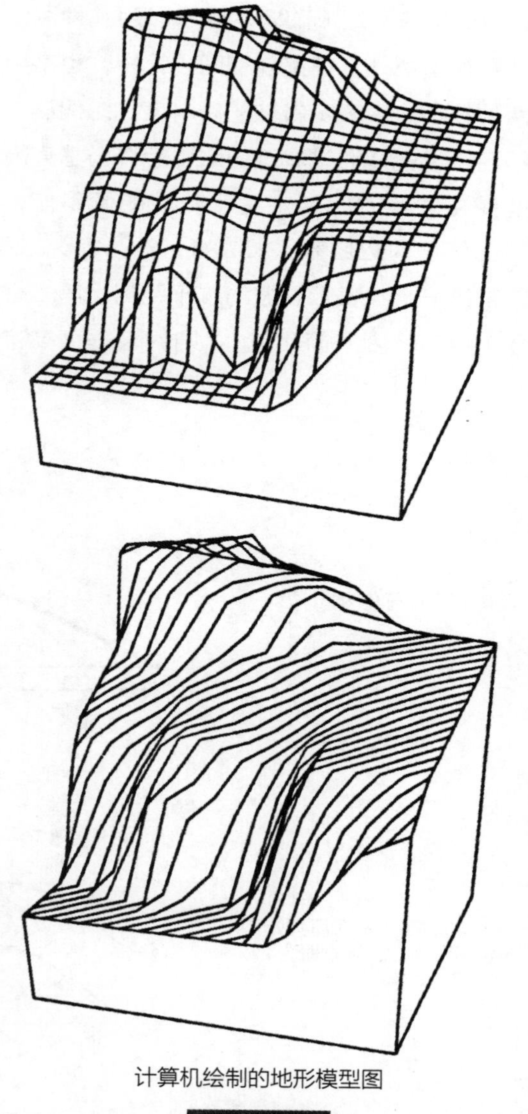

计算机绘制的地形模型图

图1-41

让使用者从各个有利角度来观察地形的各个区域。这一方法的潜在应用，对于园址平整来说犹为使人兴奋，这是因为它能使设计师“看到”平面移动等高线所得到的结果，以及能在设计实施之前正确地估价和完善设计计划。某些更复杂的计算机图示系统，还能允许观察者“深入”设计。此外该方法的潜在用途对于设计师来说几乎无所限制。

**比例法** 地形的表示除了可用几种图示法和模型法外，在室外空间设计中，也常用两种数学法来表示斜坡的倾斜度。比例法，顾名思义就是通过坡度的水平距离与垂直高度变化之间的比率来说明斜坡的倾斜度，其比例值为边坡率（如4：1，2：1等）。通常，第一个数表示斜坡的水平距离，第二个数（通常将因子简化成1）则代表垂直高差（图1-42）。比例法常用在小规模园址设计上。另外，我们也常用比例法来提供设计地形的标准和准则。下面稍加概述。

2：1——不受冲蚀的地基上所允许的最大绝对斜坡。所有2：1的斜坡都必须种植地被植物或其他植物，以防止冲蚀。

3：1——大多数草坪和种植区域所允许的最大坡度。

4：1——可用剪草机进行养护的最大坡度。

**百分比法** 另一种用数学方式来表示坡度的方法叫百分比法。坡度的百分比通过下式而获得，即斜坡的垂直高差除以整个斜坡的水平距离。记忆该方法的一个普通法则就是：上升高÷水平走向距离=百分比。例如，一个斜坡在水平距离为50ft内

记住：
将垂直高度简化为1

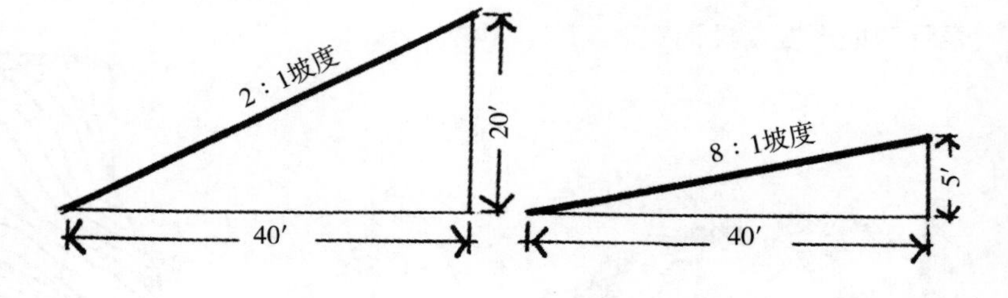


3：1边坡率表示在箭头处
（水平距为12，垂直距为4）

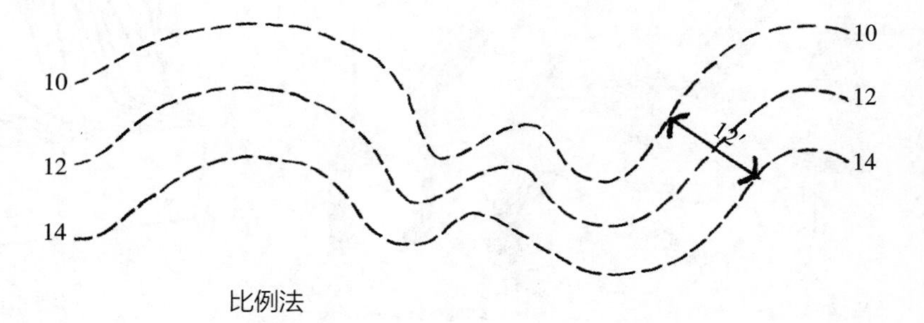


比例法

图1-42

上升10ft，那么其坡度百分比就应为20%（10÷50=0.20或20%），见图1-43。另一种方法是将水平距离定为100单位距离，来求垂直高差的多少。例如，水平距离为100ft，而垂直高差为8ft，坡度就为8%。但要记住，坡度的百分比决不应与水平面与斜坡的夹角相混淆。

就上述两种数学表示法而言，百分比法的使用更广泛。如前面早已提到过，这种方法是制作坡度分析图的基础。与比例法一样，百分比法也同样被用来制定设计标准和尺度。

0～1%（过于平坦）：这种比例的斜坡总的说来排水性差。因此，它除了适宜作为受保护的潮湿地外，几乎不适宜作室外空间利用和使用功能的开发。1%的坡度最好让其成为一片开阔地或是一片保护区，在这些区域偶尔出现的积水，决不会带来任何副作用。

1%～5%：该种比例的坡度对于许多外部空间和地形使用功能来说比较理想。它可为外部的开发提供最大的机动性，并最适应大面积工程用地的需要，如楼房、停车场、网球场或运动场等，而且不会出现平整土地的问题。不过，这种条件的坡度有一个潜在的缺点，那就是如果其在一片区域内延伸过大，就会在视觉上变得单调乏味。此外，这类斜坡若坡度较平缓，那么在不透水土壤上的排水就会成为一个问题。下面是这一类斜坡更详细的情况。

1%的坡度：这是假定的最小坡度，主要是草坪和草地。

2%的坡度：这是适合草坪运动场的最大坡度。就这种斜坡而言，它也同样适合平台和庭院铺地。

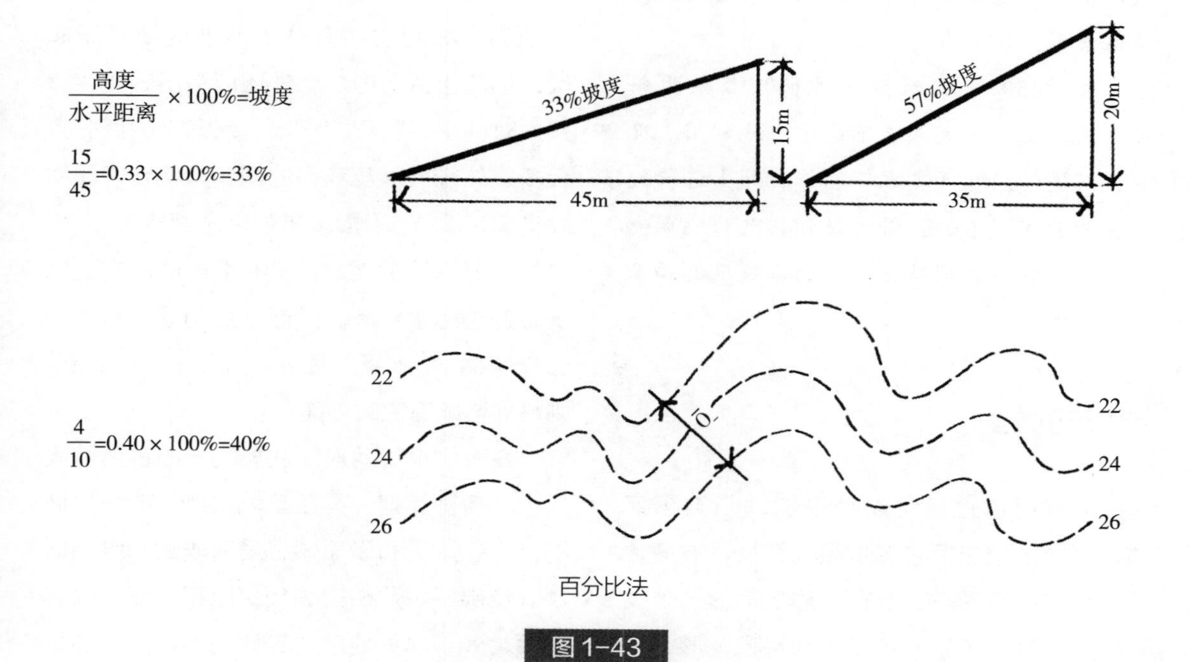


百分比法

图1-43

3%的坡度：这一比例使地面倾斜度显而易见。若低于3%的比例，地面则相对呈水平状。

5%～10%的坡度：这一坡度的斜坡可适合多种形式的土地利用。不过，考虑到斜坡的走向，我们应合理安排各种工程要素。在这种坡度上若配置较密集的墙体和阶梯的话，完全可能创造出动人的平面变化。这种坡度的排水性总的来说是不错的，但若不加以控制，排水则很可能会引起水土流失。作为人行道来说，10%的坡度为最大极限坡度。

10%～15%起伏型斜坡：对于许多土地利用来说，这种坡度似乎有过于陡斜的感觉。为了防止水土流失，就必须尽量少动土方，所有主要的工程设施须与等高线相平行，以便能最大程度地减少土方挖填量，并使它们与地形在视觉上保持和谐。在该种斜坡的高处，通常视野开阔，能观察到四周的美丽景观。

大于15%的陡坡：大于15%比例的斜坡，因其陡峭而大多数不适于土地利用。况且，环境和经费开支也不容许在其上进行大规模的开发。不过，若对该种状况的地形使用得当，它便能创造出独特的建筑风格和动人的景观。

## 地形的类型

地形可通过各种途径来加以归类和评估。这些途径包括它的规模、特征、坡度、地质构造以及形态。而在上述各地形的分类途径中，对于风景园林设计师来说，形态乃是涉及土地的视觉和功能特性最重要的因素之一。从形态的角度来看，景观就是虚体和实体的一种连续的组合体。所谓实体即是指那些空间制约因素（也即地形本身），而开阔空间则指的是各实体间所形成的空旷地域。在外部环境中，实体和虚体在很大程度上是由下述各不同地形类型所构成的：平地、凸地、山脊、凹地以及山谷。为了便于讨论我们暂且将其分割开来，而实际上这些地形类型总是彼此相连，相互融合，互助补足，这一点如同图1-34和图1-35所展示的那样。

**平坦地形**　平坦地形的定义，就是指任何土地的基面应在视觉上与水平面相平行。尽管理论上如此，而实际上在外部环境中，并没有这种完全水平的地形统一体。这是因为所有地面上都有不同程度的，甚至是难以觉察的坡度。因此，这里所使用的“平坦地形”术语，指的是那些总的看来是“水平”的地面，即使它们有微小的坡度或轻微起伏，也都包括在内。此外还应指出的是，有些人对“水平”和“平坦”两词义的区分。大多数外行人以及我们的词典都将它们作为同义词来看待。例如《韦伯大学词典》给“平坦”一词下的定义是，具有很少或没有凸凹状态的土地水平面。然而从最明显、清楚的意义来看，“水平”即水平面，而“平坦”则是均匀或稳定的平面。

表面水平的地形，从规模上而言具有大大小小各种类型，有在基址中孤立的小块面积，也有像伊利诺斯州、爱荷华州、堪萨斯州以及佛罗里达州内的大草原和平原。除其规模之外，水平地形与其他地形相比，还具有某些独特美妙的视觉和功能特点，例如，水平地形是所有地形中最简明、最稳定的地形。由于它没有明显的高度变化，因而水平地形总处于非移动性，并与地球引力相平衡的静态（图1-44）。这种地形还具有与地球的地质效应相均衡的特性。正因为如此，当一个人站立于或穿行于平坦地形时，总有一种舒适和踏实的感觉。水平地面成为人们站立、聚会或坐卧休息的一个理想的场所。这是因为在其上，人们无须花费精力来抵抗他们的身体所受到的地心吸引力。当站立或坐卧于一个相对水平的地面上时，人们不用担心自己会倒向某一边，或产生一种“下滑”的感觉。基于同种原因，水平地域也成为建造楼房的理想场所。事实上，我们也总是人为地来创造水平地域，在斜坡地形上修筑平台，以便为楼房的耸立提供稳定性。

如图1-45所示，缺乏三维空间的平坦地

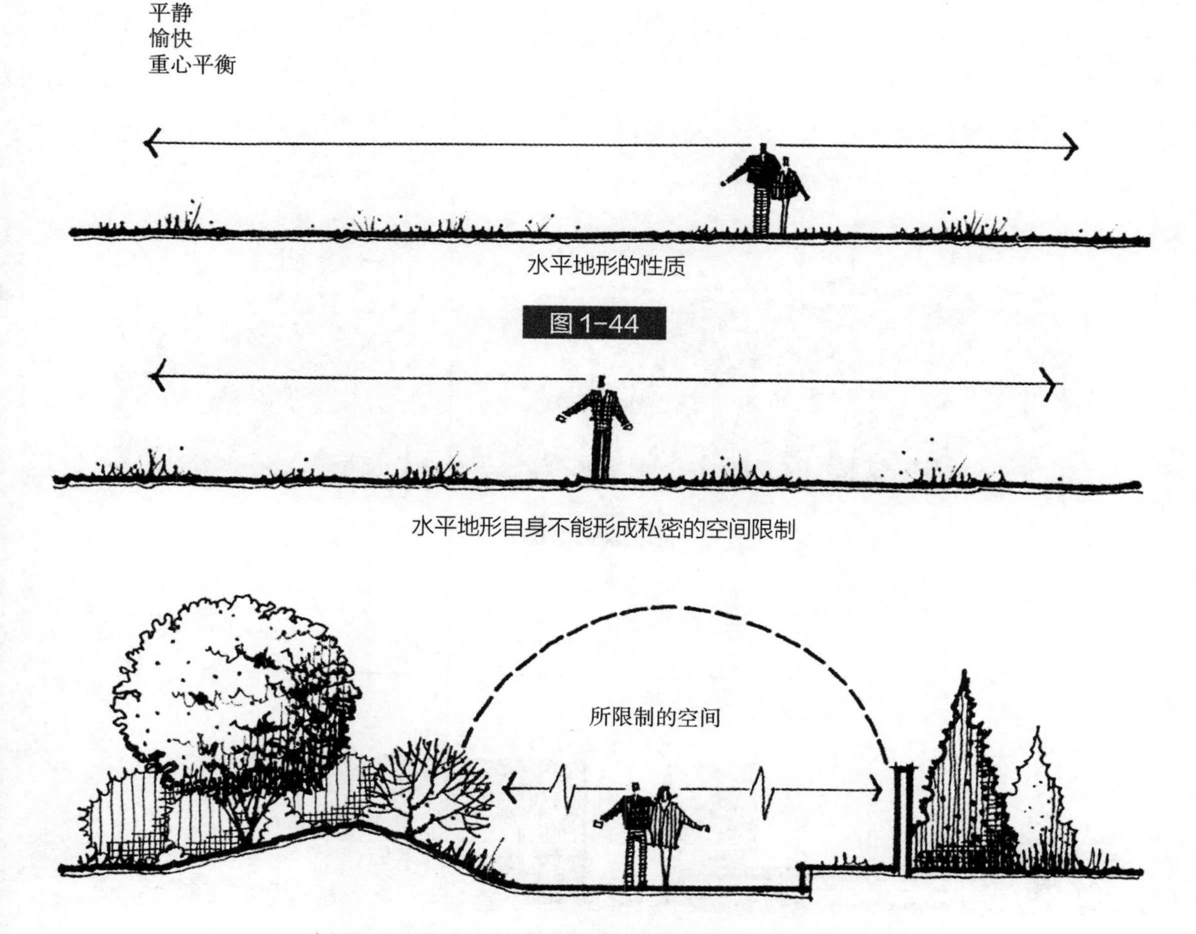


图1-44

图1-45

形，创造一种开阔空旷的、暴露的感觉，看不到封闭空间的迹象（虽然天空和地平线的确扮演着暗含的空间边缘的角色），没有私密性，更没有任何可降低噪声、遮风蔽日的屏障。由此，为了解决其缺少空间制约物的问题，我们必须将其加以改造，或给它加上其他要素，如植被和墙体（图1-45）。

由于平坦地形毫无遮挡，因而使得视线可以从相当远的距离上一览无余，不受阻拦（图1-46）。通常，用以限制视野的地平线以其精练的剪影效果和天空产生虚实对比，从而具有重大意义。这些长距离视野有助于在平坦地形上构成统一协调感，这是因为大多数设计要素能很容易地被观看到，并且彼此间在视觉上有着一种联系。法国文艺复兴时期的花园风格，因其通常建立于相对平坦的地形上，而成为最具魅力的视觉连接体。

平坦地形本身存在着一种对水平面的协调，它能使水平线和水平造型成为协调要素，使它们很自然地符合外部环境（图1-47）。“草原房屋”的建筑形式是莱特利用强烈而有力的水平线及建筑造型直接反映出伊利诺斯州、爱达荷州以及威斯康星州的平原景观。这种建筑形式除了运用水平线

图1-46

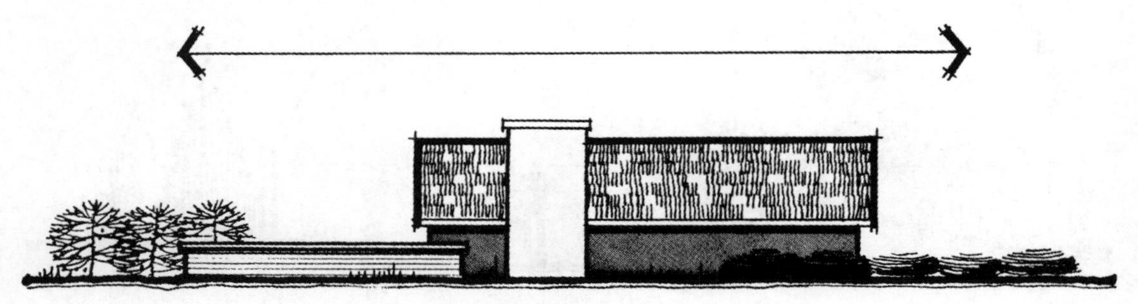

水平的形状与水平地形协调性

图1-47

外，还常利用挑出的房顶在建筑墙体上造成水平线型的阴影。相反，任何一种垂直线型的元素，在平坦地形上都会成为一突出的元素，并成为视线的焦点（图1-48）。在水平区域上，这种物体无需多高便能为人所注视。当你驾车驶过中西部各州时，你的双眼很自然地会被农场的粮仓和教堂屋顶所吸引。即使是低矮的立交桥和高架州际公路也会被衬得突出，哪怕距离再远，也能被人们看见。

水平地形的视觉中性，使其具有宁静、悦目的特点。这一特性使得平坦地形成为静水体的合适场所。反过来，水体的这种宁静的特性，又提高和增强了该地形的观赏特性。从相反的意义来说，水平地形的宁静特性，又使其自身成为其他引人注目物体的背景。由此，许多醒目的形状和色彩便被安置在平坦的地面上，以利用这种背景特性，而雕塑式的建筑便是一个例证。水平地形的地表面质量可以像舞台一样来发挥戏剧表演的焦点作用。例如，维克勒孔特和凡尔赛的大别墅，之所以具有极强的视觉突出性，就是因为它们与毗邻的花园外围平坦背景形成了鲜明对比的缘故。此时，由于将别墅的底层提升于花园水平线之上，这种水平地形的地表面质量因之而扩展到了一定的程度。此外，水平地形的中性特性，还可任其地表面被雕饰成立体的和中空的画面。仅就为原有水平地形增加特性和调剂其单调性来说，这种方式还是可行的。

水平地形除能作为中性背景外，它还可被称作具有多方向特性的地形（图1-49）。在平面上，某点向所有方向的运动具有同等的选择。水平地面本身为运动的方向或布局走向的正确选择提供了参考因素。所有的可能性效果都同样地仰仗地形为基础。无怪乎

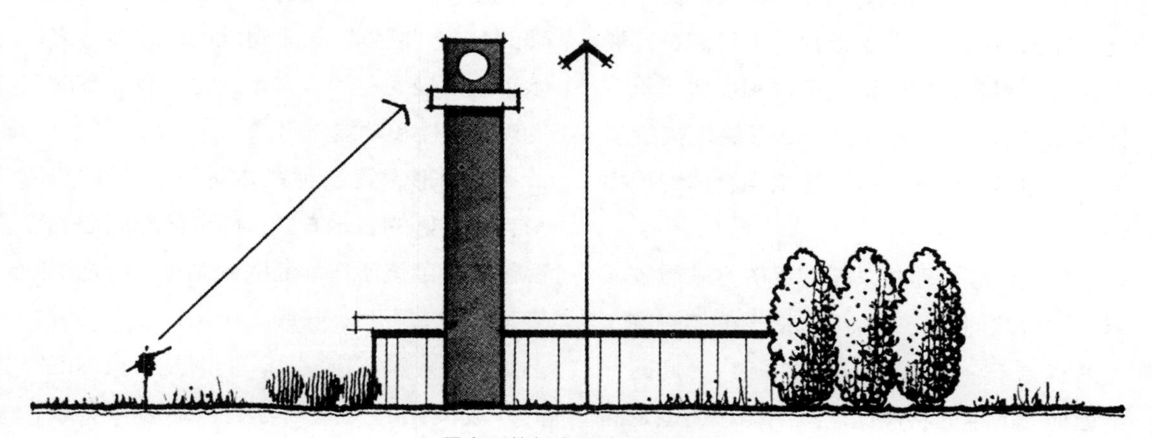

垂直形状与水平地形的对比

图1-48

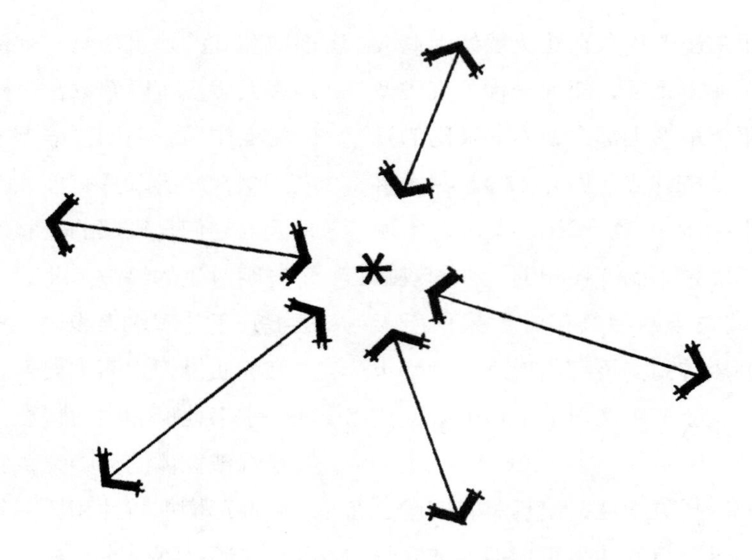

水平地形可以让所给点向各方向发展

图1-49

许多风景园林设计师都感到，在水平地形上进行设计，比在那些具有明显坡度和海拔高度的基址上更困难，更费事。这是因为水平地形上的设计具有更多的选择性。

由于平坦地形具有这一特性，布置于平坦地形上的设计构筑物和设计元素，极适合延伸性和多向性。在平坦地面上只需进行最小程度的平整，便可建造单位和群体建筑，如停车场或运动场。图1–50 形象地描绘了与水平地形相匹配的多种建筑组合体的规模和布局。

与此类似，那些以无穷尽的方式重复显示的抽象几何结构，水晶体造形的结构物，也适宜置于平坦地面上（图1–51）。此时，平坦地形的平面特性任这些结构和造型延伸和重复出现，而不受限制。在水平地面上，由于各设计要素与总体皆有着千丝万缕的联系，因而在一个布局内整体统一感异常强烈。在法国，具有文艺复兴时期建筑风格的庭院，和其他地面设计上，可看到严谨的几何布局在水平地形上的有效应用。

再如，建立于一个单独整体规模之上的楼层设计，如一幢宿舍或办公大楼，常以再现的方式“凌驾”于景观之中。总而言之，水平地形极为灵活、实用。它具有许多潜在的观赏特性和功能作用。

**凸地形**　第二种基本地形类型是凸地形。其最好的表示方式，即以环形同心的等高线布置围绕所在地面的制高点。凸地形的表现形式有土丘、丘陵、山峦以及小山峰。凸地形是一种正向实体，同时是一负向的空间，被填充的空间。与平坦地形相比较，凸地形是一种具有动态感和进行感的地形，它是现存地形中，最具抗拒重力而代表权力

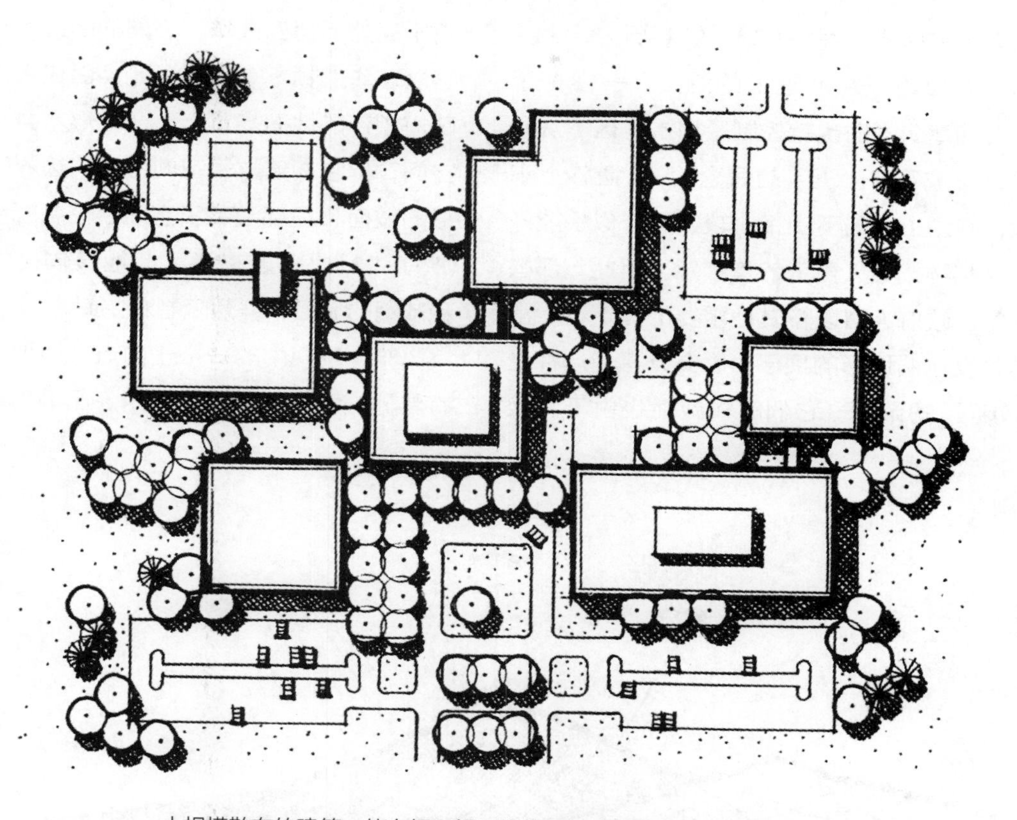

大规模散布的建筑、停车场和娱乐设施最适合安置在水平地形上

图 1-50

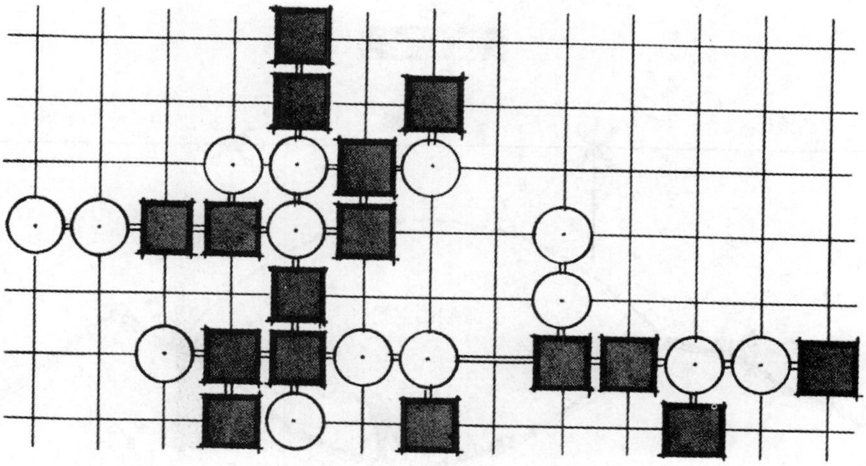

抽象几何形、晶体形和标准模式的图形也容易安置在水平地形上

图 1-51

和力量的因素（图1–52）。纵观历史，山头都具有军事上和心理上的意义。一占据了山头的军队同时也就控制了周围地区（从而也就形成了“山王”的概念）。从情感上来说，向山上走与下山相比较，前者似乎能产生对某物或某人更强的尊崇感。因此，那些教堂、政府大厦以及其他重要的建筑物，常常耸立在凸地形的顶部，以充分享受这种受“朝拜”的荣耀。它们的权威性也由于其坐落于高处而得到升华。美国的国会大厦、白宫以及华盛顿纪念碑等，就坐落在它们与林荫道相连的地面高点上。凸地形本身是一负空间，但它却建立了空间范围的边界。凸地形的坡面和顶部限制了空间，控制视线出入（图1–53）。一般来说，凸地形较高的顶部和陡峭的坡面，强烈限制着空间。

作为景观中的一个正向点，凸地形还具有其他美学特征和功能作用。凸地形在景观

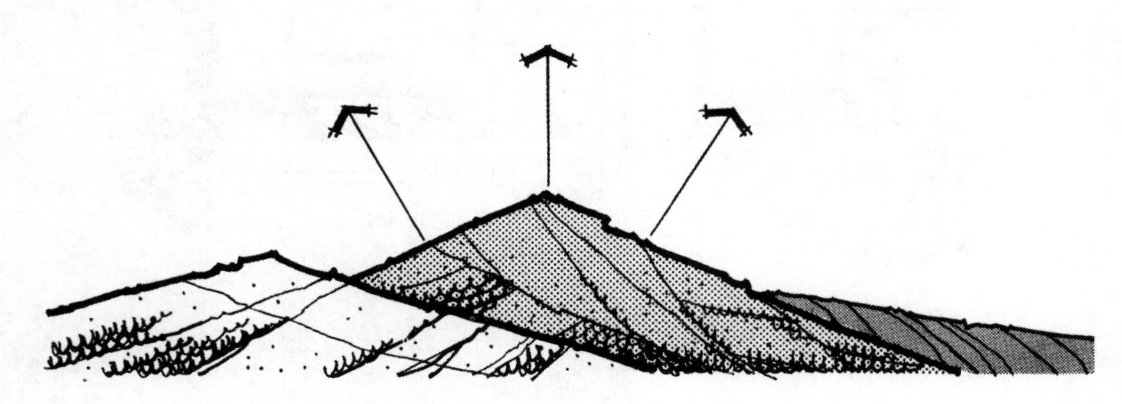

凸地形能作为景观的焦点

图 1–52

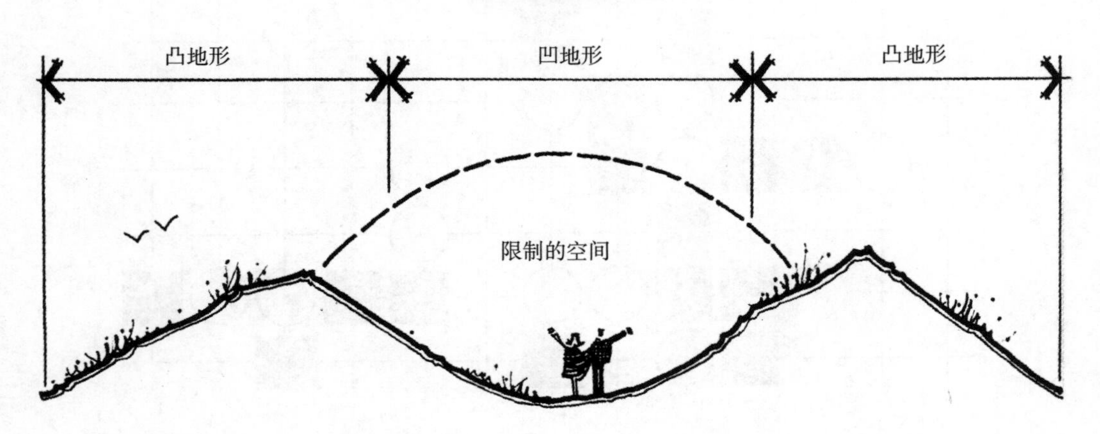


两个凸地形创造了一个凹地形

图 1–53

中可作为焦点物或具有支配地位的要素，特别是当其被较低矮、更具中性特征的设计形状所环绕时，犹为如此。缅因州的卡塔林山或华盛顿州的雷尼尔山（图1-54）犹如一个“感叹号”强烈地吸引着游人的关注。凸地形由于具有这样一种特性，它也可作地标在景观中为人定位或导向。也就是说，游人的位置所在，仅需瞥一眼地面上的突出高点便可明了。

如果在凸地形的顶端焦点上布置其他设计要素，如楼房或树木（图1-55），那么凸地形的这种焦点特性就会更加显著。这样一

图 1-54

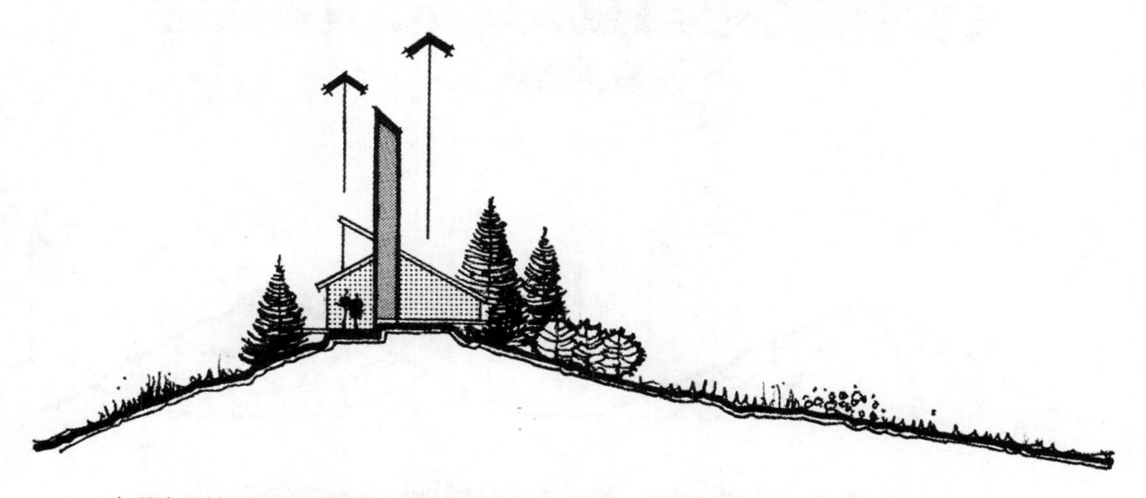

如果在凸地形的顶端焦点上布置其他设计要素，那么凸地形的这种焦点特性就会更加显著。

图 1-55

来，凸地形的高度将增大，从而使其在周围环境中更易显而易见，并能更加突出其重要性。这一特性的典型例证便是圣弗朗西斯科（旧金山）的高山上耸立的科伊特塔（图1–56），塔与地面高地共同结合，构成了一个众所周知的地标。

凸地形在视觉上高度的增强还可借助于那些与等高线相垂直，并延凸面地形边缘顺延朝顶部走向的线条和造型（图1–57）。反过来，那些缠绕于凸地形，并与等高线相平行的线条和造型，则会削弱其视觉高度。

图1–58显示的是凸地形的另一个特性，它表明，任何一个立于该凸地顶部的人，将自然地感到一种外向性。根据其高度和坡度陡峭，可以在低处找到一被观赏点，吸引视线向外和鸟瞰。然而实际上，更多的注意力

图1–56

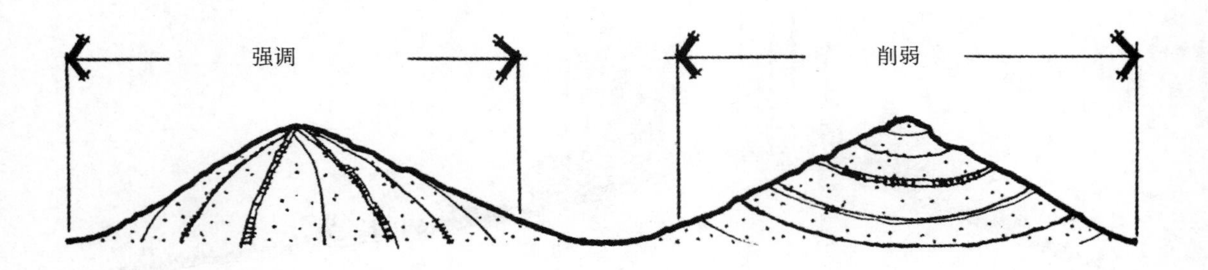


垂直于等高线的线形强调了凸地形，而平行等高线的线形削弱了凸地形

图1–57

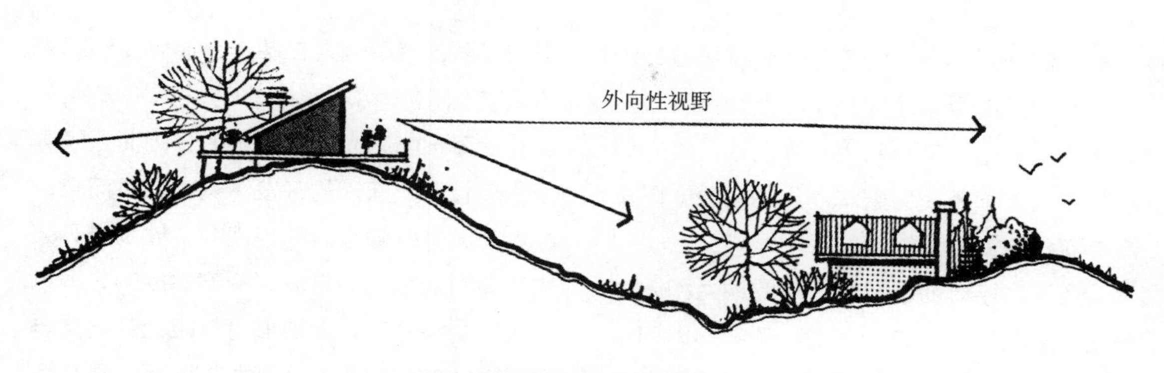


凸地形提供了视野的外向性

图1-58

从高地形上被引向景观中的另一些点，而不是人们所规定的某一场所。由此可见，凸地形通常可提供观察周围环境的更广泛的视野。基于这一原理，我们可以说凸地形乃是最佳的建筑场所。在那些山丘似的城市区域，如匹兹堡、旧金山和西雅图，其较高处具有极大的不动产价值，并在某些情况下，为了维护这些地区的景色，它们往往从法律的角度受行政区条令的调节。再如，沿高速公路的景观或树木丛生的乡村中的火警监视塔，也充分利用了地面较高处视野开阔这一优点。图1-59所示的就是来自于凸地形开阔

图1-59

视野的例证。另一个例证是建造在华盛顿山上蘑菇状的平台，从这个平台上可鸟瞰整个匹兹堡市。这些平台利用其外向性，给人们提供了匹兹堡商业区繁华动人的景象，以及毗邻河谷的美丽景色。

凸地形还有助于发挥瀑布的动力和激奋作用。瀑布的产生表示了地球的吸引力和水自一座山丘或大山的斜坡向下的运动。在自然界中，动人的瀑布出现在这样一些地方，如尼亚加拉大瀑布、约塞米蒂国家公园、黄石公园，以及美国其他许多地方。在意大利维拉得埃斯特的水体，典型地说明了水体从一个地面高点向一个人造环境下落的重力（以及反抗力）。

最后要说的是：凸地形还是一个对外部环境中的小气候具明显调节作用的地形要素。正如在本章开头部分所描述的那样，一个凸面地形的不同坡度，由于其走向各异，而在阳光和风向中具有显著的变化。南及东南朝向的坡向，在大陆温带气候带内是最理想的场所，这是因为在冬季它们可受到阳光的直接照射。相反，向北的坡，由于在冬季几乎得不到阳光的直接照射，因而气候寒冷不适宜于大面积的开发。其次就风而言，在大陆温带气候带内的东南向斜坡夏季风强烈，而西北朝向的斜坡则受到寒冷的冬季风的袭击。在冬季，凸地形可以阻挡刮向高点东南向的寒风，从而使其更加温暖，更具活力（图1-60）。

简言之，凸面地形是一种神奇的因素，故在景观中有许多引人注目和丰富多彩的用途。它具有不可忽视的特性，因此我们必须小心慎重地运用。

**山脊**　与凸地形相类似的另一种地形叫脊地。脊地总体上呈线状，与凸面地形相比较，其形状更紧凑、更集中。可以这样说，脊地就是凸地形的“深化”的变体。与凸地形相类似，脊地可限定户外空间边缘，调节其坡上和周围环境中的小气候。脊地也能提供一个具有外倾于周围景观的制高点。沿脊

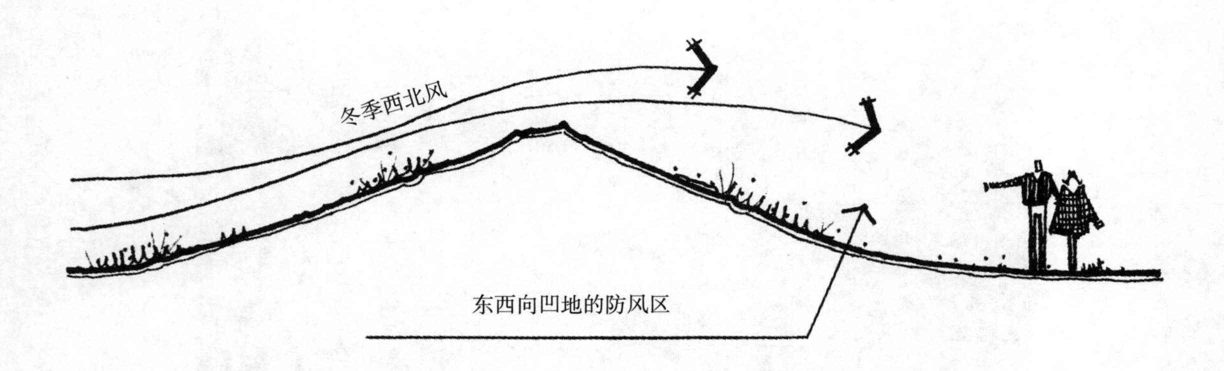


凹的东西向边可防御冬季寒风的侵袭

图1-60

线有许多视野供给点，而所有脊地终点景观的视野效果最佳（图1-61）。这些视野使这些地点成为理想的建筑点。

脊地的独特之处，在于它的导向性和动势感。从视觉角度而言，脊地具有摄取视线并沿其长度引导视线的能力。因此，在景观中，脊地可被用来转换视线在一系列空间中的位置，或将视线引向某一特殊焦点。而从功能角度而言，无论是车辆还是行人，只要他们位于脊线或至少平行于脊线行驶，那么他们的移动都是最方便易行的。如果运动方向垂直于脊线，特别是当山脊非常陡峭时，这种运动会相当吃力。因此，山脊应该说是大小道路，以及其他涉及流动要素的理想场所。此外，这些场所还具备外向的视野和易于排水的优点。图1-62所描绘的这种设计原则，常被运用在房屋建筑的工地规划设计工程中，在此规划中，道路、停车场以及住宅，均以线状形式沿山脊线布局，而位于其间的谷地和洼地则仍被保留为开阔空间。这种设计原则既有效地利用了地形，又兼顾了工地中其他更难以处置的地域。如此所述，

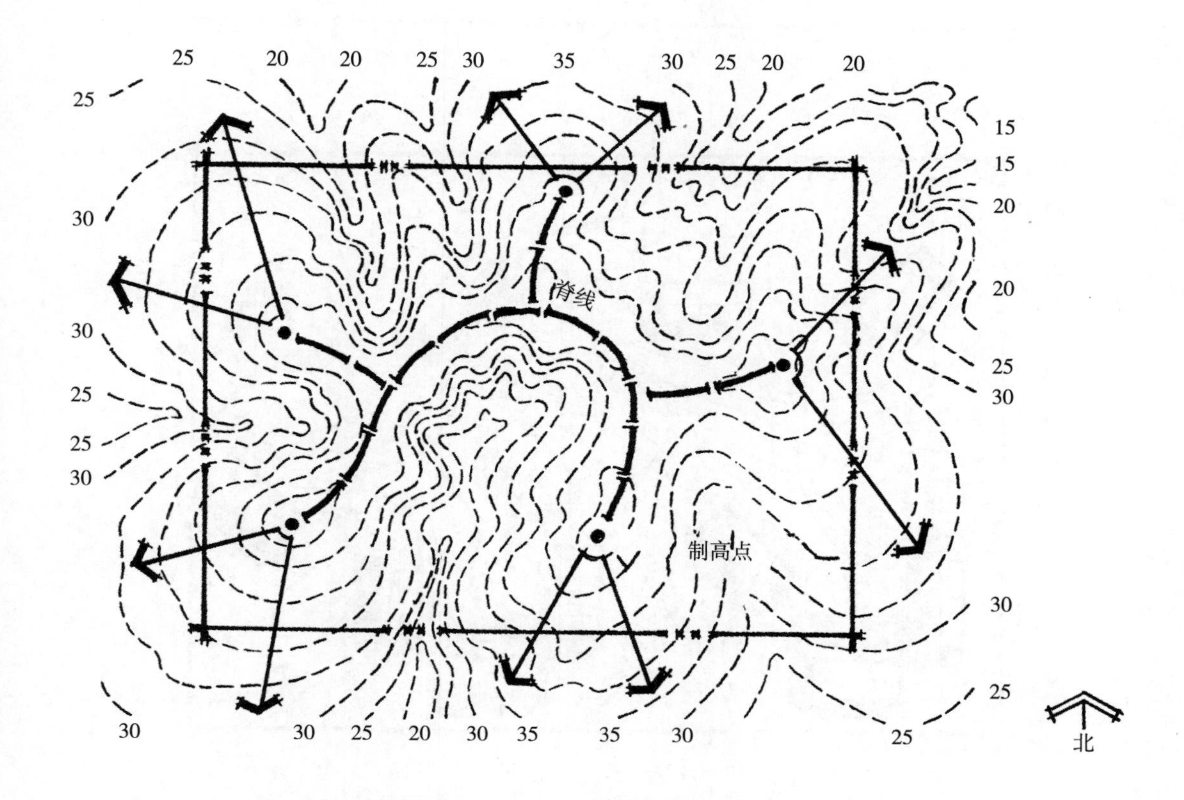


山脊的脊线和脊线终点是很好的视点，能向外观赏周围的景观

图1-61

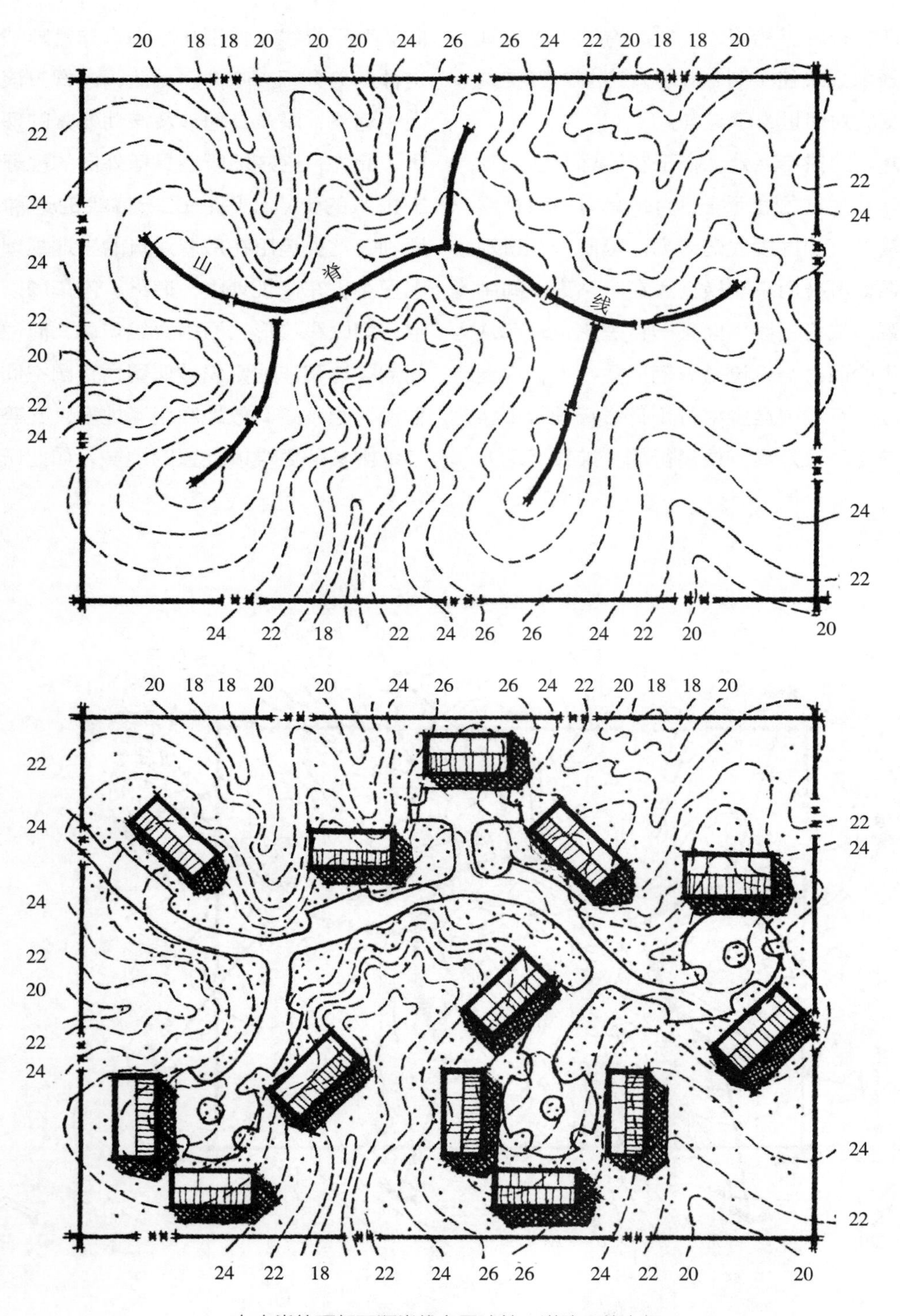


在山脊的顶部可顺脊线布置建筑、道路和停车场

图1-62

在整个布局中，所有设计的构筑物，当其处于脊顶及沿山脚线边缘时，必须相应做到长而不宽。只有这样，这些构筑物（房屋、停车场等）才能与山脊地形在视觉上相融合，并且能最大限度地减少土方挖填量。应当注意的是，不规则的和多方向的布局与山脊地形毫不相适。

脊地在外部环境中的另一特点和作用是，它通常充当分隔物。脊地作为一个空间的边缘，犹如一道墙体将各个空间或谷地分隔开来。环绕于某一地区或工地的界线，常由于脊地的存在而在视觉上受到制约，从而使人感到有“此处”和“彼处”之分。从功能上来说，地面直线型的高差能将彼此两个区域隔离开来。当脊地两侧在土地的使用上不能相容时，这无疑会成一个优势。反过来说，当原本相互并存的两个区域在使用上配合极佳，而脊地却又使其分隔开来时，那么脊地在此毫无疑问，也就成为一个不利因素。从排水角度而言，脊地作用就像一个“分水岭”（图1-63）。降落在脊地两侧的雨水，将各自流到不同的排水区域。

**凹地形** 凹地形在景观中可被称之为碗状洼地。它并非是一片实地，而是不折不扣

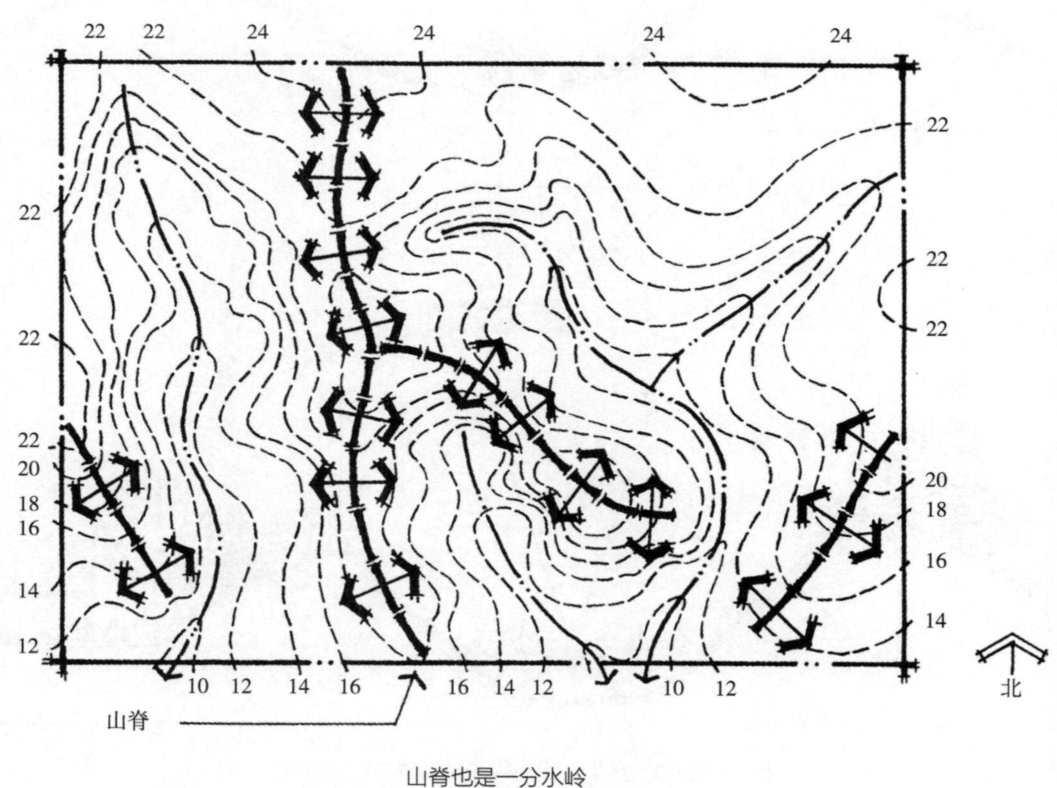


山脊也是一分水岭

图1-63

的空间。当其与凸地形相连接时，它可完善地形布局。在平面图上，凹地形可通过等高线的分布而表示出来，这些等高线在整个分布中紧凑严密，最低数值等高线与中心相近。凹地形的形成一般有两种方式，一是当地面某一区域的泥土被挖掘时，二是当两片凸地形并排在一起时（图1-64）。凹地形乃是景观中的基础空间，我们的大多数活动都在其间占有一席之地。它们是户外空间的基础结构。在凹地形中，空间制约的程度取决于周围坡度的陡峭和高度，以及空间的宽度。

凹地形是一个具有内向性和不受外界干扰的空间。它可将处于该空间中任何人的注意力集中在其中心或底层，如图1-65所示的那样。凹地形通常给人一种分割感、封闭感

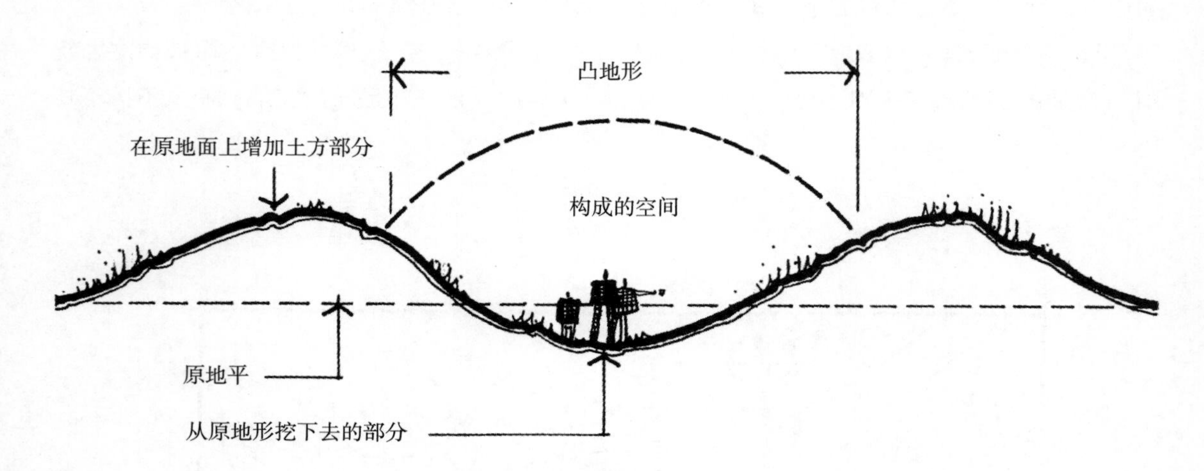


在平地上创造凹地的方法

图1-64

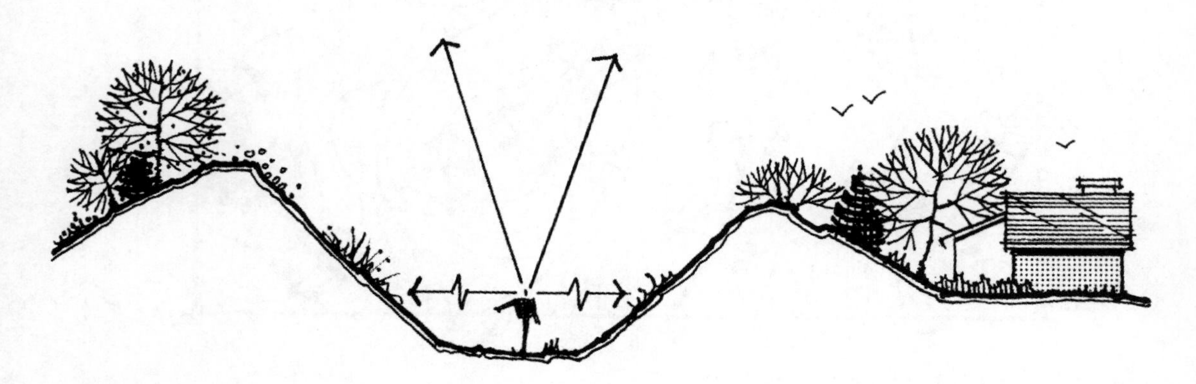

地形的边封闭了视线，造成孤立感和私密感

图1-65

和私密感。在某种程度上也可起到不受外界侵犯的作用。不过，这种所谓的安全感乃是一种虚假现象，这是因为凹地形极易遭到环绕其周围的较高地面的袭击。当某人处于凹面地形中时，他与其他相邻空间和设施仅有微弱的联系，他也不可能将他的视线超越过凸地形的外层边缘，而到达景观中的其他区域。再者，任何人从体力上来说也难以跳出凹地形。鉴于凹面地形边缘的坡度，凹地形无论怎样都可将人留于其空间中。

由于凹地形具有封闭性和内倾性，它从而成为理想的表演舞台，人们可从该空间的四周斜坡上观看到地面上的表演。演员与观众的位置关系正好说明了凹地形的“鱼缸”特性（图1-66）。正因如此，那些露天剧场或其他涉及观众观看的类似结构，一般都修建在有斜坡的地面上，或自然形成的凹地形之中。纽约市洛克菲勒娱乐中心便是城市凹地形运用的典范。在这里，滑冰者在下面的冰道上进行各式表演，以吸引行人和游览者停留观看。

凹地形除上述特点之外，还有其他一些特点。它可躲避掠过空间上部的狂风。另外，凹地形又好似一个太阳取暖器，由于阳光直接照射到其斜坡而使地形内的温度升高，使得凹地形与同一地区内的其他地形相比更暖和，更少风沙。不过，尽管凹地形具有宜人的小气候，但它毕竟还是有一个缺点，那就是比较潮湿，而且较低的底层周围尤为如此。凹地形内的降雨如不采取措施加以疏导，都会流入并淤积在低洼处。事实上，凹地形自身就是一个排水区。这样，凹地形又增加了一个潜在的功能，那就是充作一个永久性的湖泊、水池，或者充作一个暴雨之后暂时用来蓄水的蓄水池。

**谷地**　最后我们将讨论的地形类型叫谷地。谷地综合了某些凹地形和前面所描述的脊地地形的特点。与凹地形相似，谷地在景

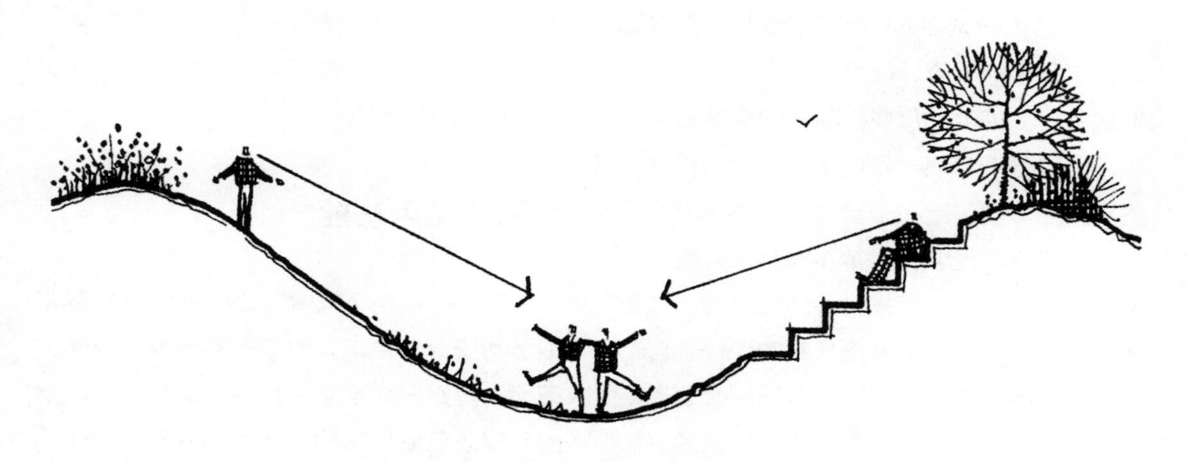

在凹地形中视线向内和向下

图1-66

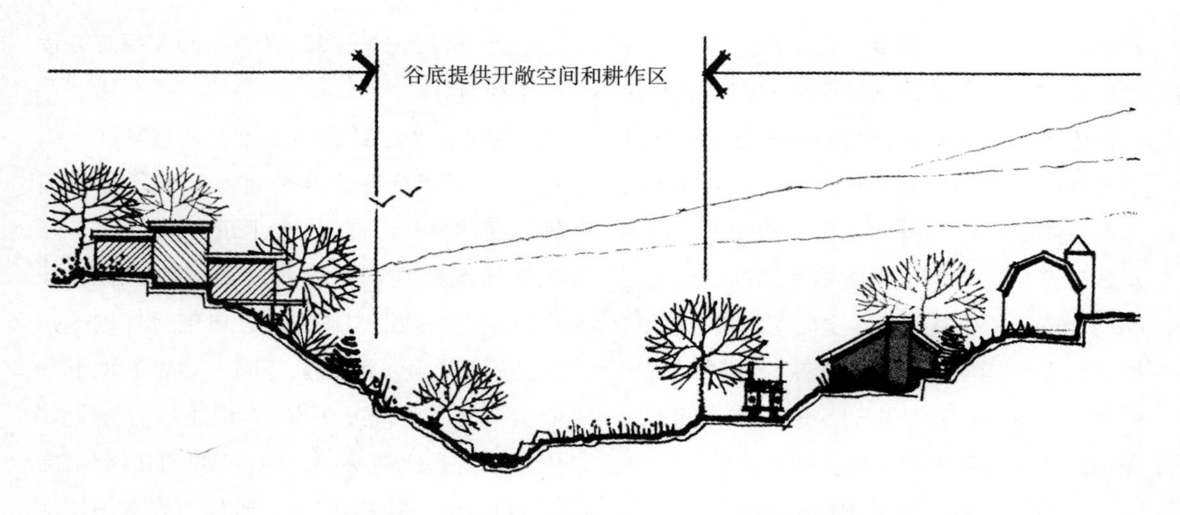


当可能时，谷底能作为开敞空间，而谷边作为开发地

图1-67

观中也是一个低地，具有实空间的功能，可进行多种活动。但它也与脊地相似，也呈线状，也具有方向性。也许我们还记得前面段落所描述过的，谷地在平面图上的表现为等高线的高程是向上升的。

由于谷地的方向特性，因而它也极适宜于景观中的任何运动。许多自然运动形式，由于运动的相对便易而通常发生在沿谷底处，或谷地的溪流、河流之上。如今，许多普通马路，甚至于那些州际间的高速公路，也常常穿行于谷地。谷地中的活动与脊地上的活动之差别，就在于谷地典型地属于敏感的生态和水文地域，它常伴有小溪、河流以及相应的泛滥区。同样，谷地底层的土地肥沃，因而它也是一个产量极高的农作物区。鉴于以上种种原因，凡需在谷地中修建道路和进行开发时，必须倍加小心，以便避开那些潮湿区域，并不使敏感的生态遭致破坏。假如就在谷地内和脊地上修建道路和进行开发上给予同等选择的话，那么在大多数情况下，明智的做法就是在脊地上进行道路修建和其他开发，而保留谷地作为农业、娱乐或资源保护等之用。如果一定要在谷底中修建道路和进行开发的话，那最好将这些工程分布在谷底边缘高于洪泛区域的地方，或像图1-67所示的那样，将其分布在谷地斜边之上。在这些地带，建筑结合其他设计要素一般应呈线状，以便协调地面的坡度以及体现谷地的方向特性。

## 地形的实用功能

地形在室外环境中有众多的使用功能和美学功能。其中某些作用非常普遍、自然，而另一些则局限于某些特殊的情况。在本章前几部分已对地形的某些作用进行了论述。在所有情形中，地形的使用全依赖于设计师的技能和想象。但必须牢记的是，在设计中无论设计师如何使用地形这一因素，最终都会对所有布局在地面上的因素产生影响。为了便于描述，下面几页将分别对各种不同的作用加以评述。不过请记住，地形的许多使用功能有可能同时出现在一个设计之中。

**分隔空间** 地形可以利用许多不同的方式创造和限制外部空间。空间的形成可通过如下途径：对原基础平面进行挖方降低平面；或在原基础平面上添加泥土进行造型；增加凸面地形上的高度使空间完善；或改变海拔高度构筑成平台或改变水平面。这些方法中的大多数形式对构成凹面和谷地地形极为有效。当使用地形来限制外部空间时，下面三个因素在影响我们的空间感上极为关键：空间的底面范围；封闭斜坡的坡度；地平轮廓线。图1-68便是其图示。

所谓空间的底面区域，指的是空间的底部或基础平面，它通常表示“可使用”范围。它可能是明显平坦的地面，或微起伏的、并呈现为边坡的一个部分。一般说来，一个空间的底面范围越大，空间也就越大。

第二个影响我们空间感的因素是坡面。坡面在外部空间中犹如一道墙体，担负着垂直平面的功能。如前数次所提到的那样，斜坡的坡度与空间制约有关，斜坡越陡，空间的轮廓越显著。

第三种影响空间感的因素是地平天际线，它代表地形可视高度与天空之间的边缘。我们将这条线当作斜坡的上层边缘或空间边缘，至于其大小如何无关紧要。地平轮廓线和观察者的相对位置、高度和距离，都可影响空间的视野，以及可观察到的空间界限（图1-69）。在这些界限内的可视区域，往往就叫作“视野圈”。在区域范围上，地平轮廓线可被几英里远的大小山脊所制约。这一极宽阔空间又可被分隔成更小的即景空间。图1-70表明了地平轮廓线（以及相关的空间感），极易随观察者在空间内的移动而产生变化。也就是说，空间因观赏者以及地平线的位置而出现的扩大或收缩感。

上述这三种变化因素（地平面范围、斜坡坡度、地形天际线）在封闭空间中都

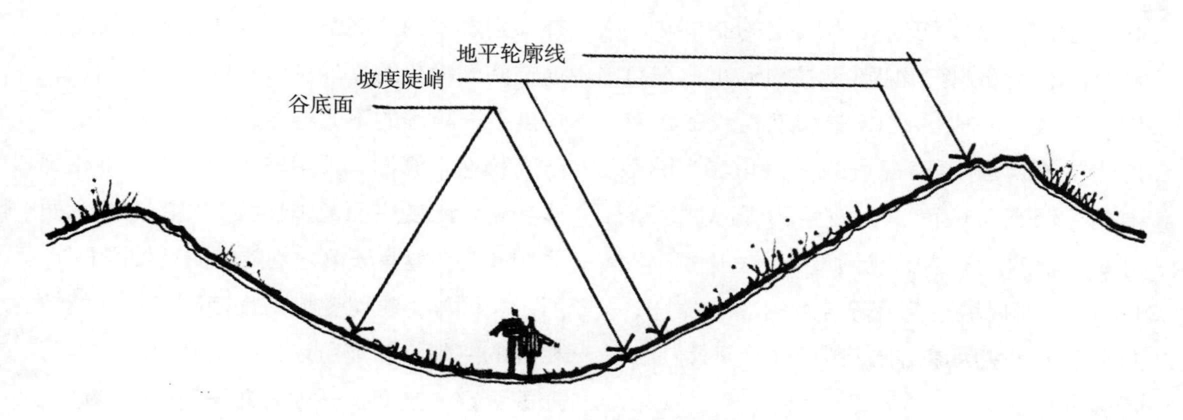


地形的三个可变因素影响着空间感

图1-68

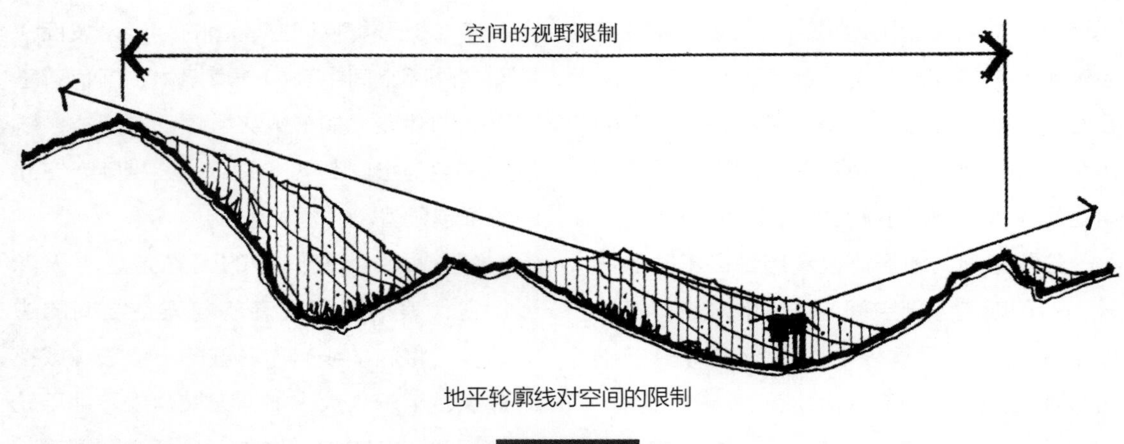


地平轮廓线对空间的限制

图1-69

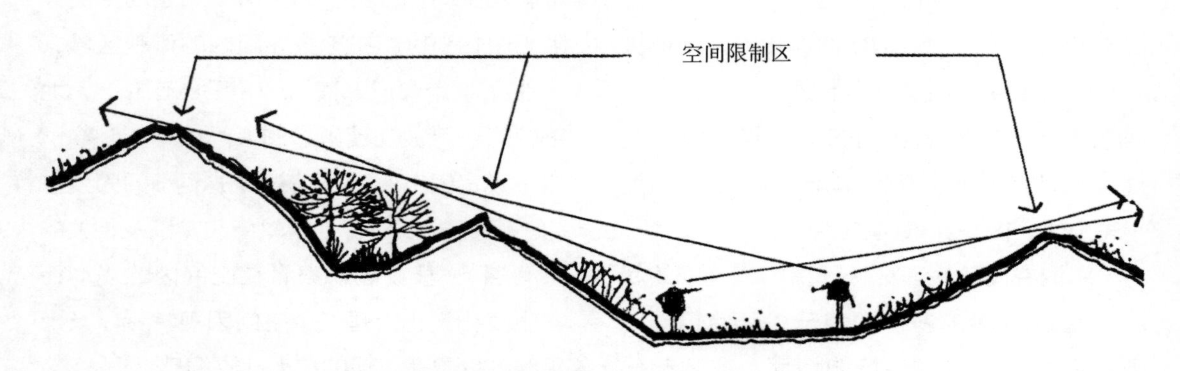


空间感和其限制变化随着人们的位置的改变而变化

图1-70

同时起作用。在任何一个限定的空间内，其封闭程度依赖于视野区域的大小、坡度和天际线，一般的视域在水平视线的上夹角40°~60° 到水平视线的下夹角20° 的范围内，而当谷底面积、坡度和天际线三个可变因素的比例达到或超过45° （长和高为1：1），则视域达到完全封闭（图1-71），而当三个可变因素的比例少于18° 时，其封闭感便失去。

风景园林设计师能运用谷底面积、坡度和天际线来限制各种空间形式，从小的私密空间到宏大的公共空间，或从流动的线形谷地空间到静止的盆地空间，都是以底面积、坡度、天际线的不同结合，来塑造出空间的不同特性。例如，采用坡度变化和地平轮廓线变化，而使底面范围保持不变的方式，便可构成三个具有天壤之别的空间，如图1-72所示。同样，也可变换底面范围来构成特性相异的空间。如前所述，相对水平的底面可形成稳定的空间，一个人在一块倾斜的地面上呆之过长，就会有不舒适感，从而使他不得不向另一位置移动。对于限制、影响顶平

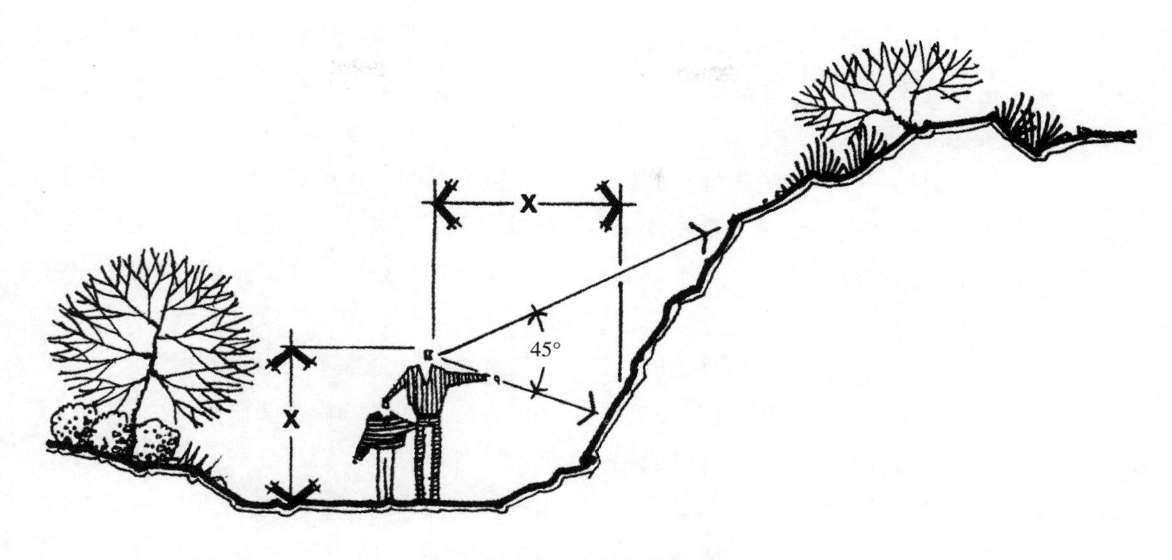


当视场为45° 时空间达到封闭感

图 1-71

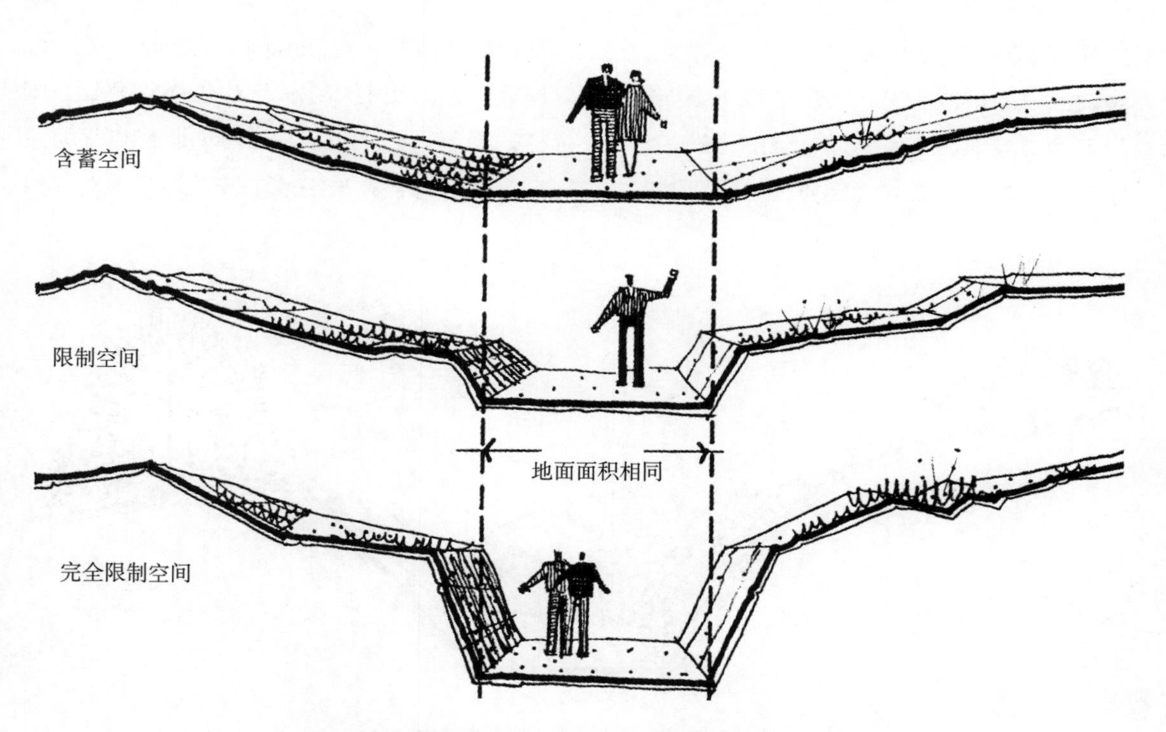


即使不改变底面积也能创造出不同的空间限制

图 1-72

面而言，地形可以说是很难办到，除非形成一个窑洞（这种情形极少），否则地形不可能对一个外部空间的顶部有所控制。

地形不仅可制约一个空间的边缘，而且还可制约其走向。一团空气就像一个流体总会向阻力最小的地方移动。由此，一个空间的总走向，一般都是朝向开阔视野。地形一侧为一片高地，而另一侧为一片低矮地时，空间就可形成一种朝向较低、更开阔一方，而背离高地的空间走向。图1-17就曾描绘了这一特点。与此类似，空间走向也像水体一样，总是向下流动，流向较低地面，结果，某一具有坡度地面的空间，无疑会将其自身引向并固定在较低地面的区域上。

为了构成空间，或完成其他功能，如地表排水、导流或左右空间中的运动等，地表层决不应形成大于50％或2：1的斜坡。一般说2：1的斜坡比例，乃是地表土壤堆筑的最大绝对极限。斜坡超过2：1的比例，若不在其上筑起石块或其他硬质、不受腐蚀的材料，那么这些斜坡极易产生侵蚀现象。即使是2：1的斜坡，也必须覆盖地被植物和其他植物，以防止其水土流失。

**控制视线**　本章开始时曾提到，利用填充垂直平面的方式，地形能在景观中将视线导向某一特定点，影响某一固定点的可视景物和可见范围，形成连续观赏或景观序列，以及完全封闭通向不悦景物的视线。由于空间的走向，人们的视线便沿着最小阻碍的方向通往开敞空间。为了能在环境中使视线停留在某一特殊焦点上（图1-73），我们可在视线的一侧或两侧将地形增高，形成如图的地形类型。在这种地形中，视线两侧的较高地面犹如视野屏障，封锁了任何分散的视线，从而使视线集中到景物上。

地形也可被用来“强调”或展现一个特殊目标或景物。毫无疑问，置放于高处的任何目标，即使距离比较远也能被观察到。同样，处于一个谷地边坡或脊地上的任何目标，也同样容易被谷地中较低地面或对面斜

在风景中，地形可以控制视线的方向

图1-73

坡上所看到（图1-74）。斜坡越陡，越像是垂直的墙体，因而越能直接阻挡视线和捕捉视线。这一概念的运用典范在动物园中常见到。特殊动物的展览室，便是修建在斜坡上，这样人们就更容易、更完整地欣赏这一动物。地形的另一个类似功能是构成一系列赏景点，以此来观赏某一景物或空间。每一赏景点都可本着这样一个意图来定位，即以变化各异的观赏点给予景物千变万化的透视景象。

地形的一个与上述相关的作用，是建立空间序列，它们交替地展现和屏蔽目标或景物。这种手法常被称之为“断续观察”或“渐次显示”（图1-75）。当一个赏景者仅看到了一个景物的一个部分时，对隐藏部分就会产生一种期待感和好奇心。此时赏景者为部分目标所戏弄，而想尽力看到其全貌，但他不改变位置是不能看到整个景物的，在这

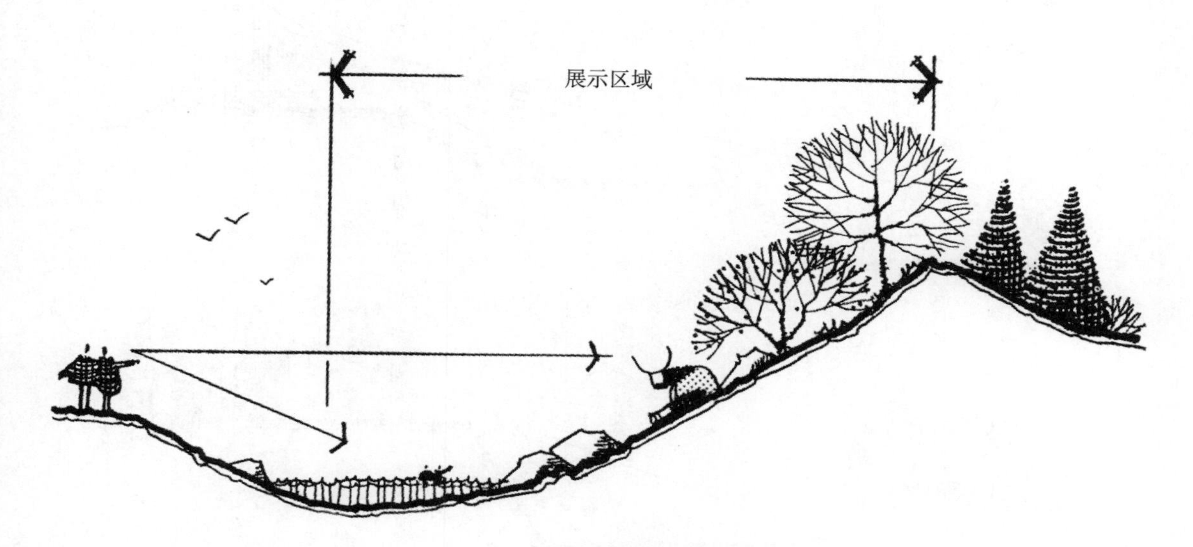


斜倾的坡面是很好的展示观赏因素的地方

图1-74

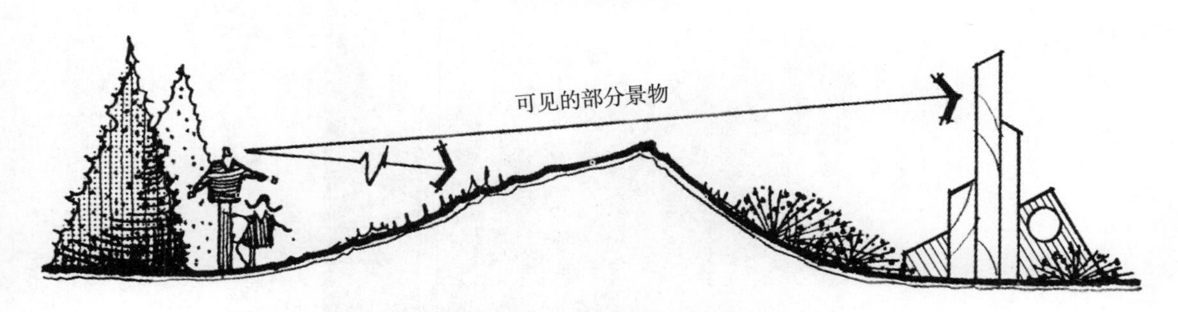


土山部分地障住吸引人的景物，而得到预想的效果

图1-75

种情形下，赏景者将会带着进一步探究的心理，竭力向景物移动，直到看清全貌为止。设计师利用这种手法，去创造一个连续性变化的景观，来引导人们前进。如图1–76的上图，在山顶上安置一引人注目的景物，最初让人注意，并吸引人向前探究，然而在前进过程中，山上的景物则忽隐忽现，直到抵达山顶才得知全景。

图1–76下部分所示的另一种情形表明，斜坡顶部也可以屏障一个位于斜坡底部的景物，这样在较远的距离上，即使在高处也难看到目标。但是，若当观察者逐渐移到斜坡顶端时，该目标便立刻暴露无遗。这种情形在图1–77和图1–78中也有所示。在图1–77中，当赏景者向前朝墙体移动时，隐藏着的景物则展现在他的眼前。图1–78被障的景物是一个小型的草本花园和用砖砌成的花台。由此我们可以说，赏景者的位置与地

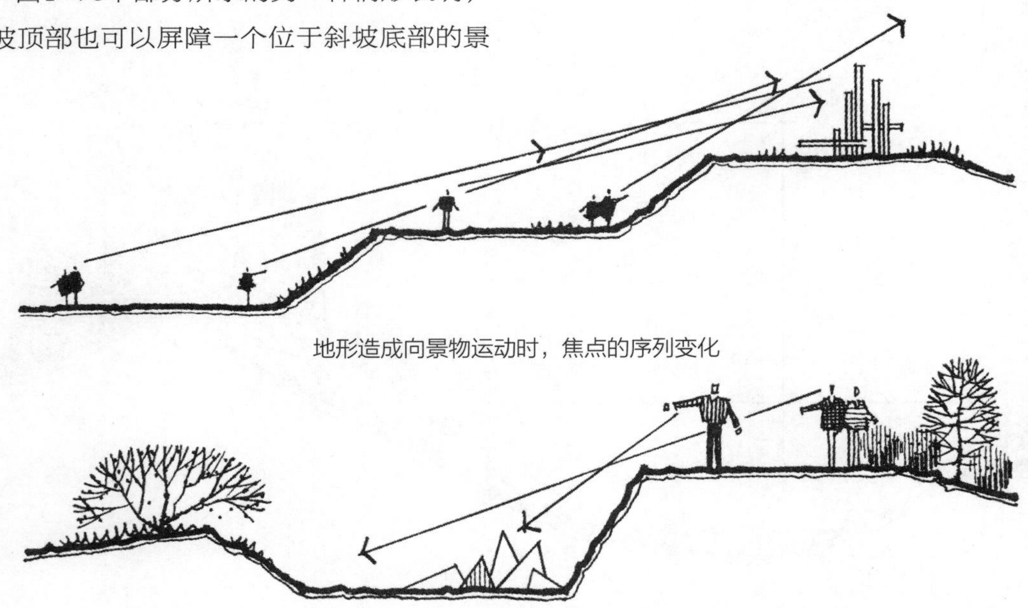

地形造成向景物运动时，焦点的序列变化

在一定距离内，山头障住视线，当到了边沿才能见到景物

图1–76

图1–77

图1-78

形的关系，对景物的可视或不可视有重大的影响。

以另一个方式来说，我们也可将地形改造成土堆的形式，以此来屏蔽不悦物体或景观（图1-79）。这种方式常用在大路两侧、停车场、以及商业区等，从而将汽车、服务地区以及库房等不受欢迎的景物统统屏蔽起来。地形的这一功能最适用于那些容许坡度达到理想斜度的空间。也许大家还记得，本章开头部分曾提到，如果要在一个斜坡上铺种草皮，并需要刈草机进行养护的话，该斜坡坡度不得超过4：1的比例。按此标准来设计，一个土堆若高1.5m，那么其整个区域宽度不得少于12m（按4：1的比例，每边需6m）。如果坡度越大，则所需空间越小。因此，如果空间大小受到限制，那么就不应采取土堆的形式，而应使用其他方式来屏蔽不悦景象。

前面曾提到，坡顶可以作视野屏障物，来遮盖位于其坡脚部分的不悦景物（图1-80），那么，在大型庭院景观中，我们便可借助这种设计手法，一方面来达到遮蔽道

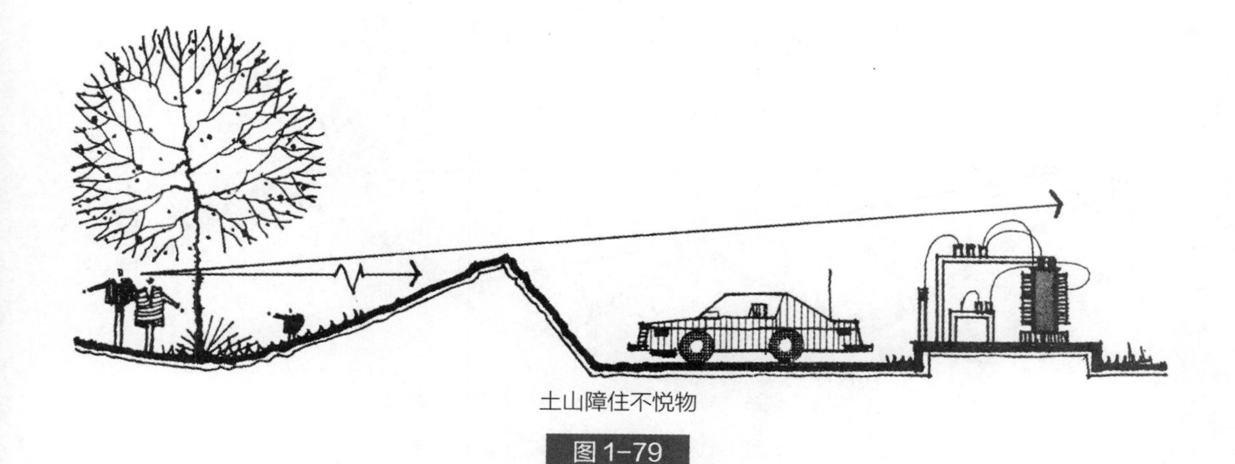

图1-79

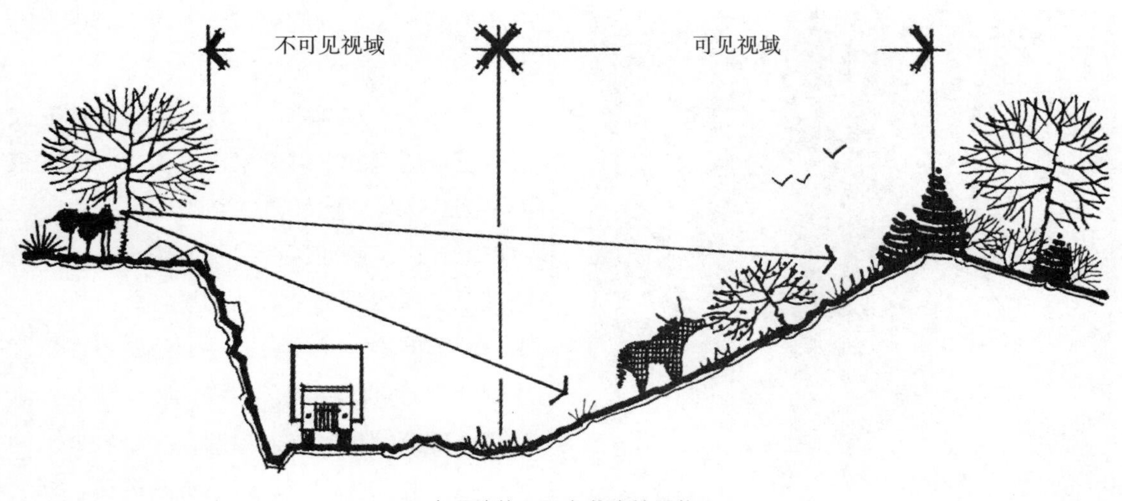


山顶障住了看向谷底的景物

图1-80

路、停车场或服务区域的目的，另一方面则维护较远距离的悦目景色。英式园林风格的景观，便运用了类似手法来遮蔽墙体和围栏。在田园式景观中，被称为隐墙的墙体，就是设置在谷地斜坡顶端之下和凹地处。这样，在某一高地势上，将不可能观察到它们（图1-81）。这种方式的使用，最终使田园风光成为一个连续和流动景色，并不受墙体或围栏的干扰。

在设计中我们常用到一个术语，它对景观中设计要素的分布和视野有着重大意义。这一术语就叫“制高点”。图1-82所示的制高点，指的就是接近斜坡顶部或坡顶上的位置，从这个位置放眼望去，下面的斜坡全景可尽收眼底。从历史角度来讲，这一战略要点，对于一支军队控制其周围村镇具

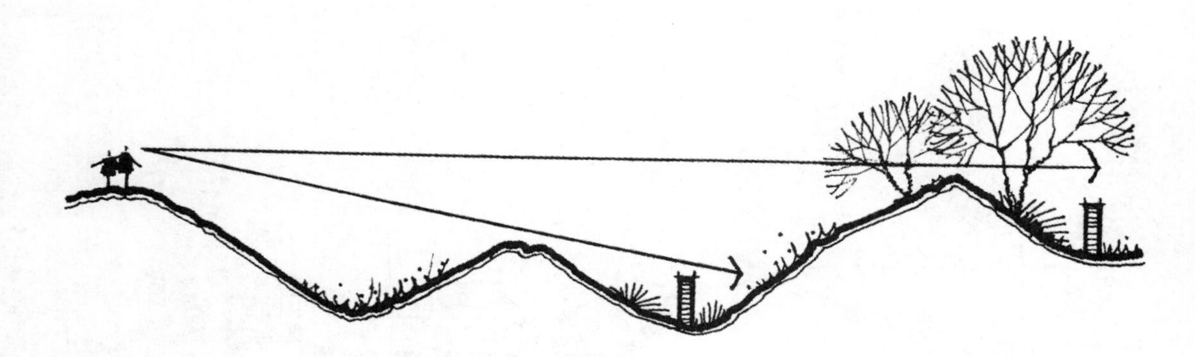

矮墙的做法：墙、栅栏隐藏在谷中不被视线所见

图1-81

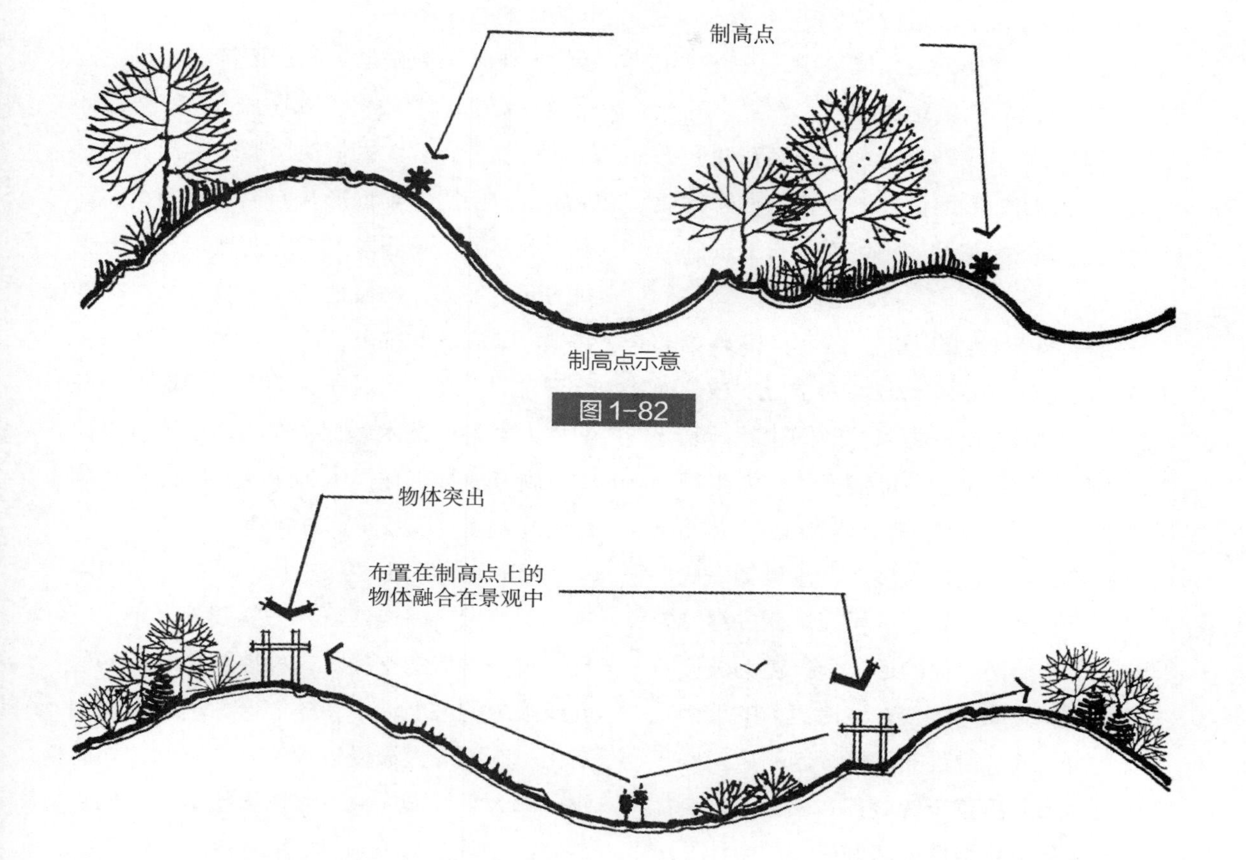


制高点示意

图 1-82

构筑物可安置在制高点上，如果要与景观融为一体，就不能安置在顶上

图 1-83

有极其重要的意义。正是由于制高点能提供广阔的视野，因而它也是建筑的理想之地。在制高点上，人们不仅可清楚地看到眼前的坡上近景，还可以看到中景和远景。此外，制高点适合于安置与地形协调的构筑物。当某一物体被设置在凸地形的尖顶部位时（图 1-83），人们极易看到在天空的背景下呈现出的物体剪影，而且该物体也极易受狂风的袭击。然而，当将同一物体设置在顶部下端时，并仍以天空为背景，该物体就会在视觉上与地形融为一体。这样，斜坡及其顶端就自然地成为物体的背景，起到“吸收”物体轮廓形象，保护物体免遭狂风袭击的作用。这一设计原理不仅是营造楼房的要点，而且应该看作是修造其他要素如道路、高压输电线的要点。

**地形影响导游路线和速度**　地形可被用在外部环境中，影响行人和车辆运行的方向、速度和节奏。前面曾提到，地表结构与游人在景观中向何处、以及如何运动有直接的关系。一般说来，运行总是在阻力最小的道路上进行，从地形的角度来说，就是在相当平坦、无障碍物的地区进行。在平坦的土地上，人们的步伐稳健持续，无须花费什么力气。这也就如前面说过的那样，理想的建筑场所就是在水平地形、谷底或脊地顶部。毫无疑问，水平地形最适合进行运动。

随着地面坡度的增加，或更多障碍物的出现，游览也就越发困难。为了上下坡，人们就必须使出更多的力气，时间也就延长，中途的停顿休息也就逐渐增多。作为步行来说，当上下坡时，每走一步都必须格外小心，我们的平衡性在斜坡上逐渐受到干扰。所有这一切最终导致了尽可能地减少穿越斜坡的行动。如果可行的话，步行道的坡度不宜超过10%。如果需要在坡度更大的地面上下时，为了减小道路的陡峭，道路应斜向于等高线，而非垂直于等高线（图1–84）。如果需要穿行山脊地形，最好应走“山洼”或“山鞍部”，最省事的做法，无疑就是尽量从此豁口通过（图1–85）。

上述几个原则的另一运用情况，是在设计中改变运动的频率（图1–86）。如果设计的某一部分，要求人们快速通过的话，那么在此就应使用水平地形。而另一方面，如果设计的目的，是要求人们缓慢地走过某一空间的话，那么，斜坡地面或一系列水平高度变化，就应在此加以使用。当人们需要完全留下来时，那就会又一次使用水平地形。奥伯林大学一位艺术教师，在其环境雕塑设计中，就是将地形作为一种手法，以此来影响协调性、速度以及游览方向等。

地形起伏的山坡和土丘，可被用作障碍物或阻挡层，以迫使行人在其四周行走，以及穿越山谷状的空间。这种控制和制约的程度所限定的坡度大小，随情形由小到大规则变化。在那些人流量较大的开阔空间，如商业街或大学校园内，就可以直接运用土堆和斜坡的功能。图1–87和图1–88便是地形以上述方式进行应用的例证。

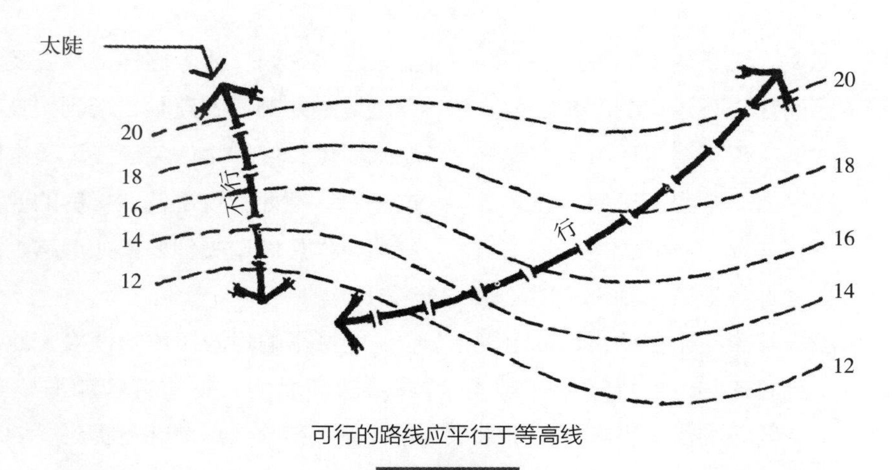


可行的路线应平行于等高线

图1–84

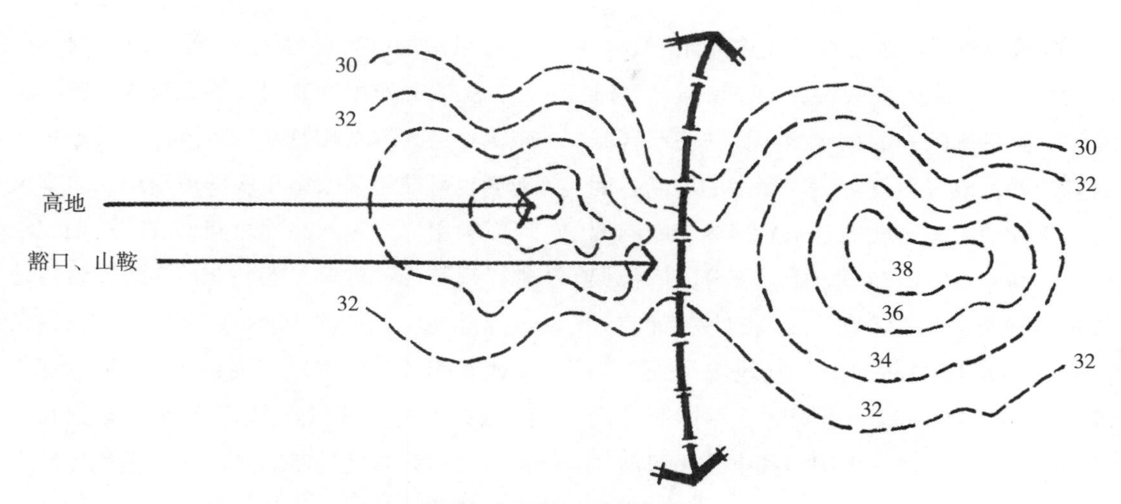


穿越山地最好是从山鞍部通过

图1-85

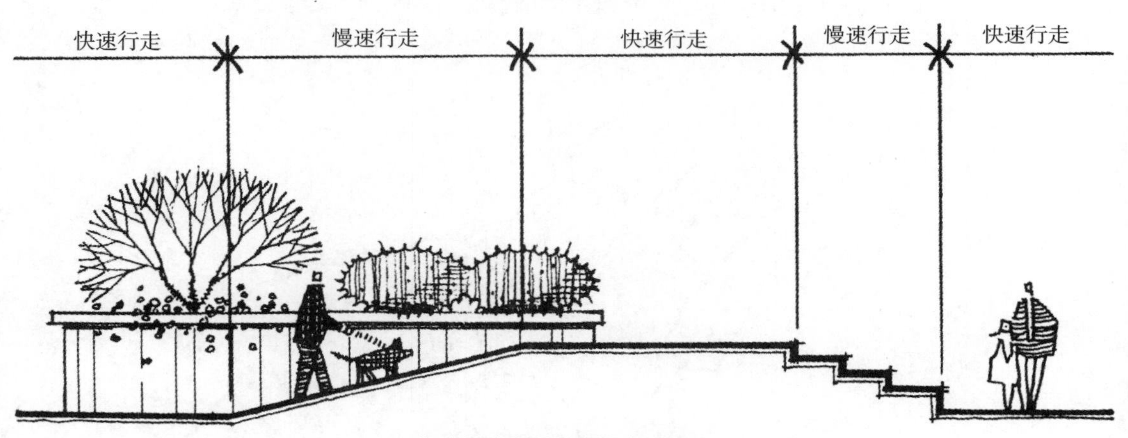


行走的速度受地面坡度的影响

图1-86

图1-87

图1-88

**改善小气候** 地形在景观中可用于改善小气候。从采光方面来说，为了使某一区域能够受到冬季阳光的直接照射，并使该区域温度升高，该区域就应使用朝南的坡向。地形的正确使用可形成充分采光聚热的南向地势，从而使各空间在一年中大部分时间都保持较温暖和宜人的状态。从风的角度而言，这样一些地形如凸地形、脊地或土丘等，可用来阻挡刮向某一场所的冬季寒风（图1-60）。为能防风，土壤必须堆积在场所中面向冬季寒风的那一边。例如，在美国大陆温带气候带地区，土堆一般都位于一个空间的西面和北面。地形的另一类似功能，就是沿房屋围墙北和西面起到增高的作用。在此，土壤的作用就像附加的保温层，它可以减少热量的散发和冷空气的渗透。反过来，地形也可被用来收集和引导夏季风。夏季风可以被引导穿过两高地之间形成的谷地或洼地、马鞍形的空间（图1-89）。如果该谷地或洼地在中心轴的西南—东北方向上，并且坐落在美国温带气候带某空间西南面的话，那么夏季的西南风就能汇集到外部空间中去。这种开阔地的不同走向，其他气候带内也有所需。穿过这类开阔地的风力，往往会因这种“漏斗效应”或“集中”作用而得到增强，并由此而引起更大的冷却效应。

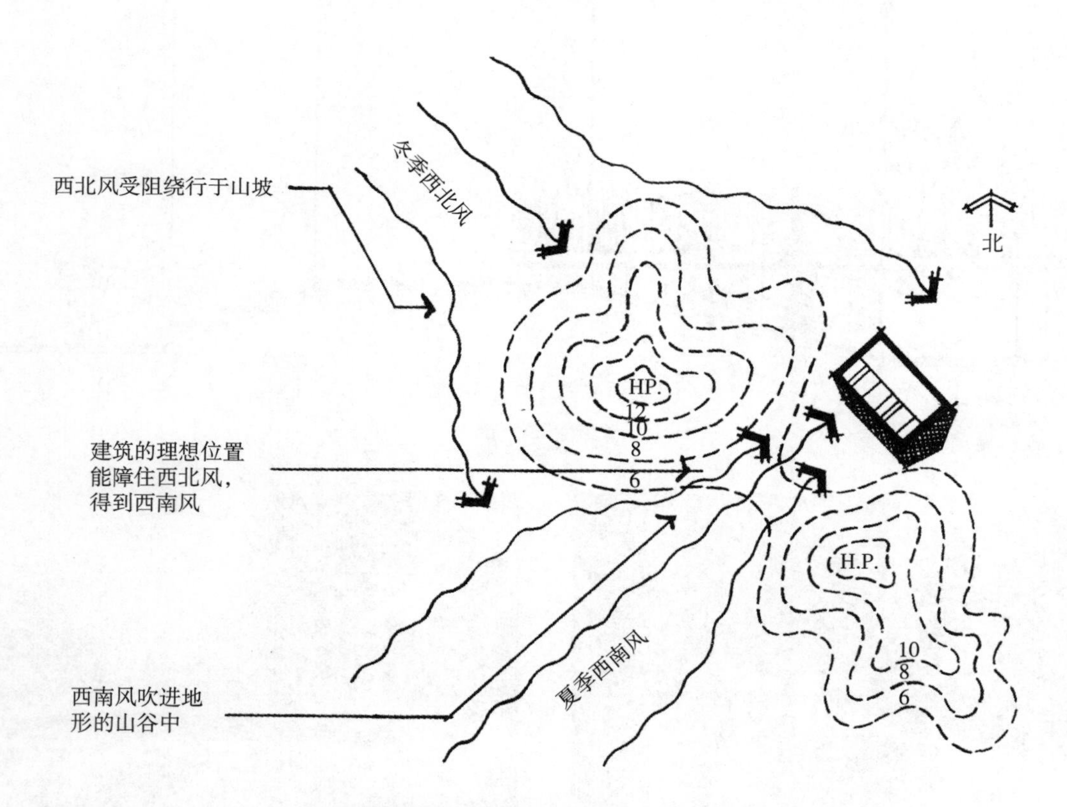


地形用于使建筑得到风和障去风的效果

图1-89

**美学功能** 最后一点，地形可被当作布局和视觉要素来使用。在大多数情况下，土壤是一种可塑性物质，它能被塑造成具有各种特性、具有美学价值的悦目的实体和虚体。土壤与陶土非常类似，它可被任意揉捏而构成所需的形状。在景观中，任何工具，从铁锹、铁铲到推土机和压路机，都可被用在各种规模的场所，从小规模、封闭的共享庭院，到几千公顷的建设工地的挖掘、堆填土壤。

地形有许多潜在的视觉特性。作为地形的土壤，我们可将其塑造为柔软、具有美感的形状，这样它便能轻易地捕捉视线，并使其穿越于景观。借助于岩石和水泥，地形便可被浇铸形成具有清晰边缘和平面的挺括形状结构。地形的每一种上述功能，都可使一个设计具有差异明显的视觉特性和感觉。

地形不仅可被组合成各种不同的形状，而且它还能在阳光和气候的影响下产生不同的视觉效应。阳光照射某一特殊地形，并由此产生的阴影变化，一般都会产生一种赏心悦目的效果（图1-90）。当然，这些情形每一天、每一个季节都在发生变化。此外，降雨和降雾所产生的视觉效应，也能改变地形的外貌。

地表的造型，一方面是风景园林设计和各功能的基础，另一方面也被认为是一个有效的纯艺术形态。有时，我们将其称为“地形塑造”“大地艺术”或“大地作品”。设计师们所做的艺术尝试，就如一个雕塑家捏塑一件陶瓷品一样，也试图在户外环境中通过地形造型，而创造出艺术作品。许多艺术家们如罗伯特·史密森、罗伯特·莫里斯、阿西纳·塔加以及法国风景建筑师雅克·西蒙等，都曾不同程度地借助过地形的柔软、自然状态及其坚硬、人造状态，以创造出不同规模、不同特点的“环境雕塑作品”。阿西纳曾经通过地面形状改变成弯曲和阶梯状的方式，来表示运动节奏和时间。她的使用目的就是想借助地形，直接影响人们对景观的使用，并以此达到人与设计相互结合的目的。

1979年，西雅图举办了一个国际土木工程雕塑讲座，该讲座是在讨论将开采露天

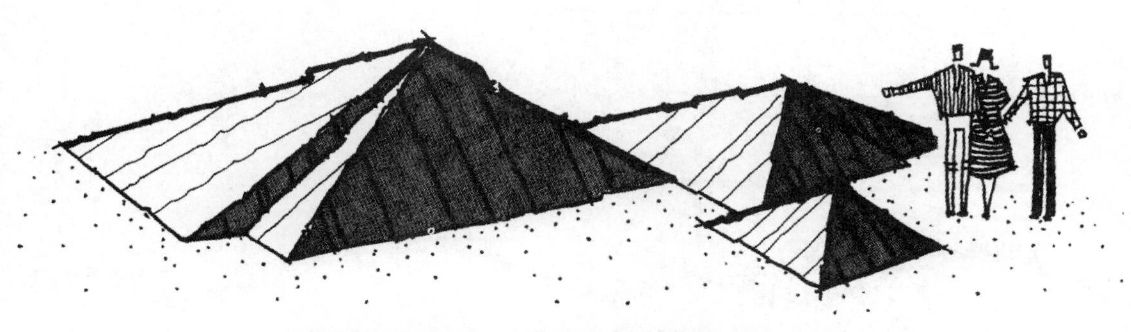

地形能以引人注目的造型和光影图案而作为雕塑使用

图 1-90

矿、砂砾矿、煤矿、石矿以及其他陆地改变的潜能，改造为土地雕塑作品。由于各方努力，许多艺术家被委以重任，对西雅图大部分地区的砂砾矿制定开采规划。对此种情况，我们还可举出其他一些艺术家及其他地区进行设计的例子。

爱德华·拜伊和劳伦斯·哈尔普林也是许多曾将土地作为必需的雕塑因素，而运用在其设计中的风景园林设计师之中的佼佼者。在长岛一个土地规划工程中，拜伊将一巨大的开阔草坪地，塑造成一个微微起伏的波浪状地形结构，以此来与索尔兹伯里地区附近的英国式乡村相映衬。这样一来，这一地区的景观不仅在夏天使人心旷神怡，在冬季，光秃的山顶和积雪覆盖的低地，因阳光和风的相互作用而形成的造型，其景观依然美丽迷人（图1-91）。哈尔普林则是因使用水体和雕塑喷泉结构而引人注目。哈尔普林长年累月地对岩石和大陆结构，特别是希尔拉高地进行观察，因此他得以在他的设计中，将其精炼成坚定的人工地形。哈尔普林这种艺术般抽象的地形应用，在美国许多州市广场、公共场所都为人所见。在每一个应用中，地平面都以象征模型的横断等高线的方式而步步加高，从而形成了令人惊叹的形状和结构。

当我们从美学的角度去塑造地形时，需牢记几条原则。首先，地形需具有一种能与园址或地区的总体外观相协调的特点。例如，一个边缘清晰的地形，将不可能与一个具有起伏山坡和缓坡的场所相协调。因此，新型的或有层次的地形，应该看上去是有所归属的。这一点在将斜坡和土堆与原有斜坡相融合时尤为重要。若非有意，则平面之间的清晰边缘，在用土壤本身进行平整时，必须加以消除。在平面规划图上，这一点通过将等高线在改变方向时的拐角或交叉处，绘制成圆滑曲线即可完成（图1-92）。在横断面处，斜坡顶部必须造型成一个凸面斜坡（此处请不要与凸面地形相混淆），而斜坡底部或根部则必须平整成一个凹面斜坡（同样不要与凹面地形混淆），请参照图1-93。使

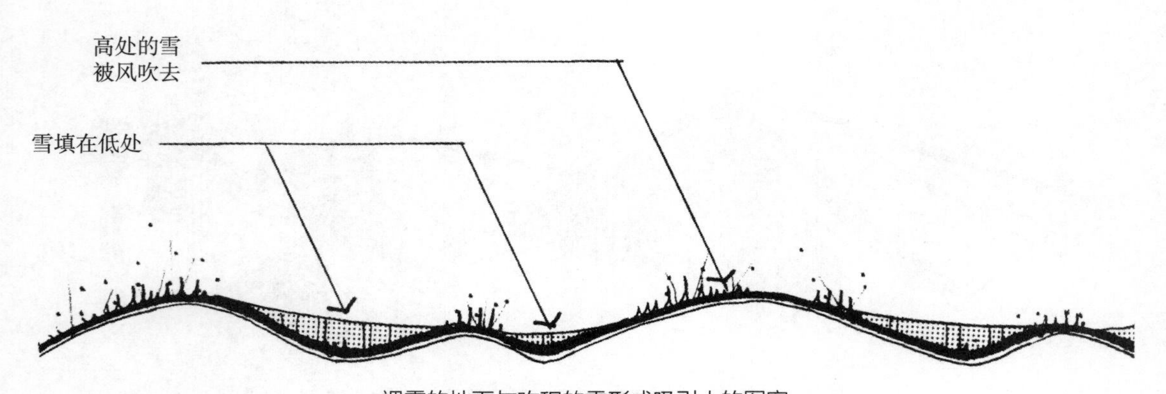


裸露的地面与吹积的雪形成吸引人的图案

图 1-91

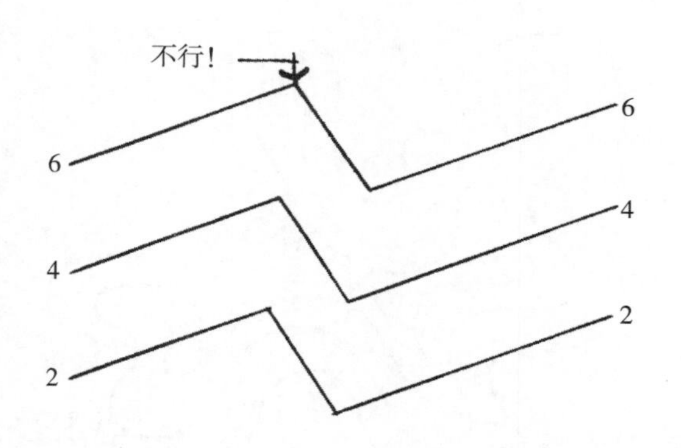


不合理的等高线：其转角为尖角

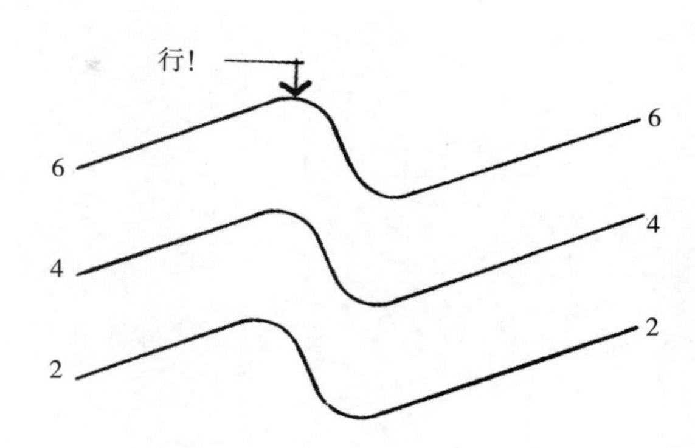


合理的等高线：其转角为较圆滑的曲线

图 1-92

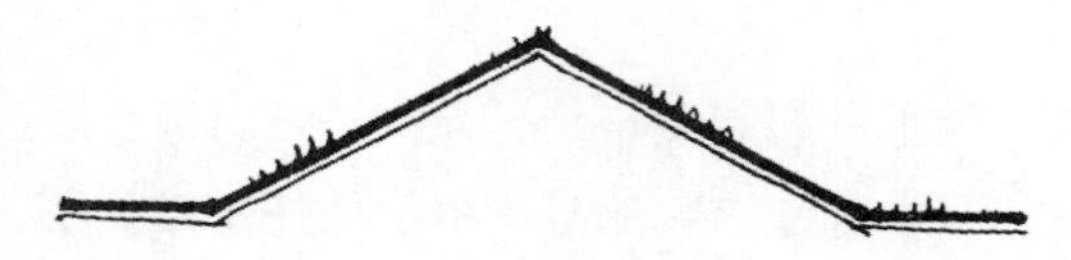

不合理：山顶和地平都成尖角相交

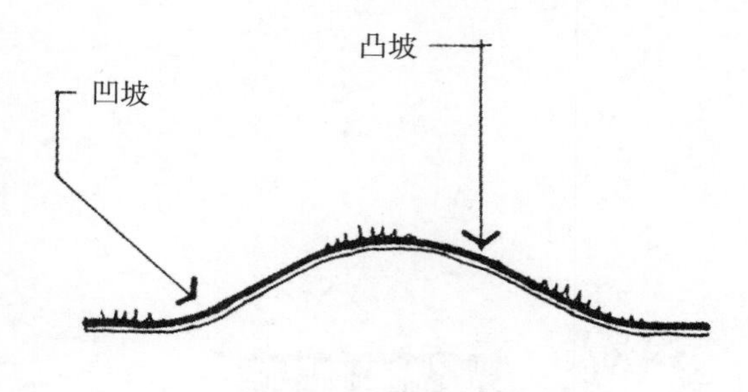


合理的：山顶部和边都呈圆滑的连接

图 1-93

用这种方法，就可创造出一种在视觉上感到流畅舒适的平面或斜坡间的过渡。同样，土堆也不宜堆积成具有尖锐顶部的形状，否则它将不堪入目，并且极易导致水土流失。此外，土堆形式不应像一堆黏土随便堆放在某一工地中，也不应以蜿蜒曲折的形状使其纵贯全园。各个土堆看上去应是整个工地不可缺少的部分，也就是说，我们应预先将其考虑到设计中去，而不应事后方去胡乱施加。关于这一点我们在前面已提到过，解决的办法就是将土堆的坡面与其他地形融合在一起，以及从视觉上将土堆和工地的高地势相互连接起来，从而使它们做到“整体流动”。

对于塑造地平面来说，另一种是创造坚实、明快的形状。这一种在于不使地形变得过于复杂或凹凸不平。对于一个侧重自然的设计来说，等高线必须绘制成曲线极明显的形状，这样当上下于斜坡时，便能相互照应（图1-94）。对于一个具有确切平面的设计来说，等高线则需绘制成直线状和相互平行状。任何扭动或变换不定的形状都必须被消除。总而言之，凡适合于其他方式的基础设计原理，也同样适合地形的修正。

地形除了具有在设计中充任独特的结构

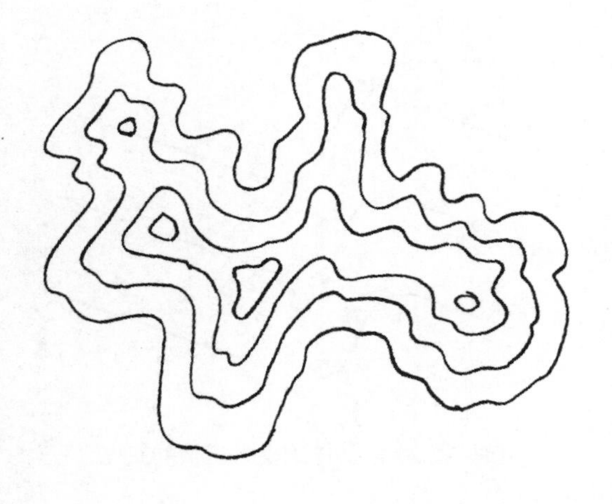

不合理的是：等高线过于急转和扭曲

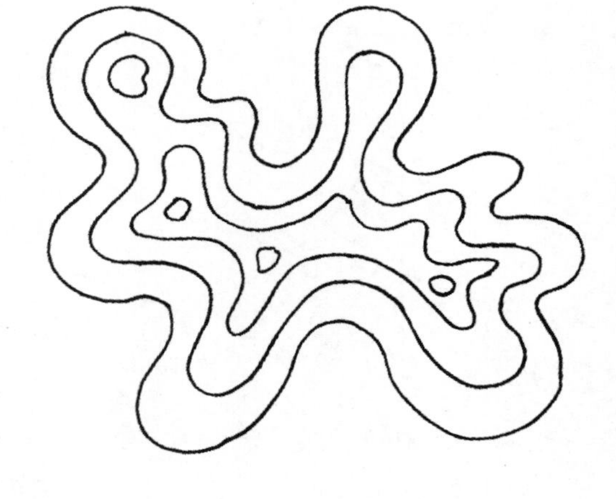

合理的是：等高线是较圆滑的曲线

图1-94

要素的作用外，它同时还具有其他美学功能。在有些场所中，地形可以成为一座建筑物必不可少的要素。其主要任务就是将建筑物的平面延伸到景观中，或作为与建筑物密切相关的地面要素。当作为建筑的凭借要素时，地形一般都呈平坦、起伏、倾斜或丘陵状，从而为建筑物的坐落提供依托基础。不过，在上述所有形状中，最能使建筑物平稳安妥、并与建筑工地紧密结合的，则应算水平式地形（图1-95）。如果将建筑物建造在

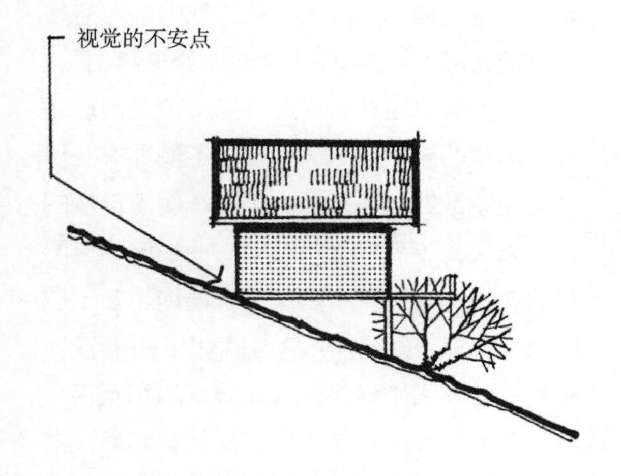


安置在坡地上的建筑缺乏稳定感和舒服感

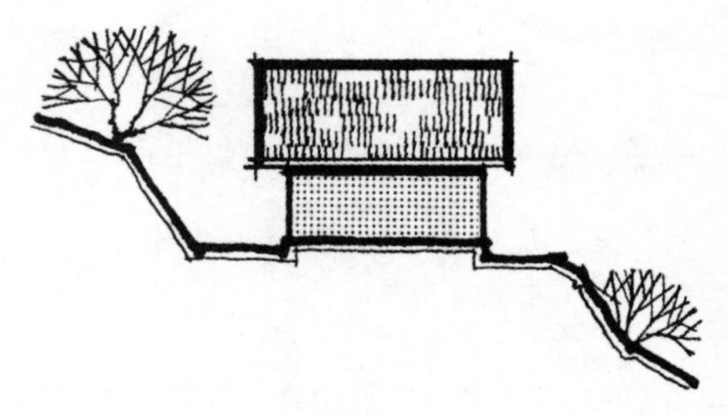

而在一平坦的台地上，建筑物使人感到稳定和舒服

图1-95

倾斜或起伏的地形上，则建筑物会给人以极不稳定的感觉。在此种情况下，建筑物与工地之间将形成不稳定而且很少的接触点。并且，该建筑物如果与周围基础平面存在着不安全的视觉联系的话，它看上去就会有倾斜或倒塌之感。从一个世纪到另一个世纪，人们对建筑物和凭借地形之间的视觉关系之忧虑，在不断地发生变化，即使是以模仿天然的和田园式风景而著称于世的能人布朗，仍受到许多学者们的指责。原因就是，他的设计缺少直接连接房舍和建筑物的直线条或水平面。

## 小结

综上所述，地形是户外环境中的一个非常重要的因素。它直接影响着外部空间的美学特征、人们的空间感，影响着视野、排水、小气候以及土地功能结构。正因其重要性，以及景观中其他所有要素均有赖于地平面这一事实，所以在我们的设计过程中，它是我们首要考虑的因素之一。换言之，风景园林设计师如何塑造地形，直接影响着建筑物的外观和功能，影响着植物素材的选用和分布，也影响着铺地、水体以及墙体等诸多因素。

# 2 植物材料

## 概要

在室外环境的布局与设计中，植物是另一个极其重要的素材。在许多设计中，风景园林设计师主要是利用地形、植物和建筑来组织空间和解决问题的。植物除了能作设计的构成因素外，它还能使环境充满生机和美感。本章将着重讨论植物在景观中的作用和与植物有关的因素，其中包括植物的生态习性、功能作用、观赏特性、建造功能、限制空间功能以及美学功能。此外还将讨论种植设计的构思过程。

本章所说的“植物”一词，是指各类野生或人工栽培的木本植物，这些植物包括从地被植物到高大乔木。虽然，草本植物和多年生植物对某些环境也非常重要，但本章将不加以讨论。木本植物本身在大小、形态、色彩、质地以及全部的性格特征上，都各有变化。它们丰富多彩的效果，使得植物在整个景观中成为最富于变化的因素之一。

尽管植物蕴含着许多功能，但许多外行和平庸的设计人员却仅仅将其视为一种装饰物。结果，植物在室外空间设计中，往往被当作完善工程的最后因素。这种无知、狭隘的思想表现在，为了“打扮”建筑，将植物种植在屋基四周或作为小型商业建筑的基础种植，基础种植便成了典型的、建筑设计的陪衬物。如今，昔日用来掩盖屋基的基础种植，在装饰方面已经过时。

然而，对植物的作用所采取的态度，依然影响着人们对园林专业的印象和认识。许多外行，乃至于一些无知的专业设计人员，至今仍将园林学科简单地理解为借助植物材料进行装饰性设计而已。这种态度必然导致这样一种观念，即室外空间设计只不过是以赏心悦目的方式来安排植物。于是，园林设计师被误认为是植物问题的专家，精通栽培技术、立地条件、生物学习性、病虫害防治以及植物在景观中的装饰作用等。常见的情形是，当某人被人们知道是园林设计师时，人们第一反应便是询问他何处可以种自己所喜爱的花木，或请他分析某一灌木叶黄和落叶的原因。园林设计师的主要专业职责也被认为仅是“绿化”，该词在专业内外均被误解为是“植物布置”或“种植设计”的同义词。但实际上，“绿化”一词意义狭隘，它决不可以用来代替园林学。

对植物相对重要性的误解，导致了对园林专业的普及和宣传问题。1972年，艾伯特·法因向美国园林协会提交了题为“关于专业问题的报告”一文。他建议协会考虑更改该专业的名称，以便在某种程度上将其与一词多意的“绿化”分而待之。报告指出，另一方面，公众的反应也涉及到了该专业的名称。一次民意测验表明，公众对“风景园林”这一名称表示普遍不满。报告慎重提议用一个包含更广泛专业知识、更能名副其实代表该专业的名称，遗憾的是，更换名称的想法一直未被重视。

对植物在景观设计中重要作用的不正确看法，应归咎于对该专业知识的全然无知，以及对园林学和园艺学两个概念的混淆。此外，有些专业人员的思想仍然停留在对早期园林设计偏重于运用植物材料作为设计主要元素进行庭园设计和地产绿化的认识上。然而，今天园林专业的范围比之更为广泛，它的职业范围，是对所有不论规模大小的土地资源进行的规划布局。由于这种广泛的联系，作为重要设计要素的植物，同时也被园林设计师用作满足环境效应的重要工具之一。而植物不仅是装饰要素，而且在园林设计中有与其他要素同等的、有时甚至有更大价值的功能作用。

风景园林设计师的植物知识，在于对所有的植物功能有着透彻的了解，并熟练地、敏感地将植物运用于设计中。这就要求园林设计师通晓植物的设计特性，如植物的尺度、形态、色彩和质地，并且还要了解植物的生态习性和栽培。当然，对于风景园林设计师来说，无须精确地知道植物的细节，如芽痕的形状，叶柄的大小，或叶片的锯齿状等。风景园林设计师也不必成为一个植物栽培学家，这些乃是园艺师和苗圃工人的本行。风景园林设计师的智慧应闪烁在通晓植物的综合观赏特性，熟知植物健康生长所需的生态条件，以及对植物所生长的环境效应的了解方面。

植物具有许多不同于其他园林设计要素的特点。其中最大的特点是具有生命，能生长。可以说，在园林建设或其他设计工程中，几乎没有材料像植物那样具有生命和变化。植物的其他特性都来源于具有生命。首先，植物是变化的，它们随季节和生长的变化而在不停地改变其色彩、质地、叶丛疏密以及全部的特征。例如，生长在大陆性温带气候中的落叶植物，一年中有四个截然不同的观赏特征：春季鲜花盛开，新绿初绽；夏季浓荫葱茏；秋季秋叶斑斓；冬季枝桠冬态。一些生长在其他气候带的植物，虽不像落叶植物那样变化剧烈，但它们也会随季节的冷暖或干湿发生花开、花落，枝叶的更替。即使是沙漠植物，也会在冬、春呈现出外表的变化。此外，所有植物都在生长中扩展变化，而这种生长变化，在短时间内难以觉察，但经较长时间变化则非常明显。

上述植物的动态变化，在设计中具有重要作用。但其季相性的外形变化，又给在设计中选择植物配置带来困难。设计师不仅要注意单株或群体植物在某一季节中的变化情况和功能作用，而且还要知道一年四季它们是怎样演替的，以及随年代的推移所发生的变化。

常常容易犯的错误，是在植物环境中，选择了在某个季节引人注目的植物，而忽略了其他季节的变化。假如植物布置的一些因素在一年中不断变化，而其余则保持不变，这个问题就简单了。而问题是，所有的因素都以不同的节奏发生着变化。

植物的生长势也影响着设计。一般来说，幼苗具有比成年树价廉，易于移植，成活率高等优点，而常被用于新的设计中，但另一方面，它也有不利之处。幼苗要达到成年时的冠幅和形状，往往需要数年的时间。以温带较高大的树木为例，一株幼龄树常要15～20年的时间才能达到成年阶段。若要达到观赏要求，则需更长的时间。要解决这个问题，必须种植地被和灌木。因为，地被和灌木一般先于乔木达到成年，因此，设计师还需拟订一项定期更换衰老的灌木和地被植物的计划。这样，风景园林设计师往往好几年都难以判断与估计一个设计的最终效果，也难断定设计是否成功或失败，从而就很难在新的设计中加以改进。

对于其他设计行业来说，并不存在着时间因素的影响（至少没有那样严重）。在那些行业中，设计的成败往往在工程结束之际，便能见分晓。的确，一座建筑或一件雕塑，会随时间的推延而产生风化，但这一变化与幼树成长变化相比却微不足道。2m高的幼苗，经若干年后长至15m期间会有多少变化啊。

因此，风景园林设计师不仅要注意植物的近期设计效果，而且还必须注意远期的设计效果，并向工程委托人说明初植树与成年树的差别。一般来说，风景园林设计师在构思时所使用的植物，75%～100%均是成年树。工程委托人必须了解这一情况。如果不说明这一点，工程委托人势必会惊讶而失望地看到一个不同于模型或图纸上所表现的环境，在模型上的植物几乎完全是成年树。值得注意的是，有些设计师为了弥补由于种植幼龄树所造成的稀疏现象，而过量地种植幼龄树，使之更快覆盖整个区域。其结果则使植物之间相互重叠，并很快超出所种植的空间范围。这无疑会增加额外的养护费用，如进行有选择性的疏移或修剪。

由于植物是具有生命的设计要素，因此其第二个显著的特点，是需要一系列特定的环境条件，供其生存与健壮生长。植物的生长受到土壤肥力、土壤排水、光照、风力以及温度等因素的影响。鉴于这种原因，在进行种植设计时，风景园林设计师必须先了解所定园址具有何种环境条件，而后才能确定、选取适合在此条件下生长的植物。

为了使植物能正常生长，对植物的养护管理是很重要的。植物不同于其他设计要素，一旦种植便需养护管理，养护管理的方法也因植物种类的不同而异。即使是本地的树种也不例外。养护的主要任务，就是随时对不同的植物进行浇水、修枝、施肥以及病虫害防治。

运用植物进行设计时，最理想的办法是选用管理粗放的植物。通常最适合的，便是选用自然生态群落中的野生植物，少用一般幼小多变的人工栽培植物。例如，美国中西部的风景园林设计师，在设计时常用大草原上的野草和野生花卉，并配植野生的树木和灌木，来构成更具有自生能力的自然环境。这种方法不仅能使环境自我养护，而且还能减少人工养护的时间和资金。

正是由于植物是有生命的物体，因此除了进行精心浇灌和施肥外，我们还应对它们怀有特殊的感情。植物与动物一样都是活的生命，为了不使它们受到伤害和死亡，人们理应对它们进行严格的保护和细心的管理。在古代文明史上，某些原始文化，如印尼的曼德林人部落和美洲的一些印第安人部落，出于对生命的宗教信仰而决不肯砍伐一棵树木。即使在今天，在新的文明发展浪潮中，我们也常听到有关为拯救某些特殊树种或某片林地免遭毁灭而进行斗争的事例。此外，人们在精心培养和观赏植物的过程中，与植物建立了深厚的感情。像人一样，植物也是我们生活的一部分，一旦它们惨遭不幸，我们会感到自己的人格和感情受到了伤害。总之，植物象征生命的特性，使它与其他设计要素迥然有别。

植物的另一特性是能给一环境带来自

然、舒畅的感觉。尤其是在呆板、枯燥的城市环境中，植物能给环境带来赏心悦目的效果。植物不仅能给生硬呆板的环境提供柔美，而且还能使其活泼、丰富多变、充满生机。因为自然生长的植物，不可能像人造因素那样，完全被限制成一个模式。无人工干预的植物，虽可以根据植物的习性来预测长势，但自然界种种因素会影响其大小和形态。植物也像人一样，它们虽然总的形象一样，但个性却各有所异。谁知道其枝干会向何处伸展，会长多高多长？秋天又会是怎样的色调，依然与去年一样吗？要想使植物生长符合人所要求的标准，必须付出更多心血、时间和资金。例如盆栽技术，就可以控制植物的大小和形状。这些人工干预除外，变化无常的自然界一有异常，便直接影响着植物生长。

## 植物的功能作用

如前所述，植物在景观中能充当众多的角色，而并非仅是装饰物。虽然植物的观赏特性是一个重要因素，但我们也应该了解其他可以利用的功能作用，以便在室外环境布局中能充分利用植物。在景观中，植物的功能作用表现为构成室外空间，遮挡不利景观的物体，护坡，在景观中导向，统一建筑物的观赏效果以及调节光照和风速。孤植或群植的植物在环境中，可能只有上述一种功能，也可能同时发挥多种功能。

在任何一个设计中，植物除上述功能外，它还能解决许多环境问题，如净化空气、水土保持、水源涵养、调节气温，以及为鸟兽提供巢穴。据测定，183m宽的绿化带能减少空气中75％的悬浮粒子。一个已经被开发而失去多数天然植被的流域，其表面土壤因较高程度的冲蚀而大量流失，这种情形常发生在土壤失去保护的施工期间，土壤上的沉积物可多达每年每公顷350kg，严重时竟会高达每年每公顷350270kg。若耕地上没有完整的终年生长的植被覆盖，土壤冲刷率将会达到每年每公顷1751kg，而且这种损失会年年出现。

在改善提高环境质量方面，植物也能有助于提高房屋、建筑及地皮的不动产价值。据估计，一个设计完美的住所，加上周围配植优美的植物花草，其房地产价值会提高30％。因此，如果植物能被充分利用，它们会是一项一本万利的投资，而决非毫无利润的一次性消费品。

现在，首先应认识植物的各种功能，并加以分门别类，才能有助于更好地了解植物和应用植物。一般植物在室外环境中能发挥三种主要功能：建造功能、环境功能及观赏功能。所谓建造功能指的是，植物能在景观中充当像建筑物的地面、天花板、墙面等限制和组织空间的因素。这些因素影响和改变着人们视线的方向。在涉及植物的建造功能时，植物的大小、形态、封闭性和通透性也是重要的参考因素。环境功能是说，植物能影响空气的质量，防治水土流失、涵养水源，调节气候。最后，观赏功能即是因植物的大小、形态、色彩和质地等特征，而充当景观中的视线焦点。也就是说，植物因其外表特征而发挥其观赏功能。此外，在一个设计中，一株植物或一组植物，同时发挥至少两种以上的功能。

加里·O. 罗比内特在他的著作《植物、人和环境》中，对植物的功能作用的划分稍有不同。他将植物的功能分为四类，即建造功能、工程功能、改善小气候以及美学功能。植物的建造功能包括限制空间、障景作用、控制室外空间的隐私性，以及形成空间序列和视线序列。工程功能包括遮荫、防止水土流失、减弱噪音、为车和行人导向。改善小气候包括调节风速、改变气温和湿度。美学功能包括作为景点、限制观赏线、完善其他设计要素、在景观中作为观赏点和景物的背景。

图2-1所示的对比表有助于两种分类系统的比较。① 建造功能相似于罗比内特的建造功能；② 环境功能与工程功能和改造气候功能相似；③ 观赏功能与美学功能相同。但无论使用何种分类系统或术语，首先必须了解的是：① 植物素材能发挥什么样的功能？② 如何将其运用在风景中，以便有效地充分发挥其功能作用。虽然植物的所有功能都很重要，但本章将着重讨论建造功能和美学功能（观赏功能），因为它们对景观的设计和建设有着突出的贡献。

## 植物的建造功能

植物的建造功能对室外环境的总体布局和室外空间的形成非常重要。在设计过程中，首先要研究的因素之一，便是植物的建造功能。它的建造功能在设计中确定以后，才考虑其观赏特性。如前面提到，植物在景观中的建造功能是指它能充当的构成因素，如像建筑物的地面、天花板、围墙、门窗一样。从构成角度而言，植物是一个设计或一室外环境的空间围合物。然而，“建造功能”一词并非是将植物的功能仅局限于机械的、人工的环境中。在自然环境中，植物同样能成功地发挥它的建造功能。下面几部分将讨论植物建造功能的几个值得注意的方面。

**构成空间**　所谓空间感的定义是指由地

| | 建造功能 | 环境功能 | 观赏功能 |
|---|---|---|---|
| 建造功能* | * | | |
| 工程功能* | | * | |
| 改造气候* | | * | |
| 美学功能* | | | * |

*罗比内特的分类

图 2-1

平面、垂直面以及顶平面单独或共同组合成的具有实在的或暗示性的范围围合。植物可以用于空间中的任何一个平面，在地平面上，以不同高度和不同种类的地被植物或矮灌木来暗示空间的边界。在此情形中，植物虽不是以垂直面上的实体来限制着空间，但它确实在较低的水平面上筑起了一道范围（图2-2）。一块草坪和一片地被植物之间的交界处，虽不具有实体的视线屏障，但却暗示着空间范围的不同。就植物所有非直接性暗示空间的方式而言，这仅是微不足道的一例。

在垂直面上，植物能通过几种方式影响着空间感。首先，树干如同直立于外部空间中的支柱，它们多是以暗示的方式，而不仅仅是以实体限制着空间（图2-3）。其空间封闭程度随树干的大小、疏密以及种植形式而不同。树干越多，如像自然界的森林，那

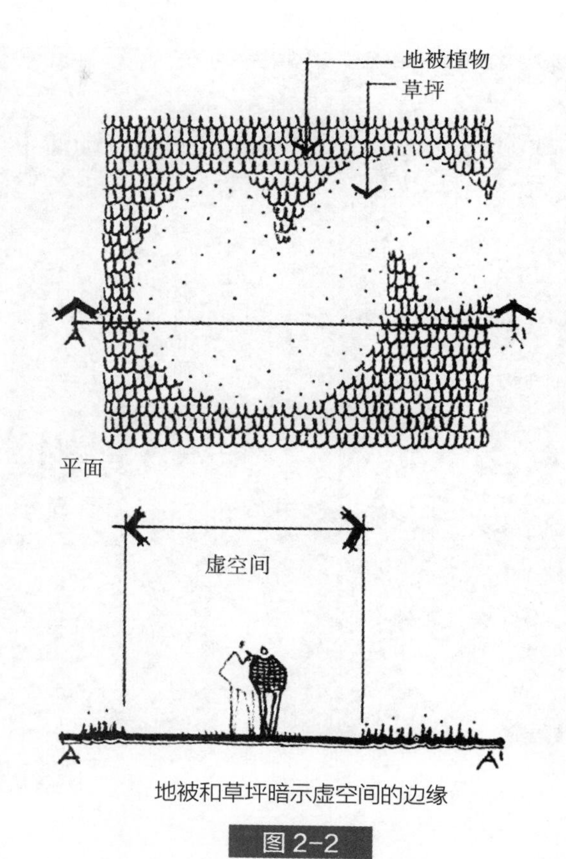

地被和草坪暗示虚空间的边缘

图 2-2

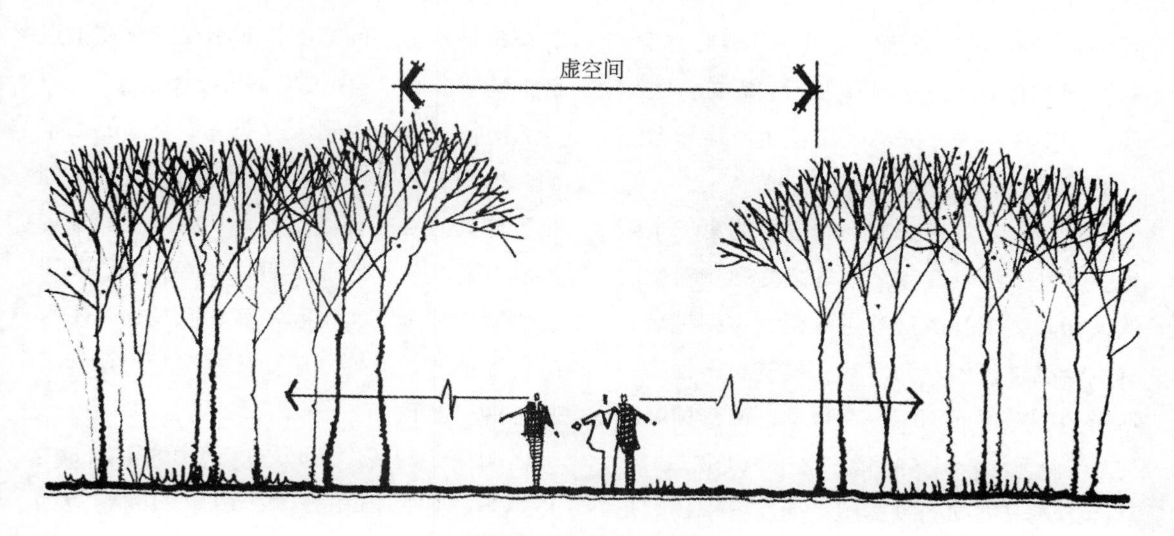

树干构成虚空间的边缘

图 2-3

图2-4

么空间围合感越强（图2-4）。树干暗示空间的例子在下述情景中也可以见到：如种满行道树的道路，乡村中的植篱或小块林地。即使在冬天，无叶的枝桠也能暗示着空间的界限。

植物的叶丛是影响空间围合的第二个因素。叶丛的疏密度和分枝的高度影响着空间的闭合感。阔叶或针叶越浓密、体积越大，其围合感越强烈。而落叶植物的封闭程度，随季节的变化而不同。在夏季，浓密树叶的树丛，能形成一个个闭合的空间（图2-5），从而给人一内向的隔离感；而在冬季，同是一个空间，则比夏季显得更大、更空旷，因植物落叶后，人们的视线能延伸到所限制的空间范围以外的地方。在冬天，落叶植物是靠枝条暗示着空间范围，而常绿植物在垂直面上能形成周年稳定的空间封闭效果。

植物同样能限制、改变一个空间的顶平面。植物的枝叶犹如室外空间的天花板，限制了伸向天空的视线，并影响着垂直面上的尺度（图2-6）。当然，此间也存在着许多可变因素，如季节、枝叶密度、以及树木本身的种植形式。当树木树冠相互覆盖、遮蔽了阳光时，其顶面的封闭感最强烈。亨利·F.阿诺德在他的著作《城市规划中的树木》中介绍到，在城市布局中，树木的间距应为3～5m，如果树木的间距超过了9m，便会失去视觉效应。

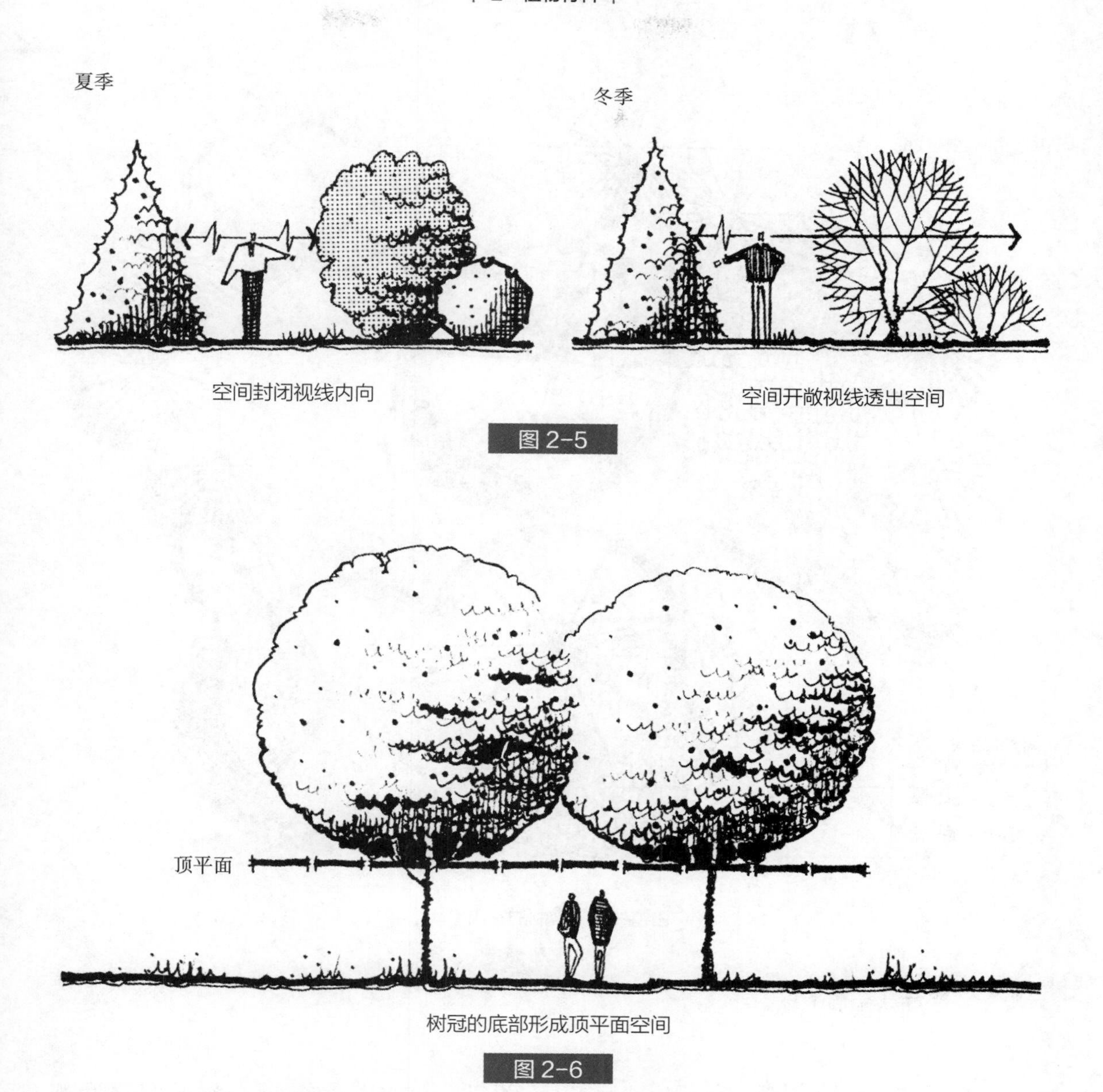


图 2-5

树冠的底部形成顶平面空间

图 2-6

如图2-7所示，空间的三个构成面（地平面、垂直面、顶平面）在室外环境中，以各种变化方式互相组合，形成各种不同的空间形式。但不论在何种情况中，空间的封闭度是随围合植物的高矮大小、株距、密度以及观赏者与周围植物的相对位置而变化的。例如，当围合植物高大、枝叶密集、株距紧凑、并与赏景者距离近时，会显得空间非常封闭。

在运用植物构成室外空间时，如利用其他设计因素一样，设计师应首先明确设计目的和空间性质（开旷、封闭、隐密、雄伟

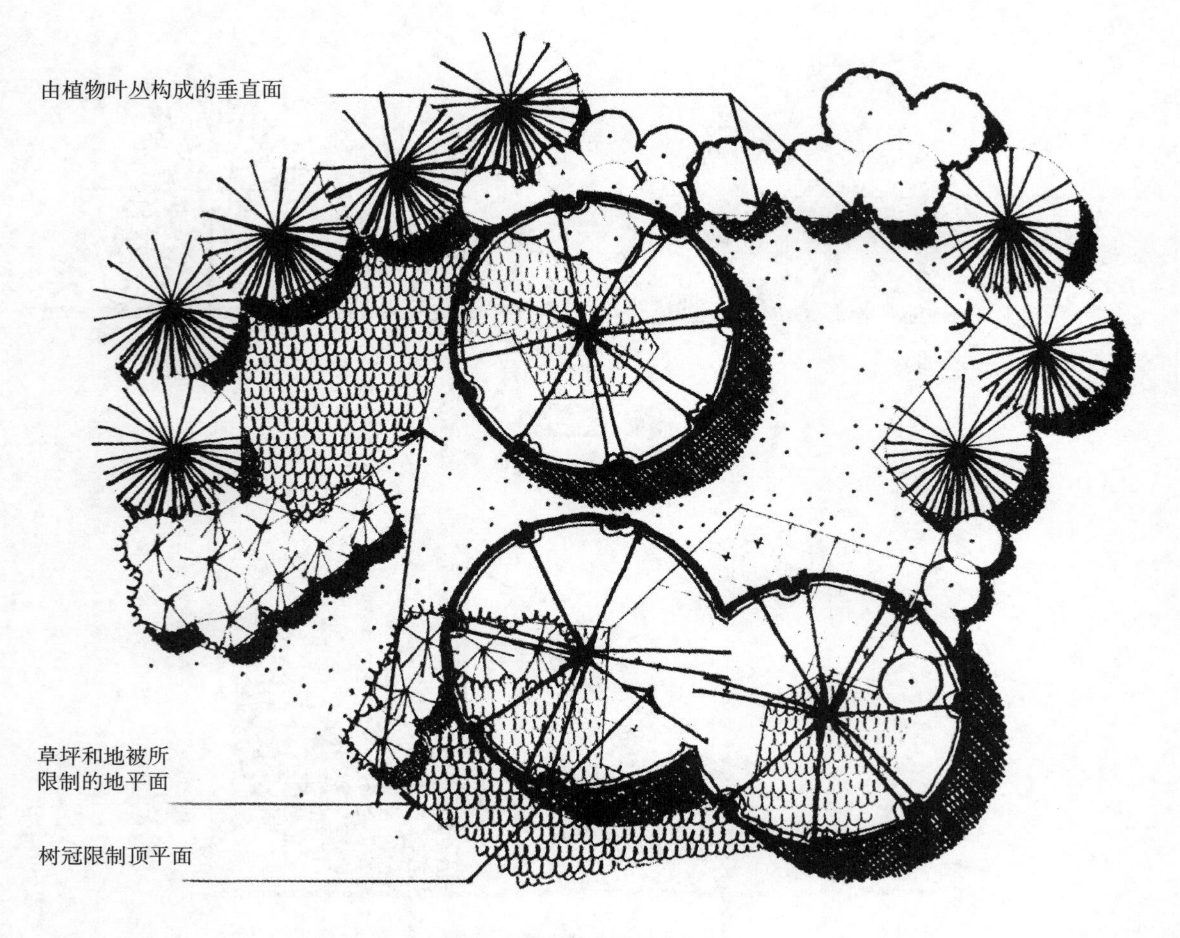


由植物材料限制的室内空间

图 2-7

等），然后风景园林设计师才能相应地选取和组织设计所要求的植物。在以下段落和插图中，将讨论利用植物而构成的一些基本空间类型。

**开敞空间：**仅用低矮灌木及地被植物作为空间的限制因素。这种空间四周开敞，外向，无隐密性，并完全暴露于天空和阳光之下（图2-8）。

**半开敞空间：**该空间与开敞空间相似，它的空间一面或多面部分受到较高植物的封闭，限制了视线的穿透（图2-9）。这种空间与开敞空间有相似的特性，不过开敞程度较小，其方向性指向封闭较差的开敞面。这种空间通常适于用在一面需要隐密性，而另一侧又需要景观的居民住宅环境中。

**覆盖空间：**利用具有浓密树冠的遮荫树，构成一顶部覆盖、四周开敞的空间（图2-10）。一般说来，该空间为夹在树冠和地

低矮的灌木和地被植物形成开敞空间

图 2-8

半开敞的空间视线朝向敞面

图 2-9

处于地面和树冠下的覆盖空间

图 2-10

面之间的宽阔空间，人们能穿行或站立于树干之中。利用覆盖空间的高度，能形成垂直尺度的强烈感觉。从建筑学角度来看，犹如我们站在四周开敞的建筑物底层中或有开敞面的车库内。在风景区中，这种空间犹如一个去掉低层植被的城市公园。由于光线只能从树冠的枝叶空隙及侧面渗入，因此在夏季显得阴暗，而冬季落叶后显得明亮较开敞。

这类空间较凉爽，视线通过四边出入。另一种类似于此种空间的是“隧道式”（绿色走廊）空间，是由道路两旁的行道树交冠遮荫形成（图2-11），这种布置增强了道路直线前进的运动感，使我们的注意力集中在前方。当然，有时视线也会偏向两旁。

**完全封闭空间**：如图2-12所示，这种空间与上面的覆盖空间相似，但最大的差别在于，这类空间的四周均被中小型植物所封闭。这种空间常见于森林中，它相当黑暗，无方向性，具有极强的隐密性和隔离感。

**垂直空间**：运用高而细的植物能构成一个方向直立、朝天开敞的室外空间（图2-13）。设计要求垂直感的强弱，取决于四周开敞的程度。此空间就像歌特式教堂，令人翘首仰望将视线导向空中。这种空间尽可能用圆锥形植物，越高则空间越大，而树冠则越来越小。

简而言之，风景园林设计师仅借助于植物材料作为空间限制的因素，就能建造出许多类型不同的空间。图2-14是这些不同空间在一个小型绿地上的组合示意图。

风景园林设计师除能用植物材料造出各种具有特色的空间外，他们也能用植物构成相互

图 2-11

完全封闭空间

图 2-12

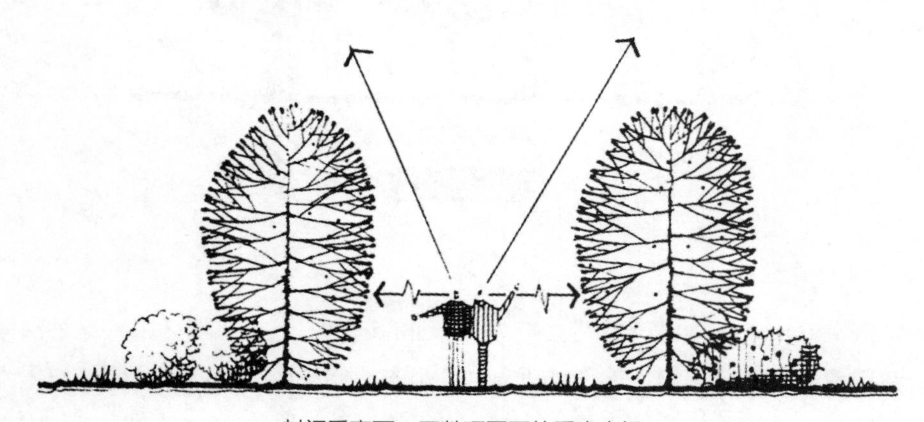

封闭垂直面，开敞顶平面的垂直空间

图 2-13

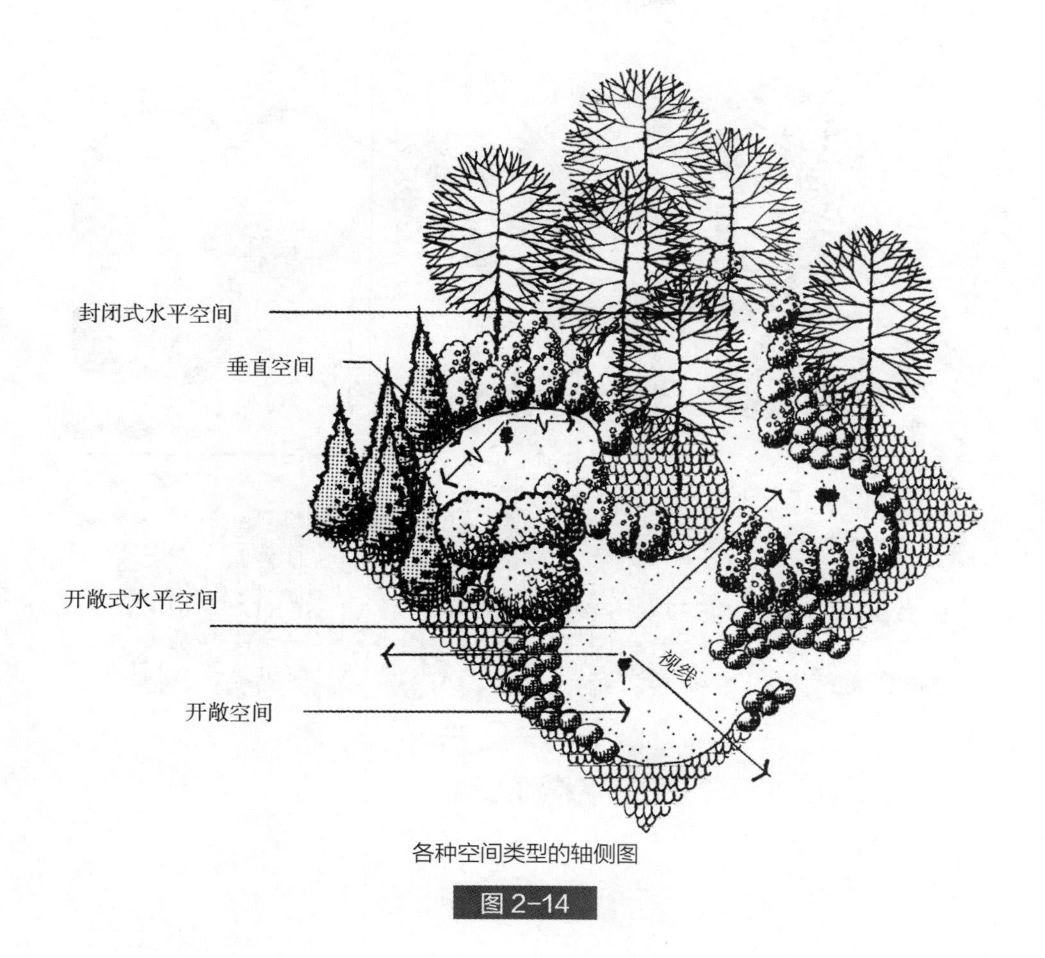


各种空间类型的轴侧图

图 2-14

联系的空间序列，如图2-15所示，植物就像一扇扇门，一堵堵墙，引导游人进出和穿越一个个空间。在发挥这一作用的同时，植物一方面改变空间的顶平面的遮盖，一方面有选择性地引导和阻止空间序列的视线。植物能有效地“缩小”空间和“扩大”空间，形成欲扬先抑的空间序列。设计师在不变动地形的情况下，利用植物来调节空间范围内的所有方面，从而能创造出丰富多彩的空间序列。

到此为止，我们已集中讨论了植物材料在景观中控制空间的作用。但应该指出的是，植物通常是与其他要素相互配合共同构成空间轮廓。例如，植物可以与地形相结合，强调或消除由于地平面上地形的变化所形成的空间（图2-16）。如果将植物植于凸地形或山脊上，便能明显地增加地形凸起部分的高度，随之增强了相邻的凹地或谷地的空间封闭感。与之相反，植物若被植于凹地或谷地内的底部或周围斜坡上，它们将减弱和消除最初由地形所形成的空间。因此，为了增强由地形构成的空间效果，最有效的办法就是将植物种植于地形顶端、山脊和高地，与此同时，让低洼地区更加透空，最好不要种植物。

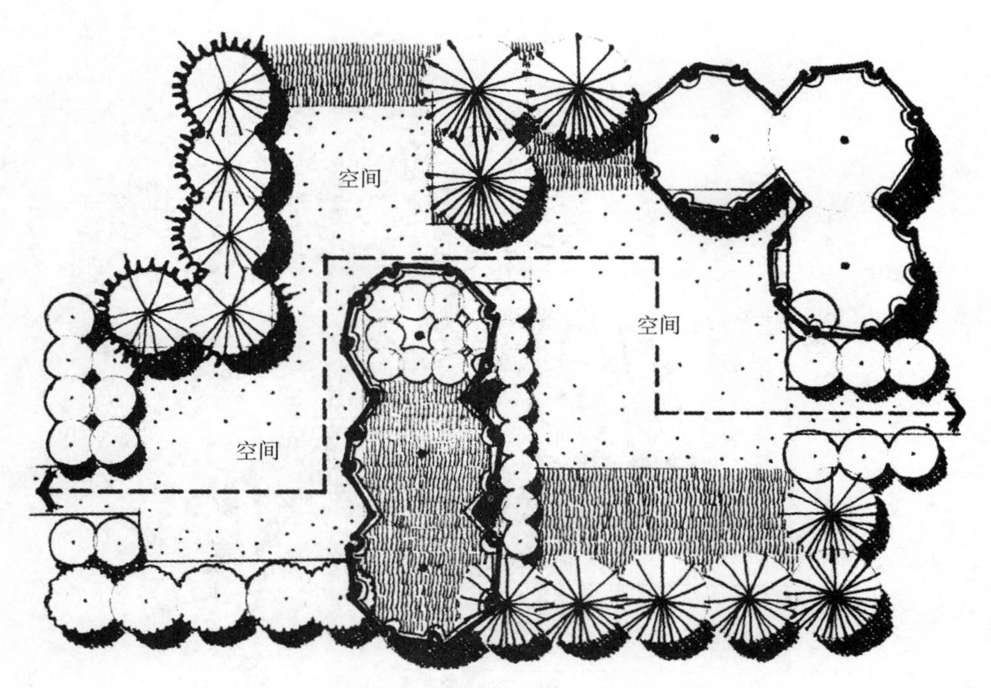


植物以建筑方式构成和连接空间序列

图 2-15

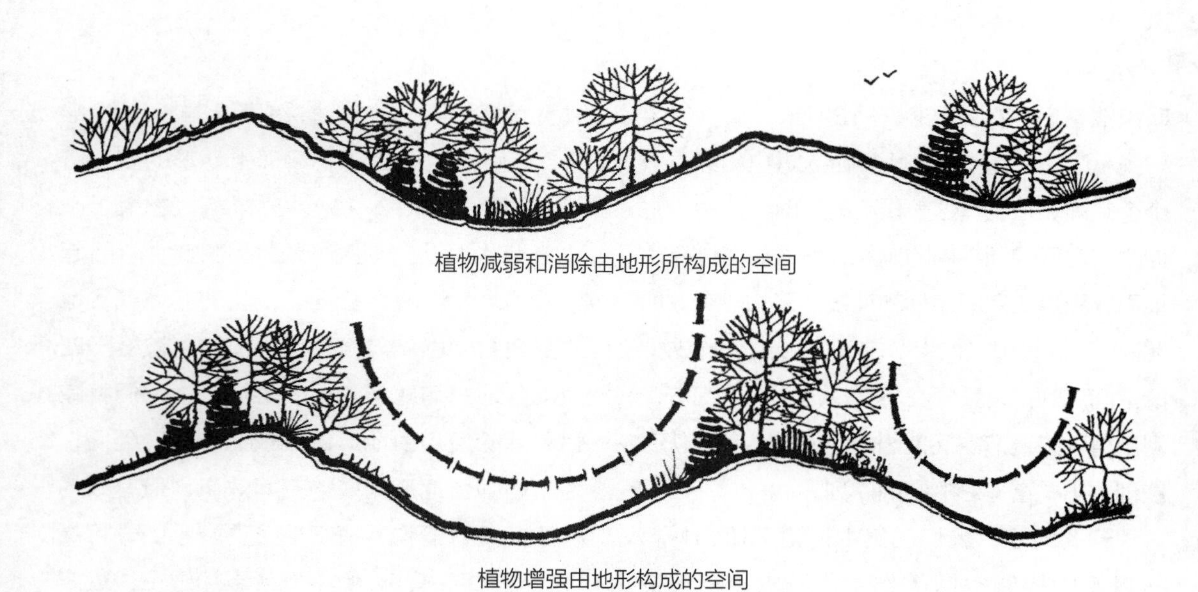

植物减弱和消除由地形所构成的空间

植物增强由地形构成的空间

图 2-16

植物还能改变由建筑物所构成的空间。植物主要作用是将各建筑物所围合的大空间再分割成许多小空间。例如在城市环境和校园布局上，在楼房建筑构成的硬质的主空间中，用植物材料再分割出一系列亲切的、富有生命的次空间（图2-17）。如果没有植被，城市环境无疑会显得冷酷、空旷、无人情味。乡村风景中的植物，同样有类似的功能，在那里的林缘、小林地、灌木树篱等，都能将乡村分割成一系列空间。图2-18所示的英格兰乡间景色便是一典型的例子。

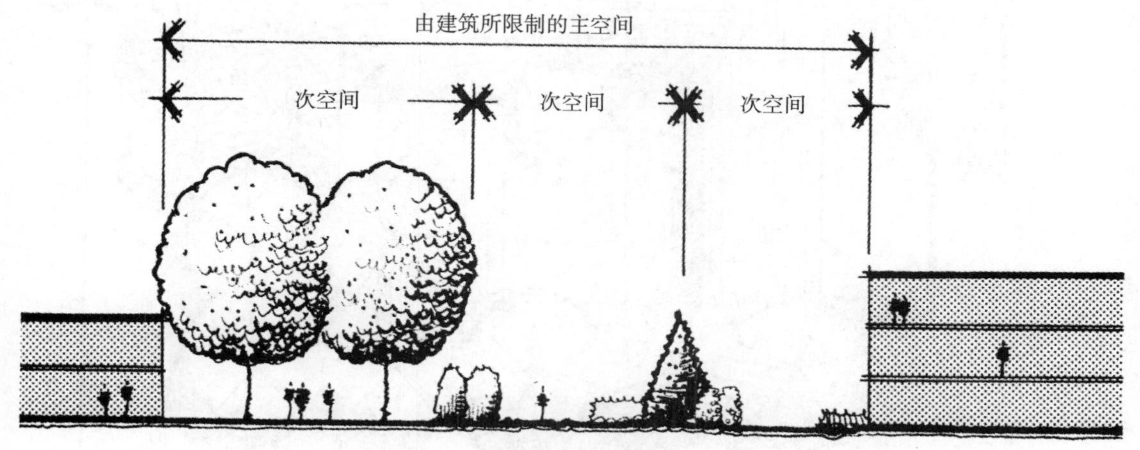


植物的空间分隔作用

图 2-17

图 2-18

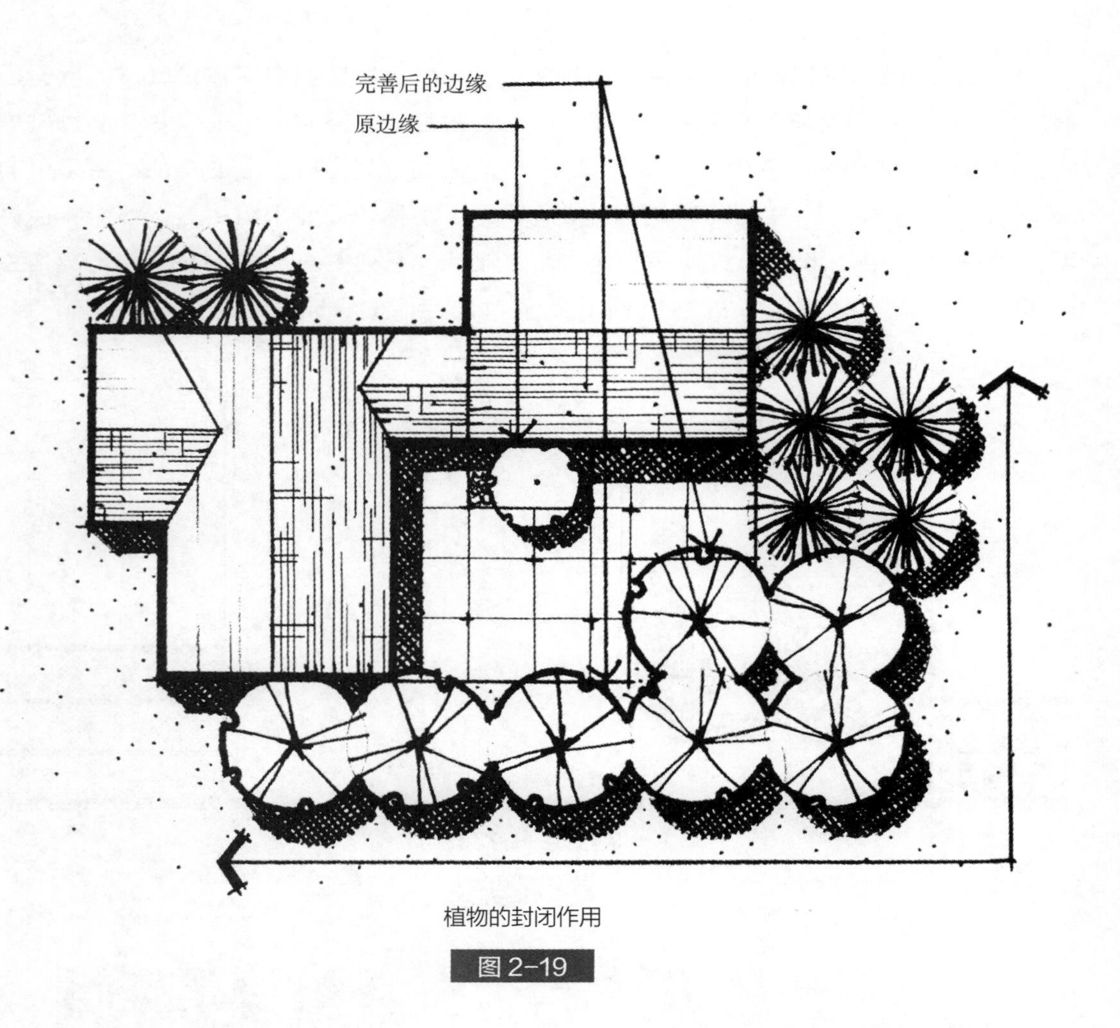


植物的封闭作用

图 2-19

从建筑角度而言，植物也可以被用来完善由楼房建筑或其他设计因素所构成的空间范围和布局。

**围合**：这术语的意思就是完善大致由建筑物或围墙所构成的空间范围。当一个空间的两面或三面是建筑和墙，剩下的开敞面则用植物来完成整个空间的“围合”或完善（图2-19）。

**连接**：连接是指植物在景观中，通过将其他孤立的因素以视觉将其连接成一完整的室外空间。像围合那样，运用植物材料将其他孤立因素所构成的空间给予更多的围合面（图2-20）。连接形式是运用线型地种植植物的方式，将孤立的因素有机地连接在一起，完成空间的围合。图2-20是一个庭院图示，该庭院最初由建筑物所围成，但最后的完善，是以大量的乔灌木，将各孤立的建筑有机地结合起来，从而构成连续的空间围合。

以上我们讨论了植物建造功能之一——构成空间，下面将讨论它的另一构造功能——障景作用。

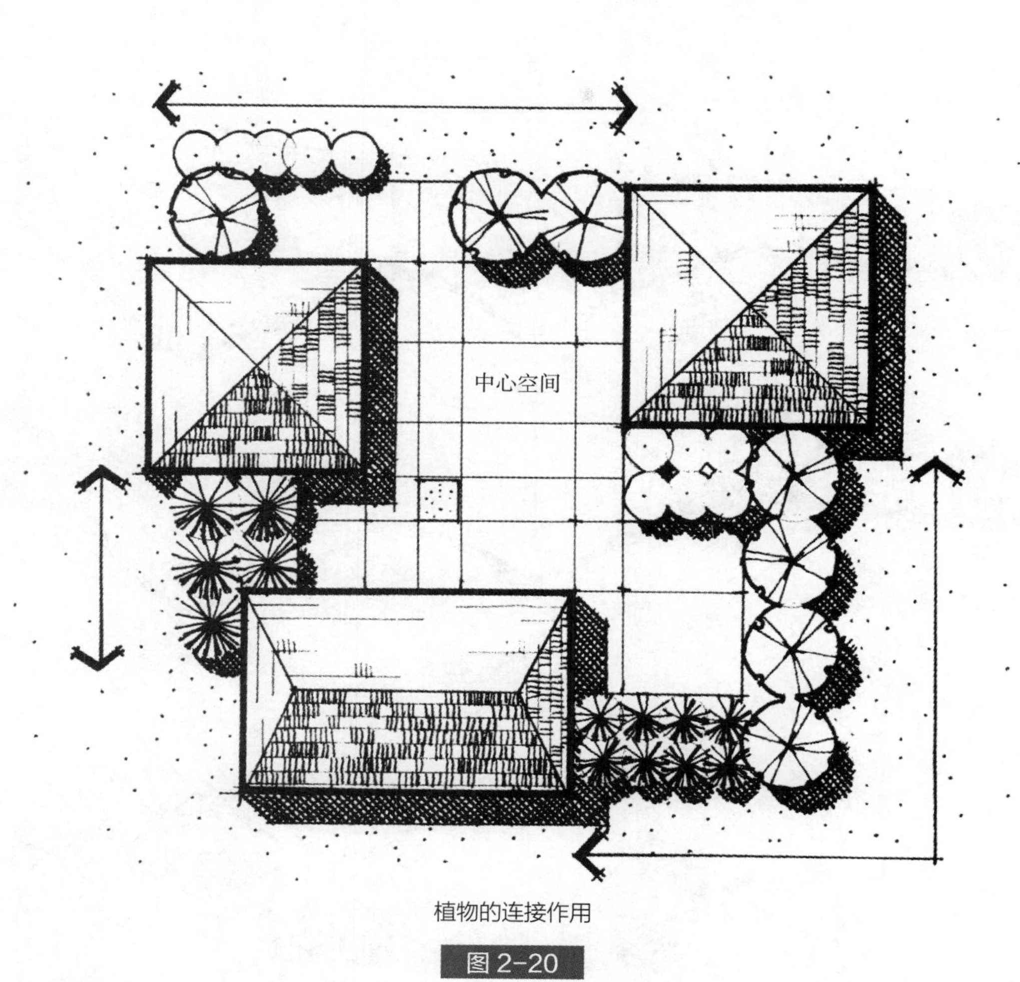


植物的连接作用

图 2-20

**障景** 构成室外空间是植物建造功能之一，它的另一建造功能为障景。植物材料如直立的屏障，能控制人们的视线，将所需的美景收于眼里，而将俗物障之于视线以外。障景的效果依景观的要求而定，若使用不通透植物，能完全屏障视线通过，而使用不同程度的通透植物，则能达到漏景的效果。为了取得一有效的植物障景，风景园林设计师必须首先分析观赏者所在位置，被障物的高度，观赏者与被障物的距离以及地形等因素。所有这些因素都会影响所需植物屏障的高度、分布以及配置。就障景来说，较高的植物虽在某些景观中有效，但它并非占绝对的优势。因此，研究植物屏障各种变化的最佳方案，就是沿预定视线画出区域图（图2-21）。然后将水平视线长度和被障物高度准确地标在区域内。最后，风景园林设计师通过切割视线，就能定出屏障植物的高度和恰当的位置了。在图2-21中，A点为最佳位置。当然，假如视线内需要更多的前景，B和C点也是可以考虑的。除此之外，另一需要考虑的因素是季节。在各个变化的季节

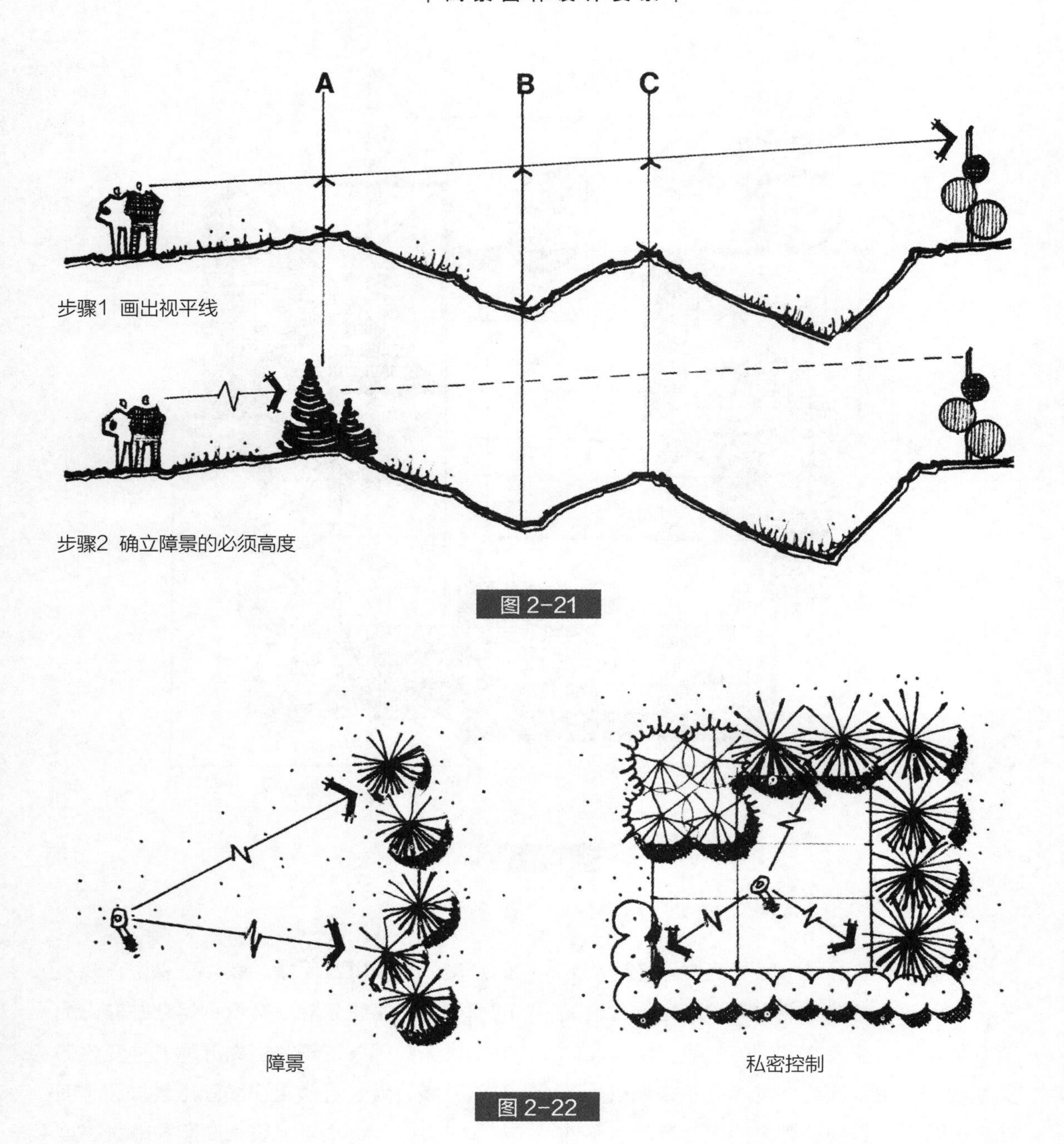


图 2-21

图 2-22

中，植物都能成为障景的话，则常绿植物能达到这种永久性屏障作用。

**控制私密性** 与障景功能大致相似的作用，是控制私密的功能。私密性控制就是利用阻挡人们视线高度的植物，进行对明确的所限区域的围合。私密控制的目的，就是将空间与其环境完全隔离开（图2-22）。私密控制与障景二者间的区别，在于前者围合并分割一个独立的空间，从而封闭了所有出入空间的视线。而障景则是慎重种植植物屏障，有选择地屏障视线。私密空间杜绝任何在封闭空间内的自由穿行，而障景则允许在植物屏障内自由穿行。在进行私密场所或居民住宅的设计时，往往要考虑到私密控制。

由于植物具有屏蔽视线的作用，因而私密控制的程度，将直接受植物的影响。如果植物的高度高于2m，则空间的私密感最强。齐胸高的植物能提供部分私密性（当人坐于地上时，则具有完全的私密感）。而齐腰的植物是不能提供私密性的，即使有也是微乎其微的。

## 植物的观赏特性

在一个设计方案中，植物材料不仅从建筑学的角度上被运用于限制空间、建立空间序列、屏障视线以及提供空间的私密性，而且还有许多美学功能。植物的建造功能主要涉及到设计的结构外貌，而美学功能则主要涉及其观赏特性，包括植物的大小、色彩、形态、质地以及与总体布局和周围环境的关系等，都能影响设计的美学特性。植物种植设计的观赏特征是非常重要的。这是因为任何一个赏景者的第一印象便是对其外貌的反应。种植设计形式也能成功地完成其他有价值的功能。比如建立空间、改变气温以及保持土壤。但是，如果该设计形式不美观，那它将极不受欢迎。为了使人们满意，一个种植设计，即使其形式不吸引人，至少应在满足其他功能方面有独到之处。

文章这一部分主要叙述观赏植物的各种不同特性，如植物的大小、形态、色彩、质地等。同时将讨论运用植物材料进行园林设计时，对其植物大小、形态、色彩、质地等特性的利用和设计原则。在室外环境中，每种观赏植物都有着自己的类型、质量和作用，所有这些在以下几段中讨论。

**植物的大小** 植物最重要的观赏特性之一，就是它的大小。因此，在为设计选择植物素材时，应首先对其大小进行推敲。因植物的大小直接影响着空间范围、结构关系以及设计的构思与布局。按下面所列大小标准可将植物分为六类。

大中型乔木：从大小以及景观中的结构和空间来看，最重要的植物便是大中型乔木。大乔木的高度在成熟期可以超过12m高，而中乔木最大高度可达9～12m，大中型乔木主要包括如：糖槭（*Acer saccharum*）、美国白蜡（*Fraxinus americana*）、美国山毛榉（*Fagus grandifolia*）以及赤桉（*Eucalyptus camaldulensis*）。下面我们将例举大中型乔木在景观中的一些功能。

这类植物因其高度和面积，而成为显著的观赏因素。它们的功能像一幢楼房的钢木框架，能构成室外环境的基本结构和骨架，从而使布局具有立体的轮廓（图2-23）。

另外在一个布局中，当大中乔木居于较小植物之中时，它将占有突出的地位，可以充当视线的焦点（图2-24）。大中型乔木作为结构因素，其重要性随着室外空间的扩大而越加突出。在空旷地或广场上举目而视，大乔木将首先进入眼帘。而较小的乔木和灌木，只有在近距离观察时，才会受到注意和鉴赏。因此，在进行设计时，应首先确立大中乔木的位置，这是因为它们的配置将会对设计的整体结构和外观产生最大的影响。一

大乔木能在小花园空间中作主景树

图 2-23

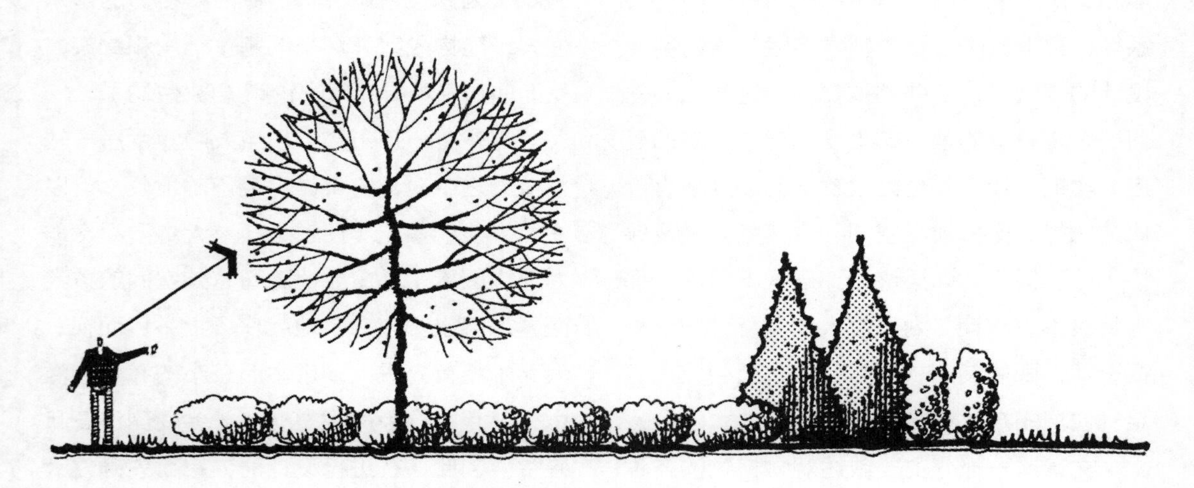

高大树木因其大小而在其他植物中占优势

图 2-24

且较大乔木被定植以后，小乔木和灌木才能得以安排，以完善和增强大乔木形成的结构和空间特性。较矮小的植物就是在较大植物所构成的总体结构中，展现出更具人格化的细腻装饰。由于大乔木极易超出设计范围和压制其他较小因素，因此在小的庭园设计中应慎重地使用大乔木。

大中乔木在环境中的另一个建造功能，便是在顶平面和垂直面上封闭空间。前面曾提到，大中乔木的树冠和树干都能成为室外空间的“天花板和墙壁”（图2-6、图2-10、图2-11和图2-12），这样的室外空间感，将随树冠的实际高度而产生不同程度的变化。如果树冠离地面3～4.5m高，空间就会显示出足够人情味，若离地面12～15m，则空间就会显得高大，有时在成熟林中便能体会到这种感觉。大中乔木在分隔那些最初由楼房建筑和地形所围成的，开阔的城市和乡村空间方面，也极为有用（图2-17和图2-18）。此外，树冠群集的高度和宽度是限制空间的边缘和范围的关键因素。

大中乔木在景观中还被用来提供荫凉。夏季时，当气温变得极炎热时，而那些室外空间和建筑物又直接受到阳光的暴晒，人们就会对荫凉处渴望之至。林荫处的气温将比空旷地低4.5℃，同样，一幢薄型楼房当被遮蔽时，其室内温度会比室外温度低11℃。为了达到最大的遮荫效应，大中乔木应种植在空间或楼房建筑的西南、西面或西北面（图2-25）。

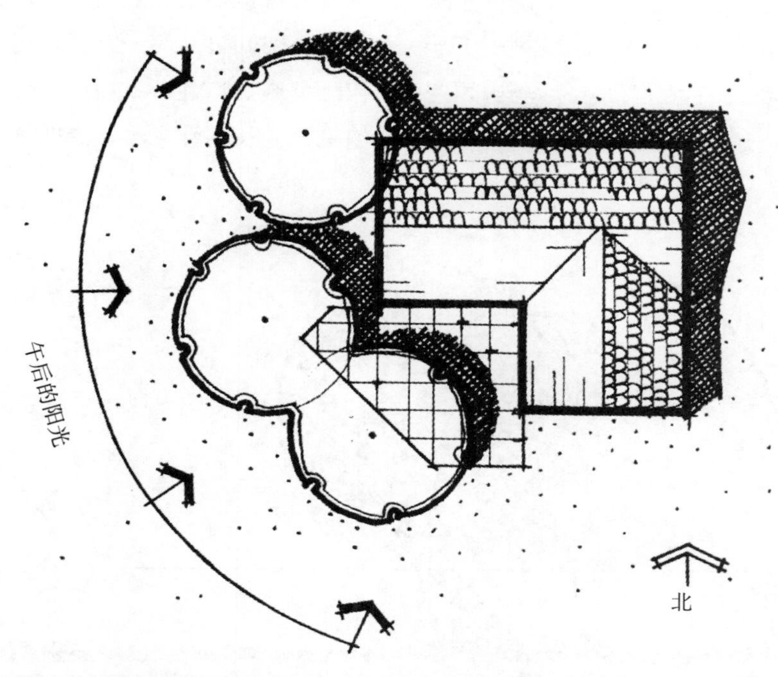


大型庭荫树种在建筑及户外空间的西南、西侧和西北侧，可阻挡下午炎热的太阳

图 2-25

由于炎热的午后，太阳的高度角在发生变化，在西南面种最高的乔木，与西北面次高的乔木形成的遮荫效果是相同的。夏季对空调机的遮荫，还能提高空调机的效率。美国冷却研究所的研究表明，被遮荫的分离式空调机冷却房间，能节能3％。

**小乔木和装饰植物**：根据植物的大小，我们确定，凡最大高度为4.5～6m的植物为小乔木和装饰植物。小乔木包括油橄榄（Olea europaea）、牧豆树属（Prosopis sp.）、欧洲山茱萸（Cornus mas）。装饰植物包括：海棠类（Malus sp.）、多花梾木（Cornus florida）、加拿大紫荆（Cercis canadensis）。如同大中乔木一样，小乔木与装饰植物在景观中也具有许多潜在的功能。

小乔木能从垂直面和顶平面两方面限制空间。视其树冠高度而定，小乔木的树干能在垂直面上暗示着空间边界。当其树冠低于视平线时，它将会在垂直面上完全封闭空间。当视线能透过树干和枝叶时，这些小乔木像前景的漏窗，使人们所见的空间有较大的深远感（图2–26）。顶平面上，小乔木树冠能形成室外空间的天花板，这样的空间常使人感到亲切。在有些情况中树冠极低，从而能防止人们的穿行。总而言之，小乔木与装饰植物适合于受面积限制的小空间，或要求较精细的地方。

小乔木和观赏植物也可作为焦点和构图中心。如图2–27、图2–28所示，这一特点是靠其大小，或是观赏植物的明显形态、花或果实来完成。按其特征，观赏植物通常作为视线焦点而被布置在那些醒目的地方，如入口附近，通往空间的标志、突出的景点上。在狭窄的空间末端，也可以用观赏植物，使其像一件雕塑或是抽象形象，以引导和吸引游人进入此空间（图2–29）。若序列地布置观赏植物，人们就能在它们的引导下从一个空间进入另一空间。观赏植物甚至能仅因其观赏特性，就被用于设计中。从观赏植物的生长习性来看具有四种不同魅力的季

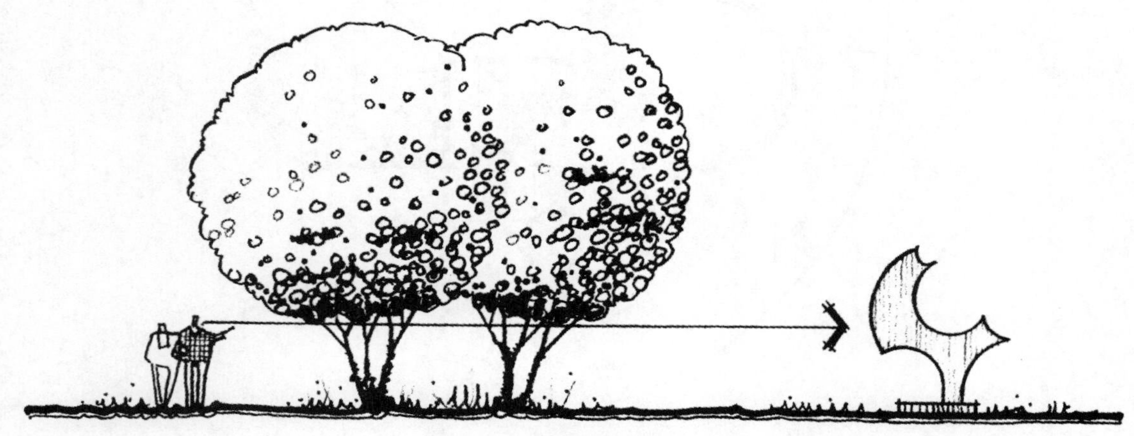

作为景物前景的树干

图 2–26

在植物配置中作为主景的观赏树

图 2-27

图 2-28

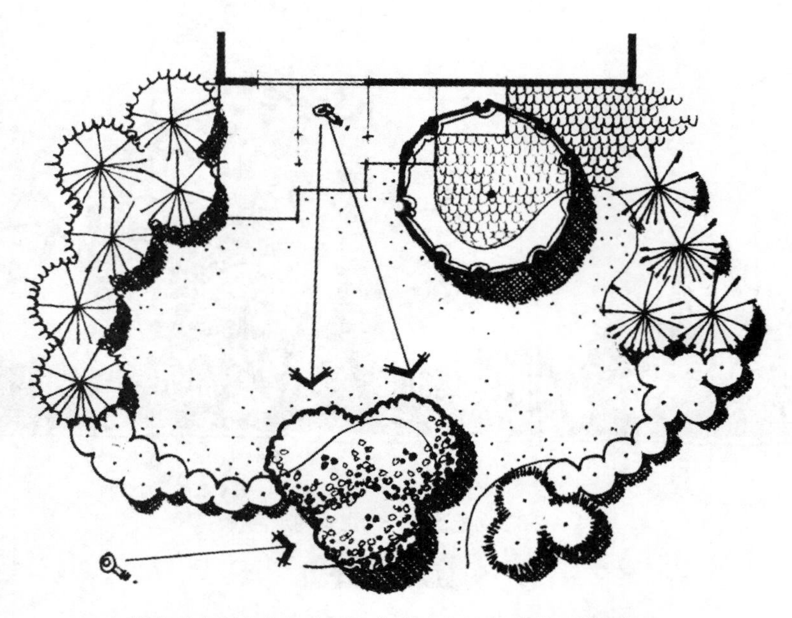

在庭院式空间中作为主景和作为出入口标志的观赏景物

图 2-29

节：春花、夏叶、秋色、冬枝。

高灌木：按其植物的大小，另一类植物叫高灌木，其最大高度为3～4.5m。与小乔木相比较，灌木不仅较矮小，而且最明显的是缺少树冠。一般说来，灌木叶丛几乎贴地而长，而小乔木则有一定距离，从而形成树冠或林荫。尽管这一差异有助于植物的分类，但实际情况中并非如此分明，尤为突出的是许多高灌木能组合在一起构成飘浮的林冠。不过为了便于理解，我们还是应对高灌木与小乔木不加以区分为好。下面谈谈高灌木在室外环境中的一些功能。

在景观中，高灌木犹如一堵堵围墙，能在垂直面上构成空间闭合。仅高灌木所围合的空间，其四面封闭，顶部开敞（图2-30）。由于这种空间具有极强向上的趋向性，因而给人明亮、欢快感。高灌木还能构成极强烈的长廊型空间，将人的视线和行动直接引向终端（图2-31）。如果高灌木属于落叶树种，那么空间的性质就会随季节而变化，而常绿灌木能使空间保持始终如一。

高灌木也可以被用来作视线屏障和私密控制之用。这是高灌木的普通功能，在有些地方，人们并不喜欢僵硬的围墙和栅栏，而是需要绿色的屏障。但是，正如早已提到的那样，在将高灌木作屏障和私密控制之用时，必须注意对它们的选择和配植，否则它们不能在一年四季中按照要求发挥作用。

当在低矮灌木的衬托下，高灌木形成构图焦点时，其形态越狭窄，有明显的色彩和质地，其效果将更突出（图2-32）。

在对比作用方面，高灌木还能作为天然

高灌木在垂直面封闭空间，但顶平面视线开敞

图 2-30

高灌木可以充当障景物，并将视线引向景观中的观赏目标

图 2-31

高灌木因其高度而充当主景

图 2-32

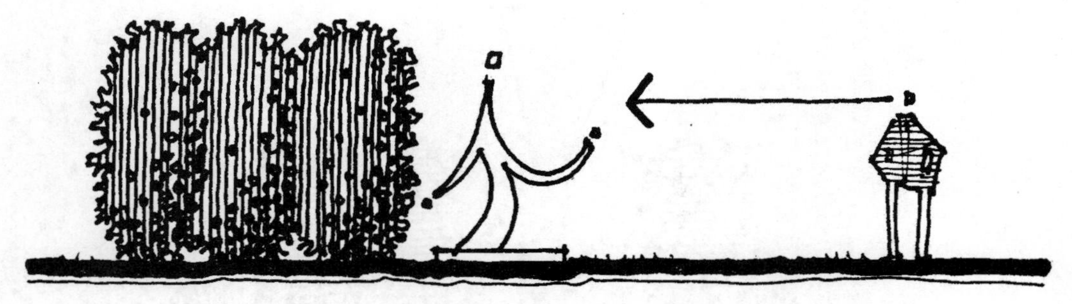

高大灌木作为突出主景物的背景

图2-33

背景，以突出放置于其前的特殊景物，如一件雕塑或较低矮的花灌木（图2-33）。同样，高灌木这一功能，因其落叶或常绿的种类不同而变化。

**中灌木**：这一类植物包括高度在1～2m的植物，它们也可以是各种形态、色彩或质地。这些植物的叶丛通常贴地或仅微微高于地面。中灌木的设计功能与矮小灌木基本相同，只是合围空间范围较之稍大点。此外，中灌木还能在构图中起到高灌木或小乔木与矮小灌木之间的视线过渡作用。

**矮小灌木**：矮灌木是植物尺度上较小的植物。成熟的矮灌木最高仅1m。但是，矮灌木的最低高度必须在30cm以上，因为凡低于这一高度的植物，一般都作为地被植物对待。矮灌木包括：日本木瓜（*Chaenomeles japonica*）、细尖栒子（*Cotoneaster apiculata*）、绣线菊（*Spiraea×bumalda* '*Anthony Waterer*'）、刺梨仙人掌（*Opunta micro-dasys*）等。矮小灌木种植在景观中可以完成下述目的。

矮灌木能在不遮挡视线情况下限制或分隔空间。由于矮灌木没有明显的高度，因此它们不是以实体来封闭空间，而是以暗示的方式来控制空间（图2-8）。因此，为构成一个四面开敞的空间，可在垂直面上使用矮灌木。与此功能有关的例子是，种植在人行道或小路两旁的矮灌木，具有不影响行人的视线，又能将行人限制在人行道上的作用。

在构图上，矮灌木也具有从视觉上连接其他不相关因素的作用。不过，它们这一作用在某种程度上不同于地被植物，地被植物是使其他不相关因素放置于相同的地面上而产生视觉上的联系，而矮灌木则有垂直连接的功能，这点与矮墙相似（图2-34）。因此，当我们从立面图上来看，矮灌木对于构图中各因素具有较强烈的视觉联系。

矮灌木的另一功能，是在设计中充当附属因素。它们能与较高的物体形成对比，或降低一级设计的尺度，使其更小巧、更亲密。鉴于其尺度矮小，故应大面积地使用，才能获得较佳的观赏效果。如果使用面积小（相对总体布局而言），其景观效果极易丧失。但如果过分使用许多琐碎的矮灌木（图2-35），就会使整个布局显得无整体感。

布局分裂呈现两个分隔的群体

小灌木从视觉上将两部分连接成统一的整体

图 2-34

小型灌木过多分组

小型灌木较大群体的合理种植形式

图 2-35

**地被植物**：按其大小而论，最小的植物应是地被植物。所谓“地被植物”指的是所有低矮、爬蔓的植物，其高度不超过15~30cm。地被植物也各有不同特征，有的开花，有的不开花，有木本也有草本。以下列举者均属地被植物：洋常春藤（*Hedera helix*）、蔓长春花（*Vinca minor*）、顶花板凳果（*Pachy-sandra terminalis*）。地被植物可以作为室外空间的植物性“地毯”或铺地，此外它本身在设计中还具有许多功能。

与矮灌木一样，地被植物在设计中也可以暗示着空间边缘（图2-2）。就这种情况而言，地被植物常在外部空间中划分不同形态的地表面。地被植物能在地面上形成所需图案，而不需硬性的建筑材料。当地被植物与草坪或铺道材料相连时，其边缘构成的线条在视觉上极为有趣，而且能吸引视线并能围合空间（图2-36）。当地被和铺道对比使用时，能限制步行道（图2-37）。

地被植物因具有独特的色彩或质地，而能提供观赏情趣。当地被植物与具有对比色或对比质地的材料配置在一起时，会引人入胜。具有迷人的花朵、丰富色彩的地被植物，这种作用特别重要。

地被植物还有一功能，是作为衬托主要因素或主要景物的无变化的、中性的背景。例如一件雕塑，或是引人注目的观赏植物下面的地被植物床。作为一自然背景，地被植物的面积需大得足以消除邻近因素的视线干扰。

前面曾提到，地被植物另一设计功能，是从视觉上将其他孤立因素或多组因素联系成一个统一的整体。此外，地被植物的作用，就成了一个布局中各个与不同成分相关联的共有因素（图2-38）。各组互不相关的灌木或乔木，在地被植物层的作用下，都能成为同一布局中的一部分。因地被植物能将地面上所有的植物组合在一个共同的区域内，这个普遍的方法适合于环绕一开放草坪的边缘，作为“边缘种植”。

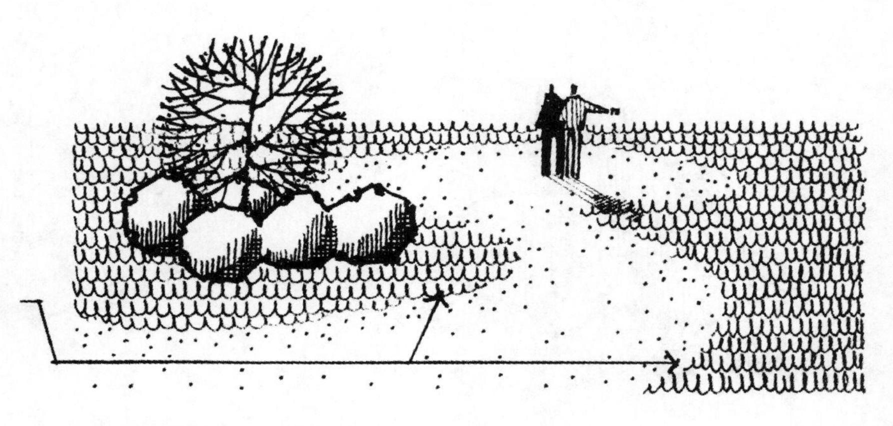


草坪与地被之间的线条能吸引视线并能围合空间

图 2-36

图 2-37

两组植物在视觉上无联系，使布局分离

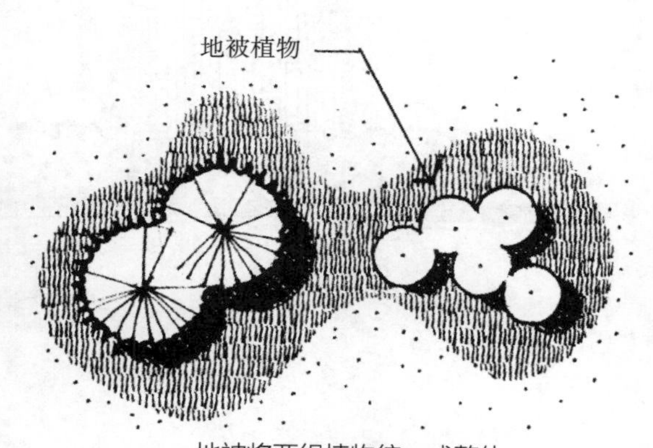


地被将两组植物统一成整体

图 2-38

地被植物的实用功能，还在于为那些不宜种植草皮或其他植物的地方提供下层植被。地被植物的合理种植场所，是那些楼房附近，除草机难以进入或草丛难以生存的阴暗角隅。此外，一旦地被植物成熟后，对它的养护少于同等面积的草坪。与人工草坪相比较，在较长时间内，大面积地被植物层能节约养护所需的资金、时间和精力。

地被植物还能稳定土壤，防止陡坡的土壤被冲刷。因为在一个具有4：1坡度的斜坡上种植草皮，剪草养护是极其困难而危险的，因此，在这些地方，就应该用地被植物来代之。

总而言之，植物的大小是所有植物材料的特性中最重要、最引人注意的特征之一，若从远距离观赏，这一特性就更为突出。以前我们也提到过，植物的大小成为种植设计布局的骨架，而植物的其他特性则为其提供细节和小情趣。一个布局中的植物大小和高度，能使整个布局显示出统一性和多样性。例如，如果在一小型花园布局中，其用的所有植物都同样大小（图2-39），那么该布局虽然出现统一性，但同时也产生单调感。另一方面，若植物的高度有些变化，能使整个布局丰富多彩，远处看去，其植物高低错落有致，要比植物在其他视觉上的变化特征更

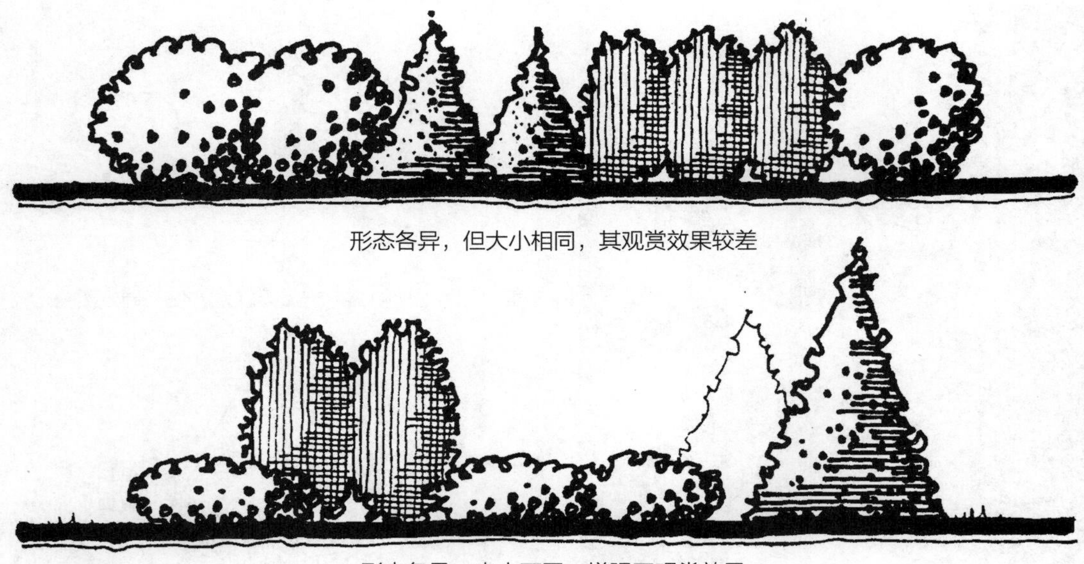

形态各异，但大小相同，其观赏效果较差

形态各异，大小不同，增强了观赏效果

图 2-39

明显（除了色彩的差异外）。因此，植物的大小应该成为种植设计创作中首先考虑的观赏特性，植物的其他特性，都是依照已定的植物大小来加以选用。

**植物的外形** 下面要讨论的植物的观赏特性是植物的外形。单株或群体植物的外形，是指植物从整体形态与生长习性来考虑大致的外部轮廓。虽然它的观赏特征不如其大小特征明显，但是它在植物的构图和布局上，影响着统一性和多样性。在作为背景物，以及在设计中植物与其他不变设计因素相配合中，也是一关键性因素。植物外形基本类型为：纺锤形、圆柱形、水平展开形、圆球形、尖塔形、垂枝形和特殊形。上述各种植物形状请见图2-40。每一种形状的植物都具有自己独特的性质，以及独特的设计应用。下面将分别给予讨论。

纺锤形：纺锤形植物其形态细窄长，顶部尖细。这类植物有钻天杨（*Populus italica nigra*）、北美崖柏（*Thuja occidentalis*）和地中海柏木（*Cupressus sempervirens*）。在设计中，纺锤形植物通过引导视线向上的方式，突出了空间的垂直面。它们能为一个植物群和空间提供一种垂直感和高度感。如果大量使用该类植物，其所在的植物群体和空间，会给人一种超过实际高度的幻觉。当与较低矮的圆球形或展开形植物一起种植时，其对比十分强烈（图2-41），其纺锤形植物犹如一个"惊叹号"惹人注目，像乡镇地平线上的教堂塔尖。由于这种特征，故在设计时应该谨慎使用纺锤形植物。如果在设计中用得数量过多，会造成过多的视线焦点,使构图"跳跃"破碎。

圆柱形：这种植物除了顶是圆的外，其他形状都与纺锤形相同。其代表植物有槭树

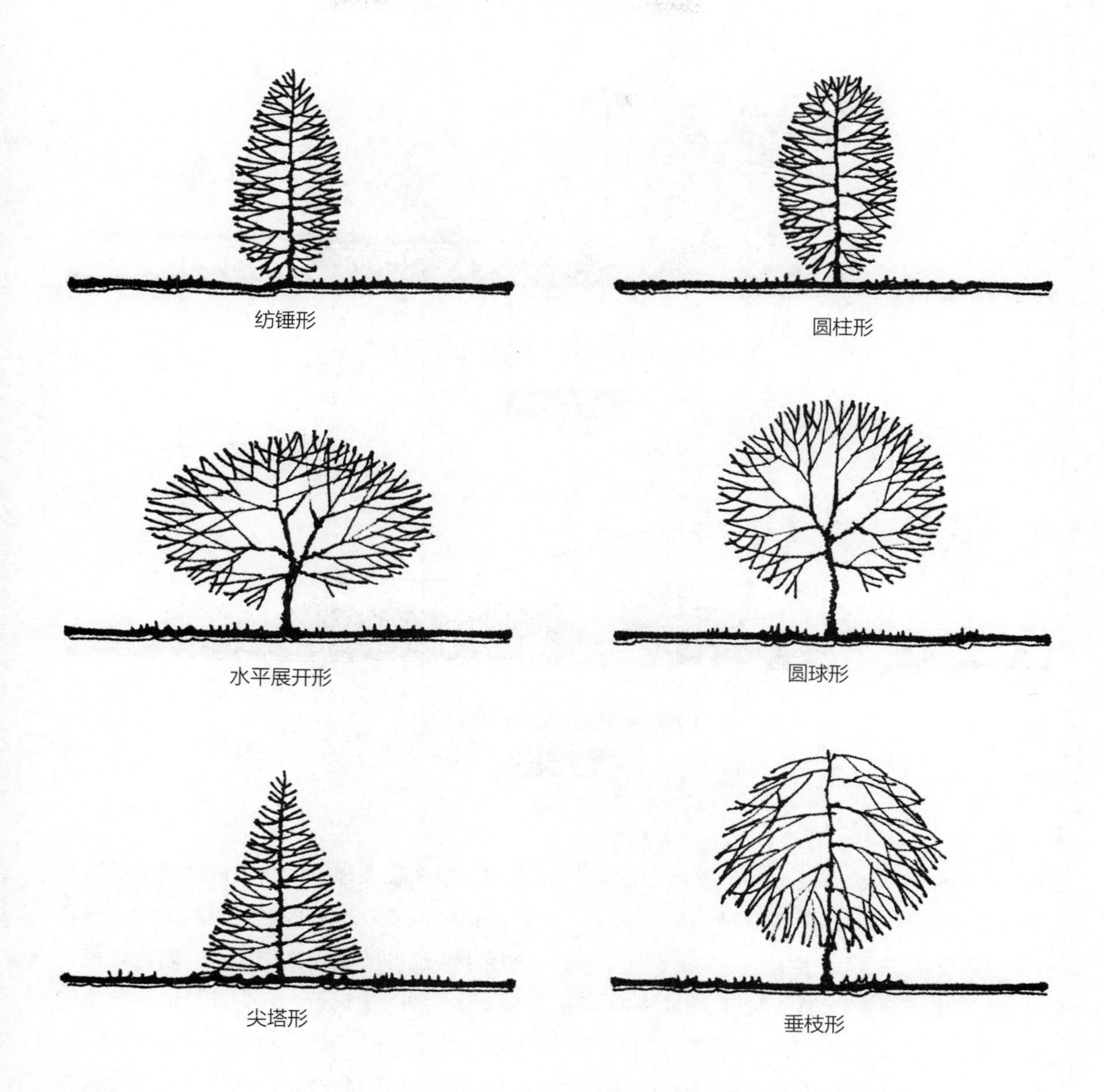


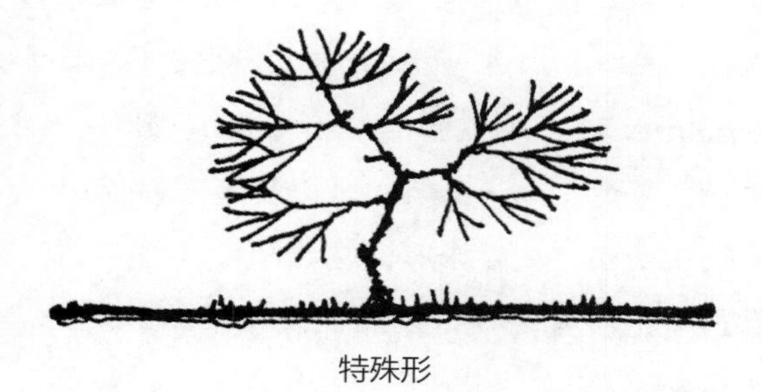


图 2-40

纺锤形植物在布局中用于增强其高度的变化

图 2-41

开展的植物使布局有宽阔延伸感

图 2-42

（*Acer saccharum monumentale*）和紫杉（*Taxus media hicksi*）。这种植物类型具有与纺锤形相同的设计用途。

水平展开形：该类植物具有水平方向生长的习性，故宽和高几乎相等。如二乔玉兰（*Magnolia soulangeana*）、华盛顿山楂（*Crataegus phaenopyrum*）和矮紫杉（*Taxus cuspidatanana*）都属该类型植物。展开形植物的形状能使设计构图产生一种宽阔感和外延感。展开型植物会引导视线沿水平方向移动（图2-42），因此，这类植物通常用于布局中从视线的水平方向联系其他植物形态。如果这种植物形状重复地灵活运用，其效果更佳。在构图中展开植物与垂直的纺锤形和圆柱形植物形成对比效果。展开形植物能和平坦的地形、平展的地平线和低矮水平延伸的建筑物相协调。若将该植物布置于平矮的建筑旁，它们能延伸建筑物的轮廓，使其融汇于周围环境之中（图2-43）。

圆球形：顾名思义，凡圆球形植物具有明显的圆环或球形形状。这类植物主要有欧洲山毛榉（*Fagus sylvatica*）、银椴（*Tilia tomentosa*）、鸡爪槭（*Acer palmatum*）、欧洲山茱萸（*Cornus mas*）以及榕树（*Ficus microcarpa*）。圆球形植物是植物类型中为数最多的种类之一，因而在设计布局中，该类植物在数量上也独占鳌头（图2-44）。不同于纺锤形或水平展开形植物，该植物类型

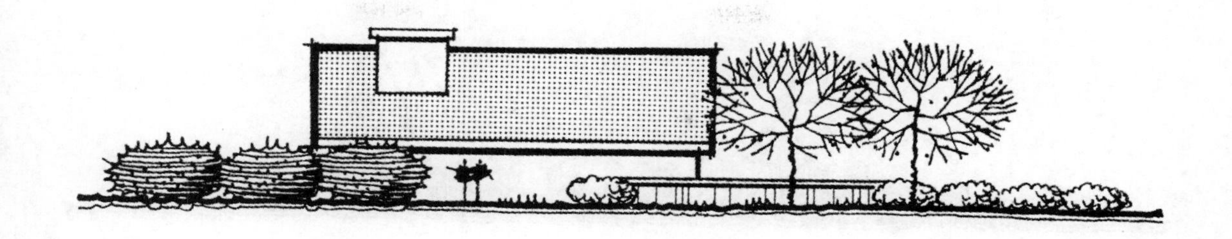

水平展开型植物将建筑的水平线联系在环境中

图 2-43

在布置中圆球形植物应占突出地位

图 2-44

在引导视线方面既无方向性，也无倾向性。因此，在整个构图中，随便使用圆球形植物都不会破坏设计的统一性。圆球形植物外形圆柔温和，可以调和其他外形较强烈形体，也可以和其他曲线形的因素相互配合、呼应，如波浪起伏的地形。

尖塔/圆锥形：这种植物的外观呈圆锥状，整个形体从底部逐渐向上收缩，最后在顶部形成尖头。该类植物主要有：云杉属（*Picea sp.*）、胶皮枫香树（*Liquidambar styraciflua*）以及连香树（*Cercidiphyllum Japonicum*）。圆锥形植物除具有易被人注意的尖头外，总体轮廓也非常分明和特殊。因此，该类植物可以用来作为视觉景观的重点，特别是与较矮的圆球形植物配植在一起时，其对比之下尤为醒目（图2-45）。尤其也可以与尖塔形的建筑物或是尖耸的山巅相呼应。鉴于这种性质，有设计理论家认为，这类植物在无山峰的平地并不太适合，应谨慎使用。其次，圆锥形植物也可以协调地用在硬性的、几何形状的传统建筑设计中。

垂枝形：垂枝形植物具有明显的悬垂或下弯的枝条。常见的植物有：垂柳（*Salix babylonica*）、垂枝山毛榉（*Fagus sylvatica pendula*）以及细尖栒子（*Cotoneaster apiculata*）等都属该类植物。在自然界中，地面较低洼处常伴生着垂枝植物，如河床两旁常长有众多的垂柳（图2-46）。在设计中，它

圆锥形植物在圆球形和展开形植物中的突出作用

图 2-45

图 2-46

们能起到将视线引向地面的作用，因此可以在引导视线向上的树形之后，用垂枝植物。垂枝植物还可种于一泓水湾之岸边，以配合其波动起伏的涟漪，象征着水的流动。为能表现出植物的姿态，最理想的做法是将该类植物种在种植池的边沿或地面的高处，这样，植物就能越过池的边缘挂下或垂下（图2-47）。

特殊形：特殊形植物是有奇特的造型。其形状千姿百态，有不规则的、多瘤节的、歪扭式的和缠绕螺旋式的。这种类型的植物通常是在某个特殊环境中已生存多年的成年老树。图2-48所示的植物便是特殊形植物的代表，它已在亚利桑那山区中经受了风吹雨打和土壤条件的锤炼。除专门培育的盆景植物外，大多数特殊形植物的形象，都是由自然力造成的。由于它们具有不同凡响的外貌，这类植物最好作为孤植树，放在突出的设计位置上，构成独特的景观效果。一般说来，无论在何种景观内，

垂枝形植物从墙上垂下或将视线引向地面

图 2-47

图 2-48

一次只宜置放一棵这种类型的植物，这样方能避免产生杂乱的景象。

毫无疑问，并非所有植物都能准确地符合上述分类。有些植物的形状极难描述，而有些植物则越过了各不同植物类型的界限。但是尽管如此，植物的形态仍是一个重要的观赏特征，这一点在植物因其形状而自成一景，或作为设计焦点时，尤为显示它的突出地位。不过，当植物是以群体出现时，单株的形象便消失，它的自身造型能力受到削弱。在此情况中，整个群体植物的外观便成了重要的方面。

**植物的色彩**　紧接植物的大小、形态之后，最引人注目的观赏特征，便是植物的色彩。植物的色彩可以被看作是情感象征，这是因为色彩直接影响着一个室外空间的气氛和情感。鲜艳的色彩给人以轻快、欢乐的气氛，而深暗的色彩则给人异常郁闷的气氛。

由于色彩易于被人所看见，因而它也是构图的重要因素，在景观中，植物色彩的变化，有时在相当远的地方都能被人注意到。

植物的色彩，通过植物的各个部分而呈现出来，如通过树叶、花朵、果实、大小枝条以及树皮等。毫无疑问，树叶的主要色彩呈绿色，其间也伴随着深浅的变化，以及黄、蓝和古铜色的色素。除此之外，植物也包含了所有的色彩，存在于春秋时令的树叶、花朵、枝条和树干之中。

植物配植中的色彩组合，应与其他观赏特性相协调。植物的色彩应在设计中起到突出植物的尺度和形态的作用。如一株植物以大小或形态作为设计中的主景时，同时也应具备夺目的色彩，以进一步引人注目。鉴于这一特点，在设计时，一般应多考虑夏季和冬季的色彩，因为它们占据着一年中的大部分时间。花朵的色彩和秋色虽然丰富多彩，令人难忘，但其寿命不长，仅持续几个星期。因此，对植物的取舍和布局，只依据花色或秋色来布置植物，是极不明智的，因为这些特征会很快消失。

在夏季树叶色彩的处理上，最好是在布局中使用一系列具色相变化的绿色植物，使在构图上有丰富层次的视觉效果。另外，将两种对比色配置在一起，其色彩的反差更能突出主题。例如：黑与白在一起则白会显得更白，而绿色在红色或橙色的衬托下，会显得更浓绿。不同的绿色调，也各有其设计上的作用。各种不同色调的绿色，可以突出景物，也能重复出现达到统一，或从视觉上将设计的各部分连接在一起。像紫杉（*Taxus cuspidata*）其典型的深绿色，给予整个构图和其所在空间带来一种坚实凝重的感觉，成为设计中具有稳定作用的角色（图2-49）。此外，深绿色还能使空间显得恬静、安祥，但若过多地使用该种色彩，会给室外空间带来阴森沉闷感。而且深色调植物极易有移向观赏者的趋势（图2-50），在一个视线的末端，深色似乎会缩短观赏者与被观赏景物之间的距离。同样，一个空间中的深色植物居多，会使人感到空间比实际窄小。

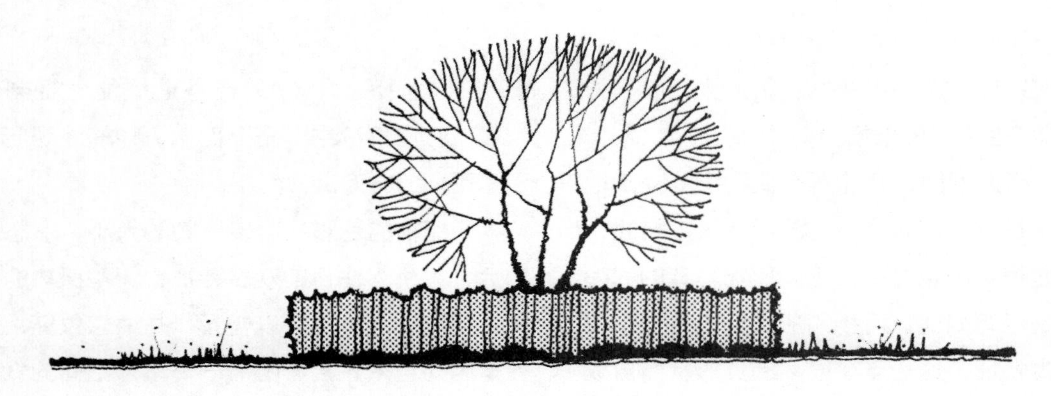

深色叶丛作为基础，而浅叶和枝条在其上，构图稳定

图 2-49

另一方面，浅绿色植物能使一个空间产生明亮、轻快感。浅绿植物除在视觉上有飘离观赏者的感觉外，同时给人欢欣、愉快和兴奋感。当我们将各种色度的绿色植物进行组合时，一般说来深色植物通常安排在底层（鉴于观赏的层次），使构图保持稳定，与此同时，浅色安排在上层使构图轻快。在有些情况下，如图2-51，深色植物可以作为淡色或鲜艳色彩材料的衬托背景。这种对比在某些环境中是有必要的。

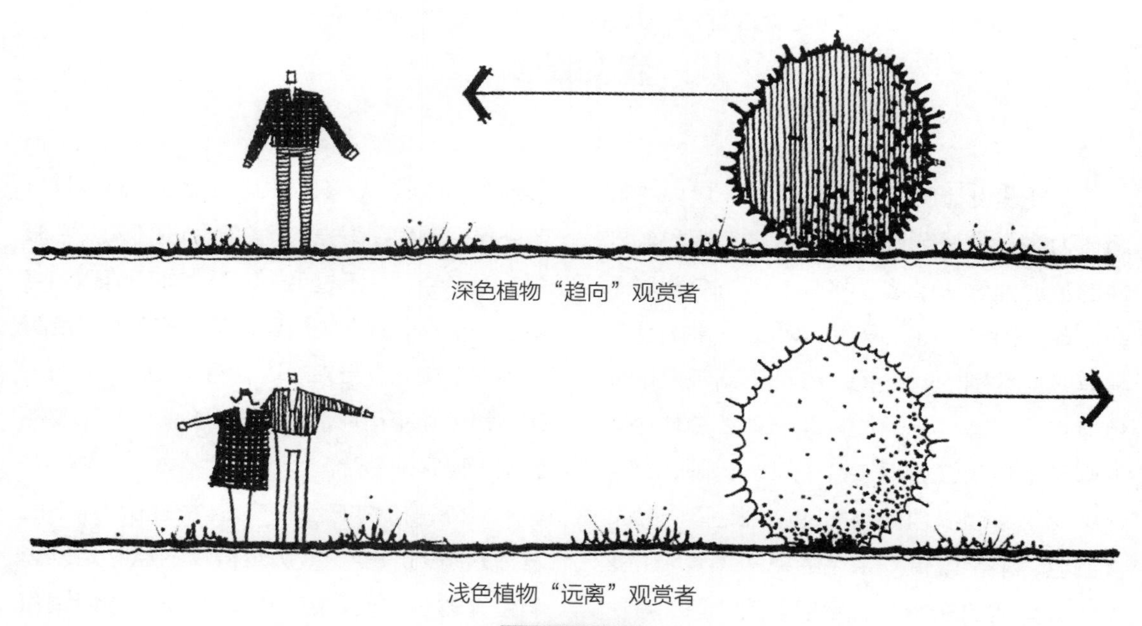

深色植物“趋向”观赏者

浅色植物“远离”观赏者

图 2-50

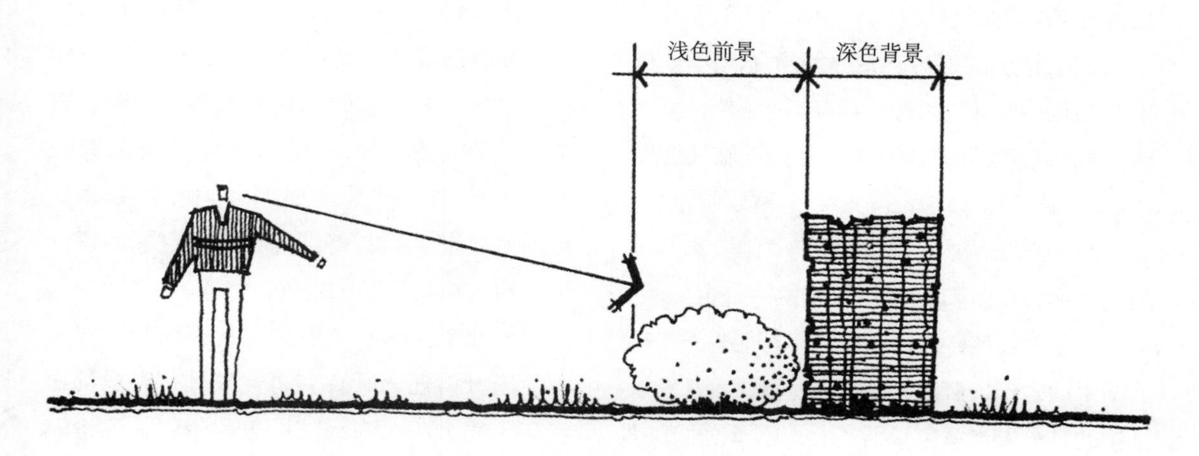


深色叶丛植物可充当浅色植物的背景

图 2-51

中色调植物应作为深色植物与浅色植物之间的媒介

图 2-52

在处理设计所需要的色彩时，应以中间绿色为主，其他色调为辅。这种无明显倾向性的色调能像一条线，将其他所有色彩联系在一起（图2-52）。绿色的对比效果表现在具有明显区别的叶丛上。各种不同色度的绿色植物，不宜过多、过碎地布置在总体中，否则整个布局会显得杂乱无章。另外，在设计中应小心谨慎地使用一些特殊色彩，诸如青铜色、紫色或带有杂色的植物等。因为这些色彩异常的独特，而极易引人注意。在一个总体布局中，只能在特定的场合中保留少数特殊色彩的绿色植物。同样，鲜艳的花朵也只宜在特定的区域内成片大面积布置。如果在布局中出现过多、过碎的艳丽色，则构图同样会显得琐碎。因此，要在不破坏整个布局的前提下，慎重地配置各种不同的花色。

假如在布局中使用夏季的绿色植物作为基调，那么花色和秋色则可以作为强调色。红色、橙色、黄色、白色和粉色，都能为一个布局增添活力和兴奋感，同时吸引观赏者注意设计中的某一重点景色。事实上，色泽艳丽的花朵如果布置不适，大小不合，就会在布局中喧宾夺主，使植物的其他观赏特性黯然失色。色彩鲜明的区域，面积要大，位置要开阔并且日照充足。因为在阳光下比在阴影里可使其色彩更加鲜艳夺目。不过另一方面，如果慎重地将艳丽的色彩配置在阴影里，艳丽的色彩能给阴影中的平淡无奇带来欢快、活泼之感。如前所述，秋色叶和花卉，色虽鲜丽多彩，其重要性仍次于夏季的绿叶。

此外，植物的色彩在室外空间设计中能发挥众多的功能。常认为植物的色彩足以影响设计的多样性、统一性以及空间的情调和氛围。植物色彩与其他植物视觉特点一样，可以相互配合运用，以达到设计的目的。

**树叶的类型** 树叶类型包括树叶的形状和持续性。并与植物的色彩在某种程度上有关系。在温带地区，基本的树叶类型有三种：落叶型、针叶常绿型、阔叶常绿型。每一种类型各有其特性，在室外空间的设计上，也各有其相关的功能。

落叶型：落叶型植物在秋天落叶，春天再生新叶。通常叶片扁薄，并具有许多种形状和不同大小。在大陆性气候带中，无论就数量上和对周围各种环境的适应能力而言，多以落叶性植物占优势。落叶植物从地被植物到参天乔木均具有各种形态、色彩、质地和大小。

常见的植物有：栒子属（*Cotoneaster sp.*）、荚蒾属（*Viburnum sp.*）、栎属（*Quercus sp.*）、槭树属（*Acer sp.*）等。

在室外空间中，落叶植物有一些特殊的功能。其中最显著的功能之一，便是突出强调了季节的变化。正如上面所提到的，许多落叶植物在外形和特征上都有明显的四季差异，这样就直接影响着所在景区的风景质量。落叶植物这一具有活力的因素，能使一年的季相变化更加显著，更加具有意义。人们饶有兴趣地观赏落叶植物时，会惊讶地发现在通透性、外貌、色彩和质地上发生的令人着迷的交替变化。

在温带气候带内，主要的植物是落叶植物。就该类植物而言，它们能在各个方面限制空间作为主景，充当背景，并可以与针叶常绿和阔叶常绿树相互对比。事实上，落叶植物在设计中属于“多用途植物”，它能满足大多数功能的需要，而且还具有特殊的外形、花色或秋色叶，而被广泛采用。以下所列几种落叶植物都具有悦目的花朵，而在景观中占突出地位，如荚蒾属（*Viburnum sp.*）、连翘（*Forsythia sp.*）、忍冬（*Lonicera sp.*）、猬实（*Kolkwitzia amabilis*）、多花梾木（*Cornus florida*）、海棠（*malus sp.*）。

某些落叶植物的另一特性，是具有让阳光透射叶丛、使其相互辉映，产生一种光叶闪烁的效果（luminosity）。植物叶丛处于人眼与太阳之间就会产生这种现象（图2-53）。当观赏者从树底或逆光看时，所看到的个别树叶呈鲜艳透明的黄绿色，从而给人一种树叶内部正在燃烧的幻觉。这种效果常出现在上午10点或下午3点，此时太阳正以较低的角度照射着植物。这一光亮闪烁的效果，使植物下层植被具有通透性和明快的效果。人行道和楼房入口处需要这种效果，在这些场所既需要隐蔽安全，又需要明亮轻快的空间效果。

图 2-53

落叶植物还有一特性，就是它们的枝干在冬季凋零光秃后，呈现的独特形象。这一特性与夏季的叶色和质地占有同等重要的地位。因此在布局中选用落叶植物时，必须首先研究该植物所具有的可变因素，如枝条密度、色彩及外形或生物学习性。像这样的植物有：糖槭（*Acer saccharum*）、阿穆尔女贞（*Ligustrum amurense*），它们分枝稠密，而且在冬季具有明显的树形轮廓。而其他的落叶植物，如美国皂荚（*Gleditsia triacanthos*）和火炬树（*Rhus typhina*），则具有开放型分枝，其整体形象杂乱而无明显的树形轮廓。

由枝条自身所构成的轮廓图案（图2–54），也是一个设计所要考虑的因素。有些植物的枝条呈水平伸展，形成引人注意的水平线型图案，这类植物有：多花梾木（*Cornus florida*）、华盛顿山楂（*Crataegus phaenopyrum*）。而像美国白蜡（*Fraxinum americana*）、欧洲鹅耳枥（*Carpinus betulus*）这类植物，则具有清晰的垂枝型图案，特别是沼生栎（*Quercus palustris*）更为突出。其他植物如海棠类（*Malus sp.*）和加拿大紫荆（*Cercis canadensis*），当其老化和风蚀后，则具有扭曲的枝条形态。如果将该类植物配植在深色的常绿植物或其他中性物体的背景之前，会使该植物光秃的枝条和形象更为生动突出（图2–55）。落叶植物的另一特性，就是当凋零的稀疏枝干投影在路面或墙上时，可以造成

由于落叶树木的生长习性不同而在冬季表现出的不同形态

图 2–54

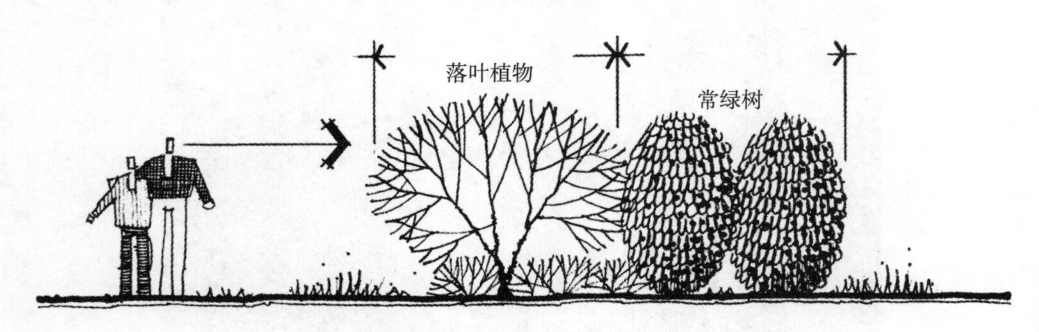


落叶树的枝条在常绿植物衬托下更显眼

图 2–55

迷人的景象。特别是在冬季，对单调乏味的铺地或是一面空墙，疏影映照有助于消除单调感（图2-56）。

**针叶常绿树**：第二种基本树叶类型是针叶植物，该类植物的叶片常年不落。

普通的针叶常绿植物有：北美乔松（*Pinus strobus*）、云杉属（*Picea sp.*）、加拿大铁杉（*Tsuga canadensis*）、紫杉（*Taxus sp.*）以及桧柏（*Juniperus sp.*）。针叶常绿植物既有低矮灌木也有高大乔木，并具有各种形状、色彩和质地。然而，作为针叶常绿植物来说，它们没有艳丽的花朵。与落叶植物一样，针叶植物也具有自己的独特性和多种用途。

图 2-56

与其他类型的植物比较而言，作为针叶常绿树来说，其色彩比所有种类的植物都深（除柏树类以外），这是由于针叶植物的叶所吸收的光比折射出来的光多，故产生这一现象。这一特征从头年的夏季一直到来年的春季都很突出，特别是在冬季，常绿针叶植物的相对暗绿最为明显（图2-57）。这样就使得常绿针叶树显得端庄厚重，通常在布局中用以表现稳重、沉实的视觉特征。这一点我们在色彩的讨论中已涉及到了。在一个植物组合的空间内，常绿针叶树可造成一种郁闷、沉思的气氛。但应记住，在任何一个场所，都不应过多地种植该种植物，原因是该种植物会使一个设计产生悲哀、阴森的感觉，尤其在许多老旧房屋周围，以免造成死气沉沉的感受。在一个设计中，针叶植物所占的比例应小于落叶植物。当然，若某一地区的主要植物都是针叶常绿植物的话，那又另当别论，此时，在设计布局中就应主要使用针叶植物。

在设计中使用针叶植物的另一原则是，必须在不同的地方群植常绿针叶植物，避免分散。这是因为常绿针叶树在冬天凝重而醒目，太过于分散，务必会导致整个布局的混乱感（图2-58）。

基于常绿针叶植物相对深暗的叶色，其另一用途便可以作为浅色物体的背景，如图2-51和图2-55。有些色泽较浅的观花植物如：多花梾木、加拿大紫荆以及落叶杜鹃（*Rhododendron sp.*），经常利用常绿乔木或灌木作为背景，春暖花开时，这些赏花植物在浓郁的常绿植物陪衬下，非常娇艳夺目。

图 2-57

过分散乱地布置常绿植物，会使布局琐碎

集中配置常绿植物可统一布局

图 2-58

顾名思义，针叶常绿植物一个显著特征，就是其树叶无明显变化，色彩相对常绿。与落叶植物相比较，在结构上针叶常绿植物较之更稳定。因此，它们会使某一布局显示出永久性。它们还能构成一个永恒的环境，这一点对于可变的落叶植物来说是望尘莫及的。反过来，如果在某些环境中运用只有极小变化的常绿针叶植物作对比，具有季相变化的落叶植物就反而显得更加引人注目。

由于针叶常绿植物叶的密度大，因而它在屏障视线、阻止空气流动方面非常有效。常绿植物是在一年四季中提供永恒不变的屏障和控制隐秘环境的最佳植被（图2-59）。此外，常绿植物也可种植在一幢楼房或户外空间周围，以抵挡寒风的侵袭。一般说来，在温带地区抵御冬季的寒风，种植常绿针叶植物的最有利方位，应在房屋或室外空间的西北方（图2-60）。在此处，它们能使空旷地风速降低60%，风速的降低又使透进房屋

常绿植物在任何季节都可作屏障

图 2-59

常绿植物置于建筑的西北面可阻挡冬季寒冷的西北风

图 2-60

的冷空气达到最小值，与此同时也减少了流走的热量。一般说来，只要针叶常绿树木位置适当，设计合理，它们将能为一个家庭节约33％的取暖费用。在房屋围墙周围大面积地种植常绿高灌木，也能得到类似的效果。其原理就是，大面积密实的灌木与房屋墙体组成一个无空气对流的空间，这一空间恰如一个绝缘体，阻止了冷暖空气的流动。

最后，再来谈谈落叶植物与常绿植物的组合问题。就一般的经验而言（不涉及某特别设计中的特殊目的），在一个植物的布局中，落叶植物和针叶常绿植物的使用，应保持一定比例的平衡关系。两种类型的植物，以其各自最好的特性而相互完善。当单独使用时（图2-61），落叶植物在夏季分外诱人，但在冬季却“黯然失色”，因它们在这个季节里缺乏集密的可视厚度。反之，如果一个布局里只有针叶常绿植物（图2-62），那么这个布局就会索然无味，因为该植物太沉重，太阴暗，而且对季节的变化几乎“无动于衷”。

因此，为消除这些潜在的缺点，最好的方式就是将这两种植物有效地组合起来，从而在视觉上相互补充（图2-63）。

阔叶常绿型：第三种普通叶型植物是阔叶常绿植物。该种植物的叶形与落叶植物相似，但叶片终年不落。这种植物主要有：常绿杜鹃、山月桂（*Kalmia latifolia*）、马醉木（*Pieris sp.*）、木藜芦（*Leucothoe sp.*）。下面我们就来探讨这种植物的特性及潜在的设计用途。

与针叶常绿植物一样，阔叶常绿树的叶色几乎都呈深绿色。不过，许多阔叶常绿植物的叶片具有反光的功能，从而使该植物在阳光下显得光亮。阔叶常绿植物的一个潜在用途，就是能使一个开放性户外空间产生耀眼的发光特性，它们还可以使一个布局在向阳处显得轻快而通透。当其被植于阴影处

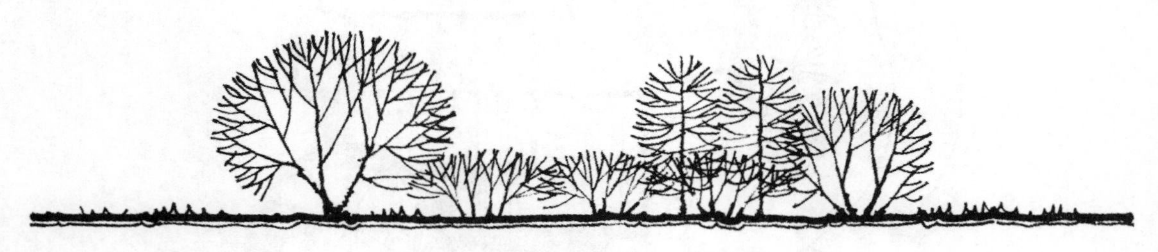

在冬季落叶植物无视觉效应，并且隐退

图 2-61

所有常绿植物色深凝重不随季相变化

图 2-62

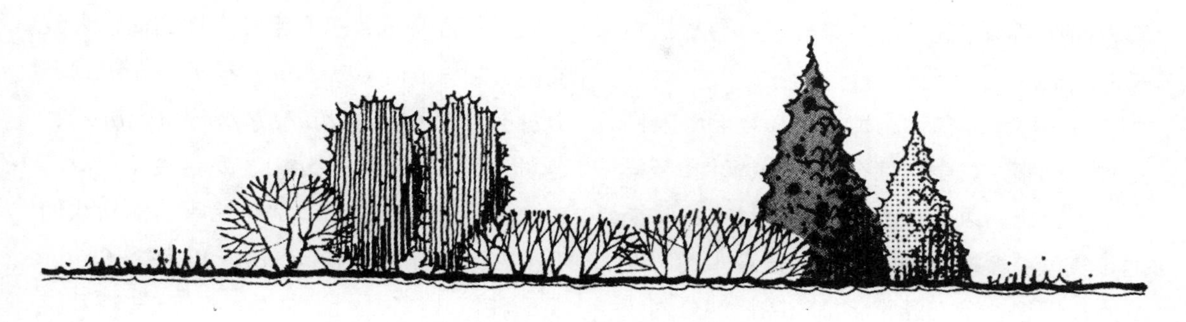

植物配置应考虑落叶植物和常绿植物的结合

图 2-63

时，阔叶常绿植物与针叶常绿植物相似，都具有阴暗、凝重的作用。

作为一个树种来说，阔叶常绿植物因其艳丽的春季花色而闻名。因此，许多设计师仅因其迷人的花朵而在设计中使用。应该说这并非良策，因为该植物的花朵只能延续很短的时间，这一点在色彩一节中已提到过。相反，在设计中使用该植物时，应主要考虑其叶丛。花朵只能作为附加的效果而加以考虑。当然在某些景观中也可以将艳丽的花朵作为焦点来使用。

阔叶常绿植物树种不十分耐寒。大多数阔叶常绿植物一般在温和的气候中，或在有部分阳光照射的地方和温暖阴凉处，如建筑物的东、西，才能发挥较好的作用。阔叶常绿植物既不能抵抗炽热的阳光，也不能抵御极度的寒冷，因此，切忌将其种植在能得到过多的冬季阳光照射的地方，或种植在会遭到破坏性冬季寒风吹打之处。这两种情形都会因叶片过度蒸腾导致根部水分不足。此外，大多数阔叶常绿植物只有在酸性土壤中才能正常生长，这样就规定了它们只能用在上述条件的景观中。

总而言之，我们在讨论种植设计的色彩因素时，也应该同时考虑植物叶丛类型，这也是植物色彩的一个重要因素。叶丛类型可以影响一个设计的季节交替关系、可观赏性和协调性。叶丛类型还与植物的质地有着直接的关系，下面我们将讨论植物的质地。

**植物的质地**　所谓植物的质地，乃是指单株植物或群体植物直观的粗糙感和光滑感。它受植物叶片的大小、枝条的长短、树皮的外形、植物的综合生长习性，以及观赏植物的距离等因素的影响。在近距离内，单个叶片的大小、形状、外表以及小枝条的排列都是影响观赏质感的重要因素。当从远距离观赏植物的外貌时，决定质地的主要因素则是枝干的密度和植物的一般生长习性。质地除随距离而变化外，落叶植物的质地也要随季节而变化。在整个冬季，落叶植物由于没有叶片，因而质感与夏季时不同，一般说来更为疏松。例如皂荚属植物在某些景观中，其质地会随季节发生惊人的变化。在夏季，该植物的叶片使其具有精细通透的质感；而在冬季，无叶的枝条使其具有疏松粗糙的质地。

在一植物配植中，植物的质地会影响许多其他因素，其中包括布局的协调性和多样性、视距感，以及一个设计的色调、观赏情趣和气氛。根据植物的质地在景观中的特性及潜在用途，我们通常将植物的质地分为三种：粗壮型、中粗型及细小型（图2-64）。

**粗壮型：**粗壮型通常由大叶片、浓密而粗壮的枝干（无小而细的枝条）、以及松疏的生长习性而形成，具有粗壮质地的植物大致有：美国梧桐树（*Platanus occidentalis*）、欧洲七叶树（*Aesculus hippocastanum*）、欧洲黑松（*Pinus nigra*）、龙台兰（*Agave weberi*）、二乔玉兰、常绿杜鹃、栎叶八仙花（*Hydrangea quercifolia*）（图2-65）。下面我们来探讨粗壮质地植物的一些特殊特征及功能。

粗壮型植物观赏价值高、泼辣而有挑逗性。当将其植于中粗型及细小型植物丛中

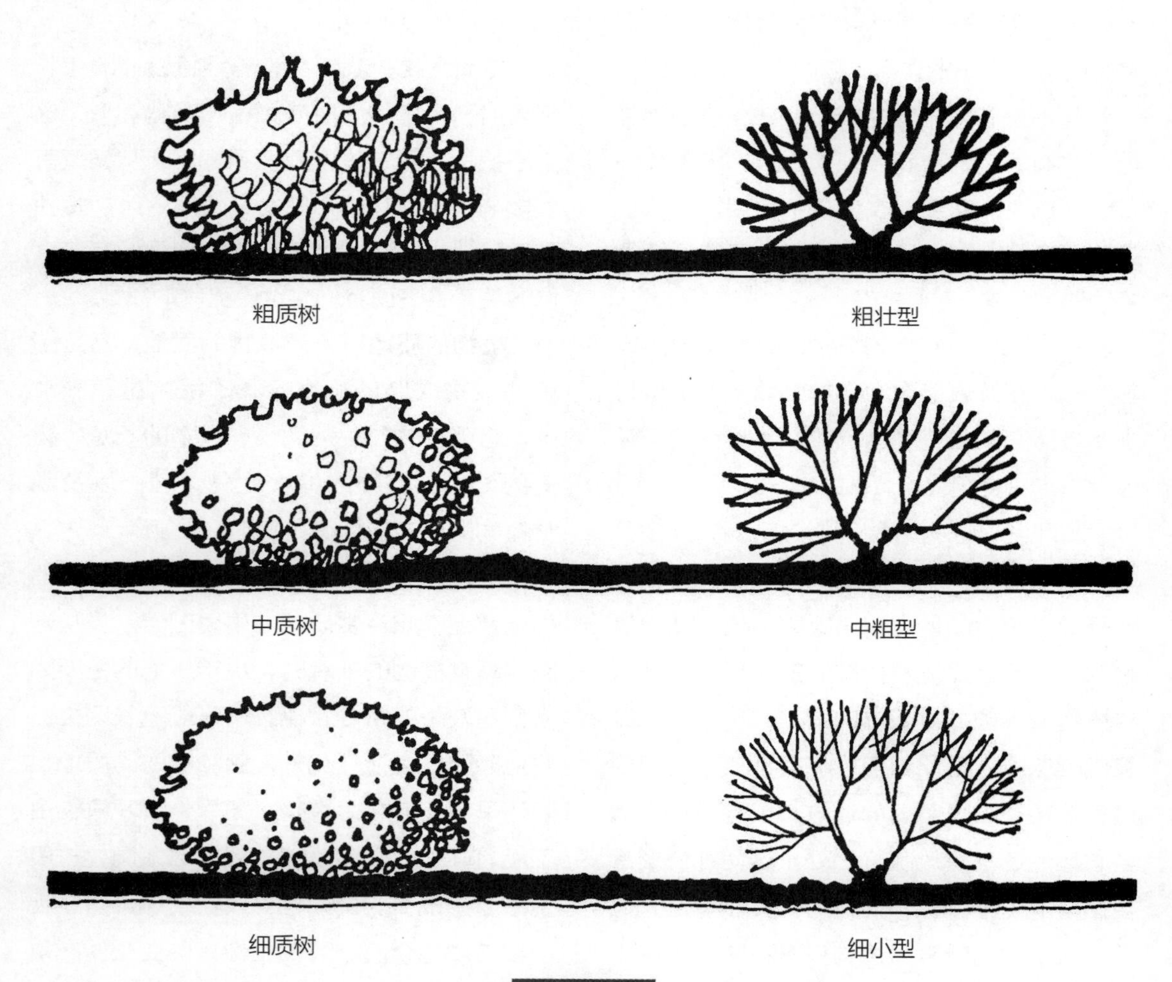


图 2-64

图 2-65

时，粗壮型植物会“跳跃”而出，首先为人所看见。因此，粗壮型植物可在设计中作为焦点，以吸引观赏者的注意力，或使设计显示出强壮感。与使用其他突出的景物一样，在使用和种植粗壮型植物时应小心适度，以免它在布局中喧宾夺主，或使人们过多地注意零乱的景观。

由于粗壮型植物具有强壮感，因此它能使景物有趋向赏景者的动感，从而造成观赏者与植物间的可视距短于实际距离的幻觉（图2-66）。与此类似，为数众多的粗壮型植物，能通过吸收视线“收缩”空间的方式，而使某户外空间显得小于其实际面积。粗壮型植物的这一特性极适合运用在那些超过人们正常舒适感的现实自然范围中。但对于那些既没有植物，也显得紧凑而狭窄的空间来说，则毫无必要。因此，在狭小空间内布置粗壮型植物时，必须小心谨慎，如果种植位置不适合，或过多地使用该类植物，这一空间就会被这些植物所“吞没”。

粗质感的植物趋向赏景者，而细质感的却退远

图 2-66

在许多景观中，粗壮型植物在外观上都显得比细小型植物更空旷、疏松、更模糊。粗壮型植物通常还具有较大的明暗变化。鉴于该类植物的这些特性，它们多用于不规则景观中。它们极难适应那些要求整洁的形式和鲜明轮廓的规则景观。

**中粗型：**中粗型植物是指那些具有中等大小叶片、枝干，以及具有适度密度的植物。与粗壮型植物相比较，中粗型植物透光性较差，而轮廓较明显。由于中粗型植物占绝大多数，因而它应在种植成分中占最大比例，与中间绿色植物一样，中粗型植物也应成为一项设计的基本结构。充当粗壮型和细小型植物之间的过渡成分。中粗型植物还具有将整个布局中的各个成分连接成一个统一整体的能力。

**细小型：**细质地植物长有许多小叶片和微小脆弱的小枝，以及具有齐整，密集的特性。美国皂荚（*Gledit siatria-canthos*）、鸡爪槭、北美乔松、尖叶栒子、金凤花（*Caesalpinia pulcherrima*）、菱叶绣线菊，都属细质地植物。

细质地植物的特性及设计能力恰好与粗壮型植物相反。细质地植物柔软纤细，在风景中极不醒目。在布局中，它们往往最后为人所视见，当观赏者与布局间的距离增大时，它们又首先在视线中消失（仅就质地而言）。因此，细质地植物最适合在布局中充当更重要成分的中性背景，为布局提供优雅、细腻的外表特征，或在与粗质地和中粗质地植物相互完善时，增加景观变化。

由于细质地植物在布局中不太醒目，因而它们具有一种“远离”观赏者的倾向（图2-66）。因此，当大量细质地植物被植于一个户外空间时，它们会构成一个大于实际空间的幻觉。细质地植物的这一特性，使其在紧凑狭小的空间中特别有用，这种空间的可视轮廓受到限制，但在视觉上又需扩展而不是收缩。

由于细质地植物长有大量的小叶片和浓密的枝条，因而它们的轮廓非常清晰，整个外观文雅而密实（有些细质地植物在自然生长状态中，犹如曾被修剪过一样），由此，细质地植物被恰当地种植在某些背景中，以使背景展示出整齐、清晰、规则的特征。

按照设计原理，在一个设计中最理想的是均衡地使用这三种不同类型的植物。这样才能使设计令人悦目（图2-67）。质地种类

图 2-67

太少，布局会显得单调，但若种类过多，布局又会显得杂乱。对于较小的空间来说，这种适度的种类搭配十分重要，而当空间范围逐渐增大，或观赏者逐渐远离所视植物时，这种趋势的重要性也逐渐减小。另一种理想的方式是按大小比例配置不同质地类型的植物，如使用中质地植物作为粗质地和细质地植物的过渡成分。不同质地植物的小组群过多，或从粗质地到细质地植物的过渡太突然，都易使布局显得杂乱和无条理。此外，鉴于尚有其他观赏特性，因此在质地的选取和使用上必须结合植物的大小、形态和色彩，以便增强所有这些特性的功能。

总而言之，观赏植物的大小、形态、色彩和质地等，是设计师在使用植物素材时卓有效用的因素。

观赏植物的特性，对于一个设计的多样性和统一性、视觉上和情感上，以及室外环境的气氛或情绪，都有着直接的关系。因此，我们在进行设计创作时，应对其细心地研究，并将其与所有设计目的结合起来。

## 植物的美学功能

在本章前几部分，大体上讨论了植物的各种不同的功能作用，或更确切地说，讨论了植物在景观中的造景作用。根据前面所描绘的观赏植物特性来看，植物还能发挥许多美学功能。

从美学的角度来看，植物可以在外部空间内，将一幢房屋形状与其周围环境联结在一起，统一和协调环境中其他不和谐因素，突出景观中的景点和分区，减弱构筑物粗糙呆板的外观，以及限制视线。这里应该指出，我们不能将植物的美学作用，仅局限在将其作为美化和装饰材料的意义上。下面我们将详细叙述植物的重要的美学作用。

**完善作用** 植物通过重现房屋的形状和块面的方式，或通过将房屋轮廓线延伸至其相邻的周围环境中的方式，而完善某项设计和为设计提供统一性。例如，一个房顶的角度和高度均可以用树木来重现，这些树木具有房顶的同等高度，或将房顶的坡度延伸融汇在环境中（图2-68）。反过来，室内空间也可以直接延伸到室外环境中，方法就是利用种植在房屋侧旁、具有与天花板同等高度的树冠（图2-69）。所有这些表现方式，都能使建筑物和周围环境相协调，从视觉上和功能上看上去是一个统一体。

植物与建筑互补，植物延长建筑轮廓线

图 2-68

树冠的下层延续了房屋的天花板，使室内外空间融为一体

图 2-69

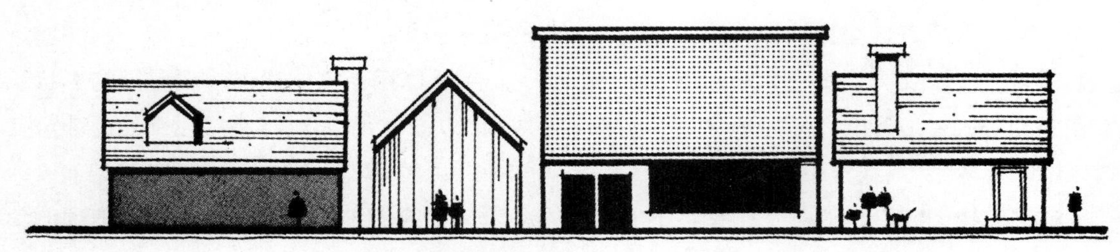

无树木的街景杂乱无章，协调性差

有树木的街景，由于树木的共同性将街景统一

图 2-70

**统一作用**　植物的统一作用，就是充当一条普通的导线，将环境中所有不同的成分从视觉上连接在一起。在户外环境的任何一个特定部位，植物都可以充当一种恒定因素，其他因素变化而自身始终不变。正是由于它在此区域的永恒不变性，便将其他杂乱的景色统一起来。这一功能运用的典范，体现在城市中沿街的行道树，在那里，每一间房屋或商店门面都各自不同（图2-70），如果沿街没有行道树，街景就会分割成零乱的

建筑物。而另一方面，沿街的行道树，又可充当与各建筑有关联的联系成分，从而将所有建筑物从视觉上连接成一个统一的整体。

**强调作用** 植物的另一美学作用，就是在一户外环境中突出或强调某些特殊的景物。本章开篇曾提到，植物的这一功能是借助它截然不同的大小、形态、色彩或与邻近环绕物不相同的质地来完成的。植物的这些相应的特性格外引人注目，它能将观赏者的注意力集中到其所在的位置。因此，鉴于植物的这一美学功能，它极其适合用于公共场所出入口、交叉点、房屋入口附近，或与其他显著可见的场所相互联合起来（图2-71、图2-72）。

**识别作用** 植物的另一个美学作用是"识别作用"，这与强调作用极其相似。植物的这一作用，就是指出或"认识"一个空间或环境中某景物的重要性和位置（图2-73），植物能使空间更显而易见，更易被认识和辨明。植物特殊的大小、形状、色彩、质地或排列都能发挥识别作用，这就如种植在一件雕塑作品之后的高大树木。

**软化作用** 植物可以用在户外空间中软化或减弱形态粗糙及僵硬的构筑物。无论何种形态、质地的植物，都比那些呆板、生硬的建筑物和无植被的城市环境更显得柔和。被植物所柔化的空间，比没有植物的空间更诱人，更富有人情味。

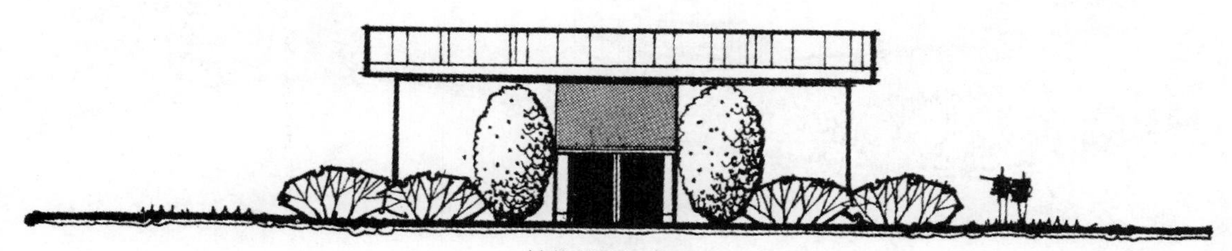

植物的强调作用

图 2-71

植物的强调作用

图 2-72

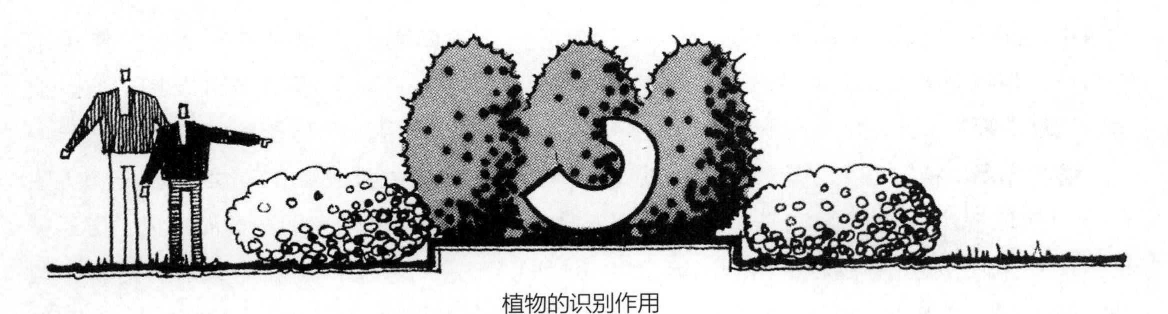

植物的识别作用

图 2-73

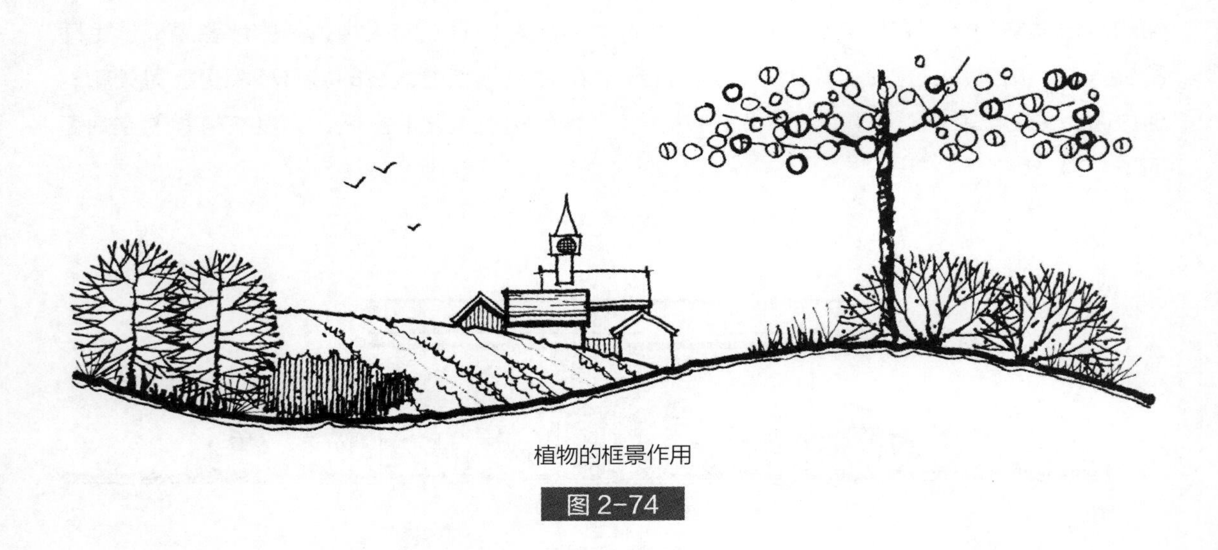

植物的框景作用

图 2-74

**框景作用** 植物对可见或不可见景物，以及对展现景观的空间序列，都具有直接的影响，这一点我们曾在讨论植物的构造作用部分时提到过。植物以其大量的叶片、枝干封闭了景物两旁，为景物本身提供开阔的、无阻拦的视野，从而达到将观赏者的注意力集中到景物上的目的。在这种方式中，植物如同众多的遮挡物，围绕在景物周围，形成一个景框，将照片和风景油画装入画框的传统方式，就如同那种将树干置于景物的一旁，而较低枝叶则高伸于景物之上端的方式（图2-74）。

## 种植设计程序与原理

鉴于风景区中也有其他自然因素，因此在利用植物进行设计时，有着特定的步骤、方法及原理。但所有这一切都基于这样一个概念，即植物在景观中，在满足设计师的目的和处理各种环境问题上，与其他因素如地形、建筑物、铺地材料及水体同等重要。本着这一点，就应在设计程序中尽早考虑植物，以确保它们能从功能和观赏作用方面适合设计要求。如我们在前面多次提到的那样，在设计中对其他自然因素的功能、位置和结构已作了主要决策后，才将植物仅作为装饰物或“糕点上的奶油”，在设计程序的尾声方加以研究和使用，是极其错误的。

在使用植物进行设计时，风景园林设计师通常要经过许多决策步骤，也就是“设计程序”。这些程序由一般到特殊，在第七章我们将对此做详述。植物的功能作用、布局、种植以及取舍，是整个程序的关键。该程序的初步阶段包括对园址的分析，认清问题和发现潜力，以及审阅工程委托人的要求。此后，风景园林设计师方能确定设计中需要考虑何种因素和功能，需要解决什么困难以及明确预想的设计效果。

其次，风景园林设计师通常要准备一张用抽象方式描述设计要素和功能的工作原理图。粗略地描绘一些图、表、符号来表示这样一些项目，如空间（室外空间）、围墙、屏障、景物以及道路。植物的作用则是在合适的地方确定充当这样一些功能：障景、庇荫、限制空间以及视线的焦点。在这一阶段，也要研究进行大面积种植的区域。在这一阶段，一般不考虑需使用何种植物，或各单株植物的具体分布和配置。此时，设计师所关心的仅是植物种植区域的位置和相对面积，而不是在该区域内的植物分布。特殊结构、材料或工程的细节，在此刻均不重要。在许多情形中，为了估价和选择最佳设计方案，往往需要拟出几种不同的、可供选择的功能分区草图。图2-75便是一张功能分区图。

只有对功能分区图作出优先的考虑和确定，并使分区图自身变得更加完善、合理时，才能考虑加入更多的细节和细部设计。有时我们将这种更深入、更详细的功能图称为“种植规划图”，图2-76和图7-6便是种植规划图示意。在这一阶段内，应主要考虑种植区域内部的初步布局。此时，风景园林设计师应将种植区域分划成更小的、象征着各种植物类型、大小和形态的区域。当然，设计师此刻仍广泛地涉及到这些细节。例如设计师可以有选择地将种植带内某一区域标上高落叶灌木，而在另一区域标上矮针叶常绿灌木，再一区域为一组观赏乔木。此外，在这个设计阶段内，也应分析植物色彩和质地间的关系。不过，此时无需费力去安排单株植物，或确定确切的植物种类。这样能使风景园林设计师用基本方法，在不同的植物观赏特性之间勾画出理想的关系图。

在分析一个种植区域内的高度关系时，理想的方法就是做出立面的组合图（图2-77），制作该图的目的，就是用概括的方法分析各不同植物区域的相对高度，这同规划图相似。这种立面组合图或投影分析图，可使设计师看出实际高度，并能判定出它们之间的关系，这比仅在平面图上去推测它们的高度更有效。考虑到不同方向和视点，我们应尽可能画出更多的立面组合图。这样，由于有了一个全面的、可从所有角度进行观察的立体布置，这个种植设计无疑会令人非常满意。

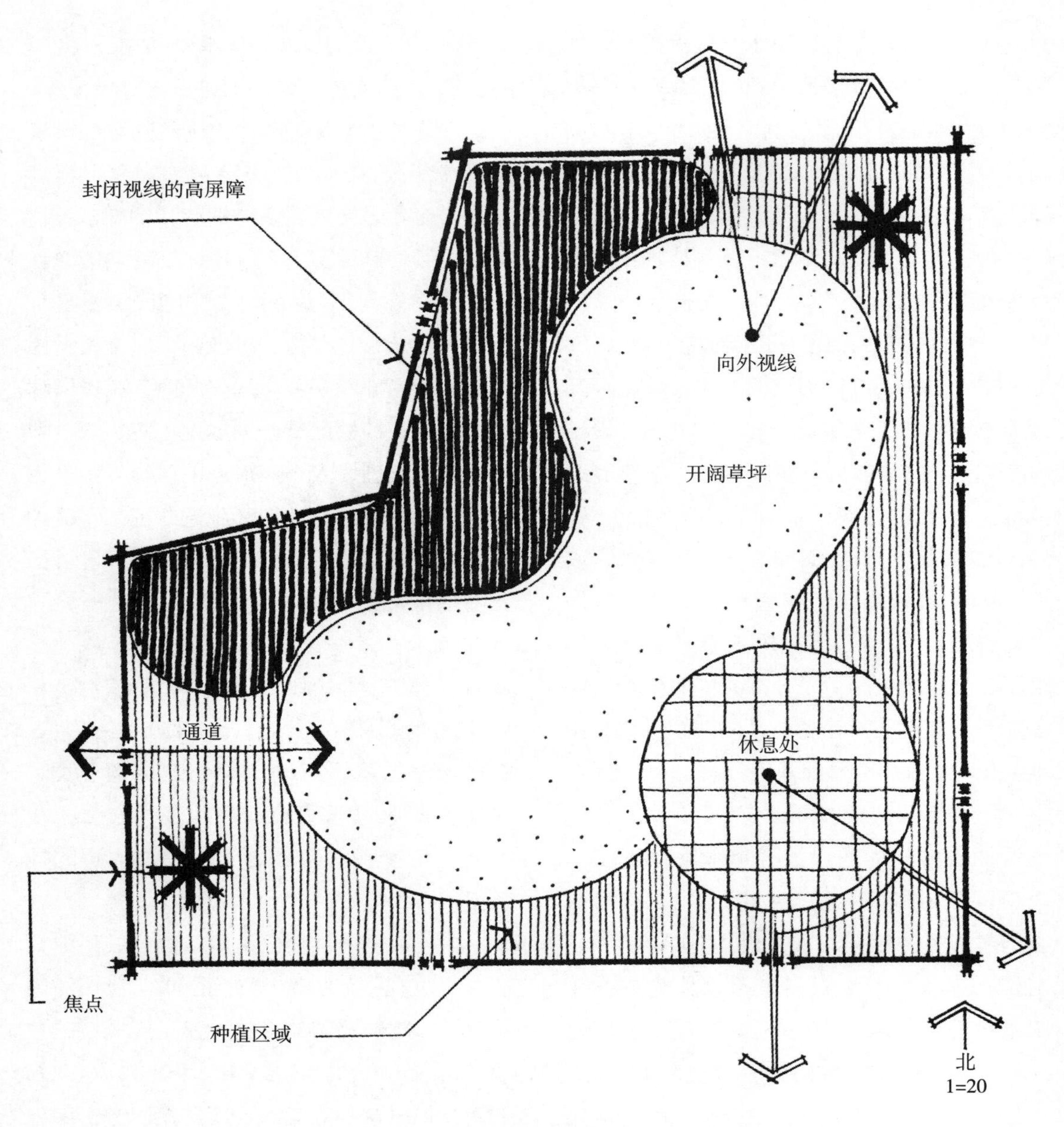


功能分区图

图 2-75

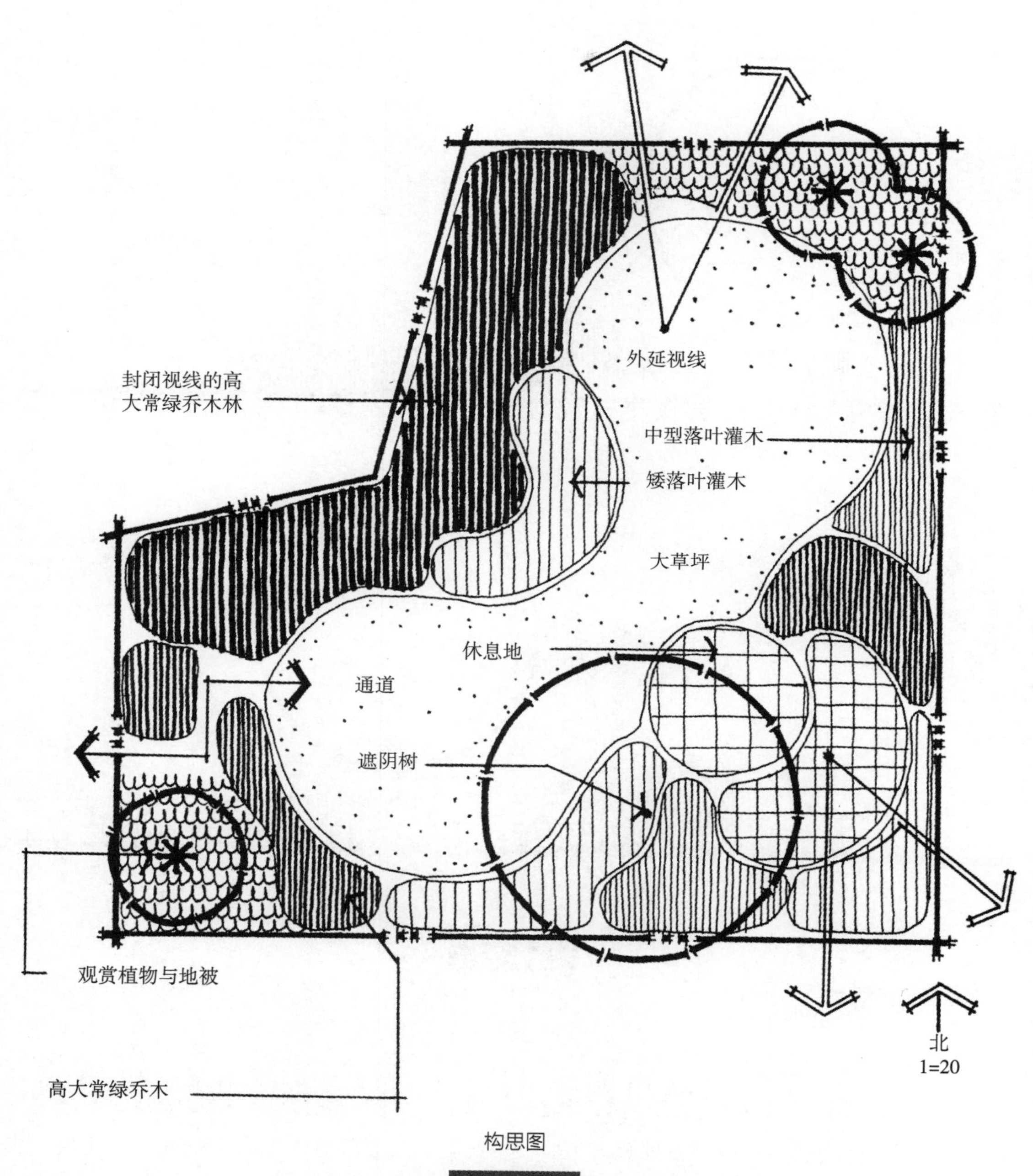
外延视线
封闭视线的高
大常绿乔木林
中型落叶灌木
矮落叶灌木
大草坪
休息地
通道
遮阴树
观赏植物与地被
高大常绿乔木
北
1=20

构思图

图 2-76

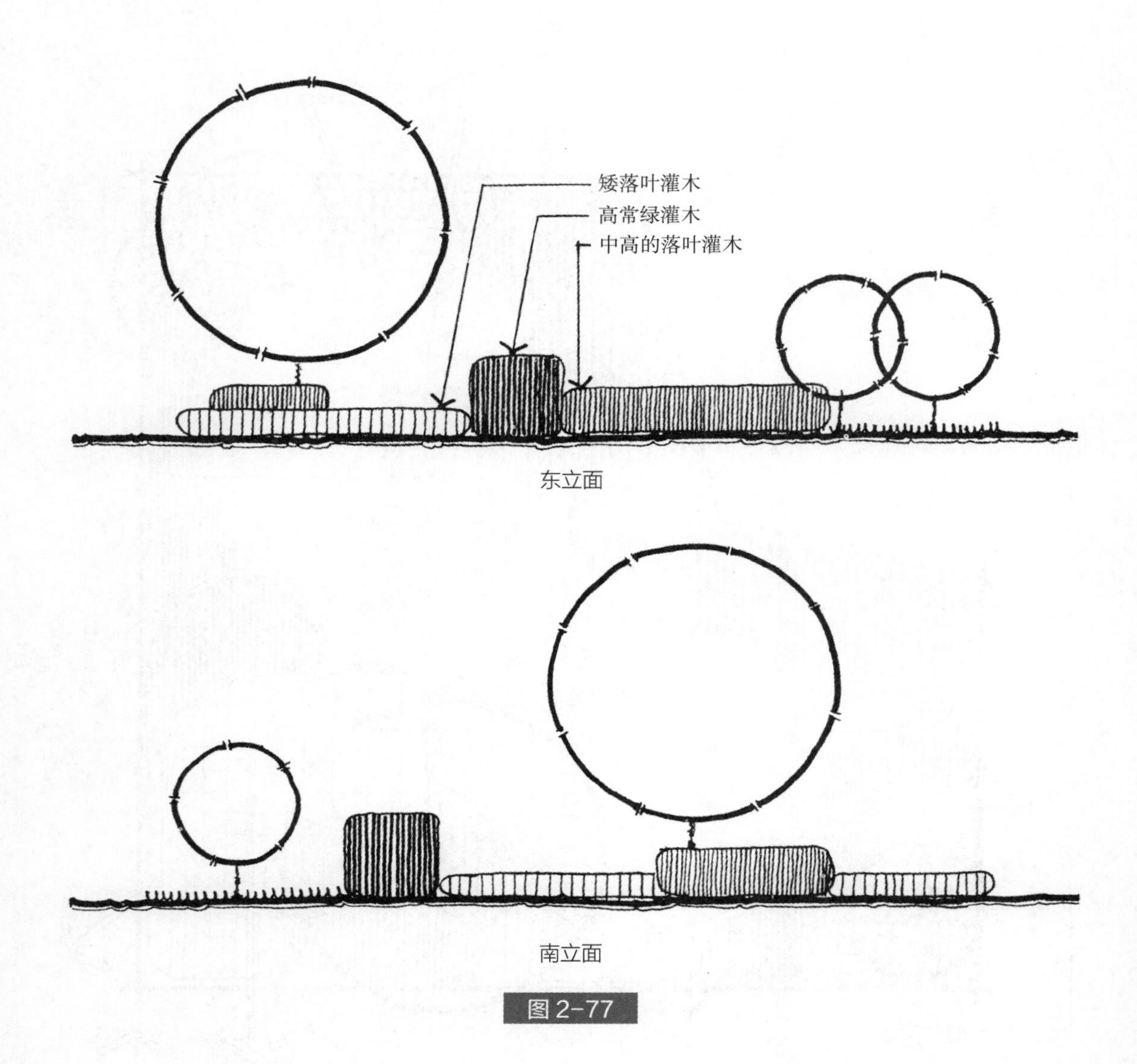


图 2-77

在基本设计阶段需加以重申的关键之点，就是要群体地、而不是单体地处理植物素材。理由之一是，一个设计中的各组相似因素，都会在布局内对视觉统一感产生影响。这是一条基本的设计原则，它适用于任何设计之中，无论是图面设计、室内设计、建筑设计还是风景园林设计均不例外。当设计中的各个成分互不相关各自孤立时，那么整个设计就有可能在视觉上分裂成无数相互抗衡的对立部分。但在另一面，群体或"浓密的集合体"则能将各单独的部分联结成一个统一的整体。

其二，之所以将植物当作基本群体来进行设计，是因为它们在自然界中几乎都是以群体的形式而存在的。天然植被群生群变，并为适应环境条件的变化，而缓慢地进行物种的变异。自然界中的植物，就其群落结构方式而言，有一个固定的规律性和统一性。然而，在整个生长演变过程中，不同植物又以微妙的方式进行不断的种群变化以悦人眼目。植物在自然界中的种群关系，能比其单个的植物具有更多的相互保护性。许多植物之所以能生长在那里，主要因为邻近的植被能为它们提供赖以生存的光照、空气及土壤条件。在自然界中，植被组成了一个相互依赖的生态系统，在这一系统中所有植物相互依赖共同生存。

唯一需将植物作为孤立、特殊的因素置于设计中的，应是在设计师希望将其当作一个标本而加以突出的时候。标本植物可以是一个独立的因素，如图2-78所示的别致的观赏物，该观赏物安置于一个开放的草坪内，如同一件从各个角度都能观赏到的、生动的雕塑作品。当然，标本植物也可以被植于一群较小的植物中（图2-79），以充当这个植物布局中的主景树。根据我们在前面对观赏植物特性的讨论所知，标本植物可以是圆柱形、尖塔形、或具有独特的粗壮质地和鲜艳花朵的植物。但是，在一个设计中，标本植物不宜过多，否则将使注意力分散在众多相异的目标上。

整个设计中，完成了植物群体的初步组合后，风景园林设计师方能进行种植设计程序的下一步。在这一步骤中，设计师可以开

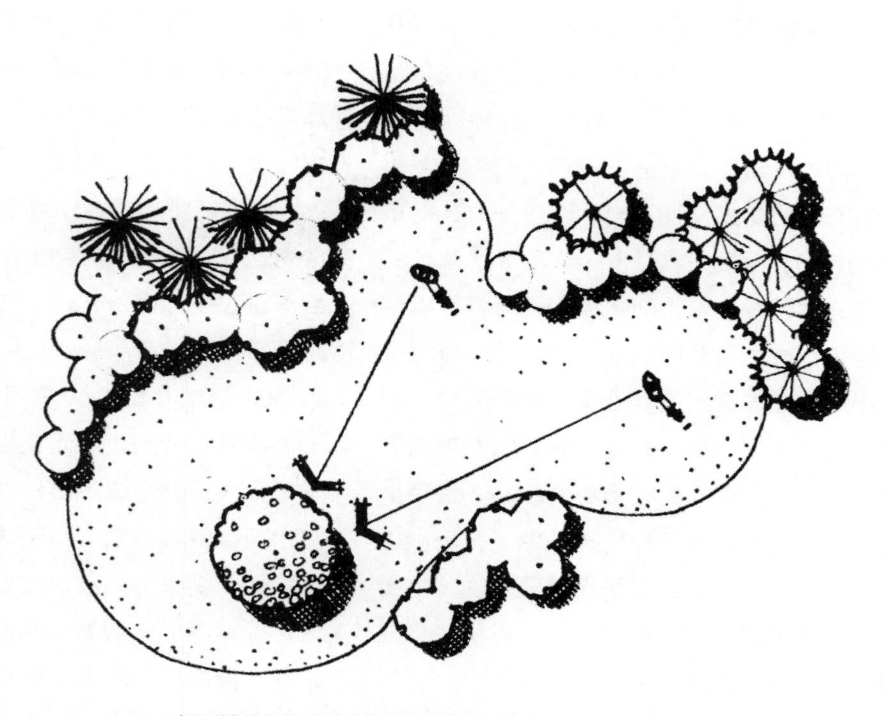

在开敞草坪上单株树木可作为标本树

图 2-78

标本植物在植物丛中作主景树

图 2-79

始着手各基本规划部分，并在其间排列单株植物（图2-80）。当然，此时的植物主要仍以群体为主，并将其排列来填满基本规划的各个部分。

在布置单体植物时，我们应记住以下几点。第一，在群体中的单株植物，其成熟程度应在75%～100%。风景园林设计师是根据植物的成熟外观来进行设计，而不是局限于眼前的幼苗来设计。当然，这一方式的运用，的确会给建园初期的景观带来麻烦。正确的种植方法是，幼树应相互分开，以使它们具有成熟后的间隔空间。因此，每一个设计师都应该看到这种处于一个布局中，早期的视觉不规则性，并意识到，随着时间的推移，各单体植物的空隙将会缩小，最后消失。但是，一旦该设计趋于成熟，则不应再出现任何空隙。因此对于设计师来说，重要的就是要了解植物的幼苗大小，以及最终成熟后的外貌，以便在一个种植设计中，将单体植物正确地植于群体之中。

第二，在群体中布置单体植物时，应使它们之间有轻微的重叠。为视觉统一的缘故，单体植物的相互重叠面，基本上为各植物直径的1/4～1/3（图2-81右侧）。前面曾提到过，当植物最初以群体面貌出现时，这个布局会显得更统一。然而，当它们以单体植物的组合面貌出现时，该种植布局会显得非常杂乱无序。具有过多的单体植物的植物布局被称为“散点布局”。

第三，排列单体植物的原则，是将它们按奇数，如3、5、7等组合成一组，每组数目不宜过多（图2-82），这是一条基本设计原理。奇数之所以能产生统一的布局，皆因各成分相互配合，相互增补。相反，由于偶数易于分割，因而互相对立。如果三株一组，人们的视线不会只停留在任何一单株上，而会将其作为一个整体来观赏。若二株为一组，视线势必会在二者之间来回移动，这是因为难以做到将视线停留在某一株上。此外，偶数排列还有一个不利之处，那就是这种方式常常要求一组中的植物在大小、形状、色彩和质地上统一，以保持冠幅的一致

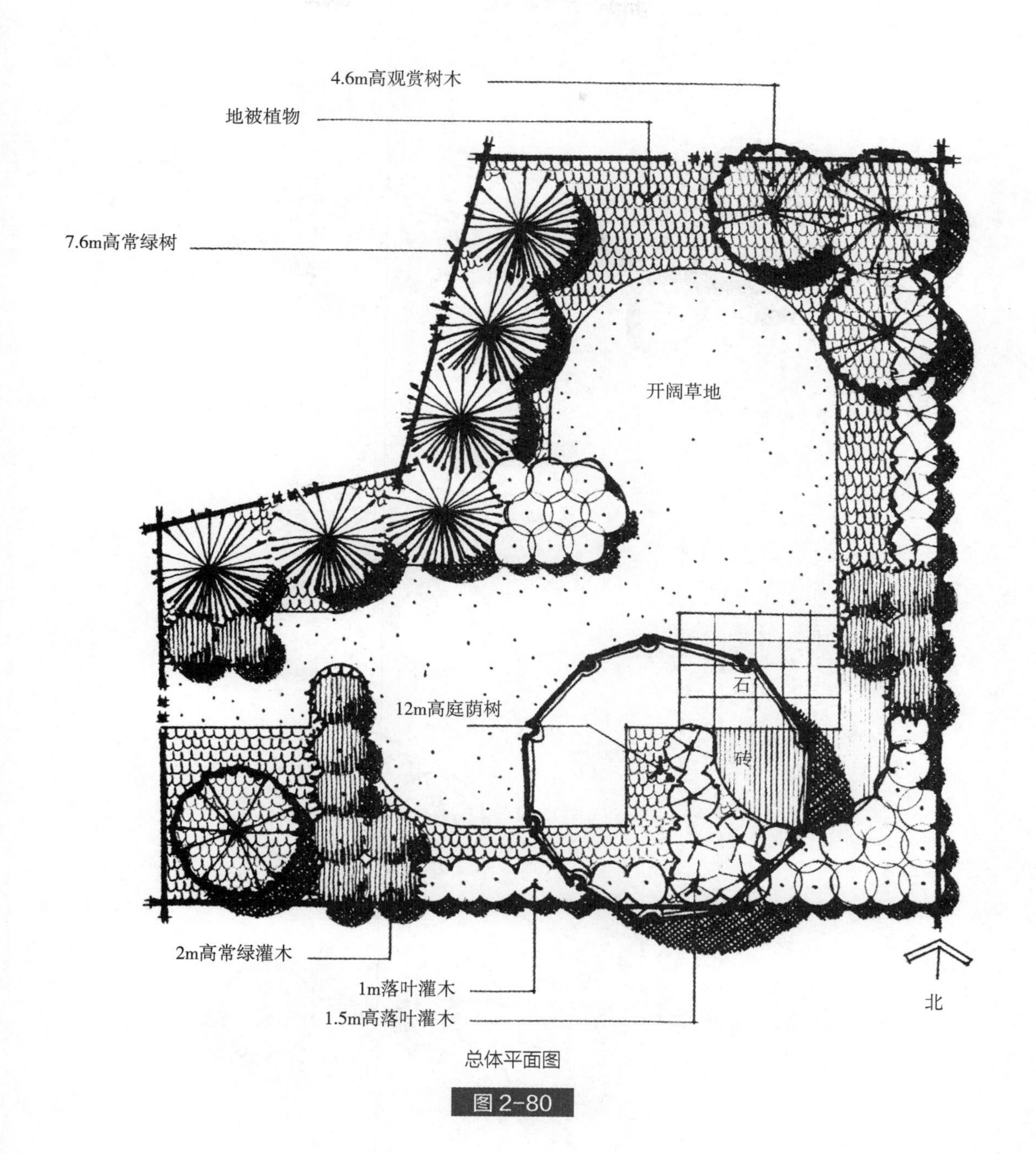


总体平面图

图 2-80

和平衡。这样，当设计师考虑使用较大植物时，要使其大小和形状达到一致，就更加困难了。再者，假如偶数组合中的某一植物死了，要想补上一株与其完全一致的新植物，更是难上加难。以上这些有关一组植物排列数目的要点，在我们涉及到七棵植物或少于该数目时犹为有效，超过这一数目，对于人眼来说，难以区分奇数或偶数。

完成了单株植物的组合后，设计师紧接着应考虑组与组或群与群之间的关系。在这

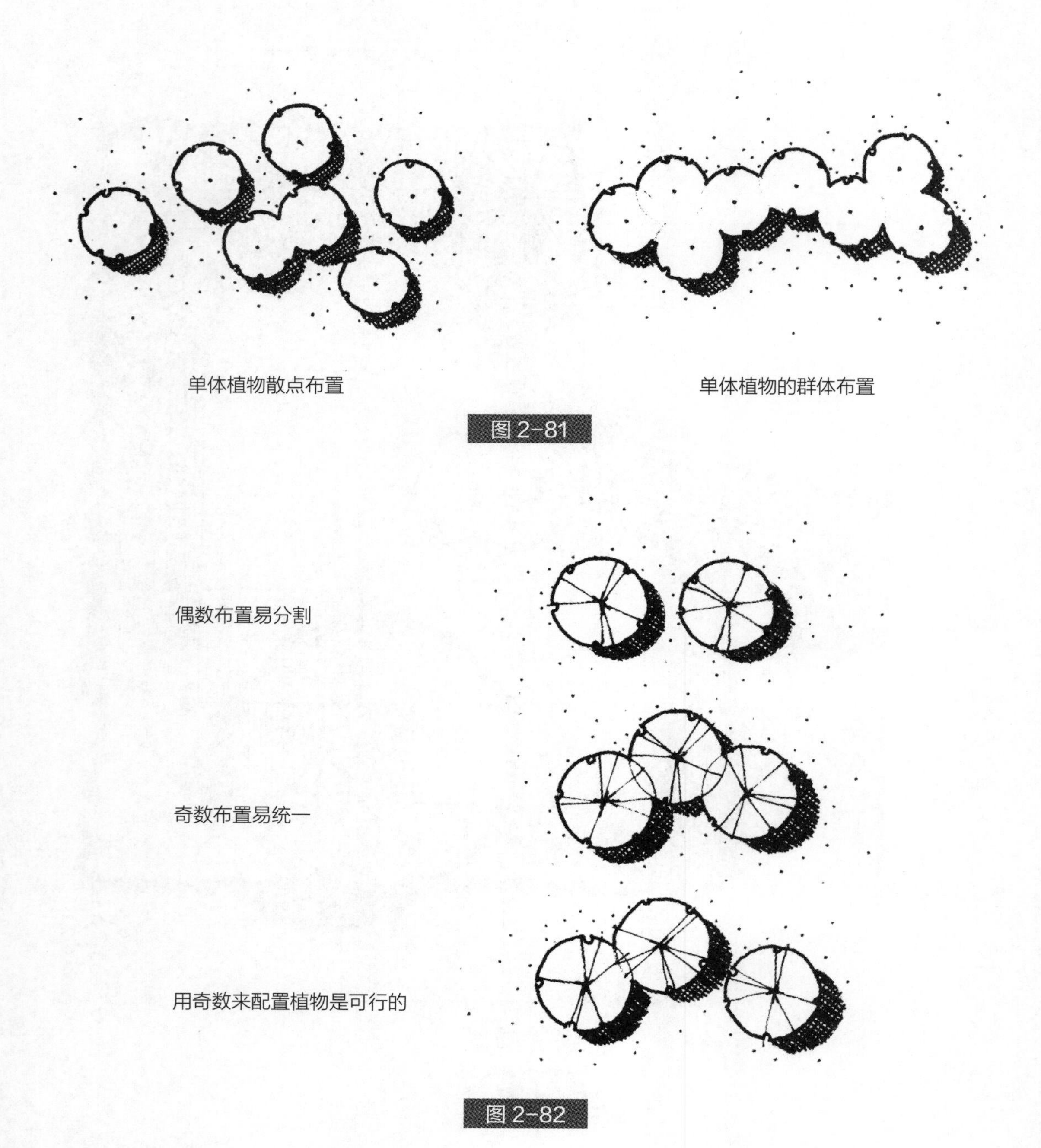


图 2-81

图 2-82

一阶段，单株植物的群体排列原则同样适用。各组植物之间，应如同一组中各单体植物之间一样，在视觉上相互衔接。各组植物之间所形成的空隙或“废空间”（图2-83）应予以彻底消除，因为这些空间既不悦目，又会造成杂乱无序的外观，且极易造成养

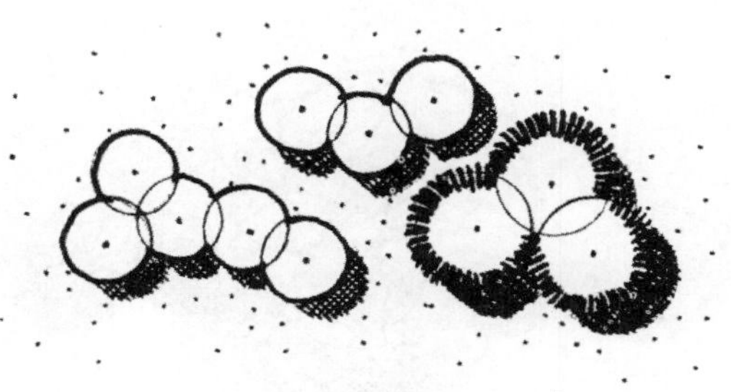

废空间由植物丛之间的空隙造成

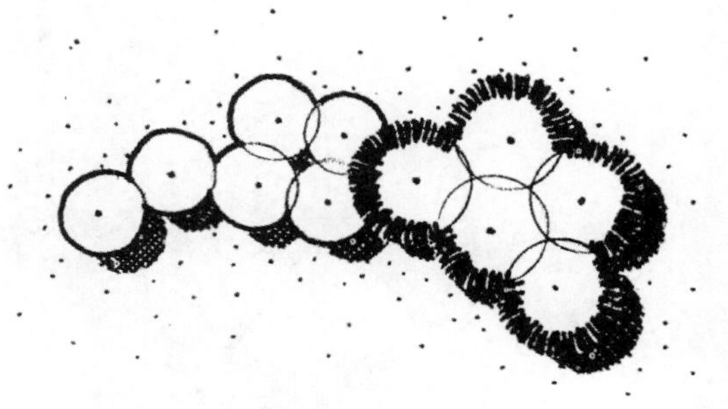

每组植物紧密组合在一起，消除废空间

图 2-83

护的困难。在有些布局中，仅让各组植物之间有轻微的重叠并非有效。相反，在设计中更希望植物之间有更多的重叠，以及相互渗透，增大植物组间的交接面（图2-84）。这种方法无疑会增加一个布局的整体性和内聚性，因为各组不同植物似乎紧紧地交织在一起，难以分割。利用这种方法，植物的高度关系就会当低矮植物布置在较高植物之前时，或当它们神秘地放在一群较高植物后面消失时，为布局增加魅力。

设计师在考虑植物间的间隙和相对高度时，决不能忽略树冠下面的空间。无经验的设计师往往会犯这样一个错误，即认为在平面上所观察到的树冠向下延伸到地面，从而不在树冠的平面边沿种其他低矮植物。这无疑会在树冠下面形成废空间，破坏设计的流动性和连贯性（图2-85）。这种废空间也会带来养护的困难（除非为地被物所覆盖），

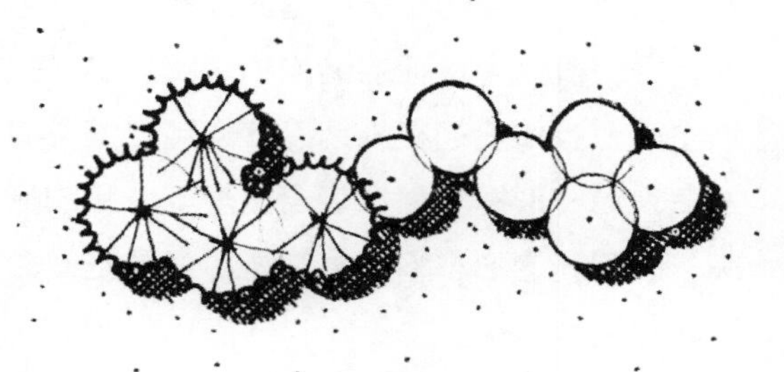

不同的植物材料相互衔接

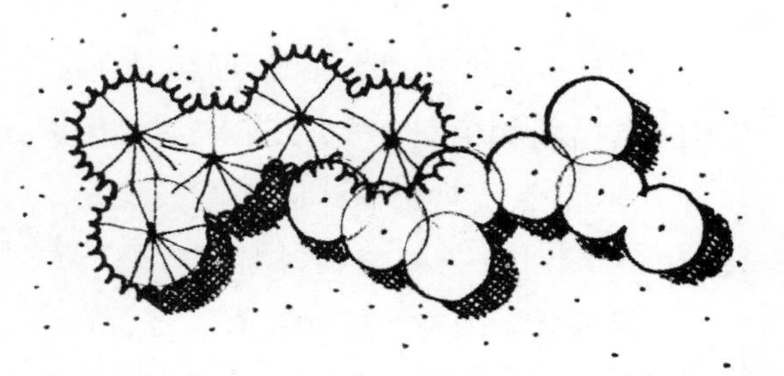

不同的植物群相互重叠、混合

图 2-84

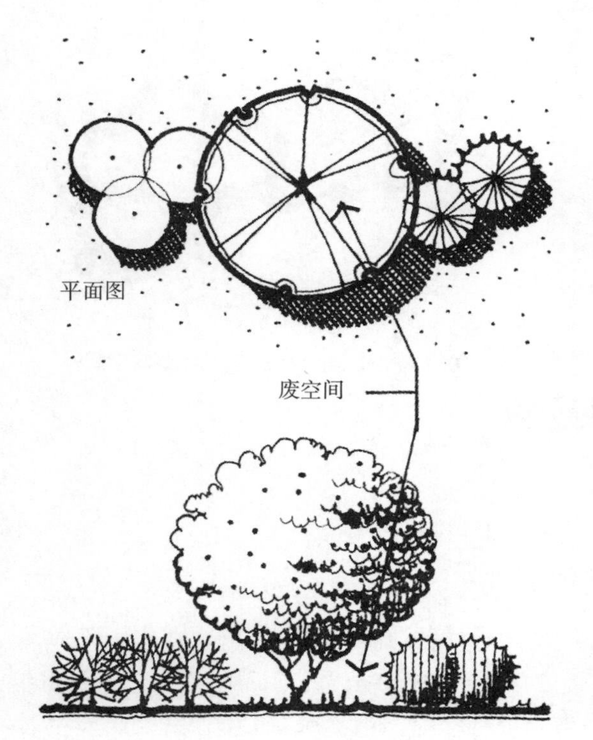


树冠下的废空间

灌木占有树冠底部充实了空间

图 2-85

因为从中通行极容易带来麻烦。为了解决这个问题，应在树冠下面接种一些较低的植物。当然，特意在此处构成有用空间则另当别论。

在设计中植物的组合和排列除了与该布局中的其他植物相配合外，还应与其他因素和形式相配合。种植设计应该涉及地形、建筑、围墙以及各种铺装材料和开阔的草坪。如果设计得当，植物就会增强它们的形状和轮廓，来完善这些因素。例如，一般说来（并非必然如此）植物应该与铺地区域的边缘相辉映，这样当需要更换某一铺地材料时，其原来的形状可通过周围的植物得到"辨认"。因此，植物必须在呈直线的铺地材料周围，也排列成直线形（图2-86），或在有自由形状特征的布局中呈曲线状。在上述实例中，植物为设计的结构和形状提供了三维空间。假如我们在规划设计中用二维空间的眼光看一形态特征，将会出现不调和的情况。而不同的形态和形象都是由三维空间的设计元素所构成。

风景园林设计师在完成了第一阶段单体植物的布局后，他应意识到，设计的某些部分是需要变更的。由此，应绘制一张包括新

植物没有很好地结合铺地形式

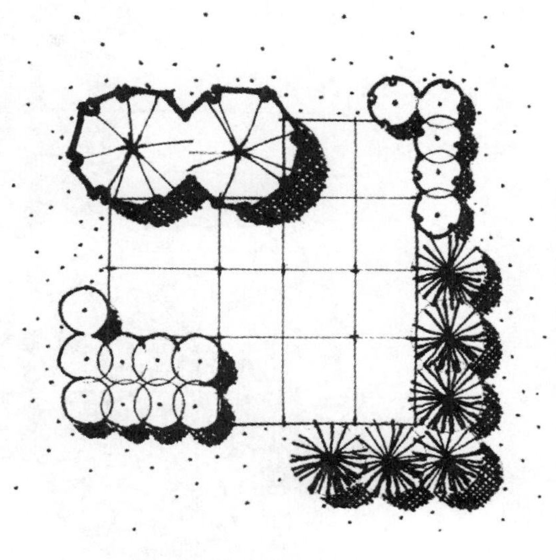

植物突出强调了铺地形式

图 2-86

变化的修正图。在布局中以群植或孤植形式配置植物的程序上，风景园林设计师也应着手分析在何处使用何种植物种类。但是，为任何区域所选取的植物种类，必须与初步设计阶段所选择的植物大小、体形、色彩以及质地等相近似。在选取植物时，设计师还应考虑阳光、风及各区域的土壤条件等因素。

在选取和布置各种植物时，还应遵循它的一些原则。在布局中，应有一种普通种类的植物，以其数量而占支配地位，从而进一步确保布局的统一性。按照前面所述的原则，这种普通的植物树种应该在形状上呈圆形，具有中间绿色叶，以及中粗质地结构。这种具有协调作用的树种，应该在视觉上贯穿整个设计，从一个部位再现到另一部位，这样当我们在布局的各不同区域看到同样的成分，就会随之而产生已曾观赏过它的“记忆”联想，此种心理的记忆同样能使一个设计统一起来。然后，在设计布局中加入不同的植物种类，以产生多样化的特性。但是在数量和组合形式上都不能超过原有的这种普通植物，否则将会使原有的统一性毁于一旦。按照通常的设计原则，用于种植设计中的植物种类，其总数应加以严格控制，以免量多为患。另外，树种的朴实性，也是使设计得以统一协调的另一种工具。图2-87集中表现了某些设计原则。

种植设计的最后步骤之一，是选择植物种类或确定其名称。认清这一点是极其重要的。如本节前面所述，种植设计程序是从总体到具体。纳尔逊在《种植设计：理论和实践指南》一书中，将这一程序归纳为“逆向设计”。确定设计中植物的具体名称乃是设计的最后一步，这样有助于保证植物根据其

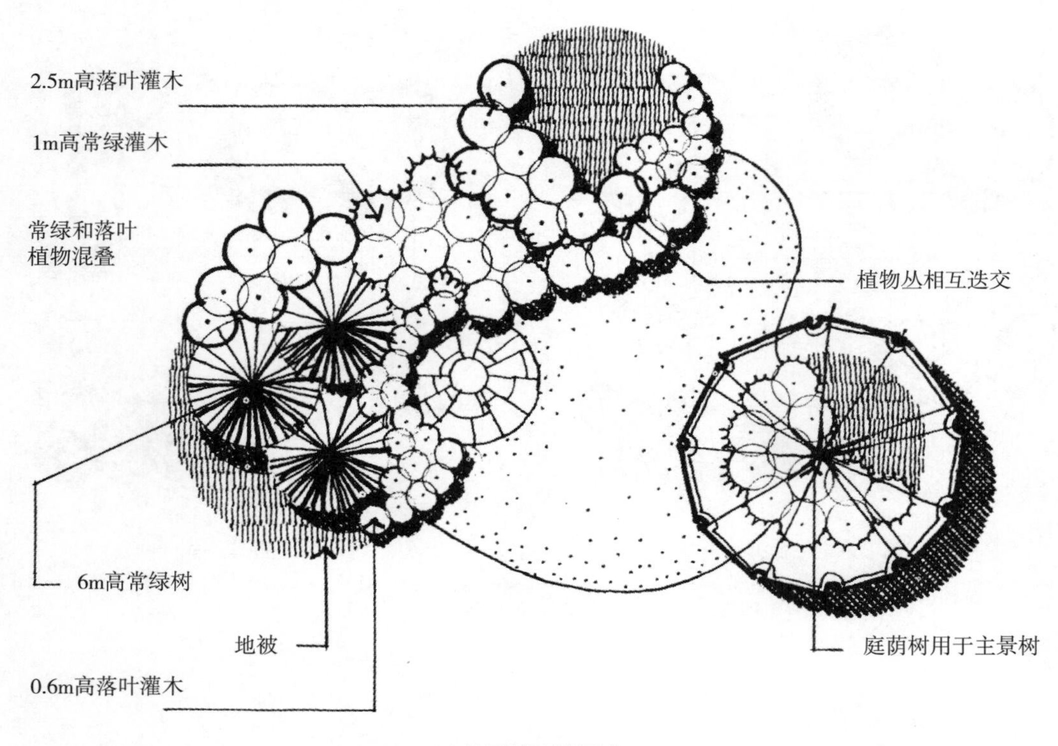


小花园的种植设计

图 2-87

观赏特性和为生长所需的环境，而首先决定其种植点上的功能作用。这一方式还能帮助设计师在注意布局的某一具体局部之前，研究整个布局及其之间的各种关系。但遗憾的是，许多无经验的设计师和平庸的人，往往首先选取植物种类，并试图将其安插进设计中。这种设计程序也许某些情形中可行，但总的说来，它会造成植物与整个设计的相互脱节。

## 小结

我们可以看到，植物是设计和室外环境布置的基本要素。植物不仅仅是装饰因素，它还具有许多重要的作用，例如构成室外空间，障景或框景，改变空气质量，稳定土壤，改善小气候和补充能源消耗，以及在室外空间设计中作为布局元素。植物应在设计程序的初期，作为综合要素与地形、建筑、铺地材料以及园址构筑物一同加以分析研究。在利用植物进行设计时，它们的大小、形体、色彩及质地被当作可变的模式，以满足设计的实用性和观赏效果。

总之，鉴于植物能为室外环境带来生气和活力，因此应将其作为设计的有机体，而加以认真考虑。

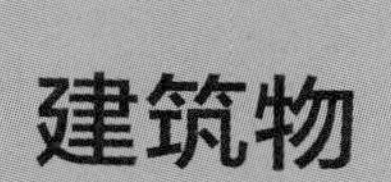

# 3 建筑物

建筑物，无论是单体还是群体，是继地形和植物素材之后，第三个主要的室外环境设计因素。建筑物能构成并限制室外空间，影响视线、改善小气候，以及能影响毗邻景观的功能结构。建筑物不同于其他涉及风景建造的设计因素，这是因为所有建筑物都有自己的内部功能，这些就体现在它们的墙壁所围成的区域内，或体现在邻近的基地内。建筑物及其环境，是大多数人活动的主要场所，这些活动包括吃饭、睡觉、谈情说爱、抚养后代，以及工作、学习和社交等。本章旨在描述由建筑物所构成的各种类型的室外空间，为如何在布局中组织建筑物提供一些设计准则，以及概述几种将建筑物和景观合成一个协调性极佳的总环境的方法。

关于利用建筑物在室外环境中进行设计的问题，有一点值得特别注意，这就是该设计过程最好是由许多专业人员密切合作，共同进行。虽然设计建筑物及其内部空间，是建筑师的主要职责，但作为风景园林设计师来说，他们的职责则应是协助正确地安置建筑物，以及恰当地设计其周围环境。在许多风景园林设计师的专业生涯中，大部分时间都用在安排和组织建筑物上，或花费在以各种方式探讨建筑物与其所在环境的关系上。个别住宅的安置，公共小区综合建筑的设计、大学校园的布局以及城市集市场所的扩建等工程，无不包含着建筑师和风景园林设计师的协同努力。建筑设计学科的界限与传统的专业界限相交叉，并需要建筑师与风景园林设计师的密切合作。无论哪一种专业，都不能单独处理建筑物与建筑环境的相互关系，这是因为每一种专业，都能为寻求敏感设计献出有价值的技能。

在涉及到建筑物及其周围环境的关系时，设计人员总会遇到下列三种情形中的一种：① 在一个区域内，建筑的群体和地点的安排（如：住房建筑、大学校园、城市中心的发展，办公商业综合建筑等）；② 在某一场所一单体特殊建筑的安置（单家住宅、教堂、银行等）；③ 翻修或改善原有的建筑物和环境。

在第一种情形中，主要应考虑的是建筑的位置是否正确，与原有构筑物和自然环境是否协调，以及建筑物构成的室外空间如何，存在于各建筑物自身中的功能关系和美学关系是否协调。许多专业人员在规划设计一个建筑群时，应将重点放在所有建筑物的功能、风格、室外空间相互联结成一个整体上。而每一个单独空间或建筑物的设计，则服从于总体的规划。

在第二种情形中，在安置个别建筑物问题上，重点一般偏重于建筑物本身以及周围环境。在此情形中，单体建筑物要么作为所在环境中醒目的视线焦点，或作为融汇于其背景中的统一因素。许多由风景园林设计师设计并获奖的现存住宅，便符合上述两种情景之一。

在第三种情形中，主要的目的就是更新或改变原有旧貌，以便满足不同的需要，使新的设计比原有的环境更为理想而适用。

## 建筑群体和空间限制

在开敞或负空间环绕的单体建筑物，始终是一实体。一个单体建筑物并不能构成一个空间，反而是空间中的一个实体（图 3-1），但是若将一群建筑物有组织地聚集在

单个建筑在空间中是一个观赏物，可从各边观赏它

图 3-1

一起时，那么在各建筑物之间的空隙处，就会形成明确无疑的室外空间（图3-2）。群体的建筑物外墙能限制视线，构成垂直面，达到外部空间围合。如果一个区域的两面或三面都直立着建筑物的围墙，那么将由此而产生极强的围合感。如果四面有围墙，那么空间就达到完全封闭。

室外空间的主要围合物，是建筑物外立面与许多自然因素。与地形或植物素材所限定的空间相比，具有一些独特性。被建筑物所围合的室外空间，一般比较平直，恒定不变，有明显的边缘连结线。这些平直边缘构成的空间生硬无味，如果在一大片区域内延伸而无起伏变化，那么这些空间将会令人觉得呆板无味而使人烦躁。与那些主要由植物素材构成的空间相比，由建筑物限制的空间缺乏引人注目的季节变化。当然，在一年四季中因太阳辐射角度阴影会有所变化，而且还会引起相应的空间感的变化，但是围墙本身的变化却微乎其微。

由建筑物所限定的室外空间，感受的另一个特性与窗户有关。窗户通过改变昼夜的光线而创造出多样化的空间变化。一个人白天站在某一室外空间中，会感到该空间的界限似乎就截止于建筑物外立面，但若视线能通过窗户到达一间明亮的房间，这种空间的界限就会延伸进建筑物里面。不过，即使有了这一穿透的视线，室外空间似乎仍具有轮廓清晰的界限。一个人如果白天是在建筑物内，他的视线很容易看到建筑物以外景观，因此，我们说，室内空间往往具有视线向外“泄出”的性质（图3-3）。在夜晚，上述情

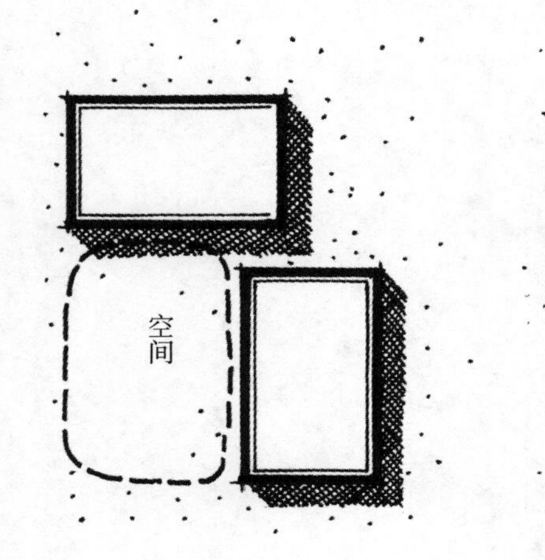

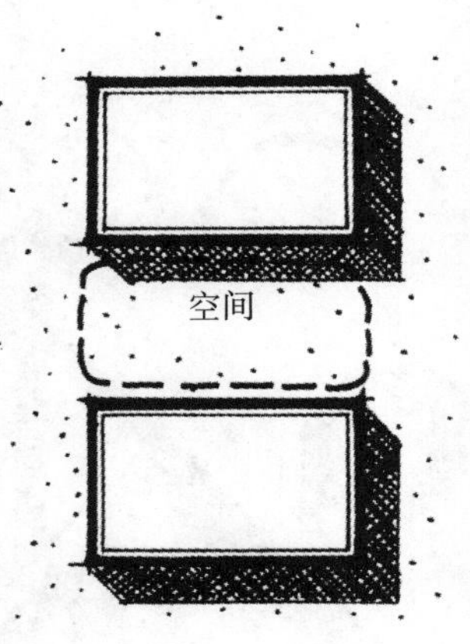

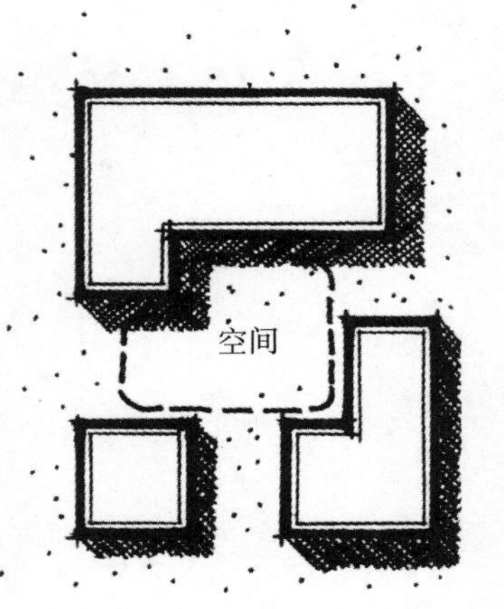


室外空间由两座或更多的建筑构成

图 3-2

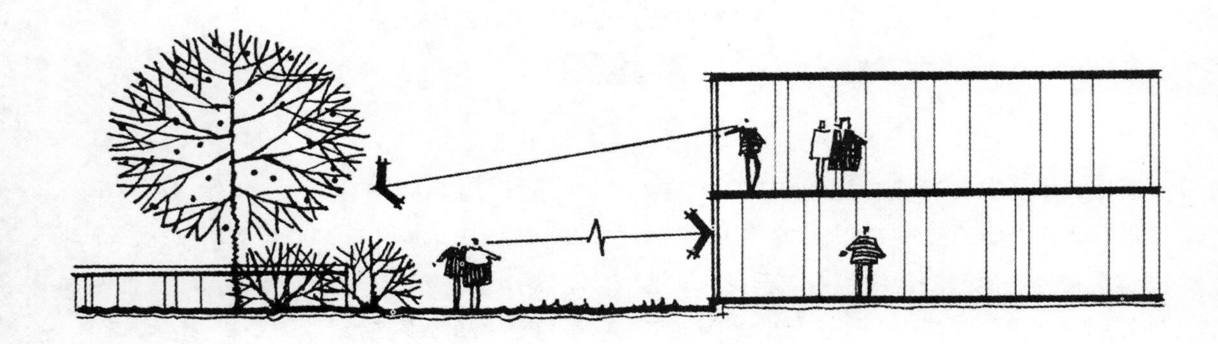

白天在室内很容易看到室外景物，而室外视线被墙阻挡在外

图 3-3

况恰好相反。一个人若在夜晚站在室外空间中，就会感到该空间的鲜明界限已经消失，而且当无灯光照射时，该空间的轮廓将会变得模糊不清。此外，由于视线必然射向光亮的室内空间，因而此时的室外空间则具有视线"渗入"的性质（图3-4）。另一方面，站在室内的人，会感到室内空间的界限就截止于窗户之前。这是因为射向黑暗室外空间的视线，即使能够看见，也极其微弱。

由建筑物所构成的空间类型和特性，虽然数量甚多，但都必须取决于人们的视距和建筑物高度之间的比例。建筑物的安排以及建筑物自身立面的特征，这些可变因素相互作用，共同影响由它们所构成的空间感和空间同一性。

**视距与建筑物高之比** 空间围合的比例

夜晚，室内视线被限制在室内范围，而室外视线可渗入室内

图 3-4

以及由此产生的空间感程度，一般取决于室外空间中的人和建筑物的距离，与周围建筑物围墙高之比例关系，这正像我们曾在前面描述地形和植物素材时提到的那样。按照加里·罗比内特在《植物、人和环境质量》一书中所提出的标准，如果人与周围建筑物墙体能构成1：1的视距和物高比例，或视角为45°，则该空间将达到全封闭状态（图3-5）；如果视距与物高比为2：1，该空间处于半封闭；若为3：1，则封闭感达到最小；而当比例为4：1时，封闭感将完全消失。换言之，当一建筑物围墙的高度超过人的视线圆锥体时，空间围合感最强烈。但当周围建筑物太低，或某人远离建筑物，并将建筑物仅看作是较大空间环境中的一小部分时，空间围合感几乎消失。

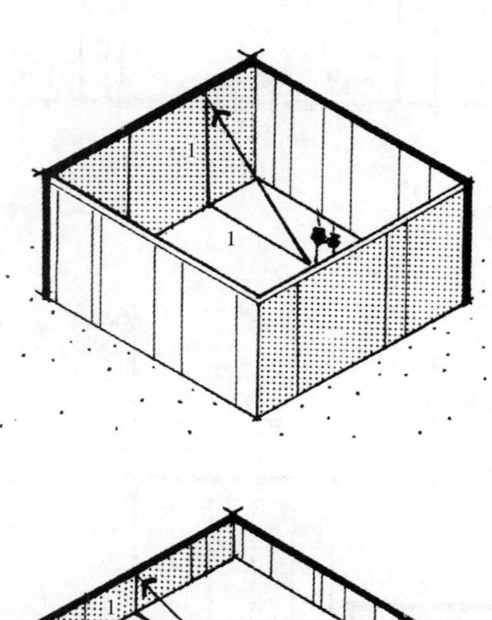


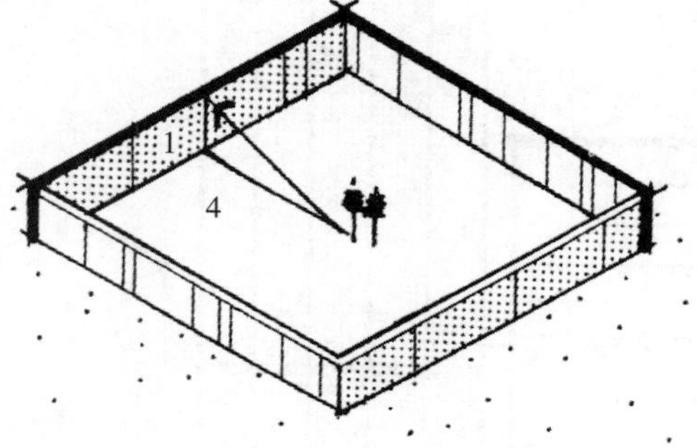


图 3-5

视距与建筑物高的比例关系，不仅影响空间围合，而且也会影响一个室外空间的氛围和使用。在《建筑物的外部设计》一书中，约夏诺布·阿什哈拉分析了视距与物高的比

例，对室外到室内空间等级的影响效果。最具私密性的空间，其视距与物高之比例值在1~3之间，而开敞性最强的空间，其比例值则为6或更大（图3-6）。当某人与朋友在一个比例值很低的空间内交谈时会感到很舒适，但若比例值很高时，则感到极不舒适。

虽然在安排群体建筑时，希望达到一个极强的空间围合，但切忌不能建成那种建筑物的高度和面积，会吞没邻近外部区域范围的空间。当视距与物高比值大大小于1时，这种情况就会出现（图3-7）。当人站在这种空间中时，就如站在一口深井中。这样由

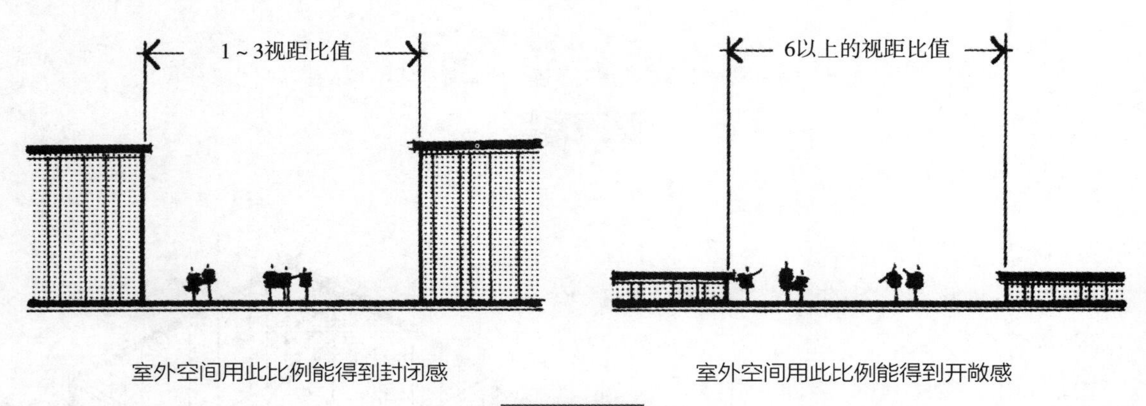


图3-6

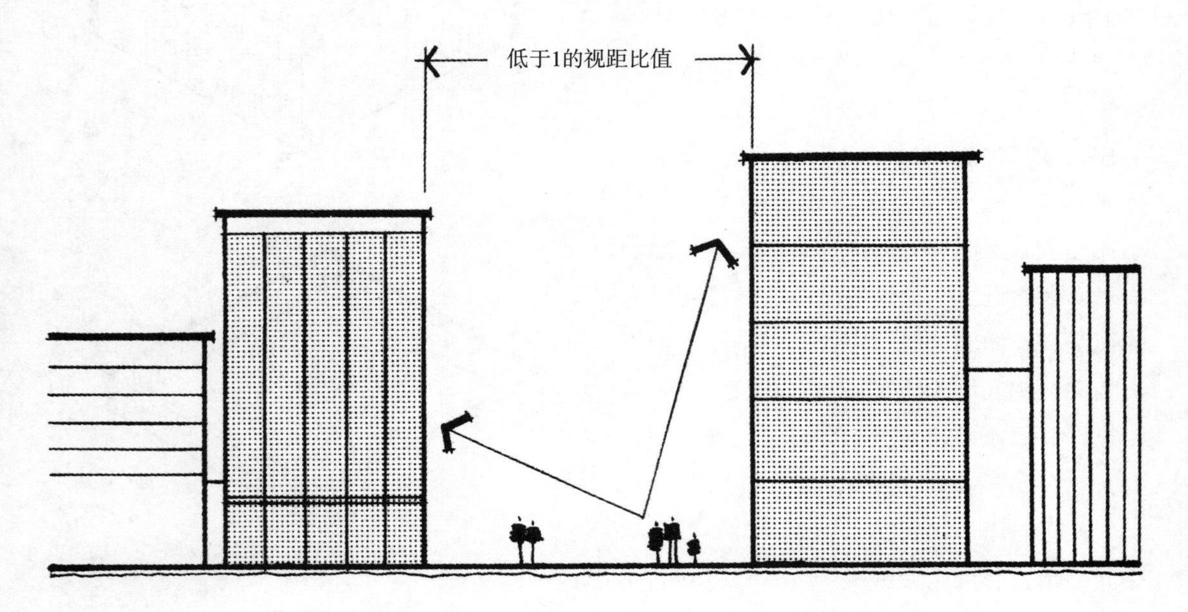


图3-7

于周围建筑的外部围墙升高，超出了视场范围，这些建筑就极难受到尽情的欣赏。有些建筑学理论家认为，对建筑物最理想的观赏距离，应为视距与物高比为2：1时。按这一比例尺计算，视平角为27°时，便能轻易地看到建筑物顶部（图3-8）。由此可见，要想使不舒服的空间围合感不出现，那么最理想的视距与物高之比值应在1～3之间。

**平面布局** 在限制室外空间时，与视距和物高之比例密切相关的因素，就是建筑群体的总体布局。只有将建筑物排列成能完全围绕或“封闭”某一空间时，才会出现最强的围合感，并因此才能封锁住视线的外泄。图3-9所示的这种视线传播就叫做“空间空隙”。这种“空隙”就如同一个容器的洞隙。空间空隙越多，则封闭感越弱。消除空间空隙的一种办法，就是使围绕空间的各式建筑物尽量重叠，以阻挡视线的出入（图3-10）。另外，使用其他设计因素，如地形、植物素材，或能封闭视线的独立屏障等，也能消除或减小空间空隙（图3-11）。如前面几章谈过的设计元素，可以用来封闭或堵塞群体建筑物所未能围合的空间。

如图3-12所示，如果建筑物呈直线排列，或位置安排得十分零散，使建筑物之间体现不出任何内在关系时，这种由建筑物所构成的外部空间，几乎毫无界限。在上述两种情形中，都无围合可言。哪怕是微弱的暗示都几乎不存在。这些建筑物也就会被看作是被“负空间”所围绕的各孤立无关的因素（负空间即无封闭感或焦点的空间）。

虽然形成空间围合是设计目的所需，但有时也会出现这种情况，即允许并且极力做到，让视线能达到主要由建筑物构成的室外空间的外部。只有允许视线外出，才能充分地利用周围环境，如河流、湖泊、山脉或建筑焦点等。由劳伦斯·哈尔普林设计的位于旧金山的吉拉德里广场就是一个根据观赏者所站位置而定，既具有围合感，又具有视线外渗特性的城市开敞性空间。如果观赏者是

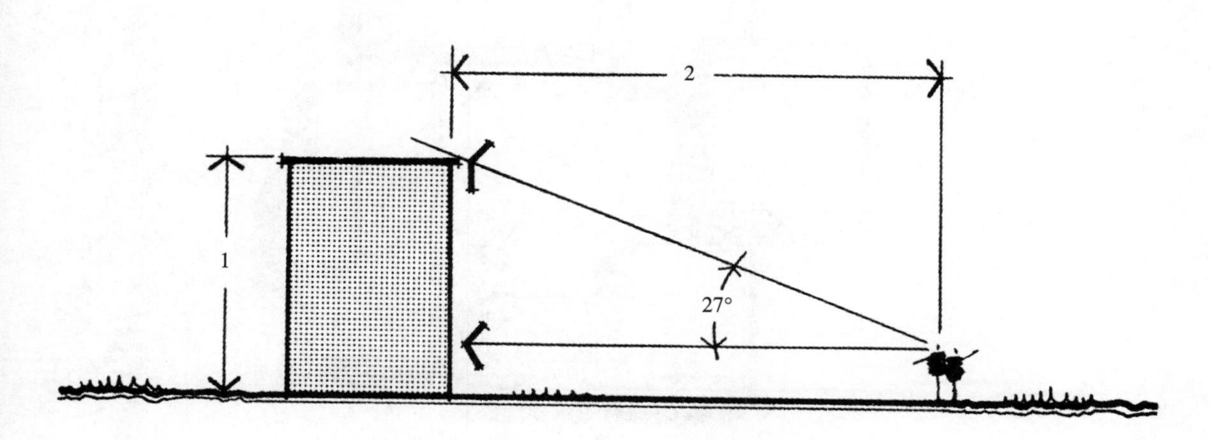


这种比例是最理想的空间封闭效果和建筑观赏效果

图 3-8

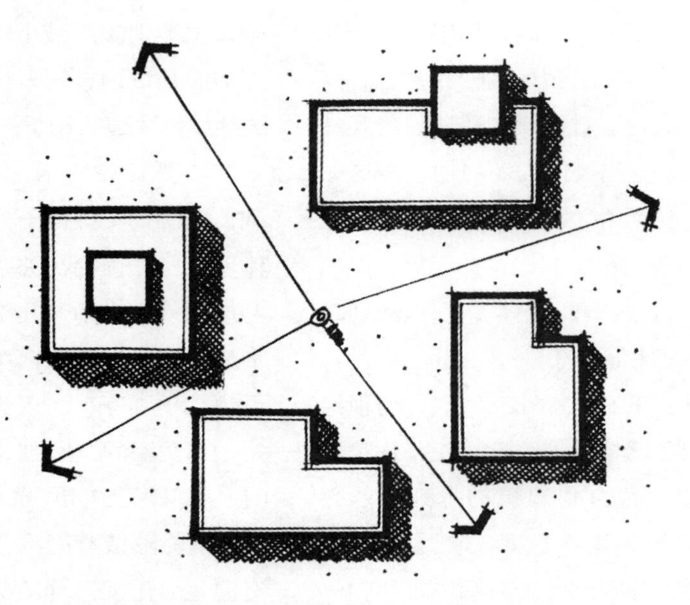

空间空隙使视线能从封闭空间中看到外面

图 3-9

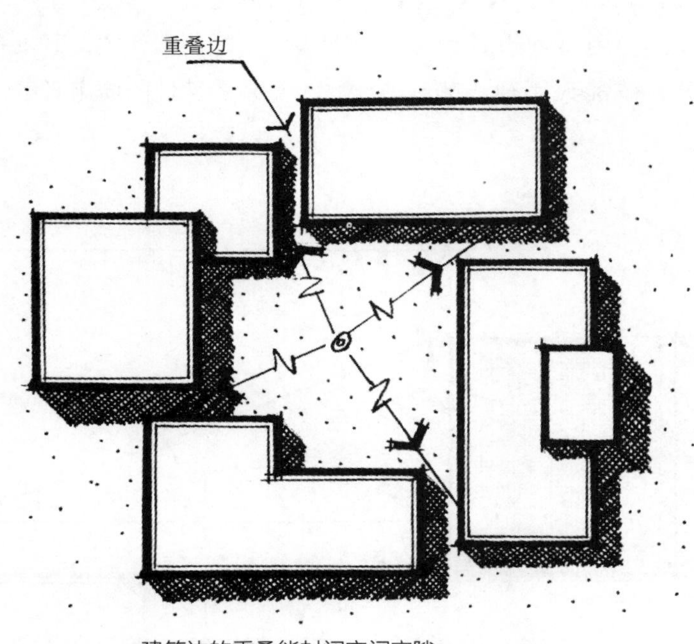


建筑边的重叠能封闭空间空隙

图 3-10

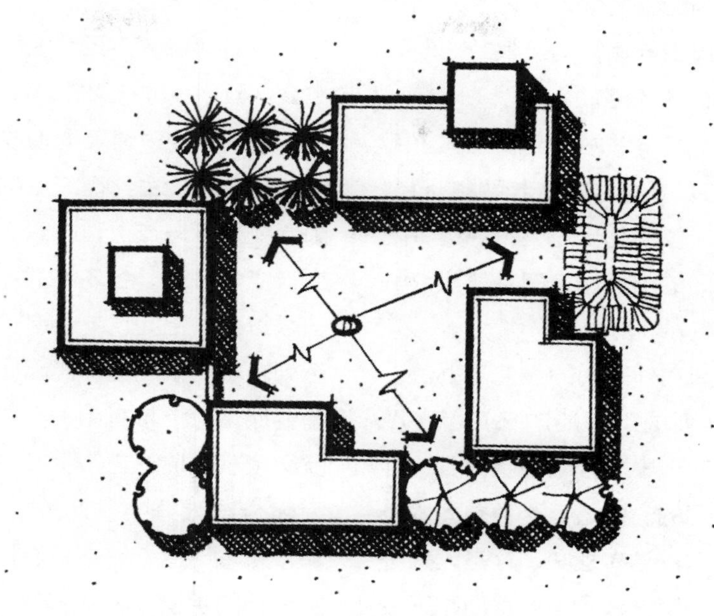

空间空隙可以通过其他的设计要素来弥补

图 3-11

建筑成排布置不能创造空间封闭

建筑散点布置空间封闭感十分微弱

图 3-12

站在吉拉德里广场的主要室外平地中，那么他的视线就会为周围的建筑物所限制，他的意识也只有局限在这一空间内（图3-13），但若观赏者逐步升高，并站立到该空间上部建筑物的阳台上时，他就能看到远处的旧金山港。由此可见，仅在几步之内，观赏者就能体验到两种不同的围合感，而且还能依然感到是在同样的室外环境中。

用建筑物构造室外空间的最简易办法，就是将建筑物排列成不间断的环形状（图3-14）。如需要一个界限分明的空间，这种方法无疑是很理想的。但是，这种空间本身却最不使人兴奋和不具有趣味。这是因为整个空间立刻为人一览无余。这种空间毫无变化，它没有次空间，也没有暗示的动向感。如果当周围建筑物总体外形，因建筑物形状的曲折凸凹而发生巨大多样的变化时（图3-15），由此而形成的室外空间，就会因具有一系列对总体空间结构有闭合的暗含空间，而呈现出丰富多彩的特性。当人站在该空间某些特殊位置上时，他会感觉到某些目标和小空间悠忽不见，或部分隐秘，从而他也会体验到一种神秘感。

当某一个由建筑物构成的简单空间变得错综复杂时，由此而产生的缺陷，是这种空间会变得斑斑点点，以致于会使人感到空间变得支离破碎，各不相关（图3-16）。原来一个宽敞的空间，就会面目全非，而变成一系列较小的杂乱空间。因此，如果设计目的是要保留一个带有相关次空间的宽敞空间，就必须小心地防止子空间与主空间之间变得太闭合或太分离。此外，扩大主空间的面积，为布局建立一个中心点，也是一个有助于设计的手段（图3-17）。这样，较小的次空间也就下降到无力与主空间相抗争或降低主空间的地位。

同视距与物高之比有关的另一个影响空间围合感及与空间长高比有关的因素，是空间的水平宽度。保尔·D.施普赖雷根在他的《城市设计：城镇建筑学》一书中，已经描述了距离

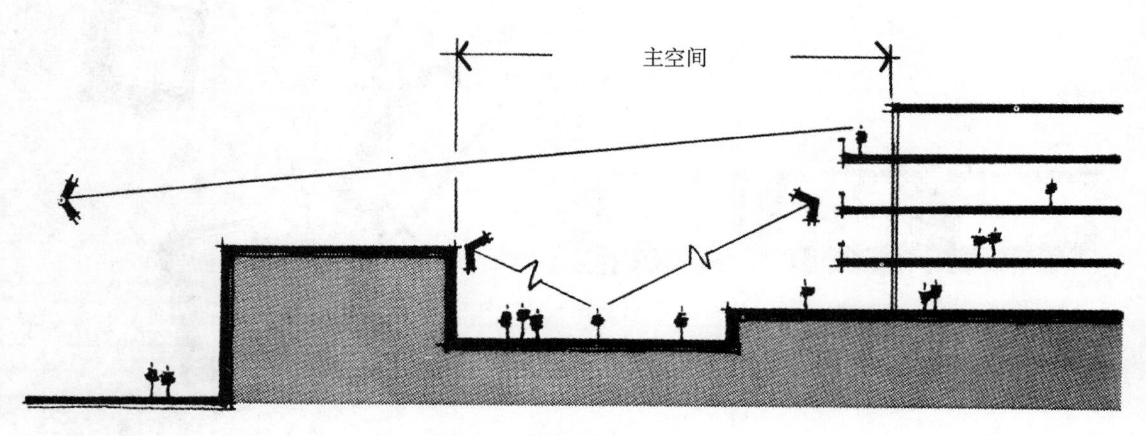

Ghirardelli广场的剖面图

图 3-13

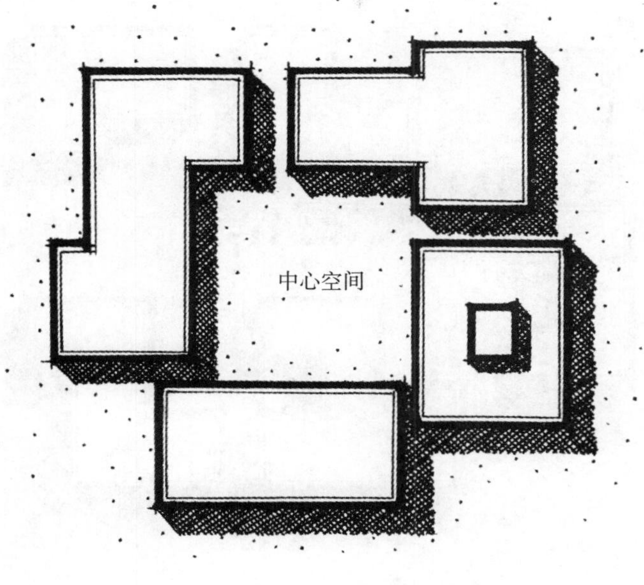


限制了中心空间，但缺乏情趣，无次空间

图 3-14

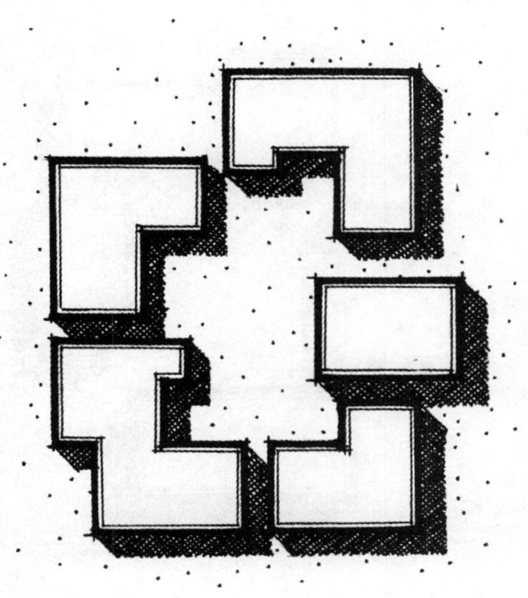

建筑构成的主空间与次空间

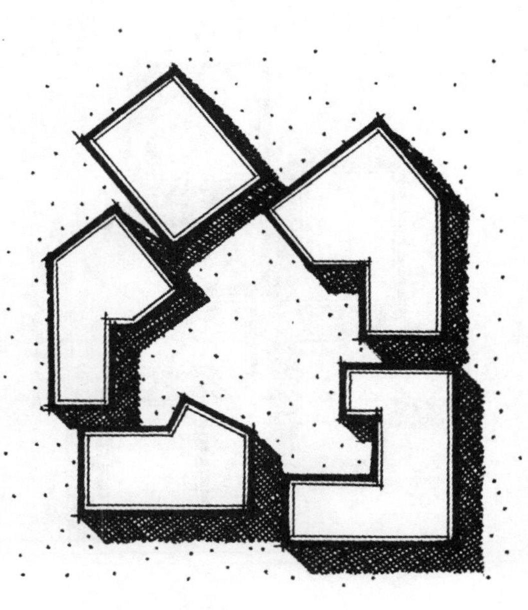

由建筑构成的次空间的组合体

图 3-15

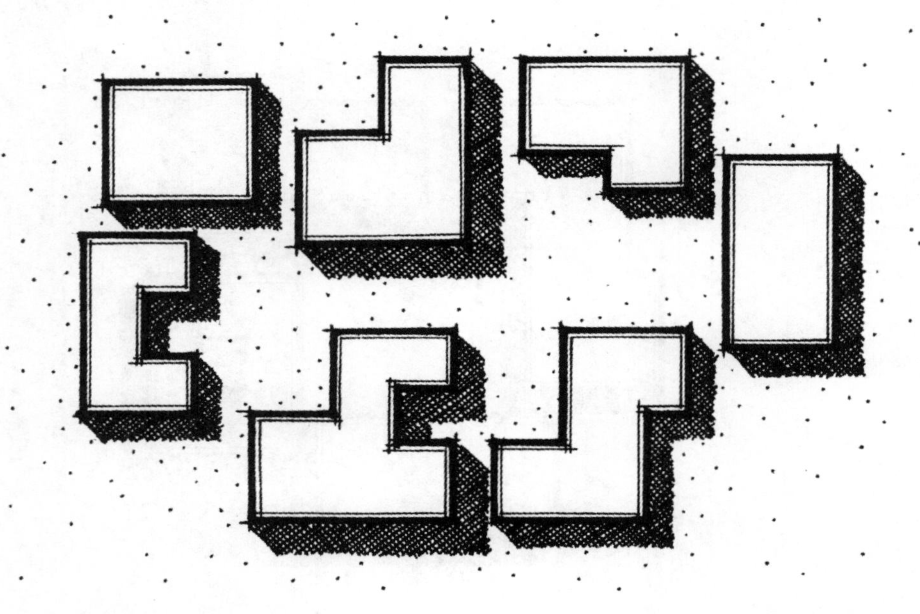

主空间与众多的次空间在一起，主次不分，故主空间就不突出了

图 3-16

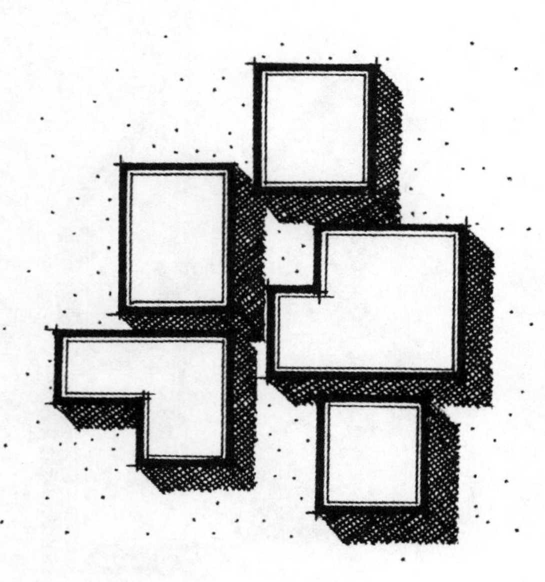

不好的平面布局是无突出的开敞空间，无法形成设计的视线焦点

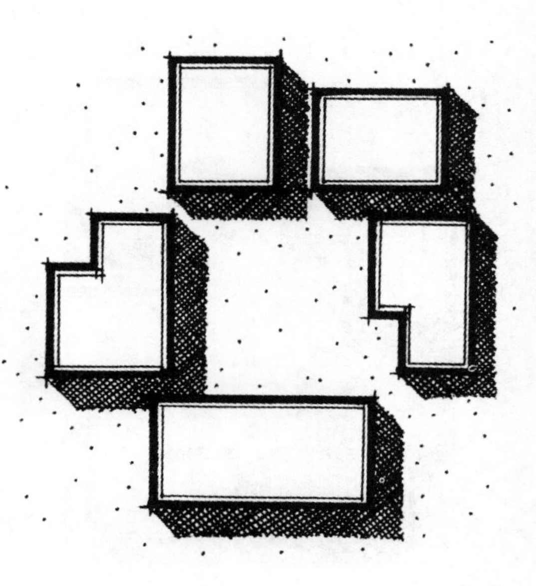

突出的开敞空间统一了布局，提供了视线焦点

图 3-17

对室外空间感的作用。他认为，水平距离相距24m的建筑物构成的空间，可以称作亲密空间（图3-18）。在具有这种大小的空间中，我们能辨清建筑细部或人的面目。他还提到，“宏伟的都市空间”应具有24~137m的水平距离。137m是能看清行人动作的最大距离。

**建筑物特征** 第三个影响由建筑物构成的空间品质的因素，是围合空间的建筑物立面特征。一个建筑物立面的色彩、质地、细部构造以及面积等，都影响与它有关的室外空间个性。如果环绕外空间的建筑物墙体粗糙、灰暗，各项细部不够细腻，能使人感到该空间冷漠、粗糙、难以亲近（图3-19）。反之，如果围合空间的建筑物墙体色彩明

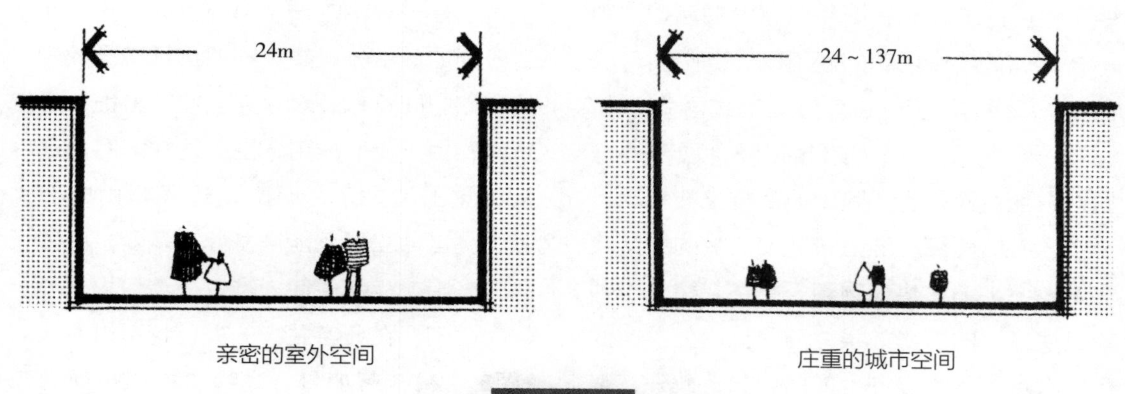


亲密的室外空间

庄重的城市空间

图 3-18

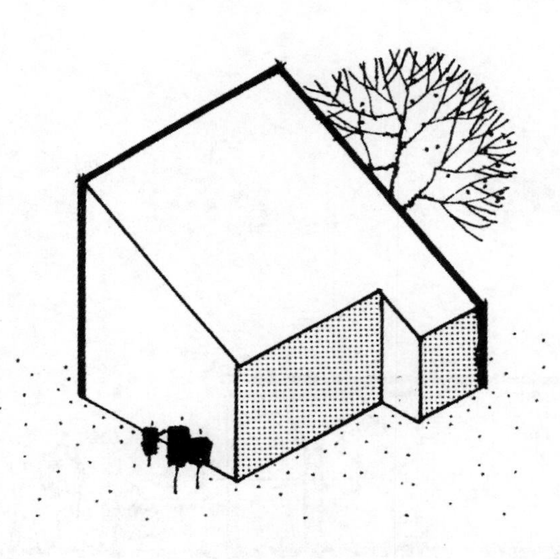

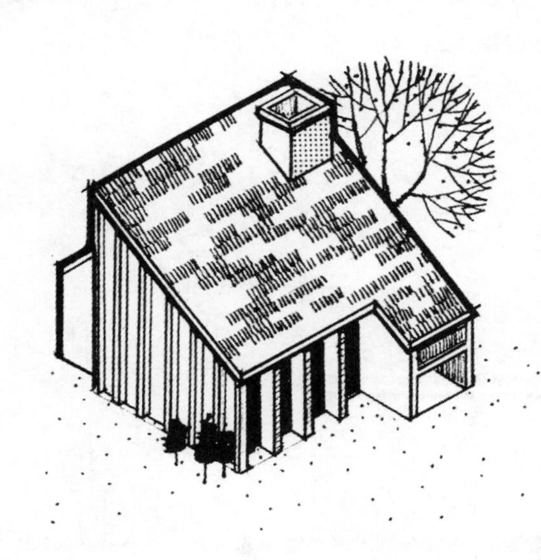

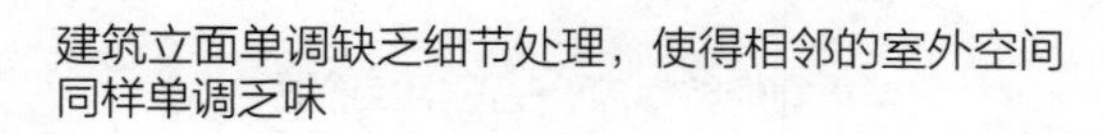

建筑立面单调缺乏细节处理，使得相邻的室外空间同样单调乏味

建筑有较好的细部处理，使相邻的空间，充满生气和悦目感

图 3-19

快，造型精致、细腻，并且具有一定的人情味，那么同样大小的空间就会给人精细、悦目、亲切友善的感觉。建筑物的墙面如采用许多精致、纤细的材料，则赋予空间以轻松明快的效果。西班牙格拉纳达爱尔汗布拉宫的狮子宫就具有这种风格。建筑物那一根根纤细的圆柱和众多交错、精细的图案，为总体空间增添了轻快的特性。柱廊的使用也减轻了空间的笨重感，而使用厚实的墙壁，则不会有此效果。柱廊的使用使外部空间得以向里渗透，并使该空间与建筑物融为一体（图3-20）。一幢高大的建筑物，顶部的坚实性或通透性，也能强烈地影响空间特性。一个含有精美细腻造型、虚实变化的墙壁或房顶轮廓，能在建筑物和天空之间构成一种较轻快透明的剪影效果。而僵直、无虚实变化的实墙，则难以产生如此效果。此外，整个建筑物的尺度，也对由它们所构成的空间有着极大的影响。如果近地面的墙面分割较细，与人体尺度大小相配合，则空间令人感到舒适。如果分割比例较大，则令人感觉不够亲近（图3-21）。

在许多当代建筑墙上安装使用反光玻璃镜，乃是另一种类型的建筑物立面，这种立面对与其相邻的室外空间具有惊人的作用。这种立面犹如一块巨大的镜子，将周围环境反射到建筑物之上。由于这一作用，建筑物不再仅是景观中的一个单纯目标，它反而成了景观的一部分。建筑物的这种镜像效应，使相接空间具有外观永无止境的特征。也就是说，由于反射作用，空间的实际有形边界从感觉上消失了，而虚幻边界则由此而扩张了。这种立面还能产生曲折多变、千姿百态的光影，从而更使人难以分清何为真实、何为虚幻。在亚特兰大的海厄特雷吉赛饭店（图3-22）、芝加哥、底特律和达拉斯都有著名的反光镜面建筑。

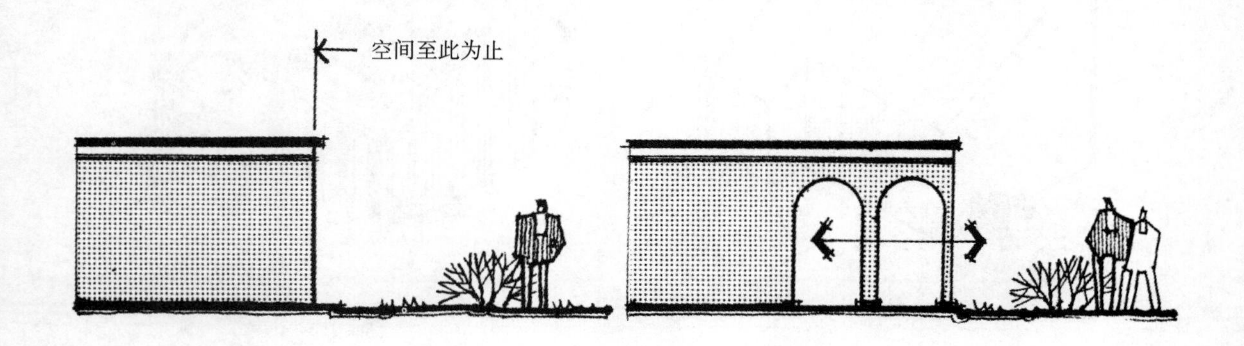


建筑墙面限制着空间边缘，无空间渗透

建筑廊能将室内外空间相互渗透

图 3-20

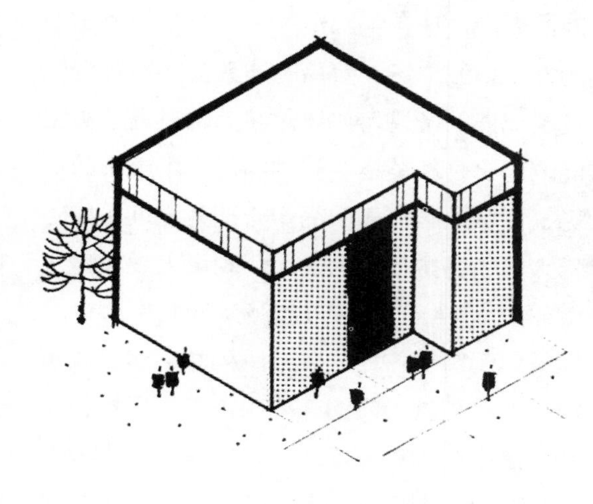

宏大的建筑而用很少的细小装饰会给相邻空间以不悦感

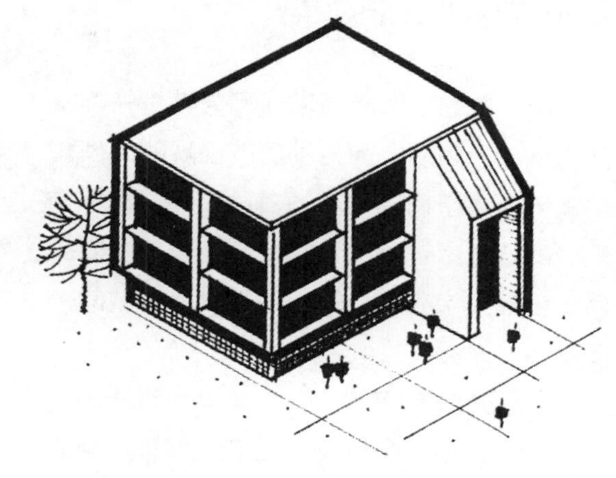

建筑根据人们的需要因素（如窗户、梁柱等）加以装饰，会给所在空间舒服感觉

图 3-21

图 3-22

## 建筑群体和空间类型

建筑群的平面布局形式和与其相关的空间类型没有限制。而各种可能出现的类型和形式则取决于周围环境的各种条件，建筑物地点的选取，建筑的目的以及所需的空间品质。下面几部分将描述由建筑物所构成的一些基本空间类型。

**中心开敞空间** 一个极简单而普通的布置建筑物的原理，就是将建筑物聚拢在与所有这些群集建筑有关联的中心开敞空间周围（图3-23）。这种中心空间可被当作整个设计或周围环境的空间中心点。它是整个布局的“枢纽”，并具有某些与在第一章中所描述的凹面地形相同的特性。历史上，一般中心开敞空间的例子有：佛罗伦萨的德拉西诺里亚广场、锡耶纳（意大利中部城市）的德尔坎波广场、罗马的迪桑皮特罗广场以及威尼斯的圣马可广场。在美国具有这类空间的建筑是新英格兰村的绿色广场或市政广场，许多大学校园中的中心四方空间（如哈佛大学、赛拉丘萨大学、伊利诺大学和俄亥俄州立大学），纽约市的洛克菲勒中心以及匹兹堡的墨农广场。以上所列举的这些建筑空间，在与其相联的环境中占有主导地位，并且是主要的集会场所。这些空间是强大的“磁铁”和人们活动的聚集点。这是因为，空间的制约和人们的活动都是在空间内部进行，因而这些空间一般不受外界的影响，并且有较强的内向性。

关于中心开敞空间的空间制约问题，有几点须加以说明。前面我们曾指出，要想获

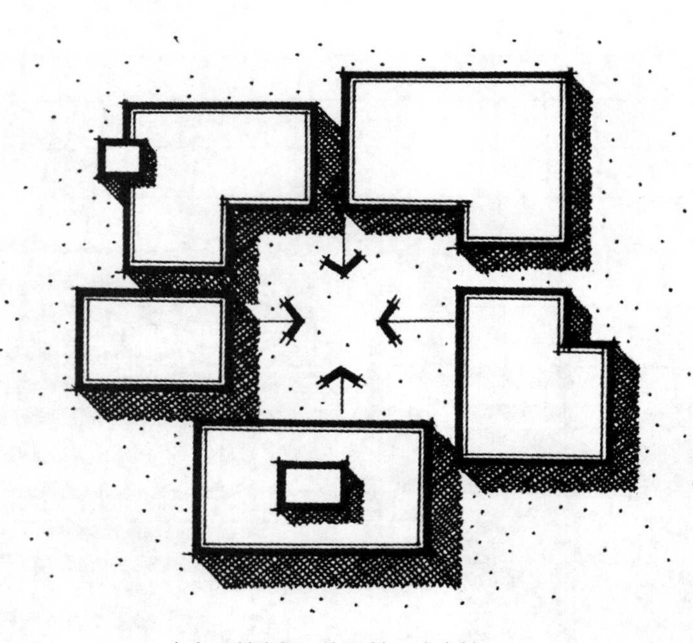

中心开敞空间：自聚性和内向性

图 3-23

得最强的空间围合感，必须使视线外出或空间空隙降至最低极限。佛罗伦萨的德拉西诺里亚广场和锡耶纳的德尔坎波广场便是上述原则的典范。由于这些具有历史意义的中世纪开敞空间被设计成“风车状”或“旋转形状”，因而出入于这些空间的视线便相应地受到了限制（图3-24）。进入该类空间的街道，在其间“嘎然而止”，它们不可能笔直地延伸出空间。因此，这些空间都具有强烈的封闭感。这种布局不仅大大有助于加强空间围合，而且还能迫使进入该空间的行人感受这类空间特性，甚至停留在空间之中。行人不能简单地沿两个开口之间的直线穿过空间。

在许多旋转型空间布局的角落处，存在着固有的中心开敞空间围合。但是当一个中心开敞空间各个角落张开时，就像在街道的交叉口，两个相隔的建筑物相互呈90° 角那样（图3-25），这种空间只受到围合建筑物水平面的限制。由此，视线和空间围合感，全都从敞开的角落溢漏而出。然而，当建筑物壁填满角落和使角落弯曲时，就会出现一个较强的空间围合感。这些弯曲的拐角会使目光折回空间，并使视线滞留在中心空间。

对中心开敞空间的第二点说明是，当空间的“空旷度”得到增加时，该空间的特性也就最突出。为了达到这一点，空间的中心部分必须任其空旷。任何树木或其他景物必须布置在空间的边缘。最失策的就是在空间的中央布置大型的、占地众多的笨重物体（图3-26），这样做的结果，便是导致空间“堵塞”的产生。中心开敞空间的特性会因此而失去，而替代它的将是环绕厚实中心

“风车形”或“旋转形”的布局使视线和游人到此空间便停止了

图 3-24

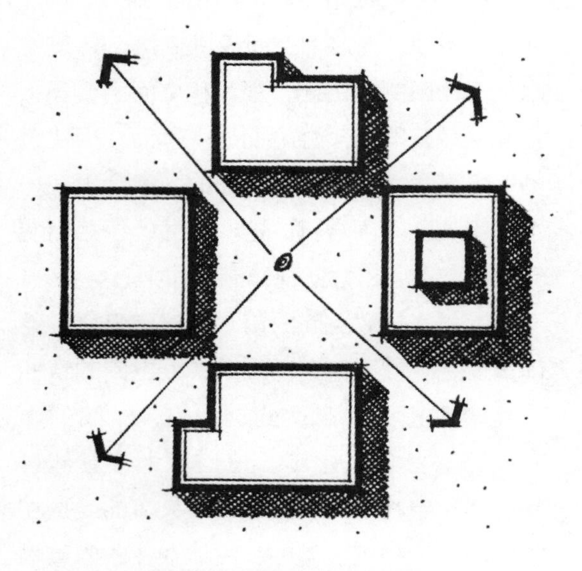

转角处的开敞空间封闭感较弱

当转角处封闭时，封闭感极强烈

图 3-25

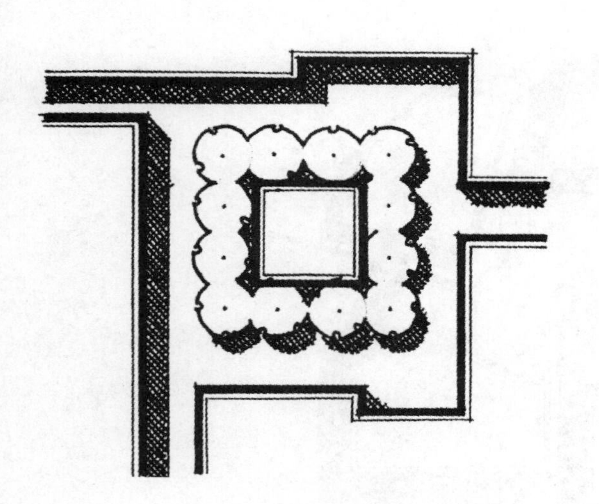

不希望的作法：是在空间中心安置实体，使空间不开敞

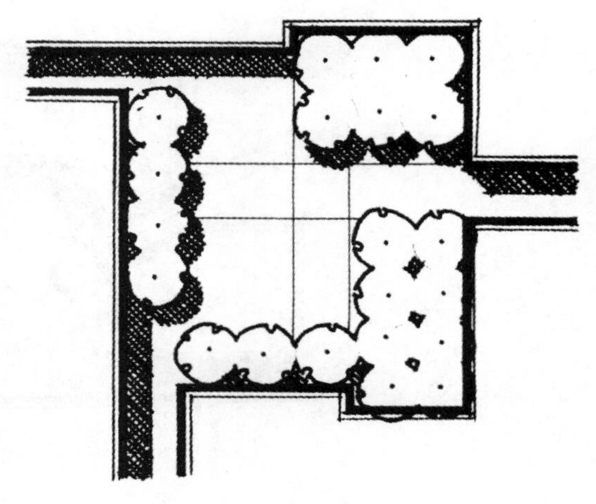

希望的作法：设计要素沿空间周边布置，使空间更开敞

图 3-26

的带状空间。接下来，另一种加强中心开敞空间特性的原则，是使地面倾向中心。实际上，就是在中心开敞空间形成一个凹面地形，使空间更明显。

**定向开放空间** 在某些广场景观中，围合的中心开放空间极其合适，但在某些广场景观中则不然。如图3-27所示的情形，便是要求被建筑群所限制的空间某一面形成开放状，以便充分利用空间外风景区中的重要景色。当围绕一开放空间的建筑围合缺少一部分时，由此而构成的空间的方向将指向开口边。记得在探讨地形时曾提到，空间如同流水，总是向最无阻挡的方向流去。由于定向开放空间具有极强的方向性，因此在总体空间中组织安排其他因素，如植物素材或地形时，必须时刻保持空间的方向性。

在一个定向开放空间的周围修建建筑物时，必须注意避免空间开放边的比例过大，否则空间的特性和围合感将会丧失掉。建造定向开放空间的原则，就是既要适当地使用足够的环状建筑物围面，又要使视线能触及空间外部的景色。

**直线型空间** 建筑群体构成的第三种类型空间，是直线型空间。这种类型的空间相对而言呈长条、狭窄状，在一端或两端均有开口（图3-28）。直线型空间一般比较笔直，在拐角处无弯曲状，而且也不会在此消失。一个人如站在该类型的空间中，能毫不费力地看到空间的终端。在美国，大多数城镇街道就属于该类型空间。典型的代表是华盛顿政区的摩尔街。

直线型空间引人注目的特性之一，就是该空间的焦点集中在空间的任何一端，因而适合一切空间中的活动。当站在空间中时，人们的注意力被“挟持”和“引导”在长长的带状边之间（图3-29、图3-30）。事实上，空间的开口端从意义上来说，比空间两边的垂直面具有更多的重要性。鉴于该类空间开口端的观赏重要性，任何企图在空间两边布置具有吸引力的物体，如布置有趣的标牌或其他景物，与直线型空间的终端相对抗的尝试，都是不妥当的。这些物体只会起到相互抗争和与空间抗争的效果。而加强空间的中心点，消除空间沿线具有破坏性的景物才是上策。该类型的空间，能被有效地用在环境中，以将人们的注意力引向重要的地面标志上。如引向一件雕塑艺术品上或某一有特色的建筑物上。

**组合线型空间** 由建筑群所构成的另一种基本带状空间，叫组合线型空间。该类空间与直线型空间的不同之处，在于它并非是那种简单的、从一端通向另一端的笔直空间，这种空间在拐角处不会中止，而且各个空间时隐时现（图3-31）。这类空间会有相连接的隔离空间序列。欧洲中世纪的乡村街道和当今的城镇街道便属于这种空间类型（图3-32）。当穿行在这类空间中时，行人的注意力不时变化。一般说来，行人的注意力会被引向他或她所站立的次空间终端，但当他继续朝前行进并到达这一终点时，另一个未曾看见的次空间便立刻进入眼帘，并且注意力又被引向新的终端。这一情形在该类空间中穿行时不断重复出现，它给予行人一种迷人的感觉，这是因为行人被好奇感所驱使，竭力想知道“在拐角处还有什么奇异景象?”这类空间诱使行人去追寻尚不知晓的景象。而在

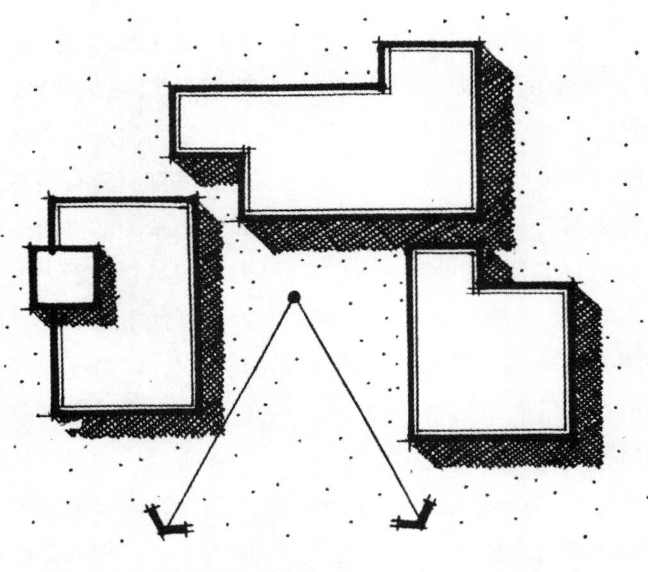

定向开敞空间，建筑群围合的空间强烈地朝向开敞边

图 3-27

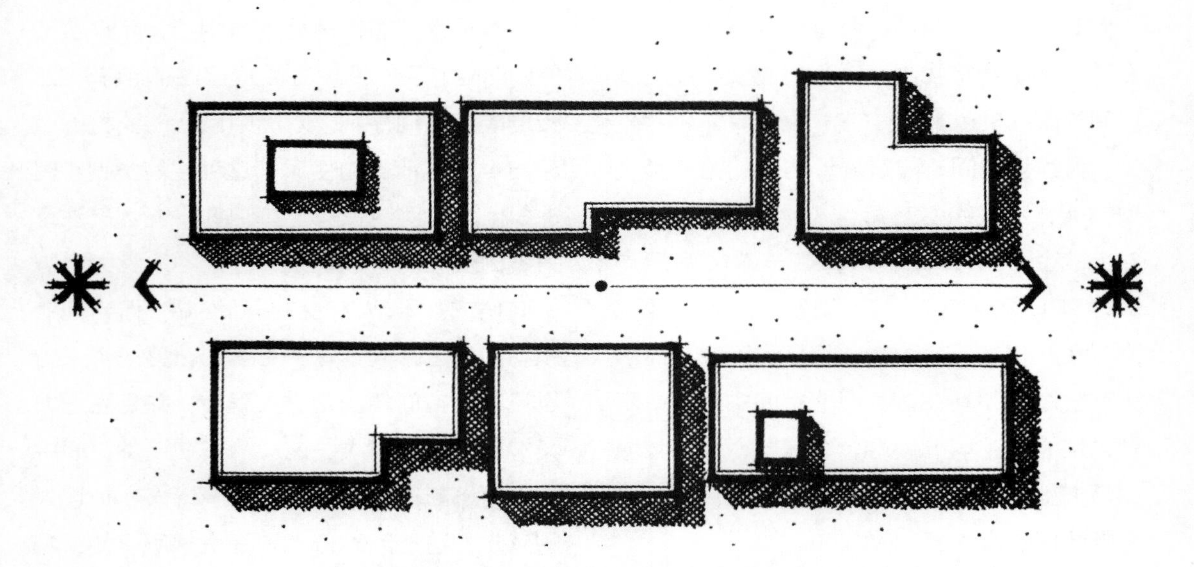

直线型渠道空间：人们的注意力朝向空间的末端

图 3-28

图 3-29

图 3-30

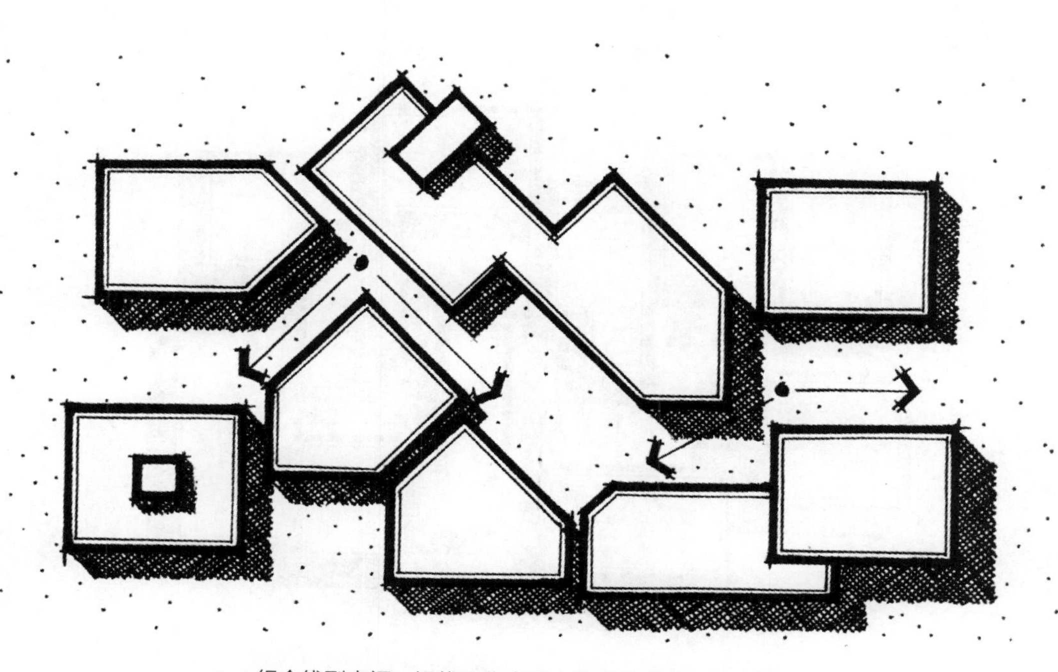

组合线型空间：视线和焦点随人们的移动而不停地变化

图 3-31

图 3-32

搜索的过程中，行人得到变化多端的视野和领略到意外出现的空间景物之乐趣（图3-33）。

上述四种基本空间类型并非是彼此孤立的。它们互相共存在一起，组成一个更大的空间序列，而每一部分都对总体结构有所贡献。在这种空间序列中，每一类型的空间特性和本质，受其自身的位置和相对空间类型的强调。例如，如果行人在到达中心开放空间之前时，必须先经过线型空间，那么在他进入中心开放空间时，就会明显地体会到中心开放时间的固定不变和封闭的特性。建筑物如同其他设计因素一样，能构成一系列由视野、景物、或其他普通的整体轴线所连接的扩张和收缩空间。最后还应提到，正是空间的这种集合连接，才赋予室外环境以生命和情感的色彩。

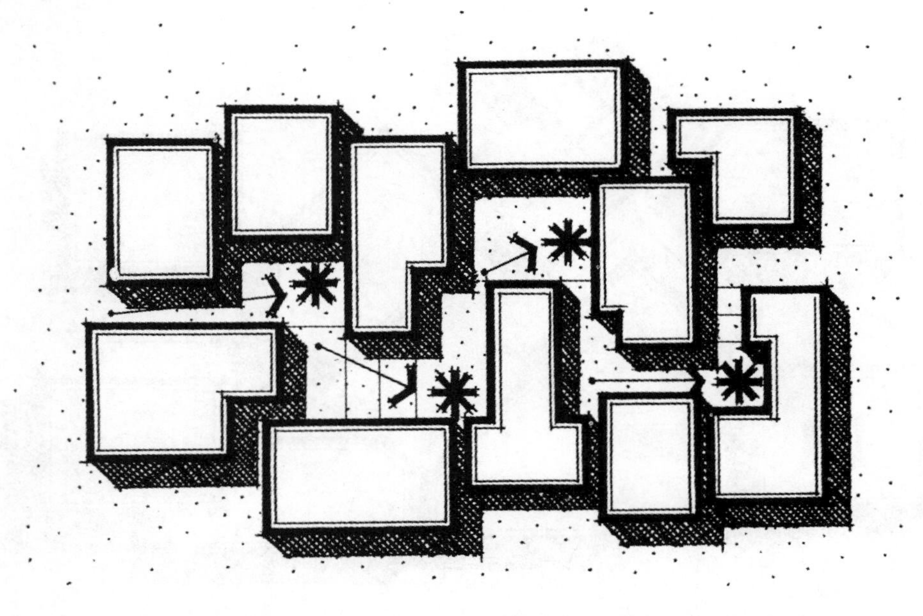

在组合线型空间的转角安排观赏焦点，使人们好奇而吸引人们去探究

图 3-33

## 建筑群体的设计原则

在景观中如何组织布置一个特定的建筑群体，取决于一系列因素，其中包括用地原有的条件、建筑物之间的功能关系、在相邻环境中所需发挥的作用、室外空间的预想特性，以及设计构图的基本原理等。在本章有关室外空间的构成部分中，已对某些设计构思作了探讨。但对其他一些设计原则还应加以说明。

概括而言，设计师应该力求在设计中使建筑物井然有序。这样在建筑实体以及建筑物所构成的各个空间之间，才会出现有机的联系。当建筑物被杂乱地建造在地面上，而各建筑物间并无任何相互联系时，就会出现毫无秩序的建筑物分布（图3-34）。这种设计方法虽适合某些特殊情况，但一般只会导致混乱、割裂的布局。要想得到井然有序的布局，最简单、最普通的有用方法之一，便是使建筑物相互间呈90°角（图3-35），这

无联系杂乱地布置建筑，使整个布局杂乱无章而无朝向性

图 3-34

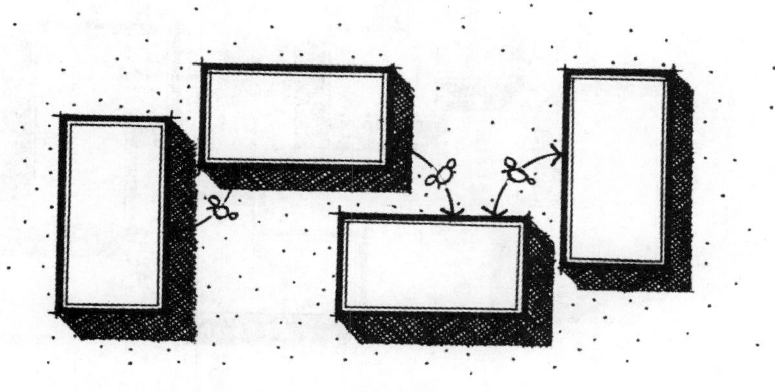

建筑的整体观赏关系是相互之间成90° 布置

图 3-35

种方法无须借助任何逻辑性，便能自动地使布局井然有序，而且它还另具一优点，即无论在规划图上还是在实地均易于实施。

当然，正相交布局方式并非完美无缺。如果过多地使用这种方式，建筑物的布局会变得太直观、太单调无味。在美国，多数城镇街道系统的网格状布局便具有上述效果。这种布局缺少空间的个性或引人注目的建筑物的相互联系。在那些总布局呈线型的建筑群中，如果使建筑实体彼此之间相错位，一些建筑物向前，而一些后退，则布局就会产生一定的变化（图3-36）。这种方法不仅能构成与建筑物相对位置有关联的次空间，而且还能削弱或消除长而不断的带状布局的单调性。

另一种消除完全直线型布局呆板单调的方式，则是在布局中小心地使建筑物相互之间不呈90°的夹角（图3-37）。这种排列方式也能为布局带来一定程度的变化。不过，在使用这一方法时，必须兼顾周围环境和设计目的。一般说来，一个知识和经验均很丰富的设计师，在使用这一方法布置建筑物时，他只用非90°角相交组合，就能完成整个建筑布局。此外，非90°角相交组合虽具有一定的杂乱性，但比起正交组合来说，则具有更多的活泼的有机形态。

在使用上述任何一种组合方式的同时，设计师还可直接利用使某一建筑物的形状和线条与附近建筑物的形状和线条相互结合的方式，来加强建筑物之间的协作关系。具体实施方法，须是沿一已知建筑物的边缘向外延长虚线，然后使其与邻近建筑物边缘对齐（图3-38）。这种方法能在群体中相邻建筑物之间，创造出一个令人深思、但又明显清晰的视觉联点。这一方法还能容许大量的视

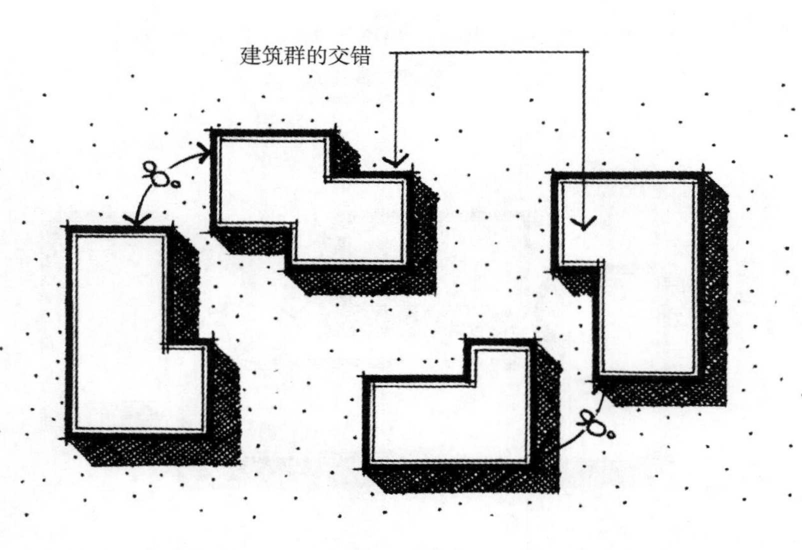


空间的不同变化，由建筑群成90° 交错布置的结果

图 3-36

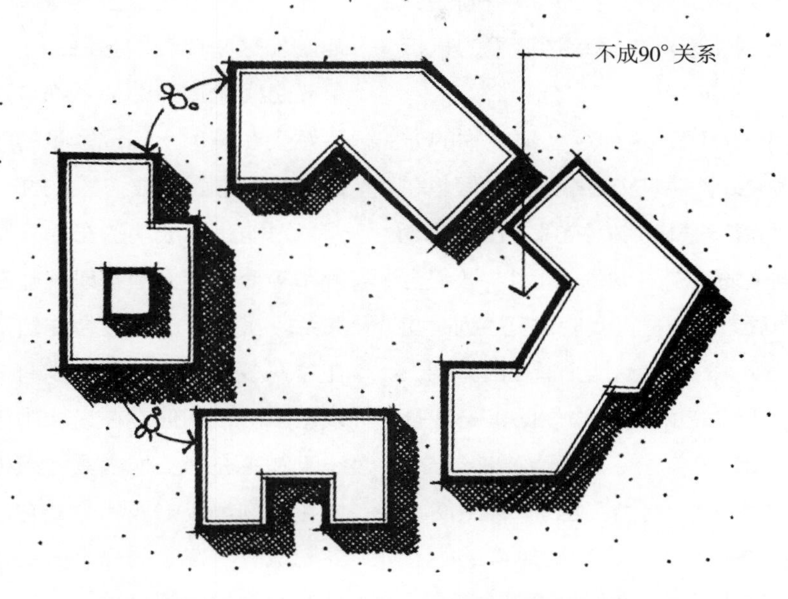


空间的不同变化，由不成90° 相交的建筑布局而形成

图 3-37

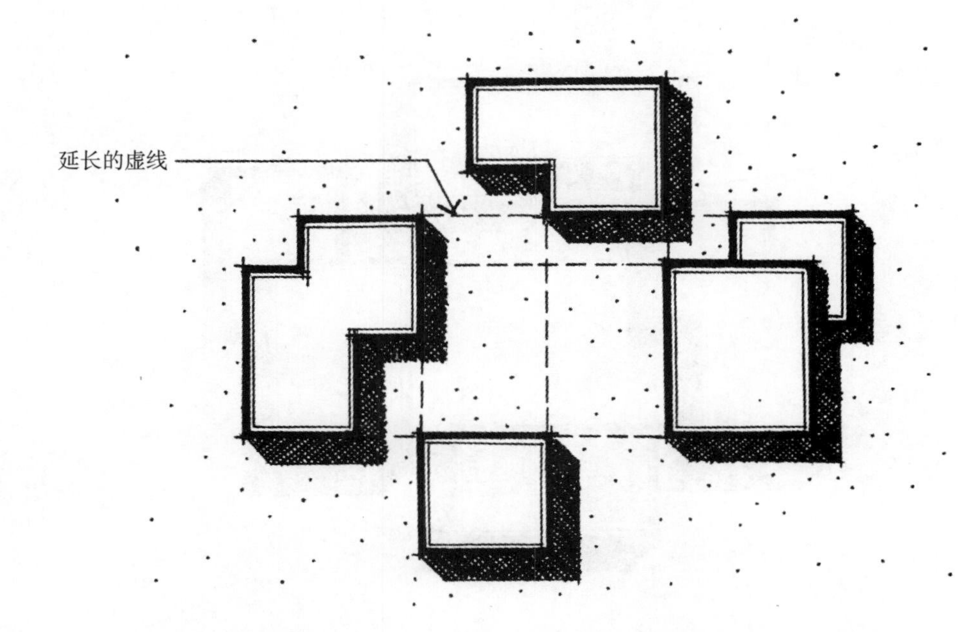


建筑物的组合可由一个建筑物的边沿延长到另一个建筑物来定相互的关系

图 3-38

线从任何一建筑物进入到中心开放空间中，而且还不会受到邻近对立建筑物墙壁的直接封锁。

不过，另一方面，这种组合建筑物的方式也存在不足之处。建筑物边缘的这种假想联系，并不能消除建筑群的空间空隙，由此便会形成一个受到微弱限制的空间。而且，该组合方式与直线布局方式一样，会使建筑序列有些过于呆板、生硬。为解除这两个潜在的弊端，有时就必须使相对的两建筑物立面呈一重叠的关系（图3-39）。这样，当行人穿行于这两个建筑物之间时，就会感受到一种空间挤压感。这种重叠关系，也会在建筑群的中心开放空间中，造成极强的空间封闭感。

对建筑单元进行平面组合的原则，如对聚集在一个建筑组群内的各私人住宅的组合一样，应该重叠覆盖这些单元，以最大限度地增加这些单元的接触面（图3-40）。任何单元之间角顶角的关系都应避免。因为这种关系会在设计上构成紧张的气氛，并且会在建筑施工方面造成结构上的不稳定。

为能获得成功的布局方案，还必须从高度和平面角度方面来研究建筑物之间的相互关系。虽然对一个复合建筑群的高度分布存在着许多可行性，但至少有一点是设计师应该做到的，即他应在设计中选用一相对高的建筑物来充当支配因素。而建筑群中所有其他建筑物都应附属和烘托它。设置这一具有支配地位的建筑的一个方案，就是将它置于其他建筑物中间某处，这样，由于其他建筑物与它越来越近（距离极其相近），它也就会逐渐获得高度感（图3-41）。因此，较低

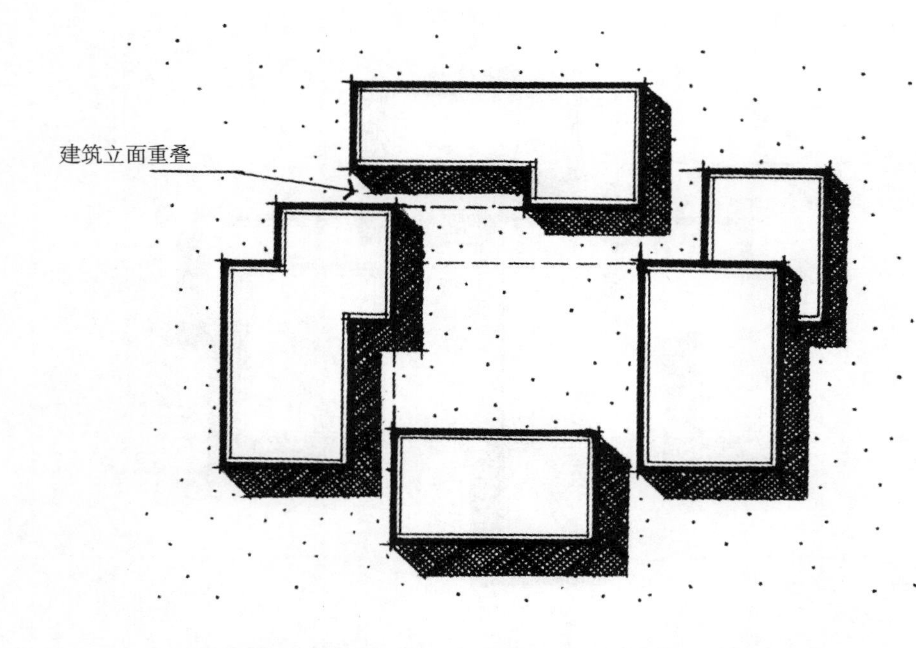


建立强烈的空间封闭的方法是延长建筑边沿使其立面相互重叠

图 3-39

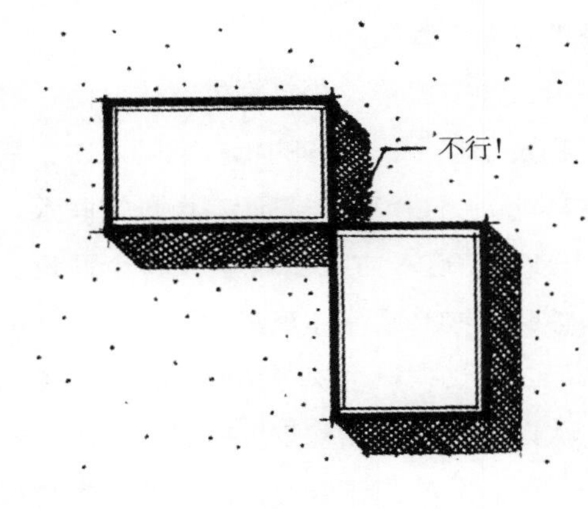


不希望建筑间只是角对角

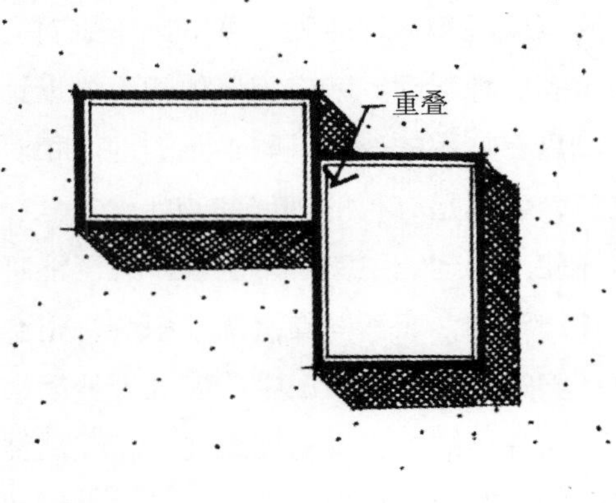


希望建筑间是重叠的

图 3-40

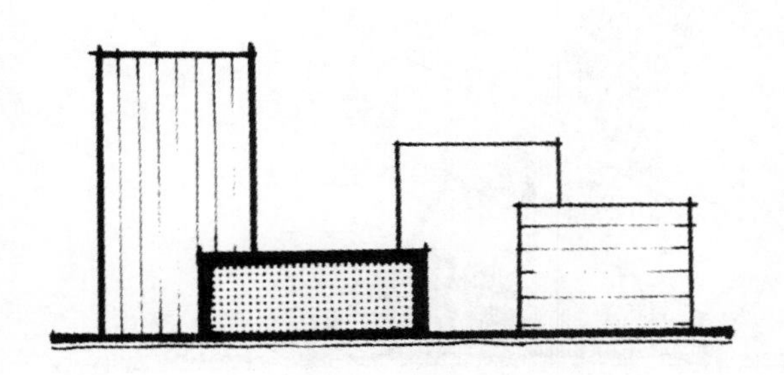

不希望主体高建筑安置在布局的一边

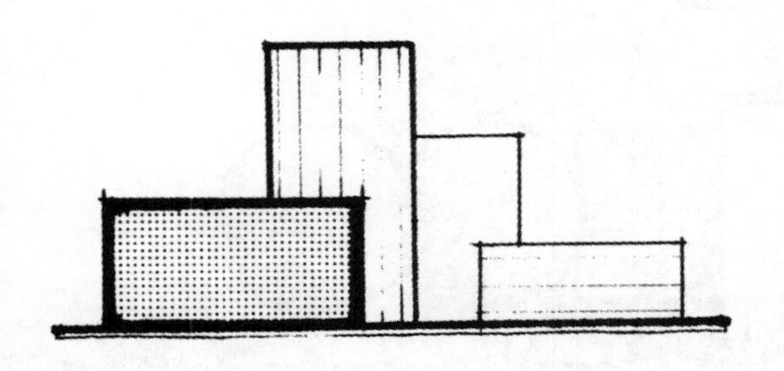

希望主体高建筑在布局的中部

图 3-41

的建筑一般被置于布局的边缘，而较高的建筑物则被置于布局里面。这种方法能造成从低建筑物向高建筑物的缓慢过渡，并且能将中心点更多地置于布局内部。这样这一中心点也能受到周围建筑物恰当的烘托。如果最高的建筑物太靠近建筑群体的外部，这样由于视觉重心偏向一边，整个设计方案就会失去平衡。

## 单体建筑物的定位

在集中讨论复合建筑分布设计的同时，风景园林设计师还必须随时研究，在建筑工地上作为孤立建筑因素的特殊建筑物的定位。在安置孤立特殊建筑物的过程中，一般采用两种基本的富有哲理性的方法：① 将该单体建筑当作受其周围环境衬托的、纯净的雕塑品来对待；② 将该单体建筑物当作与其周围环境和谐地融为一体的因素来对待。按照第一种原理，就应将单体建筑物设计成一个具有魅力的形象，与平凡的地面相对比之下，显然是夺目的视线焦点（图3-42），这样使人和建筑主宰这个空间。为了能暗中烘托建筑物，而不与其抗衡或争夺，整个建筑环境的发展在此情况中，应处于朴素自然中。在开阔地中安排的建筑物，和在丛林环境中耸立的白色立面住宅，便是这一设计方式的体现。为能使得设计方案取得成功，在同一块工地上就不应再修建其他构筑物或引人注目的建筑物，这样单体建筑物的重要性才能得以充分体现。

第二种布置特定建筑物的方法，便是将建筑物置于整个建筑群的相应范围之内，因为这样能突出建筑物与其所在场景的联系。（图3-43）。这一方法基于这样一个理论，即单体建筑物必须是建筑工地的一个主体部分，而二者又为一个统一整体。在这一场景中，人以及他们的活动都应被看作是自然界的一部分。此外，还应力图消除建筑物与其环境的明显区别。建筑物与四周景物拥有相同的特色与材料，以利于二者融为一体。人

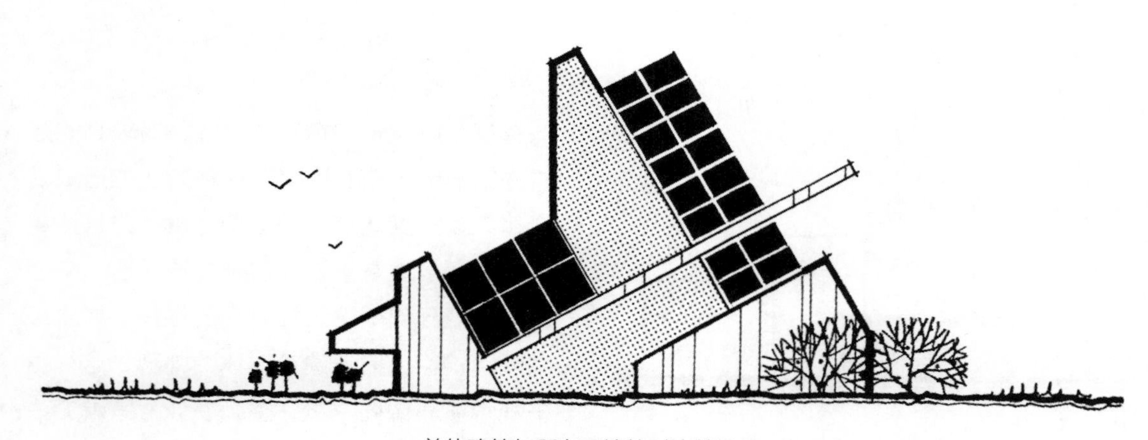

单体建筑与所在环境的对比效果

图 3-42

单体建筑与所在环境融为一体

图 3-43

与其活动均为自然的一部分。利用这第二种设计方案所建造的建筑场景，有宾夕法尼亚的贝尔河的叠水和亚利桑那靠近斯科特戴尔的托利辛，这两处均由弗兰克·劳埃德赖特所设计，最后应该予以说明的是，上述两种方案并不存在高低、优劣之分，具体使用何种方案应根据详细的设计工程之内容和目的而定。

## 建筑物与环境的关系

在将建筑物，无论是个体还是群体，从观赏角度和功能角度上与其周围环境连接起来，而获得一个总体上紧密相接的设计效果上，存在着一系列的观点和准则。如同其他设计原则一样，每一次工程施工之前，必须对这些观点和准则进行重新评估，并只能将其运用在合适的工程之中。

**地形** 在将建筑物与其环境相结合时，通常应考虑地形因素。在本书第一章已对地形进行了讨论。我们知道，地形会影响建筑物和环境之间的观赏和功能关系以及排水。一般说来，将建筑物修建在一个相对平坦的地基上，比将其修建在倾斜或不规则地形上更容易、更经济。在平坦地形上，建筑物造价和延长建筑物效用所需资金都少于在坡地上的建筑物修造。而且如前所述，在一个相对较平坦的地形上，建筑物布局具有更大可塑性。不过，这种在平坦地形上修建建筑物的费用及其优点，应与长时期毁坏有价值的农田所带来的损失相权衡，这些农田在开发利用之前也处在相对平坦的地形上。

在平坦地形上，建筑物可通过向外向扩展而与其场所结合在一起（图3-44）。这些

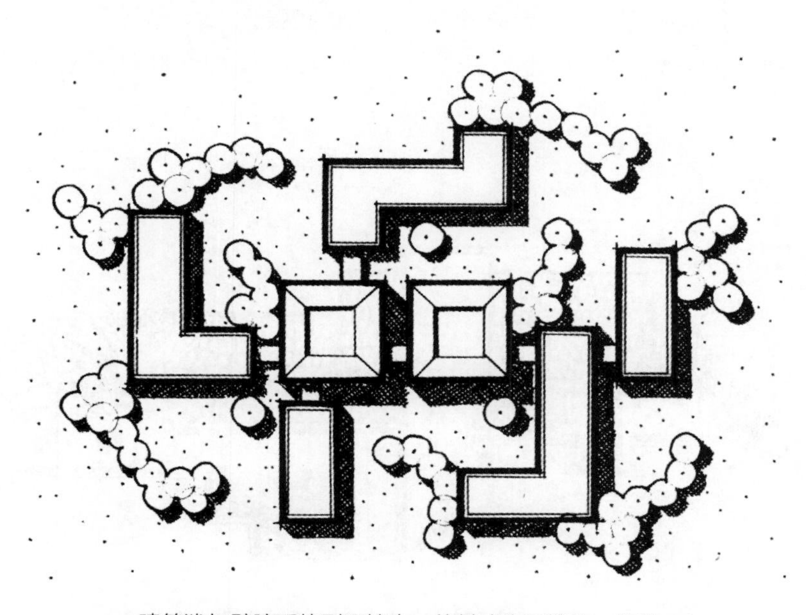

建筑犹如臂膀延伸到环境中，使其成为环境的一部分

图 3-44

外延的建筑如同坚强有力的手臂，紧紧地攥住并环绕其场所的各部分。相对平坦的地形便于挖掘和堆积，使建筑物与其相邻环境的结合成为可能（图3-45）。无论空间还是坚实土地，都能起到完善建筑结构的作用，以及将精心选取的建筑物形状安置在场地之中。

随着地面的逐渐升高，建筑物的安排和稳定便更加困难，造价也更加昂贵，并且建筑物给人以不稳定感觉。建筑物与倾斜地形相结合的正确方式，全在于斜坡的倾斜度，以及设计的目的。图3-46展示了三种在较平缓斜坡上营造建筑物的普通方式。最常用的一种方式，是将地面构筑成梯田状，以使其形如一块平地。具体实施则是将营造建筑物的高坡部分挖掉，然后将其填入低坡部分，以构成建筑物的平整地基。当坡度增大时，就应在高坡和低坡处筑起挡土墙，以减少用来建立平整地基的土方挖填量。大体而言，挡土墙有助于降低基地的起伏性。台阶地形是第二种建造建筑物于斜坡上的方式。这种方式允许建筑被置于台阶式斜坡之中，并使建筑物本身具有一定的倾斜度变化。由于使用了这种方式，建筑结构的某些部分，实际上已具有挡土墙的功能了。以一排相互联接的市政厅建筑为例，台阶可以在建筑群中各个部分出现。与筑造梯田状方式相比较，使建筑物与斜坡呈台阶状的方式能最大限度地减少挖土和填土。而且台阶方式在表现斜坡的方向方面，使得建筑物看上去成为斜坡的自然组成部分方面，可算是最成功的方式。

在较陡的斜坡上（10%～15%），台阶方式还可进一步加以发展，以便在高坡与矮坡之间出现一个完整的楼层高差，如图3-47（上图）所示，高坡面此时所具有的高于地面的楼层，比建筑于低坡中的建筑物少一层。常见的坡面建筑便是这种一层面对高坡，而两层面对低坡的房屋。在这种结构中，一个人能从容地出入于位于低坡上的建筑物底层。

最后一种在陡坡上建造建筑物的方式

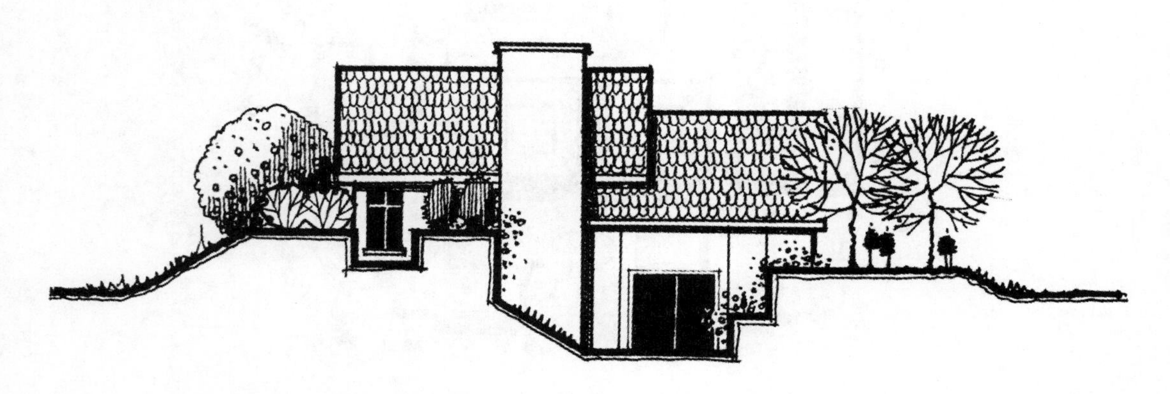

通过填土或挖方使建筑有机地与地形结合成为环境的一部分

图3-45

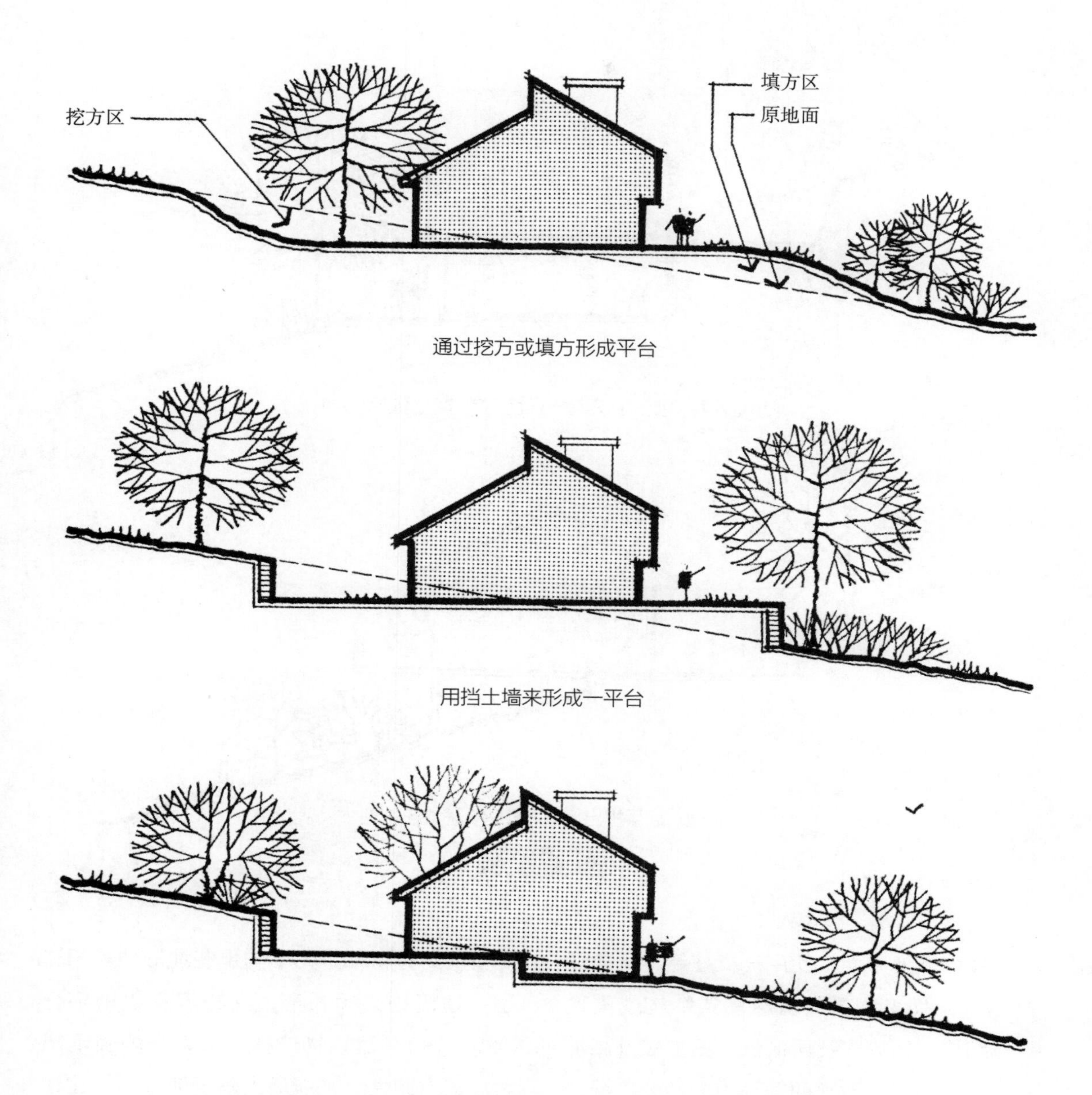


通过用建筑底层的不同高程来适应地形的变化

三种不同方法使建筑适宜安置在缓坡上

图 3-46

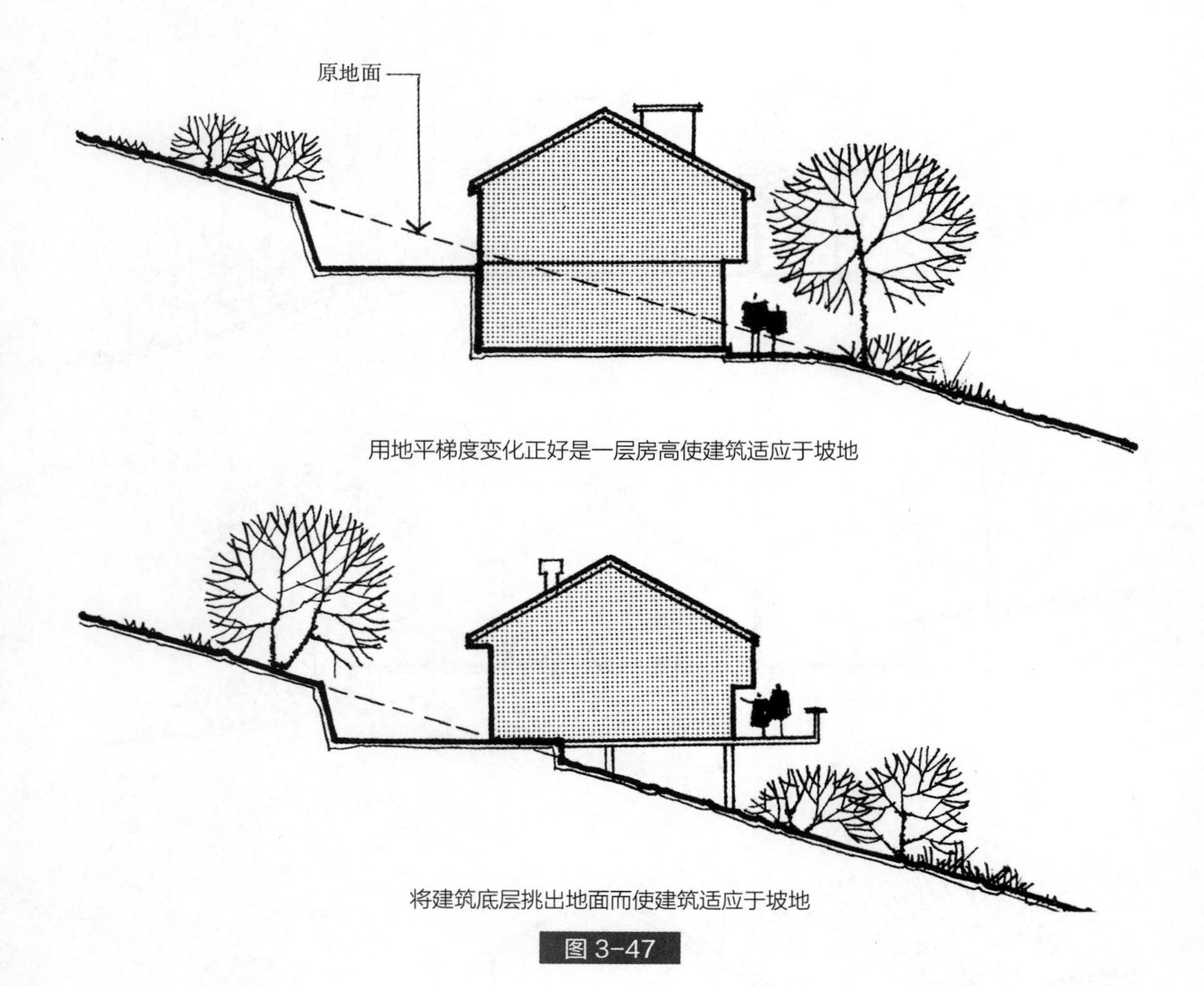


用地平梯度变化正好是一层房高使建筑适应于坡地

将建筑底层挑出地面而使建筑适应于坡地

图 3-47

是，在极低地平面上使用一支柱结构，如图3-47（下图）所示。借用柱式结构或其他支撑结构，建筑物就可最低限度地被升高地面，并且与原有地平面等高线无什么差异。这种方法虽然成本较高，但非常适合于那些要么太陡、要么太难平整（如一片林地）的建筑工地。此外，由于使用这种方法能形成部分建筑物的悬空状，因而极有助于使建筑物产生引人注目的奇观。

建造于斜坡上的建筑物布局或定点，还需兼顾复杂的地形条件。根据前面对凹谷和山脊的讨论得知，为了与那些地形地貌相交融，建筑物必须长窄，并与等高线相平行（图3-48）。建筑物这样布局，既能表示出斜坡的方向性，又能最大限度地减小修建建筑物所需的土地平整量。相反，当建筑物的布置长度不够，或垂直于斜坡等高线时，该建筑物将在极大程度上与斜坡不相吻合。为了能使建筑物既坚固又符合斜坡地形，其中一个可选择的建筑地点，就是脊地的顶端或地形的突出点。在这些部位，建筑物可布置成较圆滑的形状或呈“U”形，以便与等高

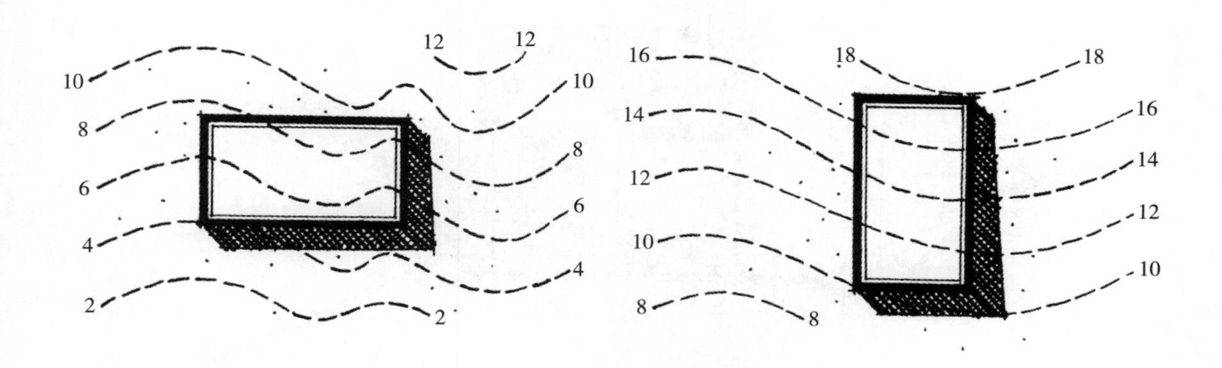


建筑平面平行于等高线，使挖填土方量为最少

建筑平面垂直于等高线，其挖填土方量为最大

图 3-48

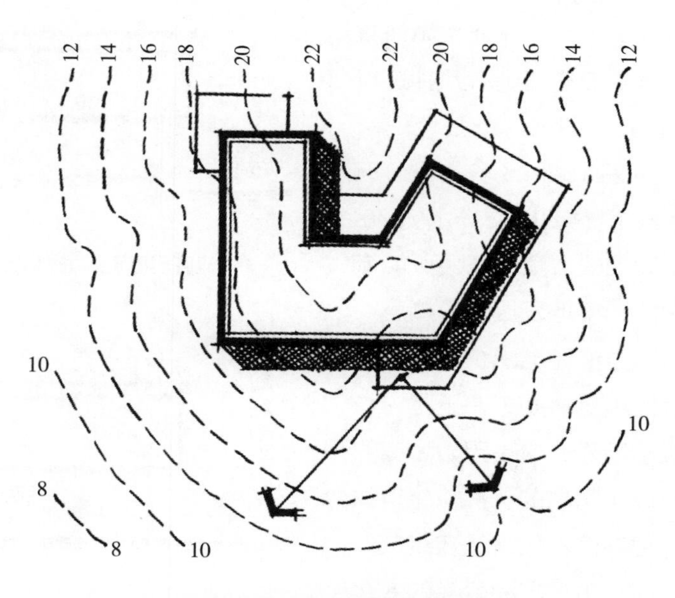


U字形建筑平面适合于布置在山脊的末端

图 3-49

线的弯曲部相吻合（图3-49）。

在将建筑物建造在上述任何坡度的地形上后，设计师应格外注意邻近地基的地面。在任何情况中，环绕地基的地面，在一定的距离处应有一定的倾斜度，这样方能使地面的流水远离于建筑物，从而保持建筑围墙和地面的干燥。在具有坡度的建筑工地上（图3-50），必须在高坡与建筑物之间开凿一洼地或地沟，以便截住从斜坡上流下来的水，并使其围绕建筑改道流走。

在建筑靠高地一边应做排水沟和低洼地排水，或环建筑四周做排水沟

图 3-50

在平整的建筑工地上，设计师在如何将建筑物底层地基与地平面连接上有几种选择（图3-51）。一种普通的方式，就是使建筑物底层高出外部地平面15cm或多一点（但仍要使外部地面有一倾斜度以便排水），这种方法完全能使主要的楼层免受任何可能流入楼房的水的危害。如果地下层也属楼房一部分的话，使用这一方法还能减少所需的挖土量，该方法唯一的不足之处，在于室内与室外之间的差异过于明显，这是因为坡度的变化使两者之间形成了隔离的状况。建筑物内部地平线与外部地平面不仅未能连接成一个不间断的平面，而且由于这种阶梯的变化使其产生了一个交错层。由此，第二种将建筑底层与外部地平面连接成统一体的办法，就是将二者放在同一地平线上，从而使它们具有相同的流动感，以及能加强内部与外部的连接性。该方法的一个可取之处，便是有利于轮椅或行动不便的人出入于楼房。在进行该种布置时，仍应注意要使环绕建筑物的地面在一定距离上有所倾斜，以便能使地面排水畅通无阻。该方式的不足之处，便在于房内容易受到暴风雨的侵蚀，或当排水较慢时，室内容易进水。

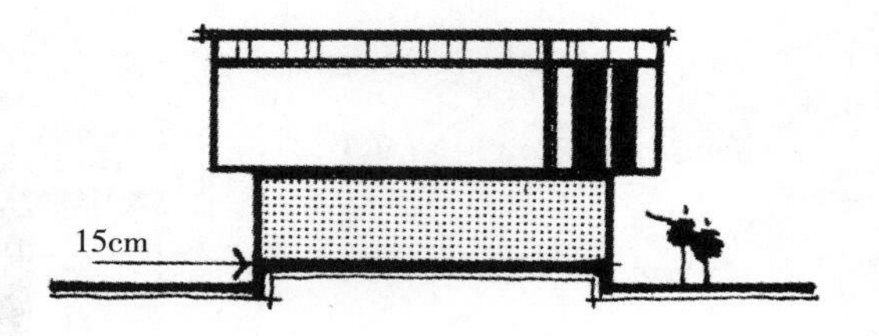


建筑底层高于周围地平面，室内室外分明

建筑底层与地平在同一高程，室内室外形成一体

图 3-51

**植物材料**　在建筑物与周围环境的结合

方面，所需要涉及的另一个因素是植物。而在建筑物与植物的相互配合方面，又存在着两种情形：① 一幢建筑物或一组建筑物与环境中原有植物相结合；② 利用种植植物而使建筑物与环境协调。在第一种情况中，在温带地区可能存在的植被条件，为树林和开阔地。

在最小程度地破坏生态环境的前提下，将建筑物修建在树林或森林中，存在着许多可供选择的方案。要知道，多树林区域，都是一些具有许多设计制约因素的生态系统。这些区域只有极少的可供营造建筑物的地面（不考虑砍伐树木），这些生态系统难以容忍地表的拥挤或地面高度的重大变化。此外，这些区域在夏季都偏向于隐秘阴暗，因此，在多树木区域内设计营造建筑物时，必须考虑上述设计的制约条件（图3-52、图3-53）。被营造于多树木区域内的建筑物，必须在设计上做到增高立面而紧缩平面，以免占据过多的地面。所占地面越少，那么被伐树木也就越少。为保证有足够的居住面积，建筑物需按多层分布方式而设计成直立状。一幢匀称的高大建筑物，不仅占地较少，而且还能与树木的高度交相辉映。除了其结构紧凑外，建筑物的设计布局还应具有灵活性和机动性，以便与某些特殊树木的种植点相对应。在大多数情况下，按照标准的或预先规划的设计方案，在树木的砍伐量

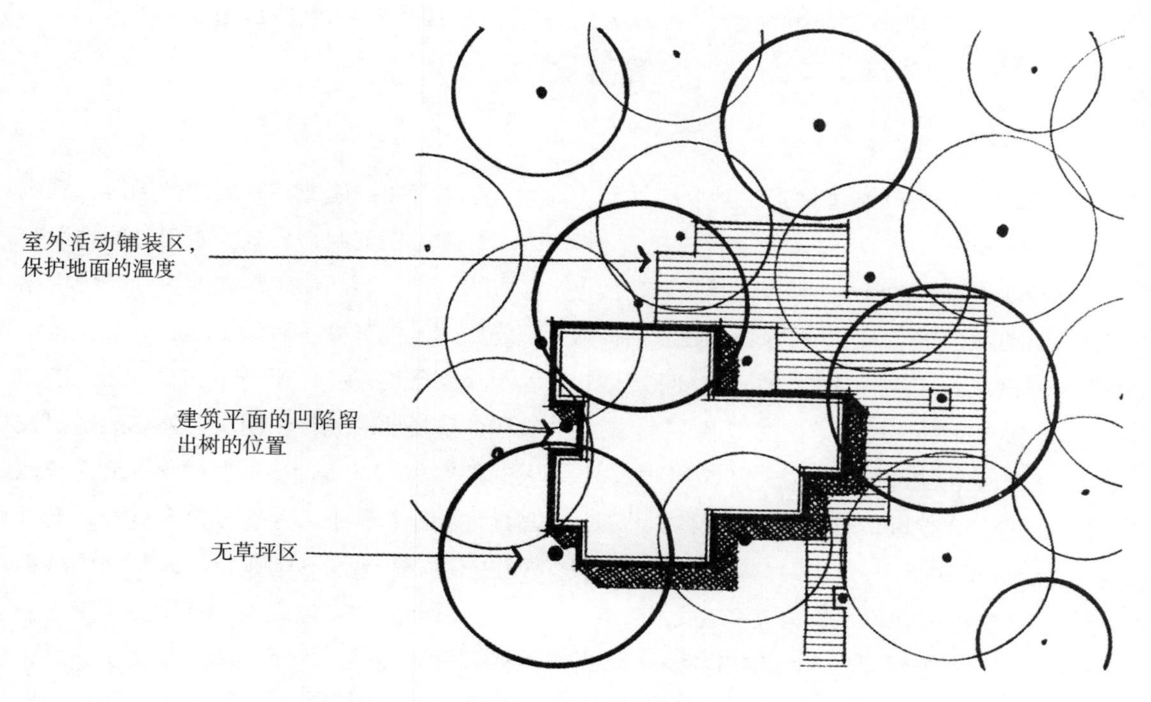


在树林中的建筑平面图

图 3-52

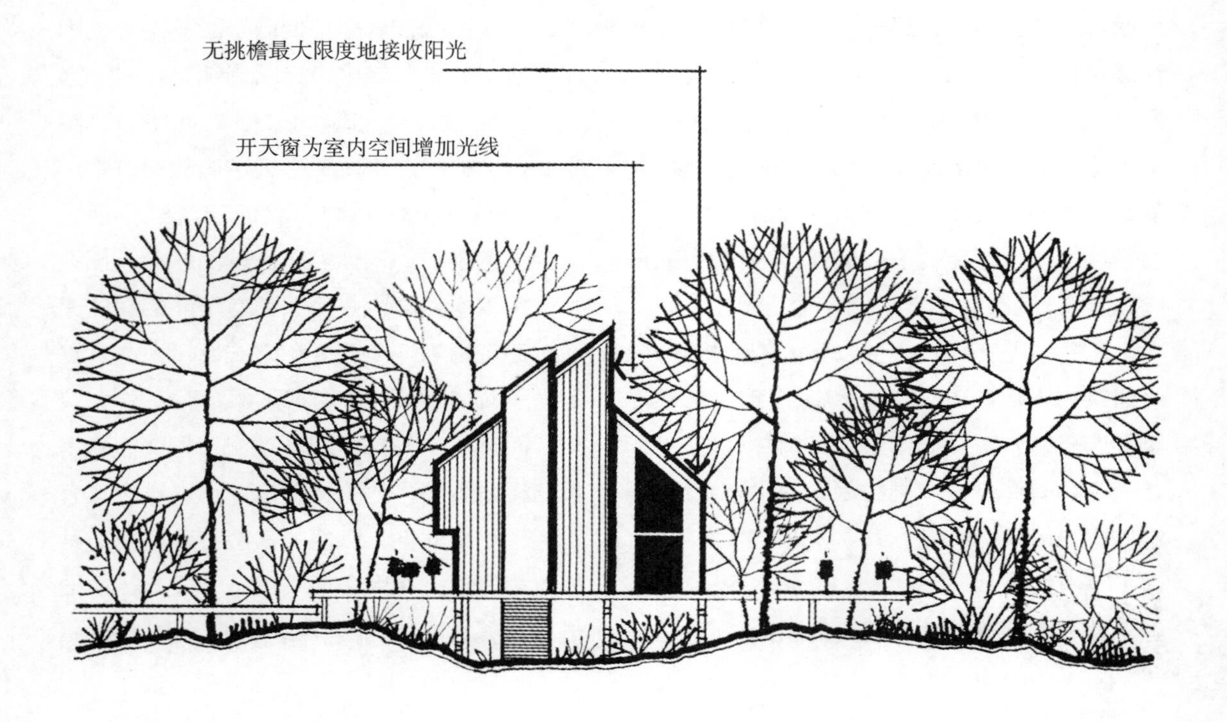


立面图，在树林中的建筑，其基础尽量少动土，造型高而窄，占地面积尽量少

图 3-53

上，比那种专门为在某工地上的某个树木而制定的方案要多。

另外，在多树木条件中营造的建筑物，其底层应比地平面略高一些，如那些用柱式结构而建造的房屋。这种构造方式便于最大限度地减少建筑房屋时所需的土方挖掘和平整量。对于那些柱式结构的建筑物来说，只有个别立柱支撑点需要加以挖掘。而建筑物附近其他地面则可受到合理保护。与此相似，与建筑物相配套的过道或户外活动区域，也应修建成木质平台，并同样高于地平面。这种结构也能减少土方挖掘，减少地表的障碍，以便使地面流水穿过平台下面的地面排走。

当建筑物被建造在开阔地面上时，则应考虑其与环境的组合方式。由于开阔地没有树木的制约，因而在建筑物的设计布局中尽可能做到灵活多变（假设土壤、坡度、排水等因素也允许的话）。修建在开阔地段上的建筑物，只要地形允许，便可在外观上显出较大的扩展性和低矮性。一般说来，就开阔地与林地相比较，前者更容易产生变化，而且较少出现混乱现象。但是由于开阔地中缺少树木，从而产生了建筑物在夏季受到阳光暴晒的问题。因此，为了使建筑物免于暴晒，必须栽植遮荫树以及在建筑物顶部修建大型屋顶。图3-54便是上述设计原则的示意图。

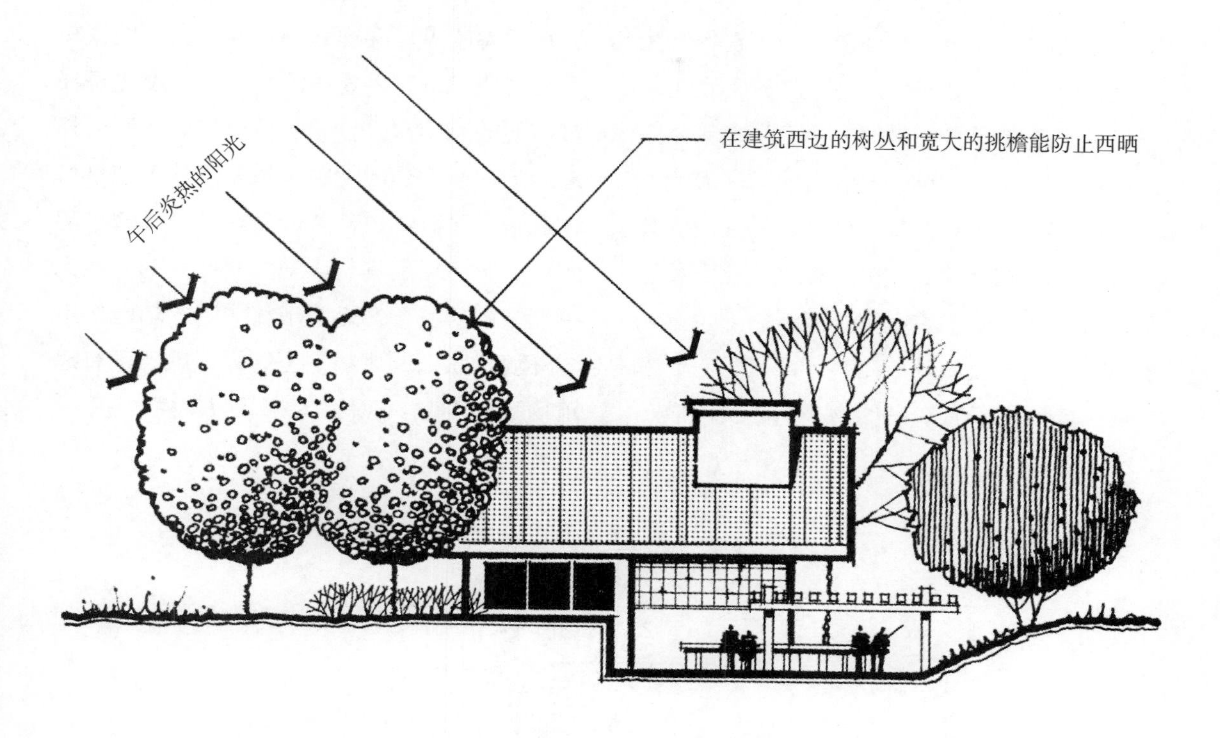


立面：在开阔地上的建筑，造型低扁，在无限制的情况下能改变地平面的高差

图 3-54

如何选取和种植植物素材，特别是在开阔地条件中，也是影响建筑物与周围环境相互统一的因素。在本书第二章中我们曾提到，植物素材可被用来完善建筑物的结构，图2-68也告诉我们，植被能完善建筑物的轮廓、形状及空间，而将建筑物与周围环境统一起来。我们还记得，建筑物的屋顶轮廓或围墙体量，均可因大量植物素材重现这些轮廓线和建筑物本身的体量而扩展到邻近的环境中。此外，一个室内空间的顶部也能通过使用同等高的树冠而延伸到室外环境中，从而使各室内空间也似乎真的成为一个综合、统一设计的一部分。

**建筑物的设计** 建筑物本身的设计和布局同样能影响其与环境的统一。此间需加以重视的因素包括室内与室外的功能关系，建筑物与环境之间的空间渗透，以及窗户的使用等等。而所有这些影响建筑物与环境之关系的因素中，功能构造毫无疑问是较关键的因素之一。在设计中必须做到，建筑物某一特定区域内的内部作用应与其在环境中的外部功能相一致。

室内与室外之间理想的功能关系，可用家庭住宅来加以论述。例如，一套标准的家庭住宅可分为两个主要部分：生活区域和工作或贮存区域。厨房、地下室以及车库属于工作或贮存区域，而其余的则可看作是生活区。生活区又可细分为公共部分和私用部分，饭厅及客厅属公共部分，而卧室和浴室则是私用部分。为使房屋恰当地与环境相连接，室外部分需紧挨着与其共存的室内部分（图3-55），换言之，室外贮藏地、花园和工作区域应与车库和厨房相连接；室外生活和娱乐场所应合理地分布在客厅或起居室。室外娱乐场所由于有众多的嘈杂声，决不应布置在卧室附近。同样，如果要到工作地或车库而必须穿越室外娱乐场所的话，那也是极其不便的。简言之，一所单一家庭住所内外之间的这些理想的功能关系，不外乎就是各种逻辑布局。不过，各位又有多少次曾了解到，一所房屋因其与环境之间低劣的功能关系而未能尽其用？运用于将住宅的功能作用与环境相联系的想法，也同样适用于所有建筑物及其环境，而不管其形状或规模如何。

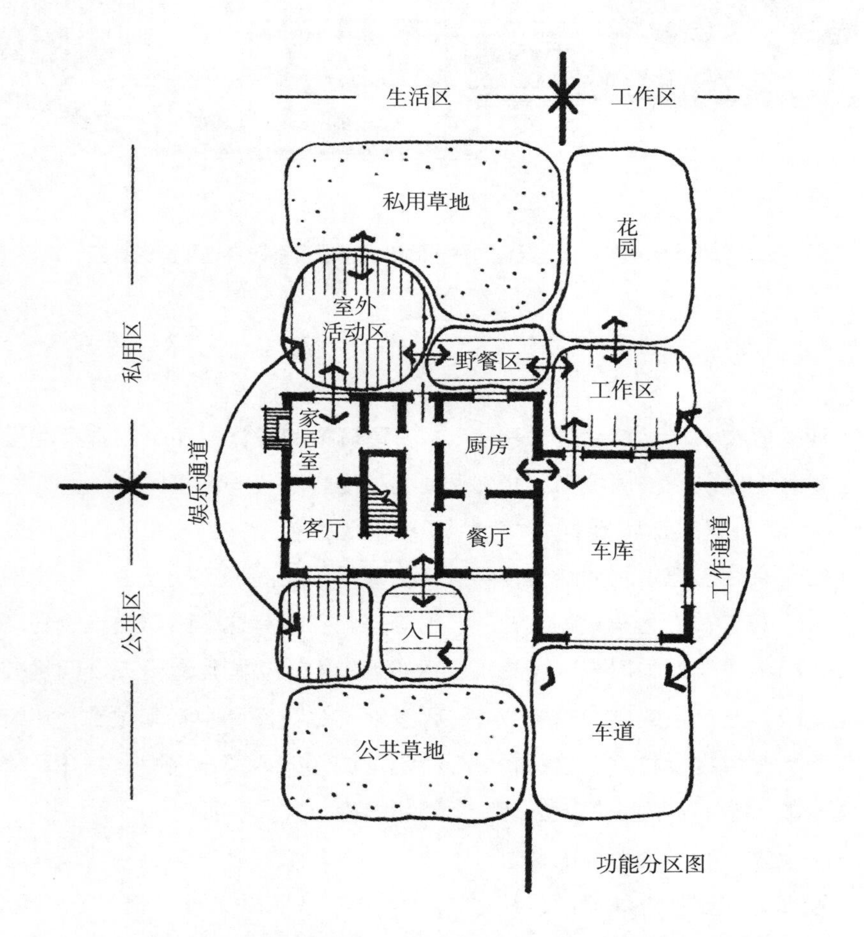


室内和室外空间有着相互间的功能关系，因此建筑与环境应相互适应

图 3-55

另一个影响建筑与环境之关系的结构因素是空间。一幢简单、扁平盒状的建筑物，与一幢允许外部空间渗透到建筑体的建筑物相比较，前者与其环境具有较弱的空间关系。在扁平设计的建筑物中，室外与室内空间隔离既彻底又明确，在这两种空间之间不存在任何连锁关系。这样的建筑物与其说它与环境相互联系和成为环境的一部分，不如说它仅是一个伫立在环境中的目标。但是，若将建筑物的某些部分设计成里外交错形状，那么室内和室外空间便会出现相互渗透的现象，建筑体与其相邻的外部空间也就会变成像曲尺形转折或七巧板之类的形状。图3-56、图3-57是这一手法的图示。随着室内和室外空间的相互连接，建筑物与环境之间的分界线逐渐开始消失。此时，建筑物与环境便成为一个完全统一的总体环境，而不再是两个并排的分隔实体。

另一个能增强建筑物内外部连续性的构造方法，便是最大限度地增加窗户面积，其结果能使室内与室外之间产生极强的视觉连接。窗户的作用仅是作为物理屏障，而不是视觉或心理屏障。对于一个站立或坐在建筑内的人来说，窗户可使室外空间和各种成分从视觉上变成室内的一部分（图3-58）。由菲力普·约翰逊设计建造在康涅狄格州新坎南的著名玻璃房屋，便展示了玻璃作为窗户的基本用途。该房屋的整个立面全部是由玻璃组成，此时，环境成分如树木便名副其实地成为房屋的空间边缘。

**过渡空间** 一种连接建筑物与其环境的方式，就是在建筑物入口处设置一过渡空间。这与室内同室外空间的连接有其相似之处。过渡空间能减小室内与室外之间的突变，使出入于建筑物的行人感到其间有一个平缓的变化。如果让行人在两个不同的背景中移动仓促是很不理想的，这是因为这样会在两者之间产生自然的和心理上的间隔。反

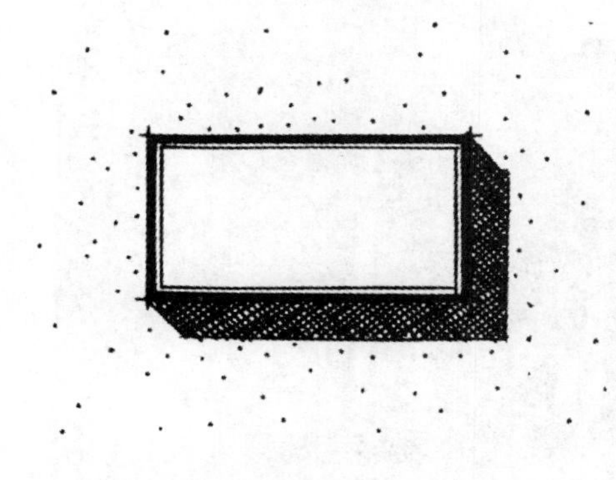

简单的建筑平面与环境关系较差，与环境无空间分割

简单的建筑体与环境无空间分割

图3-56

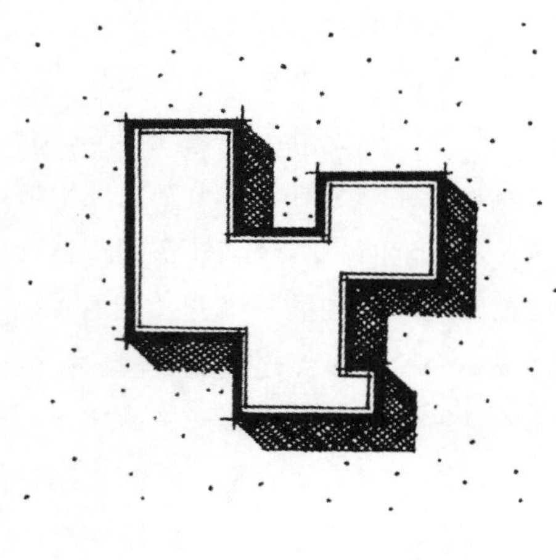

将建筑平面设计成交错形，建筑与环境之间存在着空间分割

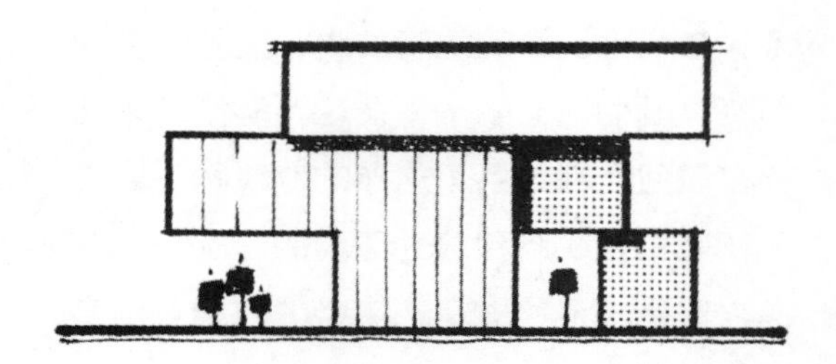

复杂的建筑体有强烈的空间分割感

图 3-57

图 3-58

之，可行的方式则是建立一个既非室内也非室外的空间，从而使这两者之间变化平缓。除此之外，过渡空间必须有形地将建筑物出入口，与其区域或具有其他功能的环境设施，如人行道分隔开来。如果让建筑物的门直接向人行道敞开是很不合适的，甚至是危险的，因为还会引起交通的拥挤，以及出现行人随意出入于门户的可能性（图3-59）。

过渡空间可以通过植物、围墙、土丘以及独特的铺装形式，而部分地勾划出建筑物外的区域的方式来构成（图3-60）。另一种建造过渡空间的办法，则是延长建筑物的上层楼板，使之覆盖住底层入口处。这种空间虽从实质上来说是处于外部，但它仍能免受气候的影响，并能在建筑体和外部空间之间建立起内在的联系。这一情形我们在前面已有所探讨。

构成过渡空间的关键因素乃是阶梯的布置。如前所述，当建筑物内部地层与其紧贴的外部地面处于同一水平面时，内部与外部空间的连续感最强。因此，如果要使一系列台阶适应坡度变化的需要，就应将其设置在与建筑物有一定距离的外部，或一定距离的内部（图3-61）。台阶切忌设置在建筑物门口，因为这样会消除内外的统一，况且对开关门户来说也是极不合适的。对于一个人来说，当他开门的同时而迈下台阶是极不安全的。

**围墙** 无论是挡土墙还是独立的围墙，都能从视觉上和功能上用来连接建筑物与其环境。在这方面具有特效的，便是那些能从建筑物伸向其环境的围墙。可延伸的建

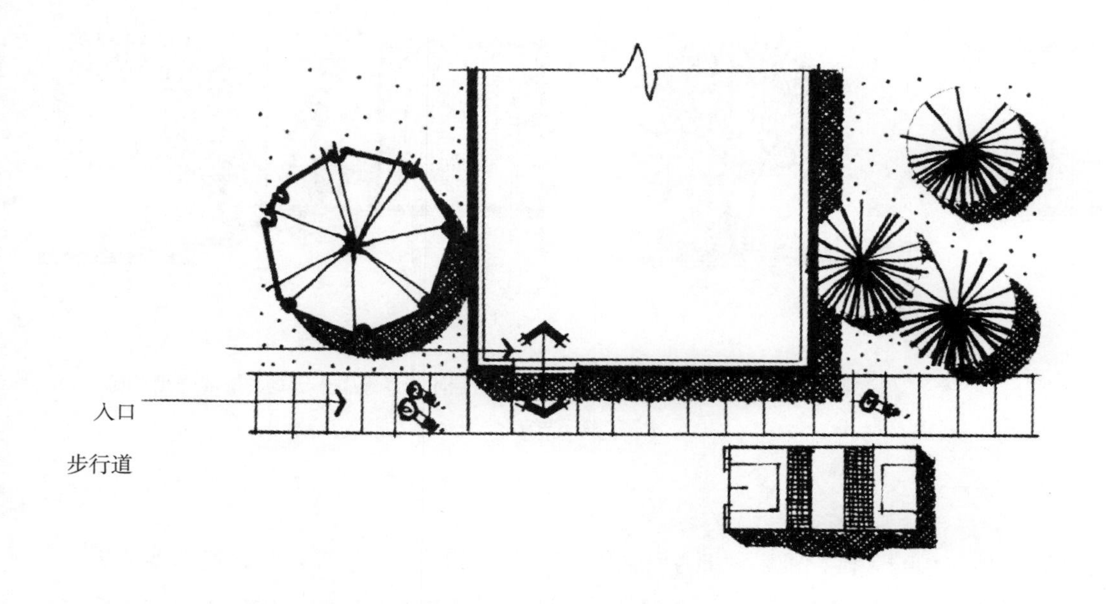


建筑入口处无过渡空间

图 3-59

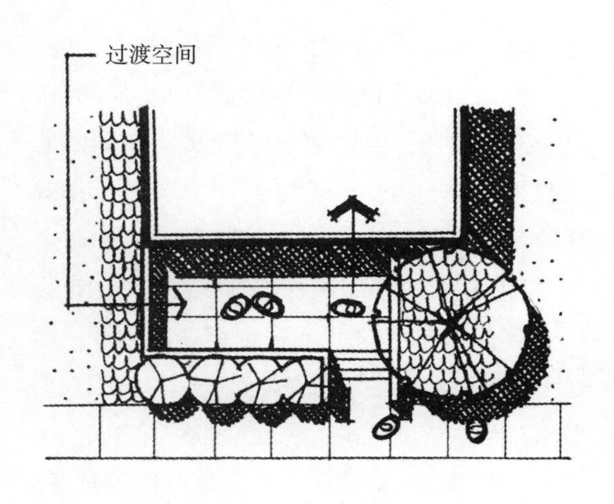


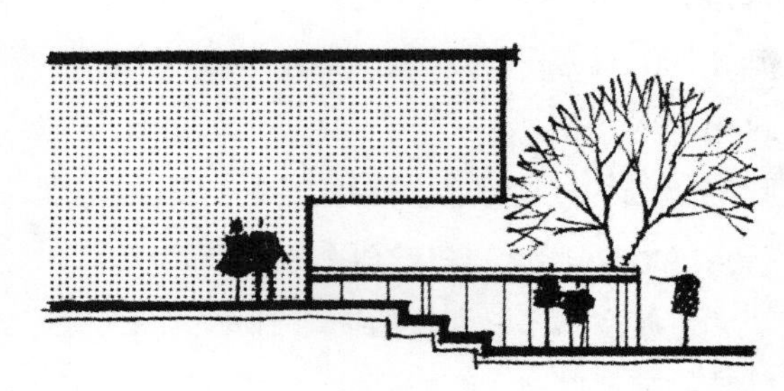

过渡空间由墙、栅栏和植物围合成

过渡空间由建筑挑檐和延伸墙构成

图 3-60

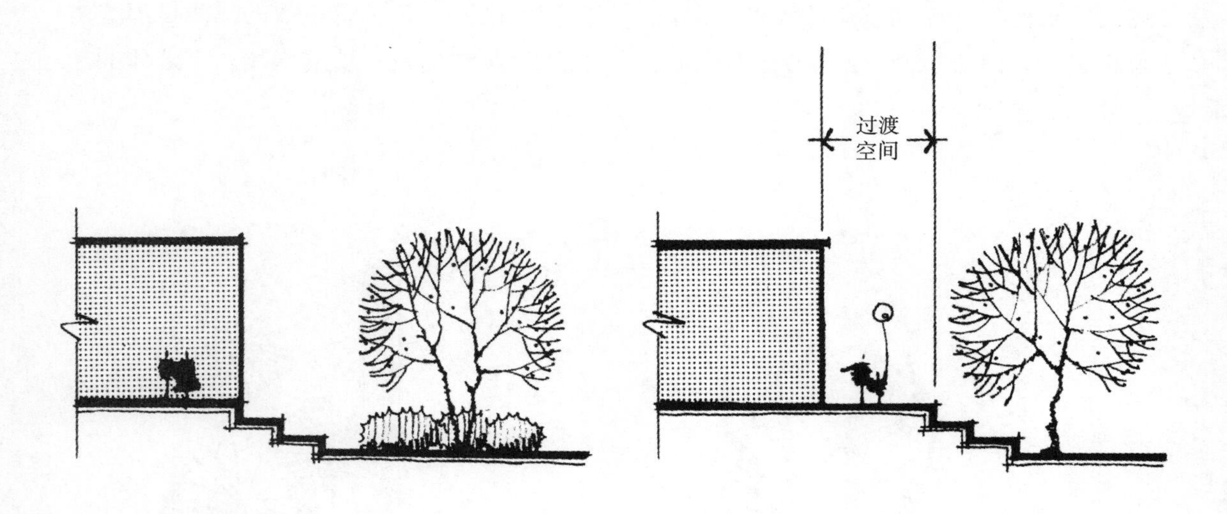


台阶太紧靠建筑体

台阶离建筑有一定距离形成过渡空间

图 3-61

筑物围墙如同长长的手臂，紧紧地抓住周围环境。在建筑物的布局一节中，我们曾对此作过叙述。这种方式还能消除建筑物末端与环境始端之间的截然分界，能使二者“融汇在一起”。挡土墙或独立式围墙的另一作用，便是在整个环境中重现建筑物立面材料（图3-62），这一作用可以建立起一种视觉“联想”，并从视觉上将建筑物与其环境中的

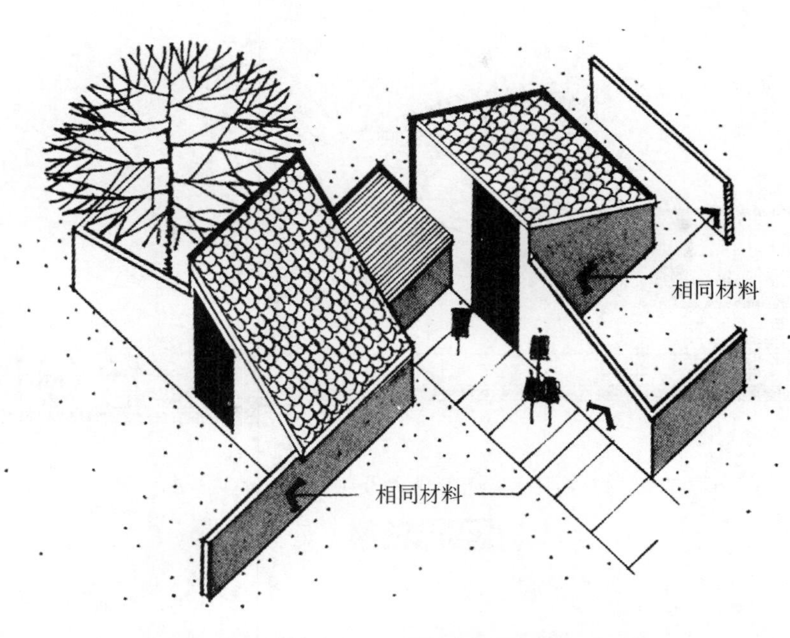


墙体延伸到环境中和材料的重复使用强调了与环境的统一

图 3-62

其他围墙连接起来。

**铺地材料** 铺地材料是另一种设计要素，它可被用来统一建筑物与其周围环境。下一章将更集中讨论铺地材料的使用问题。但此处要说明的是，靠近建筑物的铺地，其线条轮廓和形状应与建筑物本身所固有的轮廓和形状有直接的联系。铺装的形式可以设计成与建筑物的角落、门窗边缘以及窗户竖框相互联系，以便增强建筑物与铺地之间的视觉联系（图4-19）。作为形成统一体的方法来说，铺装材料还可制成与建筑物立面相同的材料。在这方面，砖、石头以及水泥都是有用的材料，它们常用在建筑物围墙和邻近铺装地面上。另一个类似的方法，就是在建筑物内地面上和建筑物外部的铺装面上使用同种材料。这种方法在这样一种情形中特别奏效，即当同种材料以等同的水平线延伸至建筑物外部，而在建筑物内外部之间仅有玻璃窗或门框作为二者的分界线时。图3-63表明这些方式的某些运用。

## 小结

作为景观中两个主要因素之一的建筑物及其相关的地面，在户外环境的组合与特征方面是至关重要的。建筑群体可以构成从小型庭院到较壮观的城市广场等不同的户外空间。主要由建筑物所构成的户外空间，其确

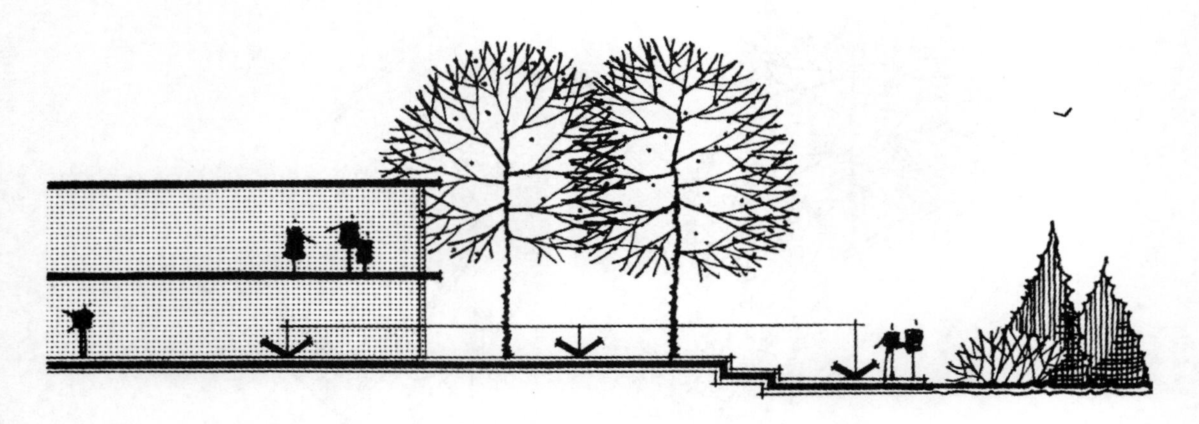

相同的铺地材料用在室内和室外空间中起到统一室内外的作用

图 3-63

切的特征除取决于建筑物的大小和尺度外，还取决于其平面布局。在限制户外空间的构架工程中，应力求做到利用恰当的地形处理、同一材料的反复使用、建筑物的平面布局，以及建筑物入口的过渡空间等方法，从视觉上和功能上将建筑物与其周围环境协调地连接在一起。

# 4

# 铺装

**铺装材料的功能作用和构图作用**

提供高频率的使用

导游作用

暗示游览的速度和节奏

提供休息的场所

表示地面的用途

对空间比例的影响

统一作用

背景作用

构成空间个性

创造视觉趣味

**地面铺装的设计原则**

**基本的铺装材料**

松软的铺装材料

块料铺装材料

黏性铺装材料

**小结**

大多数室外空间，无论规模大小、规则或自然、城市或乡村，其总体结构都是由地形、植物以及建筑所构成。对于这一点，前几部分均已做过论述。这些主要设计要素以单体和群体的形式构成，通过对地面、垂直面以及顶平面的影响而构成众多的室外空间。在这些空间的构成中，铺地材料在地面上的使用和组织，使在完善和限制空间的感受上，以及在满足其他所需的实用和美学功能方面，无疑也是一重要因素。

地面覆盖材料有水以及植被层如草坪、多年生地被植物，或低矮灌木。这些都是特性各异的设计要素，它们可以被统一使用在地面上，获得各种各样的设计效果。在所有这些铺地要素中，铺装材料是唯一“硬质”的结构要素。因此，本章将探讨在景观中铺装材料的构图和功能作用，以及各种功能与美学特征和实用功能相结合的铺装材料的形式。

所谓铺装材料，是指具有任何硬质的自然或人工的铺地材料。设计师们按照一定的形式将其铺于室外空间的地面上，一方面建成永久的地表，另一方面也满足设计的目的。主要的铺装材料包括：沙石、砖、瓷砖、条石、水泥、沥青，以及在某些场合中所使用的木材。

铺装材料具有许多有别于其他铺地材料的特点。首先，如上面所提到的，铺装材料是一种硬质的、无韧性的表层材料。因此，该材料相对来说较稳定，不易变化，而植物和水则极易随时间而发生变化。由于铺装材料具有较为永久性的特点，因而能构成不随时间变化的稳定的地面覆盖物。同时也能承受地面剧烈重力的磨压。铺装材料的这种耐久的使用可见于古老的军用大道上，这是由罗马人修建的从罗马到布林迪西的道路。这条大道始建于公元前312年，某些路段至今仍可看见和使用。铺装材料除具有持久性外，它还能在地面上形成各种造型和图案。而草坪和地被植物必须借其他材料的控制和人工修剪，才能达到类似的效果。

铺装材料的另一个特点是相对较昂贵，特别是与植物地被相比较就尤其显著。如在沙土上铺置砖石，其价格为5.44美元/sq.ft*（当然准确的价格还随地区而不同）。若在一个100sq.ft的路面铺设10cm厚的波特兰混凝土，其造价为2.81美元/sq.ft。而在一个沙面上按不规则的形状铺设6.5cm厚的细方石，其价格则为8.50美元/sq.ft。而另一方面，在美国北部地区，每铺设1sq.ft的草皮，其价格为0.21美元。在一个面积为1000sq.ft的地面上栽种草，其价格仅为0.04美元/sq.ft。

虽然在材料及铺设方面，铺装材料比植物铺地贵，但就长期而言，铺装材料却经久耐用。再者，铺装材料在养护管理方面比草坪地被便宜。虽不能说可以完全不加以维护管理，但铺装材料至少不需要修剪、浇水或施肥等方面的费用。从全国来看，美国人每年需在800万公顷的草坪上花费约120亿美元。

当然，尽管铺装材料在室外空间中具有广泛的用途，但并非说它完美无缺。首先，在阳光照射下，铺装材料就比有植被的地表

*1sq.ft（平方英尺）= 0.092903$m^2$（平方米）

所散发的热量大得多。在草地附近的铺装地面就比草地的温度高出3℃左右。一般说来，铺装材料表面所反射的热量比植被表面大得多，因而常常产生刺人眼目的灼热光线。一例证明，水泥路面反射55％的阳光辐射，而一般草坪仅有25％。

某些类型的铺装材料另一不足之处，是它们具有不透水性。由此，在其上产生的水流量常大于草坪、草地或树林。如果这种不透水铺装大量地用于城市地面，它会因其大量的水流汇集而引起水灾和下游的冲蚀。

最后一点，如果滥用或使用不正确，那么它们将使室外环境蒙上枯燥而缺乏生趣的色彩。许多城市地面至今仍深受其害。

## 铺装材料的功能作用和构图作用

与其他园林设计要素一样，铺装材料也具有许多实用功能和美学功能。有些功能是单独出现，而大多数的功能则同时出现。铺装材料的许多作用常可通过与其他设计要素配合使用，而很好地体现出来。

**提供高频率的使用** 也许铺装材料最明显的使用功能，便是具有适应长期受磨蚀的地方。保护地面不直接受到破坏。与草坪或地被相比较，铺装材料的地面具有能经受住长久而大量的践踏磨损，从而不会损伤土壤表层的特性。同样，铺装材料比其他铺地材料更能适应车辆的滚压。一个人如果步行，毫无疑问，他可以走在任何的路面上，但他若乘坐交通工具，则只能在具有铺装材料或更坚实的路面上行驶。此外，铺装材料能在一年四季中的任何气候条件下发挥作用。而作为草坪地被来说，它既不能承受强压力的作用，又不能在多雨的气候中使用，因在这样的气候中，它极易变成泥泞的沼泽地。在夏季，铺装材料还能阻止光秃土地的冲蚀和尘土。另外，铺装地面若设计合理，也能承受卡车的行驶。总之，如果铺装材料使用得当，它可以提供高频度的使用，而且不需太多的维修。

**导游作用** 铺装材料的第二个功能是提供方向性，当地面被铺成一条带状或某种线型时，它便能指明前进的方向。铺装材料能以几种方式发挥这一功能。第一，铺装材料可以通过引导视线和将行人或车辆吸引在其“轨道上”，来引导如何从一个目标移向另一目标。当一条带状铺面是以草坪或乡村的田野为背景时，可以指示人们在两点之间应该如何走，往哪边走。具体实例见乡村的道路，或通向建筑大门的步行道如图4-1，公园中的幽径，以及校园中引导人们穿行空旷空间的小道。所有这些形式均向行人示意应向何处行走。

不过，铺装材料这一导游作用，只有当其按照合理的运动路线被铺成带状时，才会发挥作用。而当路线过于曲折变化，并使人走“捷径”较容易时，其导向作用便难以发挥。在公园或校园中，解决这一问题的方式便是预先在规划图上标出“捷径线”（图4-2），随后铺设的道路应大体上反映出这些“捷径线”，以便能消除穿越草坪的可能性。如果在一个特殊的空间中存在着众多的“捷径线”（图4-3），那么，最好的办法是将铺装材料铺成一块较大的广场，一方面允许更大的自由穿行，另一方面提供了统一协调的

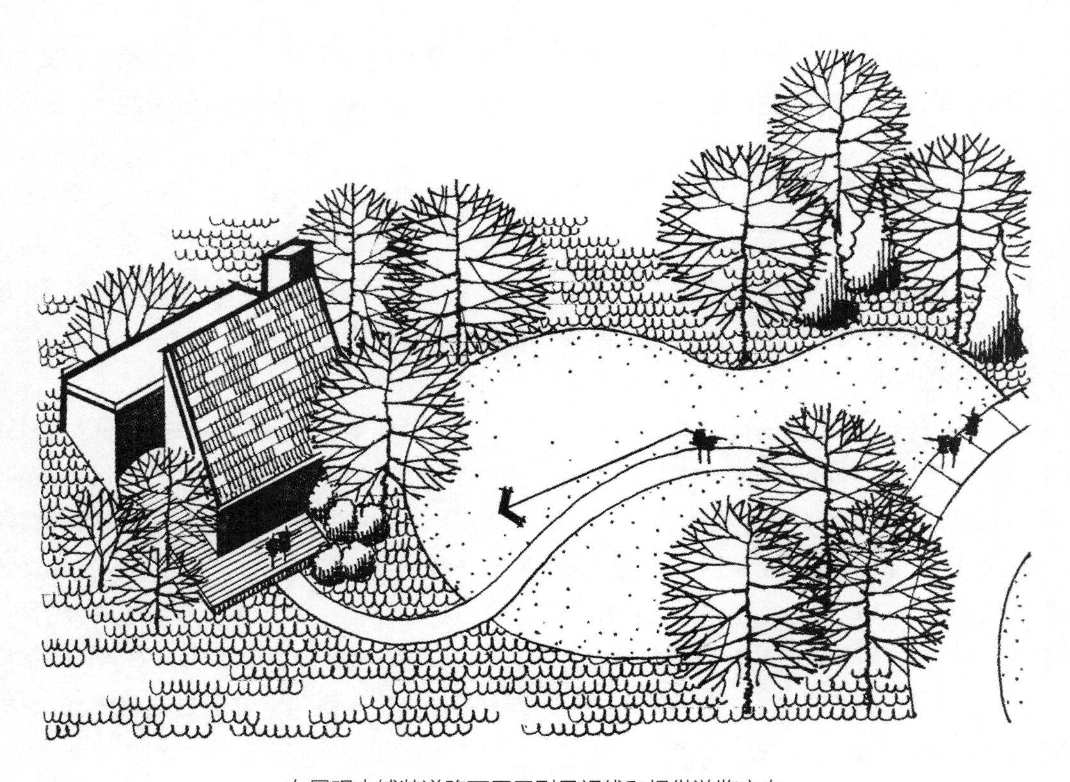

在景观中铺装道路可用于引导视线和提供游览方向

图 4-1

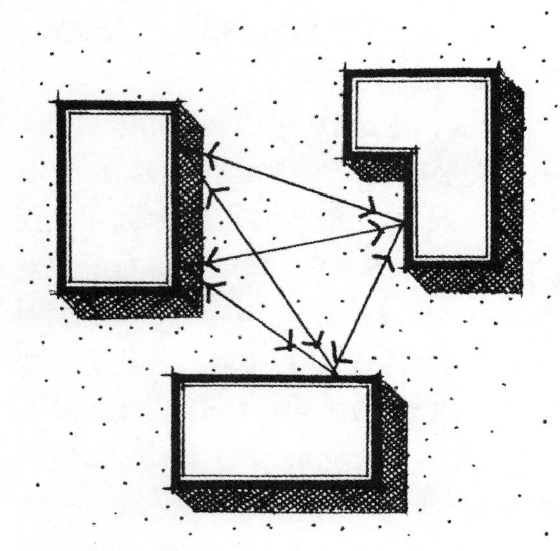

捷径线连接建筑的主要入口

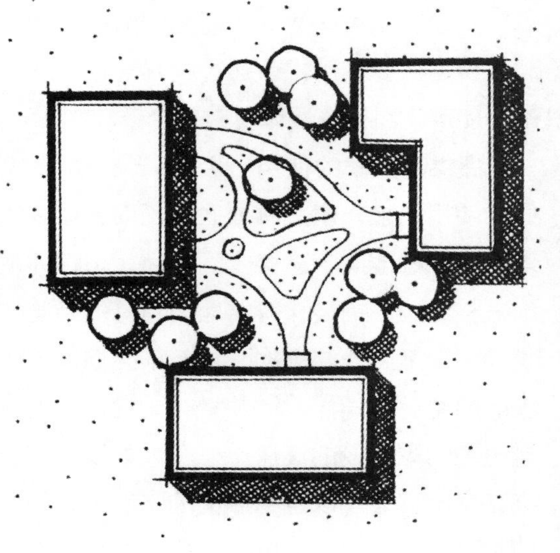

步道根据捷径线来铺设

图 4-2

城市空间有大量的捷径线在建筑之间

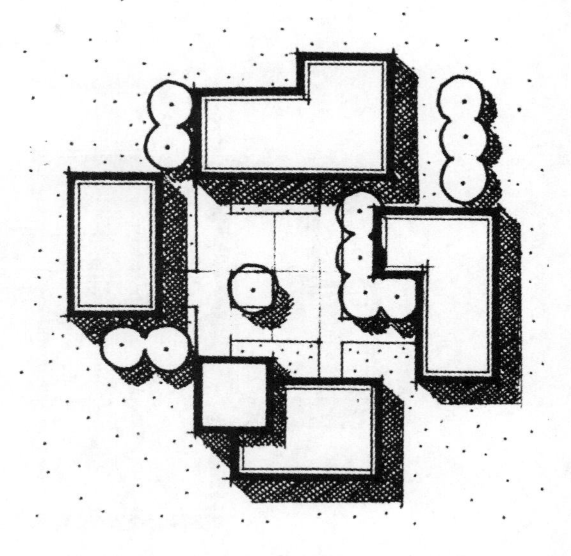

铺设广场能容纳大量的通路而又提供统一的布局

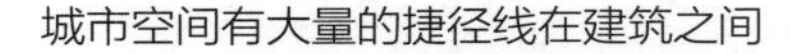

图 4-3

布局，不致于过于复杂。在一片开阔的草地上，太多的步道，会分割成许多零散而没归宿的空间。

其次，铺装材料引导运动方向也常常用于硬质的城市环境中，在这些地方，有时需引导行人穿越一个个空间序列。在市区可见的相邻空间和形体的连接，对一个初来乍到的行人来说常会感到陌生，不知向何处去。在此情况下，与周围物体截然不同的带状铺装地面，能有形地将各个不同空间连接在一起，依靠其公共性而微妙地为行人导向（图4-4）。当行人离开一种特定的铺装，而踏上另一种不同材料的铺地时，他会立刻感到进入了一新的行走路线。

铺装材料的线型分段铺设，不仅能影响运动的方向，而且能更微妙地影响游览的特别感受。例如，一条平滑弯曲如流水的小道，给人一种轻松悠闲的田园般的感受，而一条直角转折的小道，走起来感到又严肃又拘谨。而不规则多角度的转折路，则会产生不稳定和紧张感（图4-5）。一条笔直的道路强调了这两点之间具有强烈的逻辑联系，而弯曲蜿蜒的道路，却淡化了这种关系。上述每种运动特点都有恰当的用处。因此，设计师在决定一个特定的布局时，必须仔细地考虑和布置所需求的感受。

**暗示游览的速度和节奏**　除了能导向外，铺装材料的形状还能影响行走的速度和节奏。如图4-6所示，铺装的路面越宽，运动的速度也就会越缓慢。在一较宽的路上，行人能随意停下观看景物而不妨碍旁人行走，而当铺装路面较窄时，行人便只能一直向前行走，几乎没

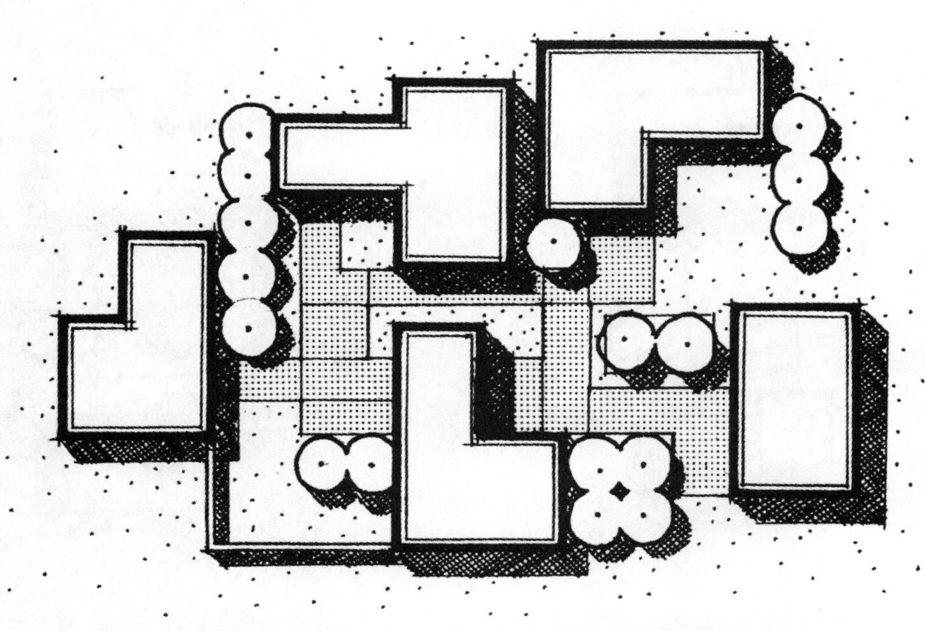

在城市环境中，奇特的铺装图案能直接引导游人通向邻近空间

图 4-4

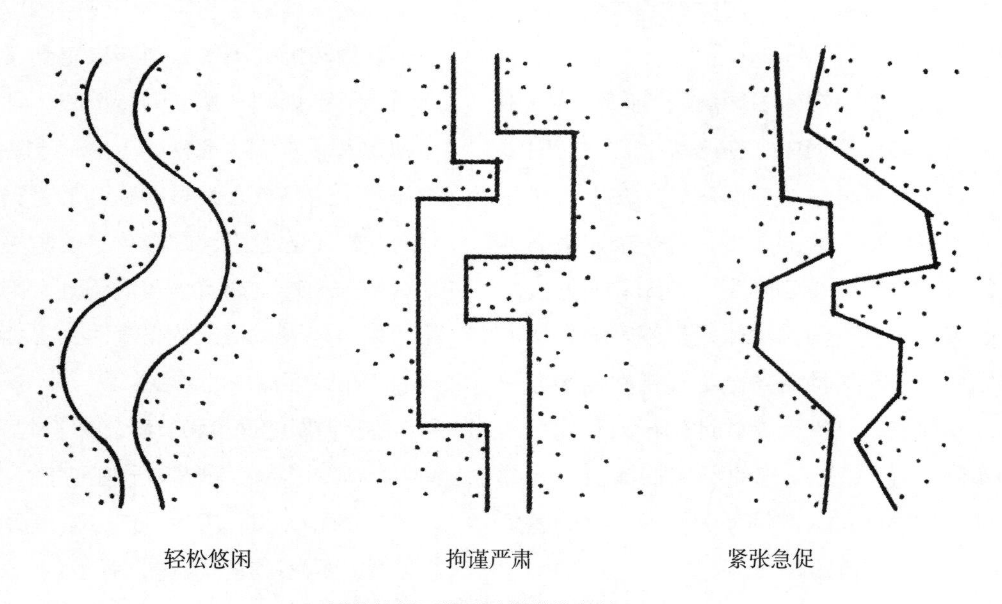


铺装的线型能影响游览的情绪

图 4-5

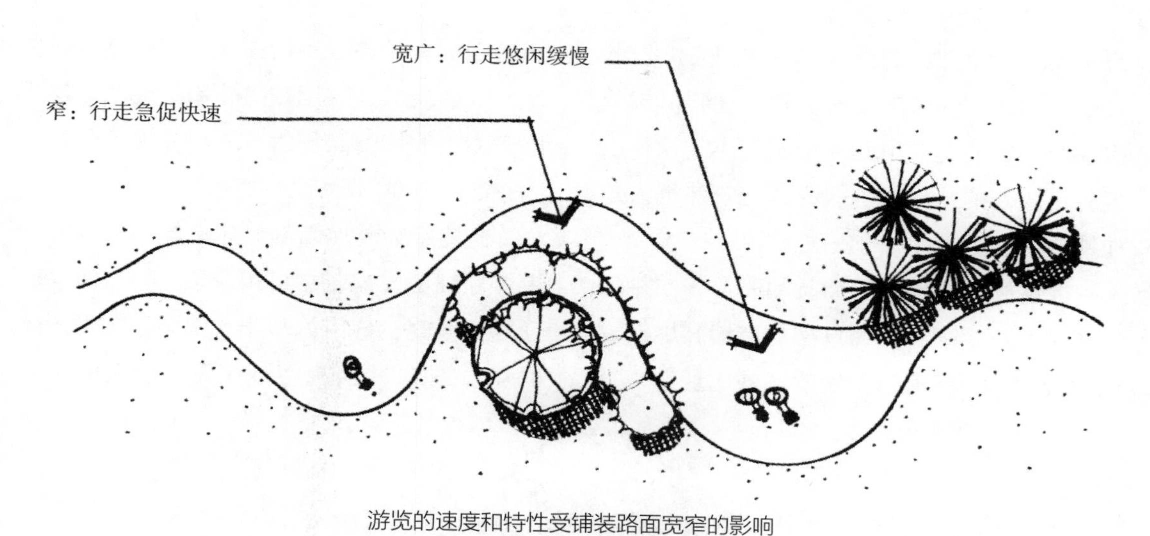


游览的速度和特性受铺装路面宽窄的影响

图 4-6

有机会停留（在不离开铺装路面的情况下）。上述运动特点还可以得到进一步强调，如在较宽的铺装地面上，使用较粗糙难行的铺装材料，就不会行走很快。而在狭窄的路上铺装平坦光滑，则利于快速行走。

在线型道路上行走的节奏也能受到铺装地面的影响。行走节奏包括两个部分，一是行人脚步的落处，二是行人步伐的大小。这两者都受到各种铺装材料的间隔距离、接缝距离、材料的差异、铺地的宽度等因素的影响。例如，沿小道的等距条石，构成一有规律的步调，行人在上面行走能计算穿越空间的时间和步伐（图4-7左边）。为了达到不同的效果，条石间距可以时宽时窄，这样，使

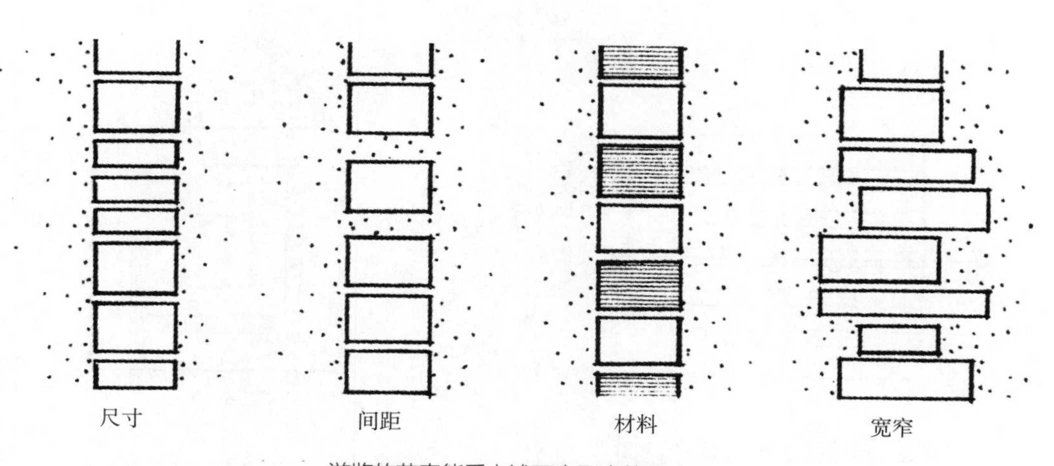


游览的节奏能受上述可变因素的影响

图 4-7

行人的步伐时快时慢（图4-7右边）。与此类似，道路上铺装的宽窄变化，也会形成紧张、松弛的节奏。由此而限制行走的快慢。另外，改变铺装材料的式样，也能使行人走在铺装上感受到节奏的变化。

**提供休息的场所**　铺装地面与导向相反的作用是产生静止的休息感。当铺装地面以相对较大、并且无方向性的形式出现时，它会暗示着一个静态停留感（图4-8）。铺装地面或铺装形式的无方向性和稳定性，常适用于道路的停留点和休息地，或用于景观中的交汇中心空间。

在使用铺装地面创造休息场所时，设计者应仔细考虑铺装材料和造型，在与流动的道路相连时，确能体现出“停留”之意（图4-9）。在某些情况中，在无方向性的空间

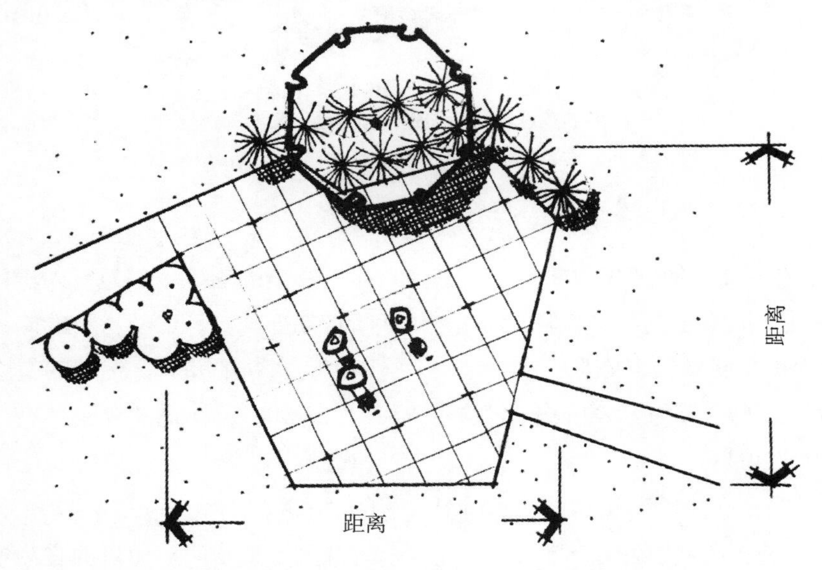


当铺装面近似相对平衡而无方向性时，能提供人们休息的感受

图 4-8

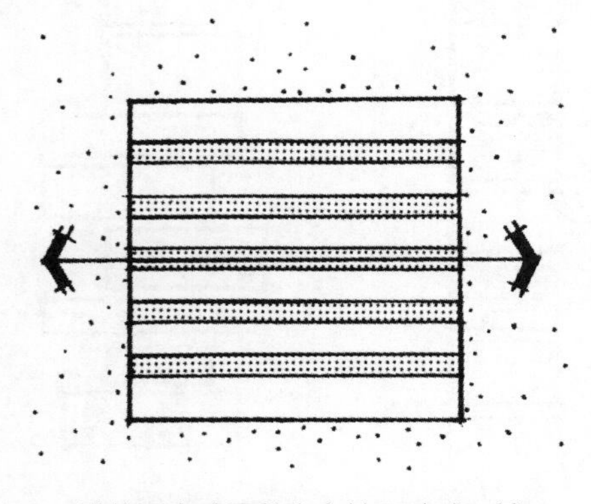

铺装图案暗示着方向性和动感，铺装图案影响着空间的动感和静感

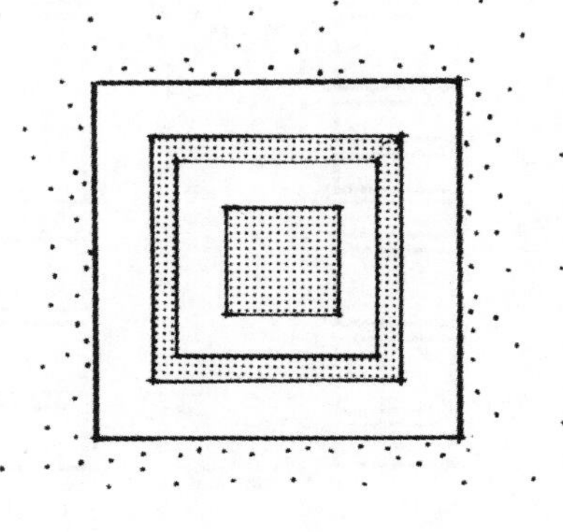

铺装图案无方向性而呈静止状态

图 4-9

中，仅仅改变铺装材料的形式就足以增强空间的感受，在另一些场合，为突出空间的静态感，固定的铺装形式极为必要，道路的交叉点也适用于这些原则。图4-10是各种不同形式的铺装组合的效果图。

**表示地面的用途** 铺装材料，以及其在不同空间中的变化，都能在室外空间中表示出不同的地面用途和功能。前面已经提到，铺装材料的变换能使行人辨认和区别出运动、休息、入座、聚集及焦点等标志。如果改变铺装材料的色彩、质地，或铺装材料本身的组合（图4-11），那么各空间的用途和

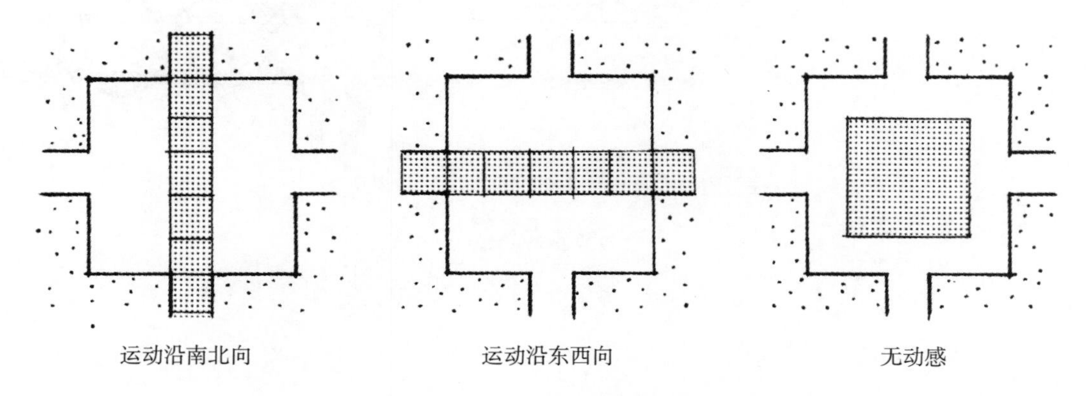


铺装图案用于暗示十字路口的运动方向性

图 4-10

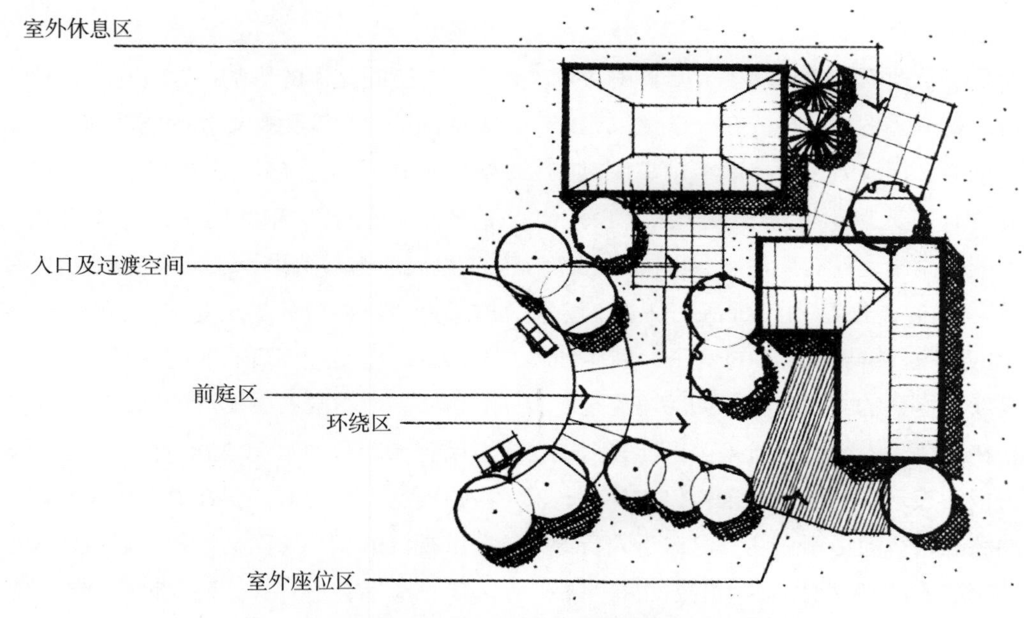


不同的铺装材料来表示室外空间的不同使用功能

图 4-11

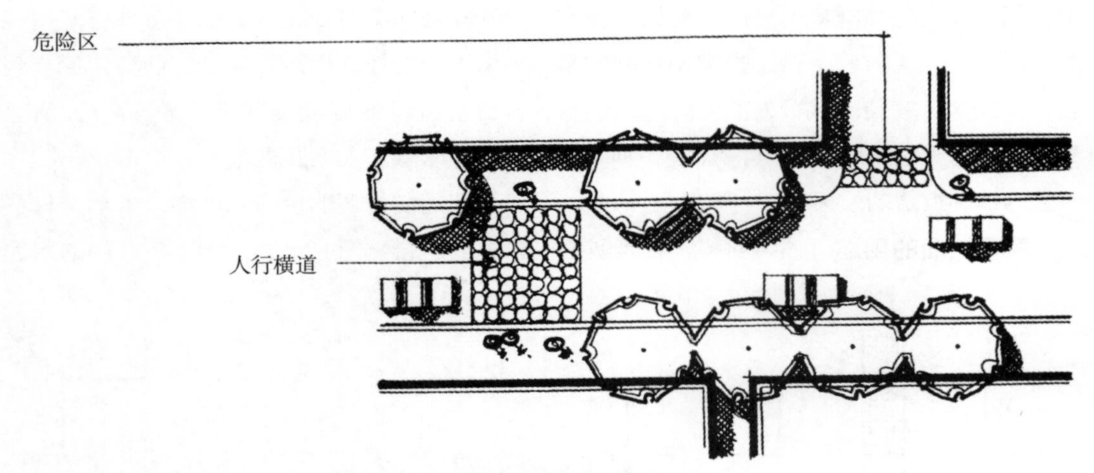


在街道和步行道用铺装的变化来提醒人们注意

图 4-12

活动的区别也由此而得到明确。实践证明，如果用途有所变化，则不同地面的铺装应在设计上有所变化。如果用途或活动不变，则铺装也应保持原样。

铺装表示地面的使用功能，具体的应用便是可以提醒（图4-12）。在一条繁忙道路的人行横道，提醒人注意，而机动车可以减速。此时，行人就会注意到铺地的差异，对道路的不同用途就有所注意。以前用油漆画出人行横道，也是为了提醒行人注意。图4-13便是这一普通方法的例子，图中所示的是新英格兰的一些乡村，如兰塔克村的街道，在这里，人行横道线是由大而光滑的花岗石板所表示。这种方式至今仍在使用，它比油漆的人行道更引人注意。对于人行道和机动车道的区别来说，简单的方法是用相对光洁的铺装来表示人行道，而较粗糙的铺装材料表示车行道。这是因为，较光滑的地面更易于行人行走，而较粗糙的地面相比之下易受到注意。此外，坎坷的路面能降低机动车的速度，这对行人的地段来说是比较安全的。

**对空间比例的影响**　在外部空间中，铺装地面的另一实用功能和美学功能便是能影响空间的比例。每一块铺料的大小，以及铺砌形状的大小和间距等，都能影响铺面的视觉比例。形体较大，较开展，会使一个空间产生一种宽敞的尺度感。而较小、紧缩的形状，则使空间具有压缩感和亲密感（图4-14）。用砖或石条形成的铺装形状，可被运用到大面积的水泥或沥青路面，以缩减这些路面的表面宽度。并在这些单调的材料上提供视觉的调剂（图4-15）。在原铺装中加入第二类铺装材料，能明显地将整个空间分割较小，形成更易被感受的副空间。当在地面上使用具有对比性的材料时，必须考虑其

图 4-13

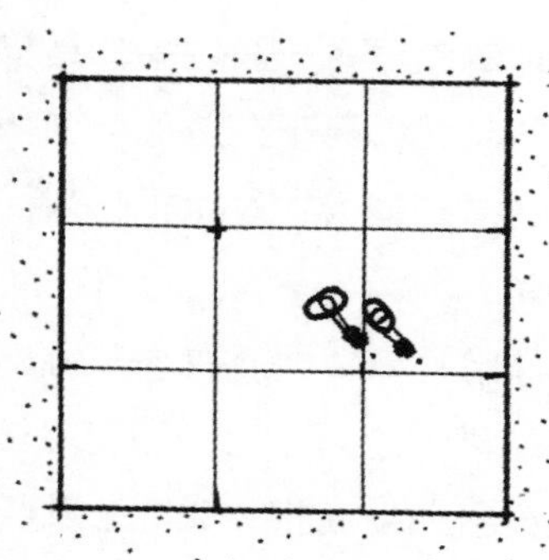

铺装图案使人感到尺度大

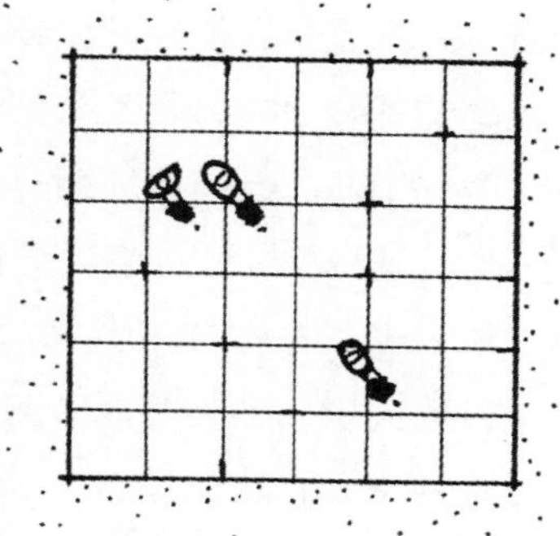

铺装图案使人感到尺度小

铺装的形式影响着室外空间的尺度

图 4-14

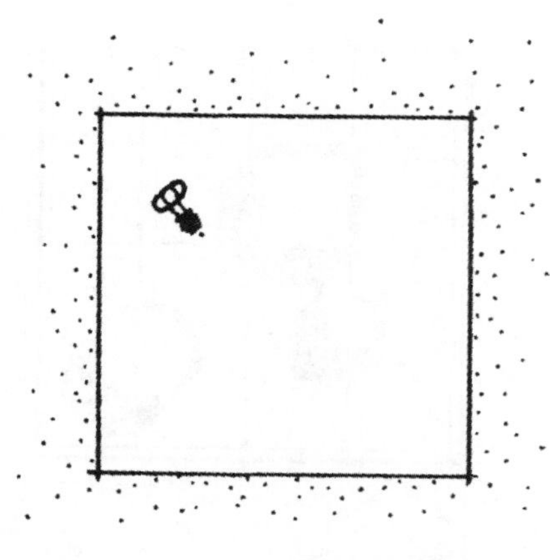

空旷的铺装无尺度感

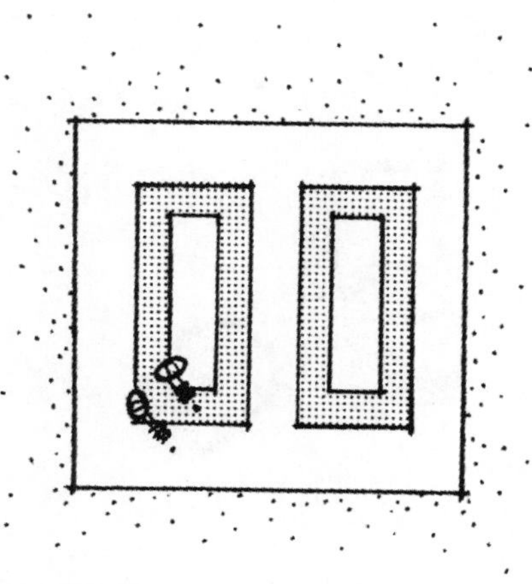

砖和石头的图案提供尺度感

铺装图案用于影响室外空间的比例

图 4-15

色彩和质地的差异。一般说来，具有素色、细质特点的材料，易于在总体上调合。而形状越显著，差别越大，对比越强烈，更引人注意。

**统一作用** 铺装地面有统一协调设计的作用，铺装材料这一作用，是利用其充当与其他设计要素和空间相关联的公共因素来实现的。即使在设计中，其他因素会在尺度和特性上有着很大的差异，但在总体布局中，同处于一共同的铺装之中，相互之间便连接成一整体（图4-16）。当铺装地面具有明显或独特的形状，易被人识别和记忆时，可谓是最好的统一者。在城市环境中，铺装地面这一功能最为突出，它能将复杂的建筑群和相关联的室外空间，从视觉上予以统一起来。该功能的应用范例可见于旧金山的恩巴凯德罗中心。在那里，环状铺设的花瓷砖到处可见，贯穿于室内室外（图4-17）。当人们一看到这些铺地材料时，便会知道是恩巴凯德罗中心。当一走上另一种铺装时，便立即知道他们已离开了该中心。当然，在其他一些都市中心，也常看到铺装材料和铺设形式的明显作用。

**背景作用** 在景观中，铺装地面还可以为其他引人注目的景物作中性背景。在这一作用中，铺装地面被看作是一张空白的桌面或一张白纸，以为其他焦点物的布局和安置提供基础。铺装地面可作为这样一些因素的背景，如建筑、雕塑、盆栽植物、陈列物、休息椅等。凡充当背景的铺地材料，应该是较简单朴素的材料。它不应具有醒目的图案、粗糙的质地或任何其他引人注目的特点，否则它就会喧宾夺主了。

**构成空间个性** 前面曾提到，铺装地面

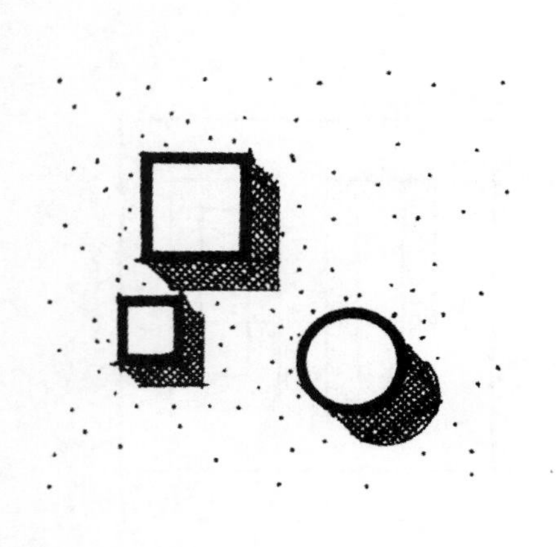

单独的元素缺少联系

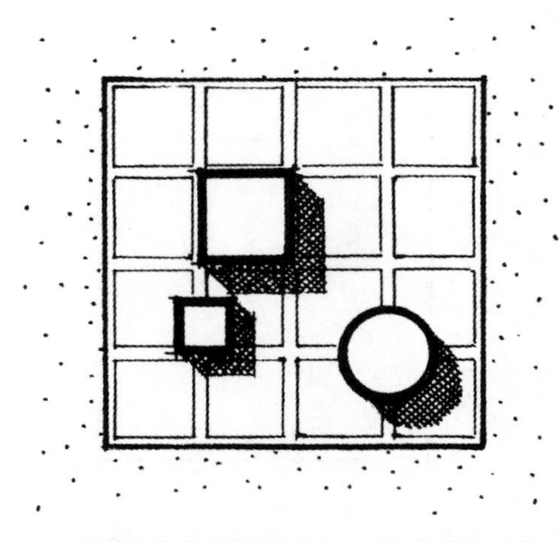

独特的铺装作为普通背景统一了各单独的因素

在景观中铺装能统一和连接各因素

图 4-16

图 4-17

具有构成和增强空间个性的作用。用于设计中的铺装材料及其图案和边缘轮廓，都能对所处的空间产生重大影响。不同的铺料和图案造型，都能形成和增强这样一些性质，以及不同的空间感，如细腻感、粗犷感、宁静感、喧闹感、城市和乡村感。就特殊的材料而言，方砖能赋予一个空间以温暖亲切感，有角度的石板会给人轻松自如、不拘谨的气氛。而混凝土则会产生冷清，无人情味的感受。因此，在设计中，为了满足所需的情感，就应在铺装材料上有目的地选择使用。在那种需要温暖和睦的空间中，决不应使用沥青铺装。

**创造视觉趣味**　铺装地面在景观中最后一个作用，就是与其他的功能一起来创造视觉趣味。当人们穿行于一个空间时，行人的注意力很自然地会看向地面，他们会很注意自己脚下的东西，以及下一步应踩在什么地方。因此，铺装的这种视觉特性对于设计的趣味性起着重要的作用。在有些设计中，铺地材料和造型的选择也许仅仅为了观赏，而另一方面，独特的铺装图案不仅能提供观赏，而且还能形成强烈的地方色彩。如在威尼斯的圣马可集会广场和米兰的杜莫广场便是两个实例。此外引人注意的铺装图案，甚至可以吸引高层建筑的人开窗俯瞰附近室外地面空间的景观。

## 地面铺装的设计原则

按照常规，在景观中使用铺装材料进行地面铺设时，应该遵循一系列设计原则。在铺装材料的使用方面，必须权衡总体设计的目的，以及有选择地对其加以使用。

如同使用任何其他设计因素一样，用在特定设计区段的铺装材料，应从帮助确保整个设计统一为原则，材料的过多变化或图案的烦琐复杂，易造成视觉的杂乱无章。但是在设计中（图4-18），至少应有一种铺装材料占有主导地位，以便能与附属的材料在视觉上形成对比和变化，以及暗示地面上的其他用途。这一种占主导地位的材料，还可贯穿于整个设计的不同区域，以使建立统一性和多样性。

铺装材料的选择和图案的设计，应与其他设计要素的选择和组织同时进行，以便确保铺装地面无论从视觉上，还是从功能上都被统一在整个设计中，在设计中不对铺装材料及铺装形式进行选择是不符合要求的。

在进行铺装的选择时，设计师应对其在平面造型和透视效果上加以研究。在平面布局上，应着重注意构成吸引视线的形式，及与其他要素的相互协调作用，如邻近的铺地材料、建筑物、种植池、照明设施、雨水口、树墙和坐椅（图4-19、图4-20）。如果使用恰当，铺地材料才能与所有的设计要

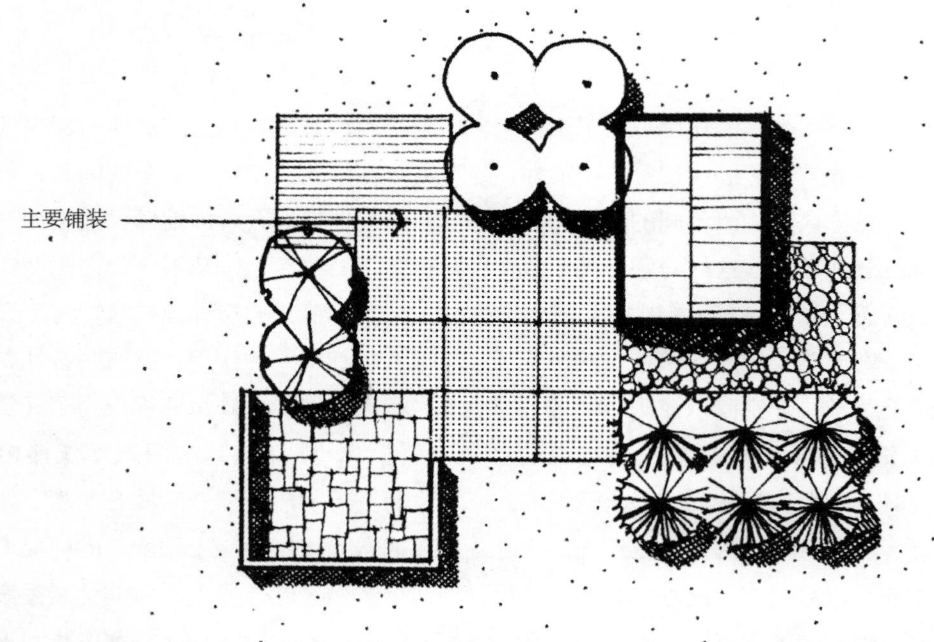


一种铺装在设计中可占主导作用

图 4-18

素产生强烈的联系。当相邻两种铺装安放在一起而无第三者为过渡媒介时，则两者的铺装形式和造型图案应相互配合和协调。当涉及地面伸缩缝和混凝土伸缩缝，或条石和瓷砖材料的接缝、灰浆接缝时，上述原则尤为理想。此外，一种铺料的形状和线条应延伸到相邻的铺装地面中去（图4-21）。与此相同，建筑物的边缘线和轮廓也应与其相邻的铺装地面相协调，以便能达到与铺装地面的视觉联系（图4-19）。

除了以平面布置来探讨外，还应从透视的角度来研究铺装形式，这是因为大多数人是以透视的角度来观赏它的。透视与平面图存在着许多差异性，在透视中，平行于视平线的铺装线条，强调了铺装面的宽度，而垂直于视平线的铺装线条，则强调了其深度（图4-22）。进一步而言，当行人穿行于一个空间，并获得不同的视点时，铺面的形状也就随之而发生变化。但遗憾的是，大多数设计师过于依赖于平面设计，而对透视效果的研究很少。如果不注重透视的研究，那么当铺地建成后，设计师有时就会因铺装线型未达到预想的效果而感到惊讶。

为特殊空间所选择的铺装形式也应适合预想的用途，适合于一定的强度，以及符合所需的空间特性。在选择铺料时，造价通常会对其产生一些影响。实际上，没有一种铺装材料能适用于所有的功能和活动场所。例

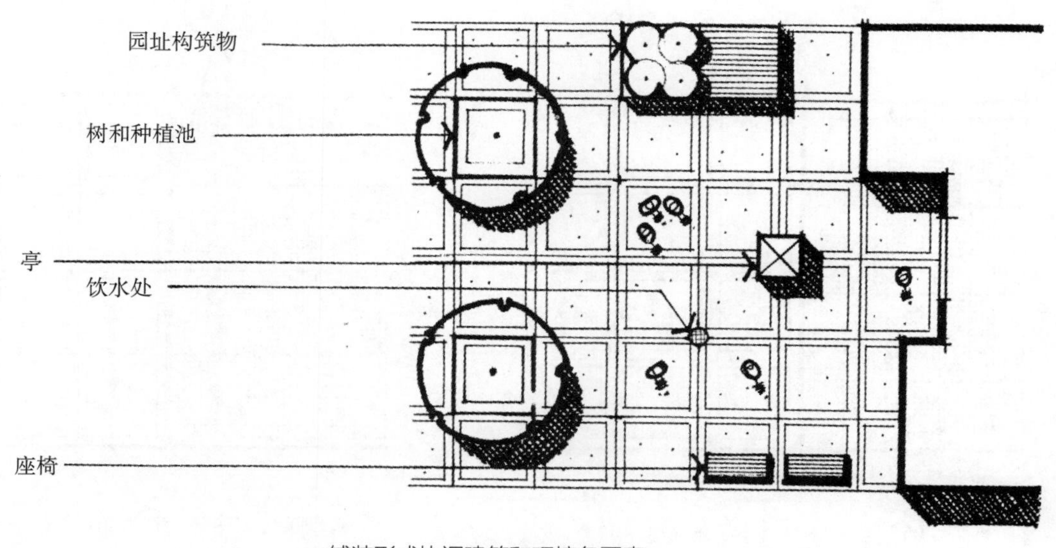


铺装形式协调建筑和环境各要素

图 4-19

图 4-20

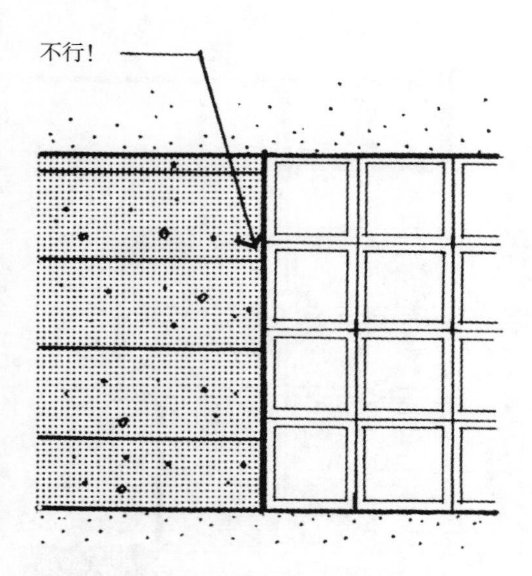


不合理：相邻铺装造型没有衔接

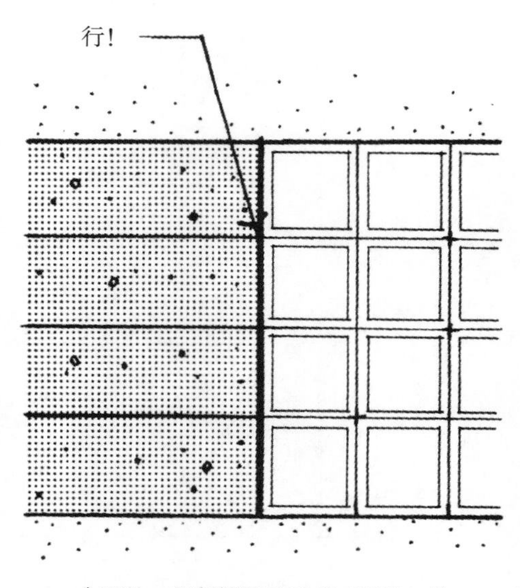


合理的：相邻铺装造型相互衔接一体

相邻铺装造型应相互衔接一体

图 4-21

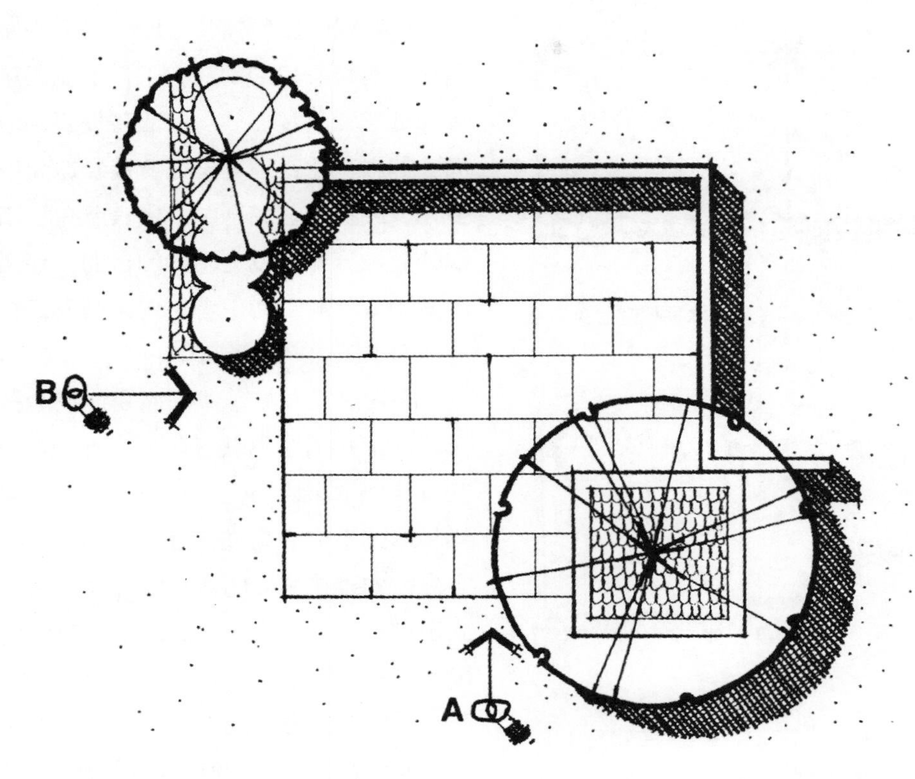


平面效果
石砖组成的矩形图案

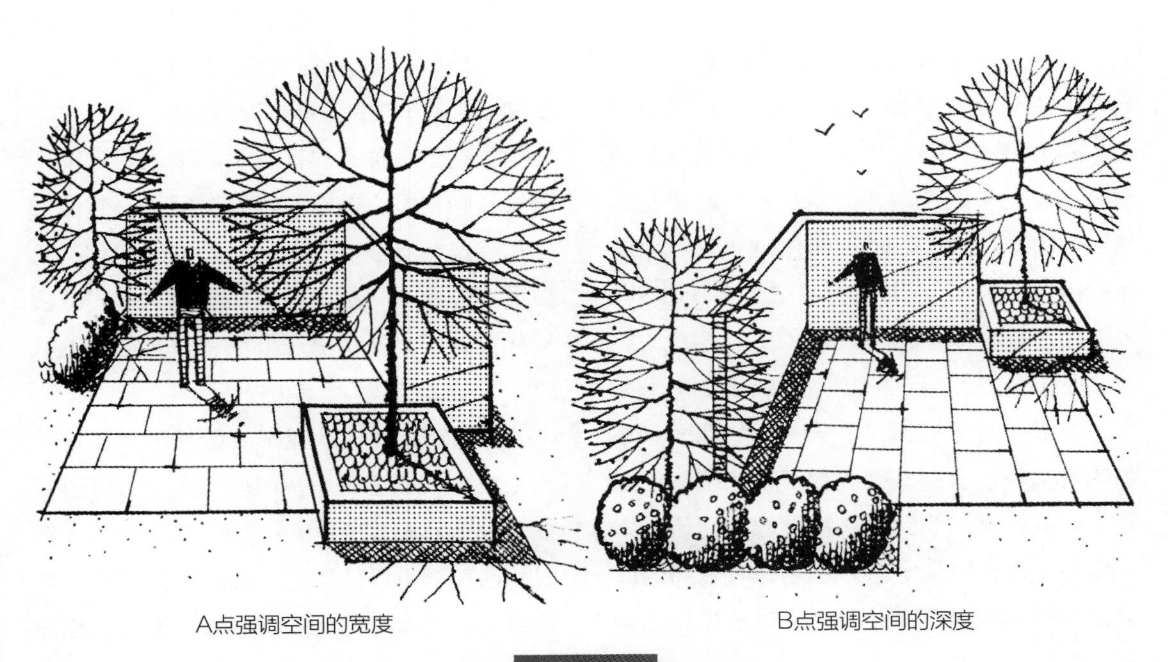

A点强调空间的宽度

B点强调空间的深度

图 4-22

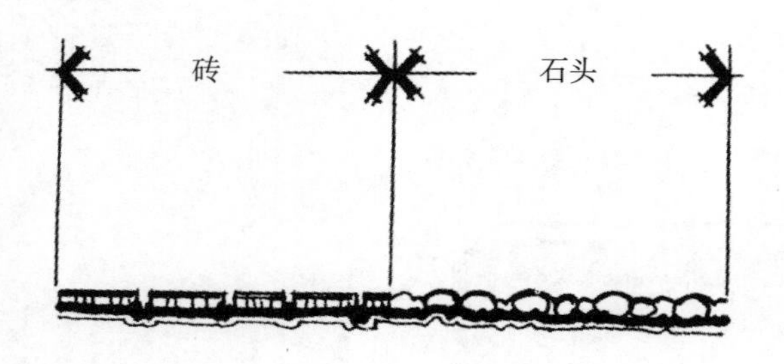


不合理：不同的铺装材料在同一水平高度上变化

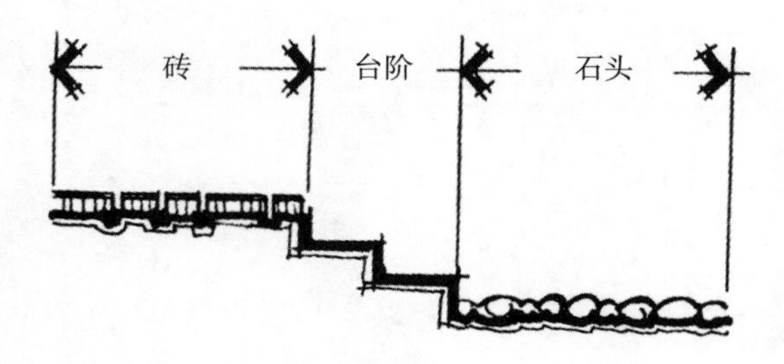


合理的：不同的铺装材料被水平高度的变化而分开

图 4-23

如，在光滑的地面如混凝土或沥青地上行走，比在粗糙地面如卵石或不规则的碎石路面上走要轻松得多。再者，如果铺装地面要想适合有轮车的使用，如自行车，或婴儿车的通过，那么铺装就不能太松软或凸凹不平或有沟槽。此外，有些铺装材料在适应不同的铺设形式方面优于其他铺料。例如，混凝土比条石或瓷砖更适宜于用在无定型的情况之中。

本章前面曾提到，不同的铺装地面具不同的视觉特征。有些铺装地面较庄重，更适宜于公共场所。而另一些铺装地面则最适宜于私密空间，或住宅区。总之为某空间选取特定的铺料和铺装形式时，必须事先作出种种慎重的考虑和选择。

在景观中使用铺装地面时的另一原则，是在没有特殊目的的情况下，不能任意变换相邻处的铺料及形式。前面曾提到，地面之间的铺料变化，通常象征着铺装地面用途的变化，或在有些场合中，代表所有权和支配权的更换。如果没有明确的目的，那么铺装地面的变化对于使用者来说，则象征着场所的环境也随之产生了变化。

在为了某些特殊原因而变换铺地材料和形式时，必须考虑以下几个因素。第一，有些设计理论家认为，在同一个平面上铺装材料和形式不应该有任何变化（图4-23），换言之，如果在相接的两个空间中，铺料及形式出现不同，那么水平高度也应有所变化，以此来分隔和区别两种不同的铺地形式。水平高度的变化主要起着过渡、媒介的作用，并由此而避免两种铺料和形式可能出现的任何直接相邻的问题。如果在分隔两种相异铺装地面，水平高度的变化不可行时，则可以采取另外的方法。这种方法就是采用第三种在视觉上具有中性效果的材料放于两种材料之间。这第三种材料能在短距离上达到前两种材料的视觉上的分隔，并减缓不一致的形式和线条相互发生的冲突。如果前两种材料被直接铺设在一起，会产生明显的差异或视觉冲突的话，使用上述办法将收到很好的效果（图4-24）。

使用铺装材料和其形式的最后一个设计原则是，光滑质地的铺料一般说来应占多数，因为这种材料色彩较朴素，不引人注目。这种材料经使用后，最理想的是不会使铺装地面有损于其他设计要素。而对于粗质铺料来说，最好较少量地使用，以达到主次

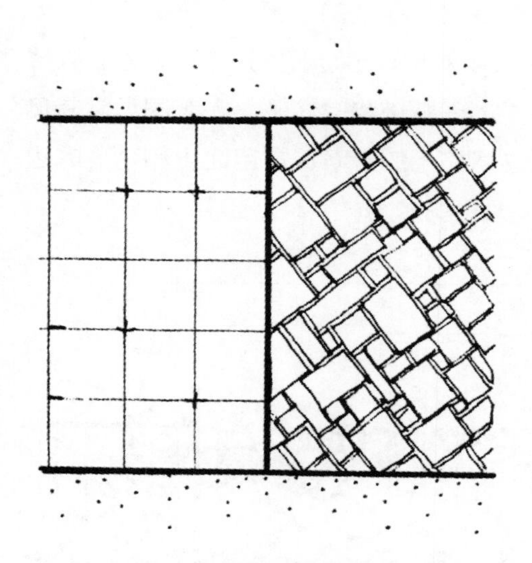

不合理的：极不调和的材料直截相邻

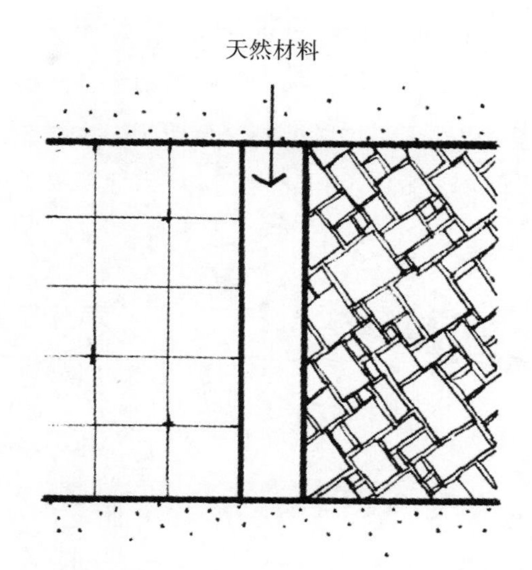


合理的：在两种极不调和的材料之间加上天然材料

图 4-24

分明和富于变化的目的。

## 基本的铺装材料

现在有许多种可供景观中使用的铺装材料。总的来说它们分为三类：① 松软铺装材料，如砂砾。② 块料的铺料如石砖、瓷砖或条石。③ 黏性铺料，如水泥或沥青。上述各种铺料及其特殊形状都有其独特的特点，以及在景观设计中具有潜在用途。所有这些将在下部分进行讨论。如同在使用其他设计要素时一样，在尝试使用这些铺料进行设计之前，对它们的特点有一个清楚的认识是有益处的。

**松软的铺装材料**　砾石及其他变异材料。砾石是一种最便宜的铺装材料，它具有不同的形状、大小和色彩。砾石既可呈整体，也可呈散碎状。直接挖出的整石块，常常是圆润光滑的。而碎石则是砸碎了的石块，它棱角分明，边缘清晰。从大小上来说，它最小可达0.6cm（称豆石），最大到5cm。石头的色彩有纯白和纯黑的，其间也有褐色的和灰色的。

作为一种铺地材料来说，砾石有许多优点，其一是能使地面流水渗入到下面土壤中。从生态学观点来看，砾石的这种透水性大有益处，因为它有助于补充地下水以及为植物提供所需的水分。此外，铺设地面的流水越少，越不易引起下游的冲蚀和水灾。由此，就排水设备而言，砾石路面比起混凝土或沥青路面来说花费较少，因两者相比较，砾石路面流水很少。总之，砾石无论从经济上，还是从生态上来说，都是一种合适的铺地材料。

不过，作为铺地材料来说，砾石也具有一些缺陷。就其质地而言，砾石疏松，因而它需要其他因素加以控制，金属边、木材或另一种铺装材料如混凝土等，都可用来将砾石固定在其所处的位置上（图4-25）。图4-26表示的是，用金属圈边来固定办公大楼院落中的砾石道路的例子。在英国，常常见到低洼道路上的砾石，常用泥土和草皮的边

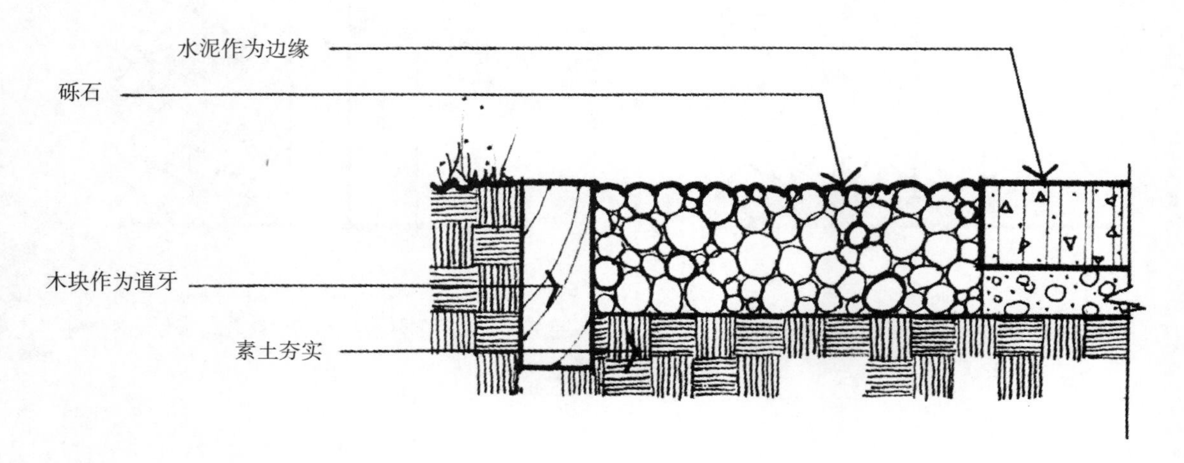


剖面图：砾石的边沿需用坚实材料加以控制

图 4-25

图 4-26

缘加以固定。就其本身而言，砾石远不能用来限制地面上某些形状。因为这种材料在强力作用下极易变形。砾石的这一特点也带来了养护管理问题，这是因为常常需要定期地将它耙平或扫回其原来的位置。图4-27是华盛顿区的摩尔广场砾石维护的情况。此外，要将落叶或积雪从砾石上清除掉，也是较麻烦的工作，因为在进行扫除的同时极易将砾石带走。

细小颗粒的砾石，如豆状砾石的另一个缺点，是它不宜使用在斜坡上，否则在暴雨倾泻之时，会遭到地表径流的冲刷。为此，为了使其固定不动，就必须建造台阶或平台。最后一点，砾石路面有时难以行走，特别是穿高跟鞋的妇女或那些行动不便的病人。当砾石路面铺设过厚，或不够充分坚实，人们行走就更为困难了。以上这两种情况都起因于砾石的疏松和不稳定，因而使人们在行走时，具有在沙上行走的感受，人们为了保持平衡和克服摩擦力，必须付出极大的体力，并得不停地向前行走。

尽管砾石路面有这样一些不便之处，但它在室外环境中依然有一些潜在的用途和功能。它疏松、质地粗糙的特性，使它能适合于非正式场合或乡村环境之中，能形成自然朴素的效果。同时，给人悠闲自在的情趣（图4-28）。不过如果砾石路面被加以严格限制，那么它也可以用于正式场合。在历史的某一时期，砾石曾大量地被用在华盛顿区的赫什霍恩博物馆的雕塑庭园中，以及被用在国会大厦与华盛顿纪念碑相交接的集会广场上。

如果砾石受到严格的范围，并具有稳定的基础和面层，那么尽管它有不稳定性，仍可以用作道路铺面。豆状砾石如果适当地加压并铺在稳定的基础上，那么它就会形成一

图 4-27

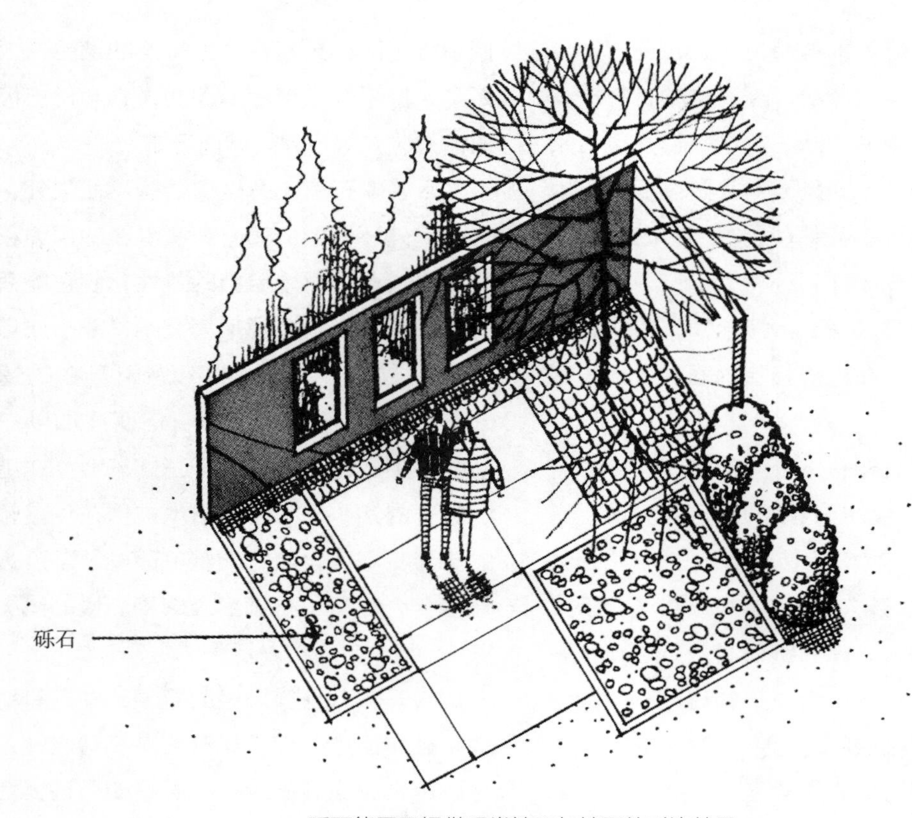


砾石能用于提供观赏性和与地面的对比效果

图 4-28

个结构细而且安全的行走路面。在某些正式场合，如华盛顿的集会广场，英格兰的汉普顿法院，还有法国的凡尔赛等，都已大量广泛地使用了豆石铺设街道路面。

就消除砾石作为路面材料而引起的不足之处而言，砾石的一种变异材料可起到这一作用，这种材料叫环氧胶结砾石。环氧胶结砾石是由砾石和环氧树脂黏结成一定形状的石块。不过在整个砾石块中都存在着气隙，从而仍具有渗水作用。乍一看，这种材料具有耀眼的光斑。环氧胶结砾石多用于那些气候较温和的地区，作为一种稳定的行走路面铺料，在这些地方如果有霜冻，也会损害这种路面。

在景观中，砾石的另一个作用就是作为无固定形状或自然地面形态的铺地材料。与混凝土和沥青一样，砾石也可以算一种流体铺装材料，它可以适应所处地面的任何形状或形态。从这一点来看，它显然不同于砖石。为使砖石适应曲线或畸形，就必须煞费苦心地将其进行加工。

最后一点，砾石还可以作为地面材料，用于那些因缺乏阳光或水分而难以种植草皮或地被植物的地方。在这些地方，它普遍用于室外的地面。美国西南部的荒漠地方也常使用易风化的花岗砾石铺料，来代替草皮或地被植物。易风化的花岗岩极易与地面的其他物质相协调，也不需要浇注。不过，在一些气候较温和的地方，一般说不宜用砾石来代替环绕植物根部的覆盖物，否则会减少植物的繁衍，同时对大多数植物的生长很不利。当然沙漠植物除外，而且砾石会使植物根部附近温度升高，并造成根部的损伤。

**块料铺装材料** *石块*：石块、条石、石砖以及瓷砖都属于块料铺装材料，在这些铺装材料中，石块不同于人工制造的材料。虽然石块常受到人们的采掘加工，但它本身仍是属自然的材料。石材是一种形状多样的材料，它具有众多的地质起源，并具有许多大小、形状以及色彩的变化。它也是最昂贵的铺地材料之一。而且不仅材料本身贵，在铺设施工上花的劳动强度也很大。以下几段是对不同石材的分类和讨论，并一道对其在室外空间中可能使用的范围加以讨论。

三种石材的地质分类为：沉积岩、变质岩及火成岩。

*沉积岩*：是由物质长期存积在水体底层，由于地壳作用而形成。这种石块包含有许多细小颗粒，受外界的压力固化而成。与其他类型的石材相比较，沉积岩多气孔，硬度低，因而极易加工。不过作为一种铺装材料来说，在强作用力的作用下易受损坏，时间长后会失去光泽或风化。如石灰石特别容易受到化学侵蚀。但是，对于行人的行走来说，沙岩和石灰岩更适合于作铺装材料。

*变质岩*：是一种经过强大的压力而转变成的岩石。因此，该类石材极其坚硬耐用。这种石材重量大而且昂贵。大理石也是一种变质岩，由于这种石块既昂贵又难以加工，因而作为一种铺地材料来说，仅限于少量地使用在一些重要的地方。

*火成岩*：火成岩是一种由地热熔化的物质经冷却后形成的岩石。在强度和坚固耐用方面与变质岩相似。著名的火成岩有花岗岩，它是一种具有强度大、耐磨性好而常用的铺装材料。尽管这种材料重而硬，难以加工，但对于那些需要承受强作用力或需要耐磨损的地面，或易受风化的地区，是使用此种材料的理想场所。根据其作用和所需的造型，花岗岩可被加工成各种大小、形状的材料。花岗岩用作铺装材料的普通大小形状叫花岗岩砖。其标准尺寸为边长7.5cm的正方形砖。一般说来，可用此规格的石砖铺成各种图案覆盖一块地面。

上述三种地质石材还可以进一步根据产生的地区，而划分成毛石、卵石、石板以及加工石材，所有这些类型的石材可见图4-29所示。

*天然散石*：该类石块常出现在地面或接近地面，以单体的形式而存在。这种石块常来源于大型基岩或其他大岩石的碎块。这种石块未经过打磨，因而在大小和形状方面一般不规则。散石很难用来作为铺地材料，这是因为各单体石块极难相互配合在一起，同时，它们的表面通常粗糙并有奇形怪状的形象。不过这种石块适合用于非正规和不常使用的空间中，这些空间常需要一种不完全的自然特性。若非精心选择和相互吻合，这种石块一般不宜使用在公共空间中。

*卵石*：是一种经过流水或落水冲蚀，并

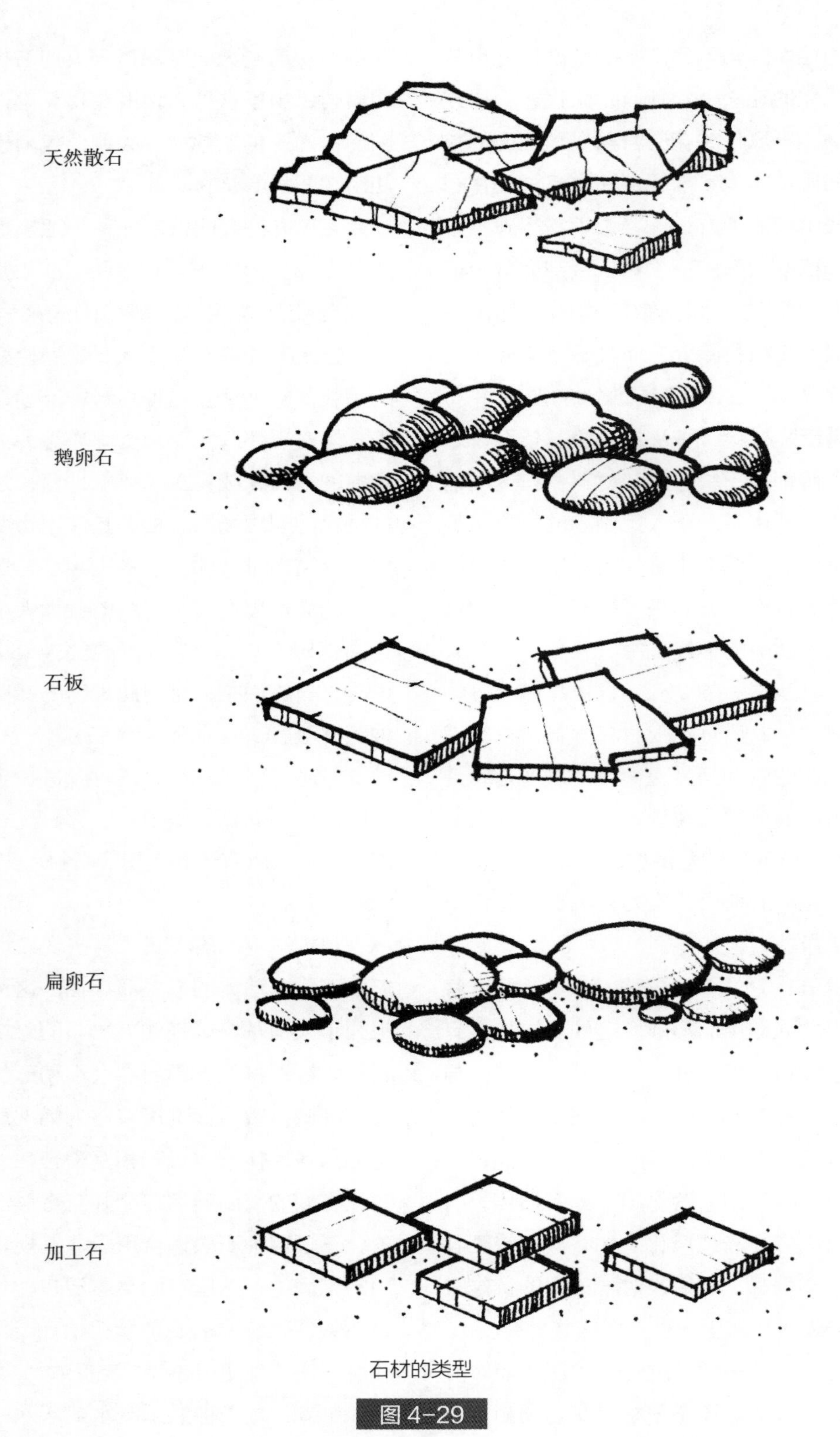


石材的类型

图 4-29

变得圆滑的石头。在美国西部的许多河流中均可找到这样的石头。卵石是最有用的铺地材料之一，其大小通常为3.8～7.5cm，利用沙浆可使其粘接成一个聚合体。尽管单个卵石的表面极其滑润，但作为聚合体来说，则常呈现出粗糙和引人注目的质地。卵石可被用来表现非行走地面，可与混凝土或石板路形成对比，或提供触觉感（图4-30）。卵石因其质地和与水的自然共生性，而常被用在水池底或驳岸。图4-31便是卵石用在匹兹堡波因特公园喷泉的铺地情况。

*扁卵石*：与卵石十分相似，由于水的冲蚀作用，扁卵石也常呈圆形，不过在总体形状上较扁平。它们的宽度一般为7.5cm。扁卵石这一名称有时常与比利时毛石相混淆。比利时毛石是一种被加工成长方形的花岗石，而扁卵石则是圆形，而且不经任何加工便可以使用的石头。从历史上看，扁卵石一直都是作为较便宜的材料，而大量用于铺装。图4-13便是作为铺装材料的扁卵石被用在马萨诸塞州的楠塔基特的情形。但是，由于其大小和质地的关系，在扁卵石路面上行走是相当艰难的。由于其不规则性，故路面的排水也是较困难的，特别是在较平坦的地面和缓坡上。因此，扁卵石的用途与河卵石的用途相同，除非某处需要较粗糙的外形。

图 4-30

图 4-31

*石板*：凡具有层次，并可以被辟成相对厚薄的片石都归为石板（1.8～5cm）。石板通常是采掘、加工而成，因此不能与露天散石相混淆。石板是用任何岩石，根据其岩层加工分层成板状，然后又分割成不同形状，从几英寸到几英尺均可（图4-32）。石板可加工成四边形、方形、三角形或不规则形状（这些不规则石板不同于天然散石）。并有目的地使用到各种不同形状的铺地中去。

石板是一种较光滑、较匀称的材料。基于其形状和色彩，它可被用于许多场合中。呈直角的石板，适合使用在那些以直线布置的、正式的城市环境中，而不规则形状或多边形石板则常用于非正规的自然环境中。不论其形状如何，石板既可被铺置在较软的基础上。如沙或粉状石灰石上，又可被置于坚实基础上，如混凝土（图4-33）。对于某些特定场所的铺设形式，看其造价和使用目的而定。松软的基础上铺设石板较便宜，适合于非公共性场所的较轻度使用或供行人行走。此外，软基础面层还具有将地面流水通过接缝渗到下层土壤中的优点。软铺设的石板路，其石板还有易搬启以供管道或电缆的铺设和更换之便。不过公共设施经安装后，石板面可能会出现一定的变位迹象。

*加工石材*：顾名思义，是指那些被人工切割加工成的各种大小形状的石料。加工石有两种类型：① 砌墙的石砖；② 铺地的石板。这两种加工石材如前面提到的花岗石板和比利时石（图4-34）。花岗岩石板的边长

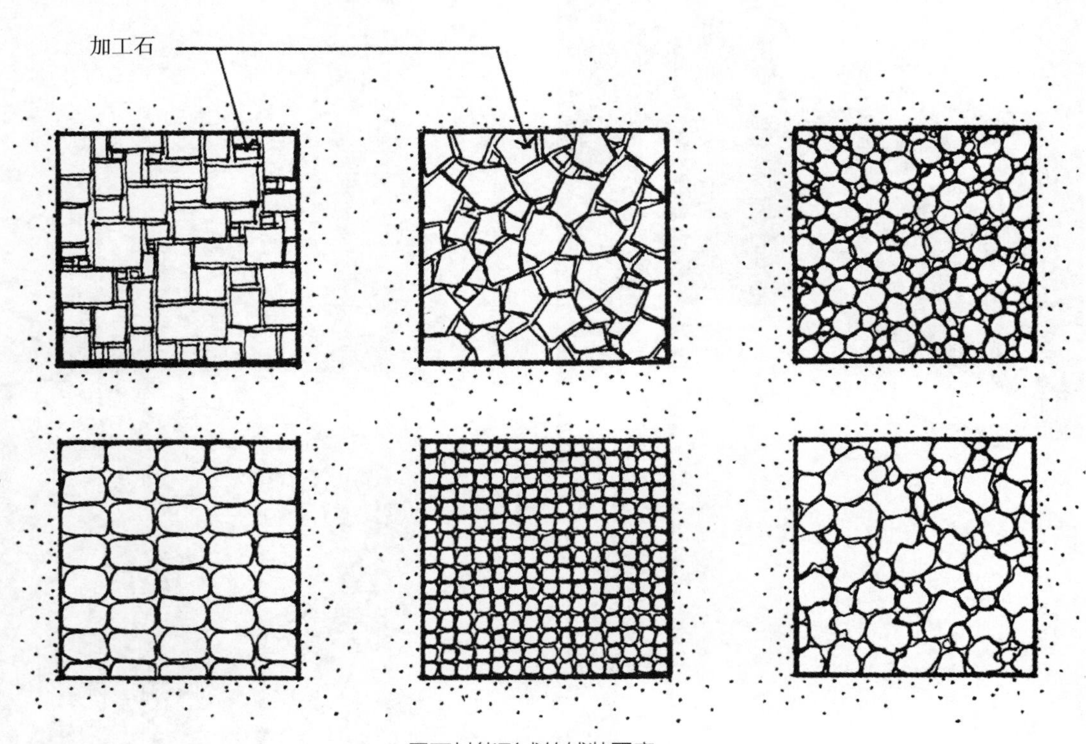


用石材能形成的铺装图案

图 4-32

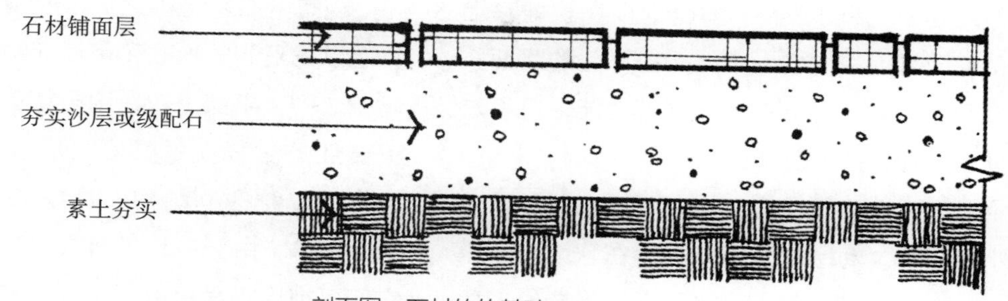


剖面图：石材的软基础

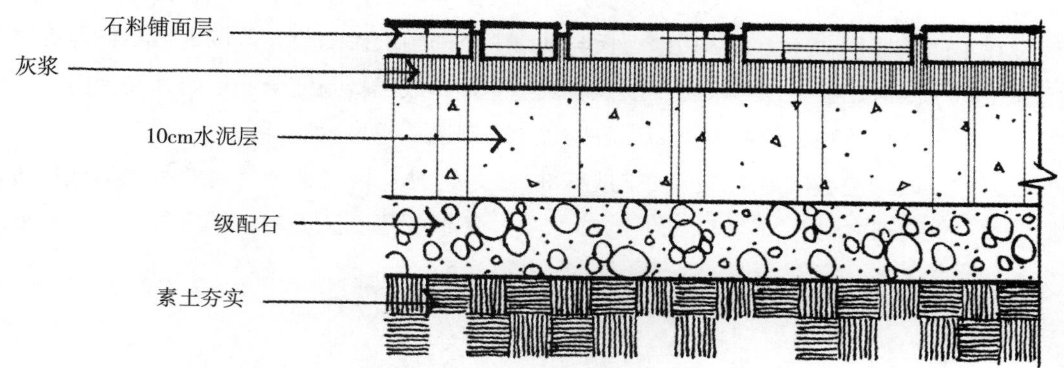


剖面图：石料铺地的硬基础

图 4-33

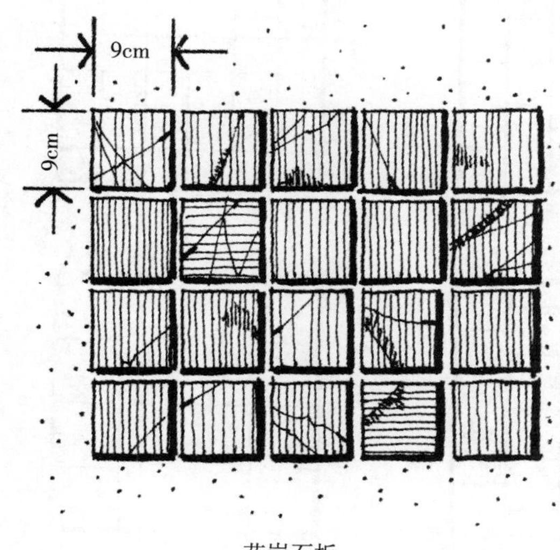


花岗石板

比利时石板

两种加工石的一般形态

图 4-34

为7.5cm，并和石板一样可铺设在软地基上和硬地基上，构成一个结构多样化的路面。比利时石与花岗岩石板有同种功能，只不过其质地看上去较粗糙。

薄型加工石根据具体来源可获得各种大小和色彩。薄型加工石既可铺在软地基上，也可以置于硬地基上，这要看工程造价和预想的使用强度而定。从视觉的角度来看，薄型的加工石与石板相似，它可以以不同尺寸铺设在不同的场所中（图4-35）。石板与薄型加工石主要区别在于，石板是在工地现场加工，为适合某一铺设位置的需要而临时加工成型的，而加工石则是用人工加工成标准的尺寸，供铺砌之用。

现有的石料范围之广，使设计师感到石料可以无限制的形式和用途而被使用在室外环境之中。事实上，在用石料进行设计时，主要任务之一就是要使之形成具有视觉感染力的二维空间结构（图4-32、图4-34、图4-35）。由于石料具有众多的潜在形式，它们可被用来满足前面所概述的所有设计要求，并可被用来增强任何空间特性。从正式到非正式，从都市环境到自然环境，从私密空间到宏伟的公共广场。当石料与其他材料如砖或混凝土结合使用时，又会出现另一些用途。

*砖*：块料铺地材料的第二类型是砖。砖不同于砾石和石料，因它是由人工制造的，

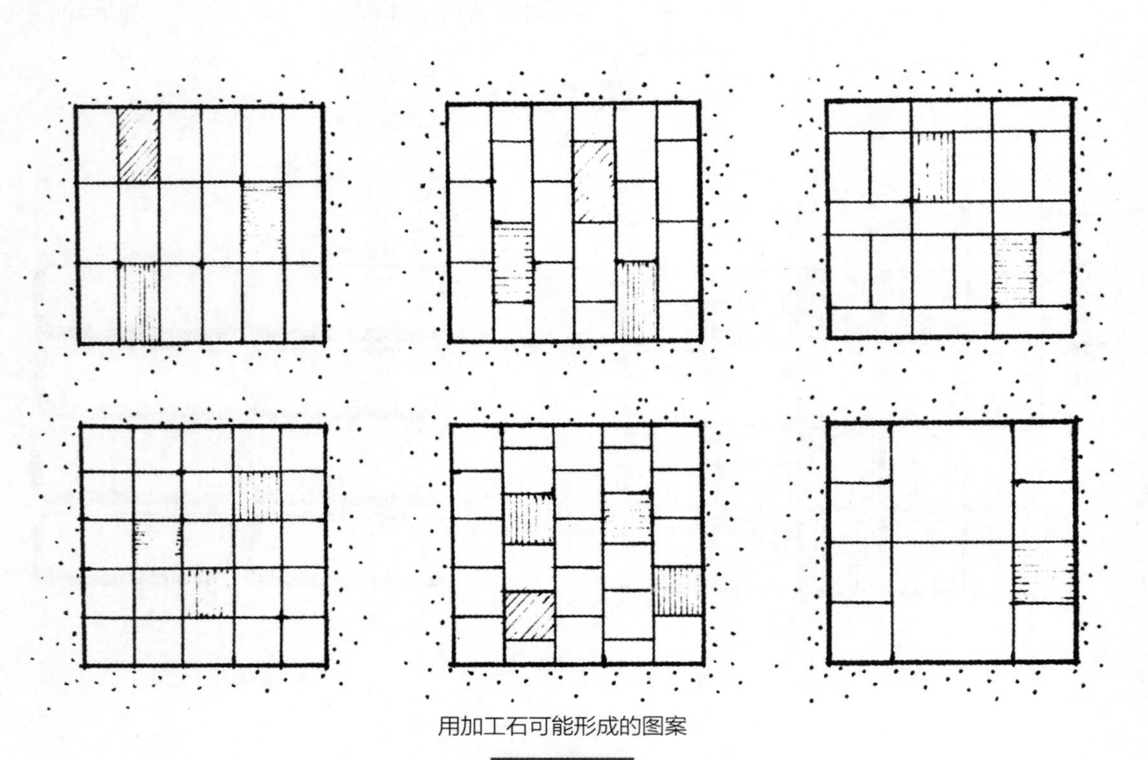

用加工石可能形成的图案

图 4-35

其生产过程是将泥做成一定的形状，然后将其放于窑中烧炼而成。烧炼温度越高，则成砖硬度越大。因此，将作为铺地材料加以使用的砖，必须经过极高的温度加以烧炼。硬度低的砖不适宜用做铺地材料，因它一旦受到磨损和冰冻作用，就会破碎。

砖料也具有许多设计特点，不过它不如石料那样具有多样化。砖料的显著特点是具有暖色调，当然，砖料还具有许多泥土色调。砖料，无论其本身还是与其他材料的组合，都会因其固有的色彩而使室外空间引人注目。当砖料与其他冷色调、单调的材料如混凝土组合在一起时，砖料的上述特点便能发挥其优势。

砖的另一特点是具有固定的模式，就是说，是用固定的形状和大小而生产出成品。因而能在整个设计中重复出现（图4-36）。标准的砖呈长方体，其尺寸为5.7cm×9.5cm×20cm。不过，砖这种固定的模式在某种程度上限制了它的灵活性，这是因为设计师常受到标准尺寸的约束。任何违反此标准尺寸和形状的形体，都需要进行特殊的模制，或加工成符合独特要求的形状。鉴于这一原因，砖最适合于直线和折线形状的铺地（图4-37）。砖料通常不便使用在曲线或无定形的形式中。这是因为这些曲线型需对砖进行大量的加工和整形。但是，砖可使用在以辐射状或圆弧状的图案中（图4-38）。辐射状图案完全适合块料砖的铺砌，而不需对砖进行修整。

砖作为铺地材料来说，它还是具有潜在的缺陷。它在那些具有较大降雪的地区不能很好地发挥作用，特别是当砖的连接缝过大或不平时尤其如此。雪常会塞满这些缝隙，从而使地面难以保持干净。而且扫雪机常会毁坏铺在软基础上的砖。

尽管在使用砖方面具有一定的局限性，但是砖仍可用在许多形式中。与石块相同，砖也能构成有视觉魅力的二维空间。图4-39所示的是普通砖结构形式，在所有的铺设

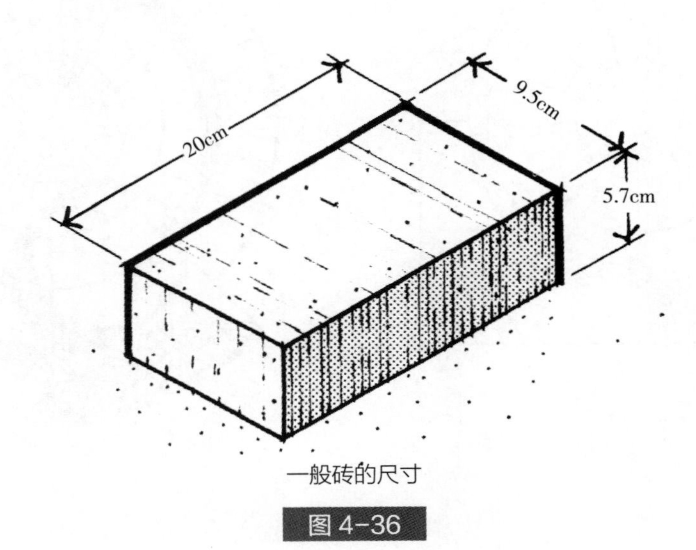


一般砖的尺寸

图 4-36

不合理：标准砖在铺设自然式形状铺地时必须进行加工

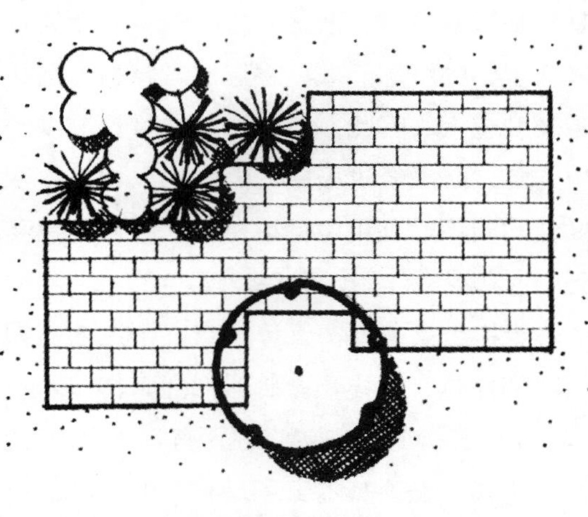

合理的：标准砖适合于铺设规则的形状

图 4-37

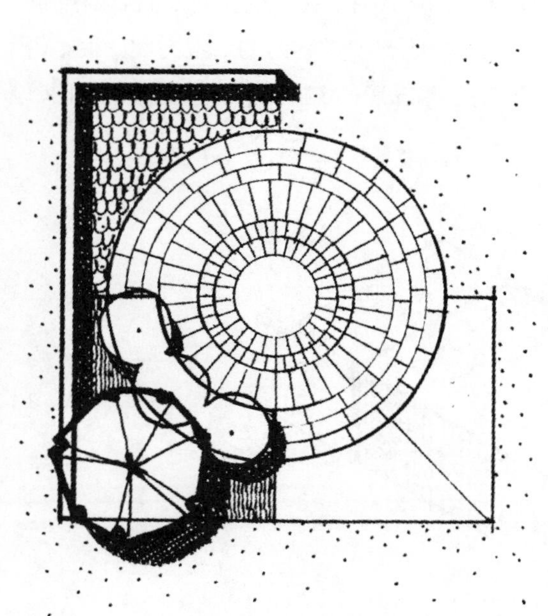

砖用于圆形图案

图 4-38

中，最广泛使用的是以直线形式来铺砌，这是因为该形式最易适合砖的排列，由于各种砌砖成了长长的线条，因而具有较强的引导作用。在以直线铺砌时，应该注意砖应垂直于视线横铺，而不应与视线平行（图4-40），这样做的理由是横铺的观赏面比直

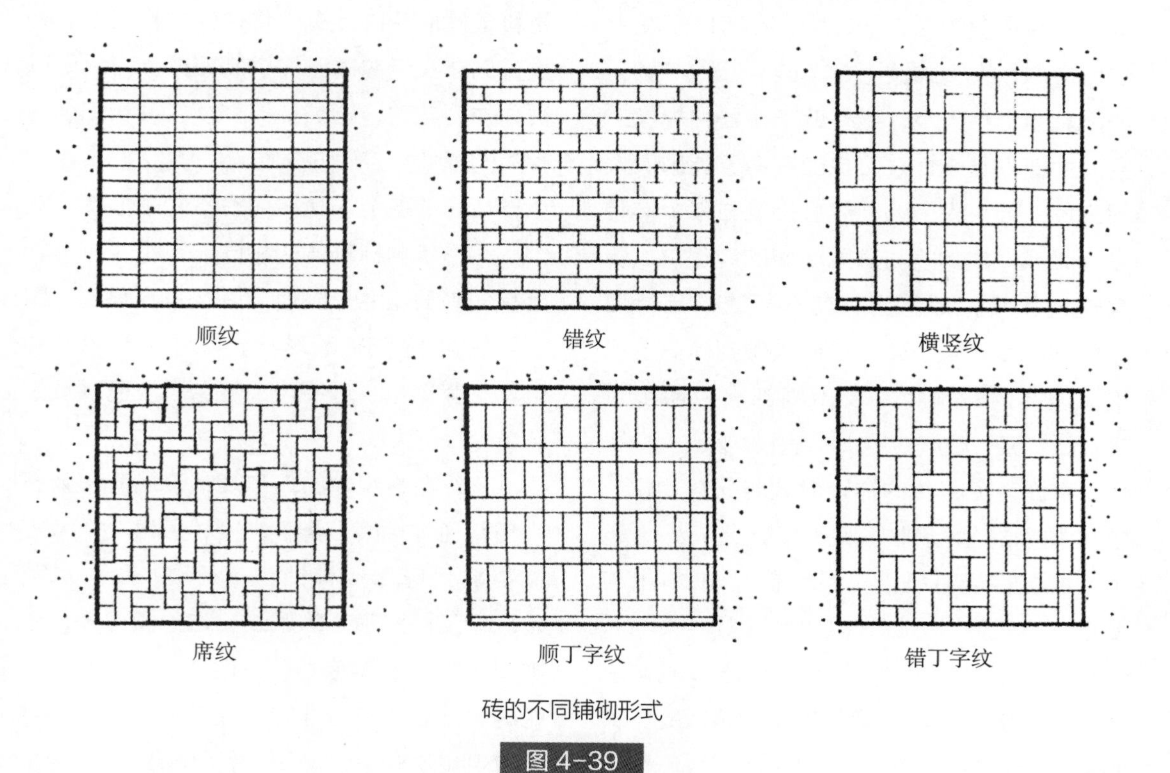


砖的不同铺砌形式

图 4-39

不合要求：砖铺的线形与视线方向平行

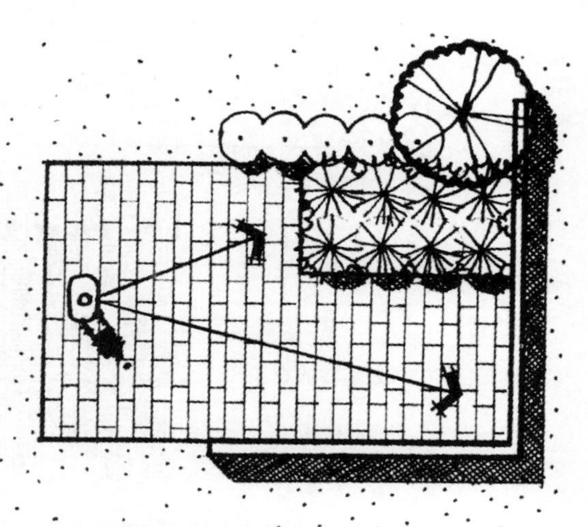

符合要求：砖铺的线形与视线垂直

图 4-40

铺大。

正如前面所提到的那样，砖具有许多功能，在室外环境中得到广泛应用。它们既可以被用在小型的私人花园中，也可以用在大的城市广场上，如波士顿市政大厅的广场。砖因其色彩和大小，最有助于在各种规模的空间中建立其个性。砖也能有助于装饰宏大的广场，因为人们的视线直接能与单个的砖发生联系，使其能与周围环境的砖建筑、砖墙连接起来。砖也能因其本身的视觉特性应用到许多场合，砖还能使人想到历史的风格，因在古建筑中及其周围都大量使用过砖，如费城、威廉斯堡。

由此可见，砖的铺设形式与石料相似。它可被铺在软基础上如沙、灰土或小砾石上，或铺在硬基础上（混凝土）。就沙土与混凝土比较而言，铺在其上的砖其利弊与石料相同。不过应注意，当砖被铺于沙基础上时，必须使用固定的镶边来制约砖，就像限制砾石使用的方式一样（图4-41）。不然，砖料的边缘极易碎裂，从而还得对其进行长期维护管理。

*楔形花砖*：另一种与普通砖相似的铺地材料是楔形花砖，有人将这种材料归为石材类，但它实际像砖一样机制而成。它之所以被称作为花砖，皆因每一个模件形状都能与相邻的模件相连锁，或衔结，其状非常像一个连环套的各节。花砖可有不同的形状，其中一种形状与标准的砖相同，也呈长方形，而其他则与正方形相似，以及呈八角形。图4-42是某些花砖的形状。该种砖具有各种色彩，黄褐色、粉红色、红色、灰色以及浅蓝色。

花砖在景观中的作用及铺设场所与大石块和普通砖相同。至于说设计师为一个特定铺装地面选择何种铺料，石块、砖材或花砖，除了根据预想的用途和造价预算外，还需视该铺面所需色彩、质地、形状等而定。花砖优于石块和标准砖之处在于它是一种对于车辆来说较坚固耐用的铺地材料。花砖是

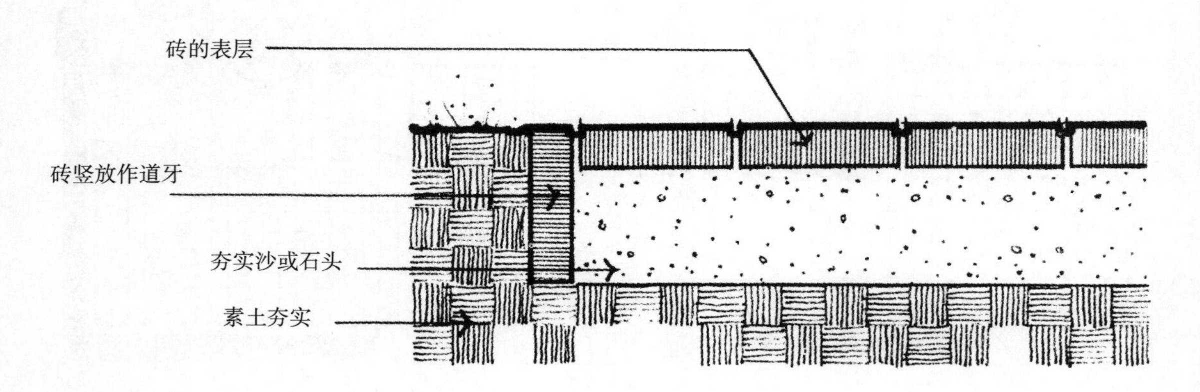


砖铺设在软基础上

图4-41

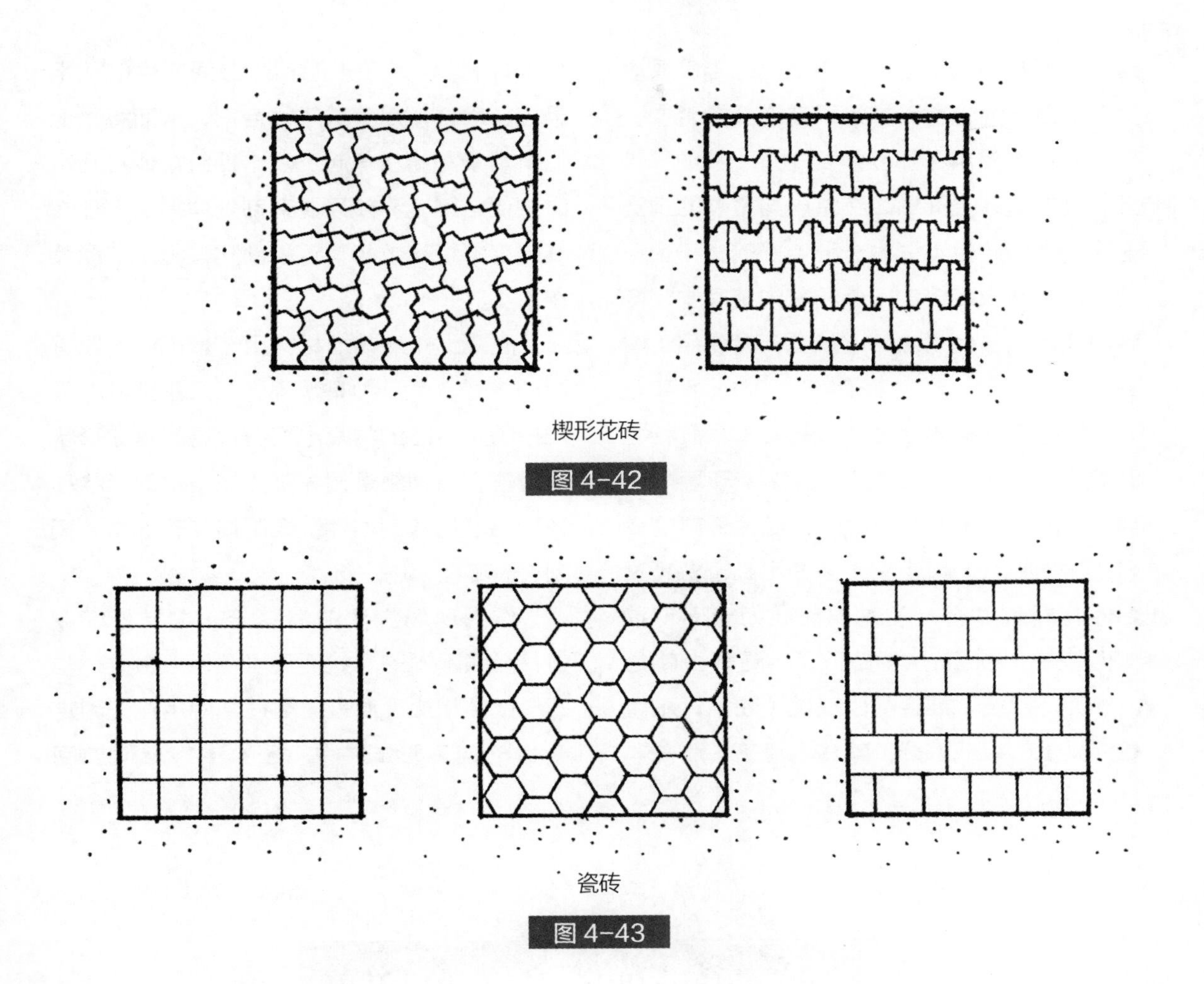

楔形花砖

图 4-42

瓷砖

图 4-43

一种密度极大的材料，因此，尽管它通常被铺设在软地基上，它也能承受极大的重量。不过，材料的密度也会阻止水和盐分的渗透。

*瓷砖*：第四种块状铺地材料叫瓷砖。这种砖又简单地被称为“薄型铺料”。其厚度范围1.2～1.6cm。这种砖是由人工模压泥经过大于1100℃的高温烧炼后而形成。与一般砖料相比，瓷砖密度和强度都较大，因而它具有耐磨、耐冻、耐热等特点，而且由于瓷砖相对较轻，所以易于铺设安装。不过瓷砖不像其他砖料，它必须安放在坚硬基面上如混凝土上，以受到结构支撑。由此，瓷砖可被当作装饰性铺地材料。瓷砖的形状变异包括长方形、正方形以及六角形（图4-43）。长方形瓷砖与其他长方形砖大小相等同，因而当其被当作铺装地面铺置好后，从外形上看上去与其他砖极其相似。瓷砖的基本色调和涂面也有多种。瓷砖不像其他砖，由于它具有许多种抛光涂面，从而使设计师处理所铺地表面时有更多的色调选择。有些瓷砖的不

足之处便是当其潮湿时，在上面行走极易滑倒。瓷砖作为铺料可被运用在许多场合中，但它最适合使用在那些需要光滑、精细、甚至光亮的室外空间中。在室内与室外的视觉连接上，瓷砖也不失为一种上好的材料。在地平面上两个相接的室外和室内空间中，瓷砖便能起到这两者之间的视觉连接作用（图3-63）。

**黏性铺装材料** *波特兰混凝土*：波特兰混凝土简称为“混凝土”，是室外环境中几种不同的黏性铺装材料之一。黏性铺料的命名，乃是因它们包含了许多细小颗粒，经过黏性材料或黏合剂的黏结而成为大面积铺料而来的。从工艺角度而言，混凝土就是由水泥、沙及水混合凝固而成（注意：水泥是混凝土的组成部分，就其本身来说还并非是铺地材料）。在水泥和水之间产生的化学反应，水合作用生成了黏合剂，从而将水泥粒料紧紧黏结在一起了。这种组合体在几小时内便坚固了。如果混合剂处理得当，那么其硬度将持续数年。这种硬化过程叫“混凝作用”。

混凝土作为铺地材料用于景观中一般有两种方式，第一种是现浇。第二是预制。现浇指的是液态的混凝土根据现场的具体形状而浇注。而预制是预先浇注成一定的形状和各种标准尺寸的构件，像制造彩砖一样。预制一般不在现场进行。

作为现场浇注的混凝土，在其凝固以前，可随不同的形状而具可塑性。由此，与石料或砖相比，混凝土更适合使用在无固定形状的铺地形式中去（图4-44）。稍加回

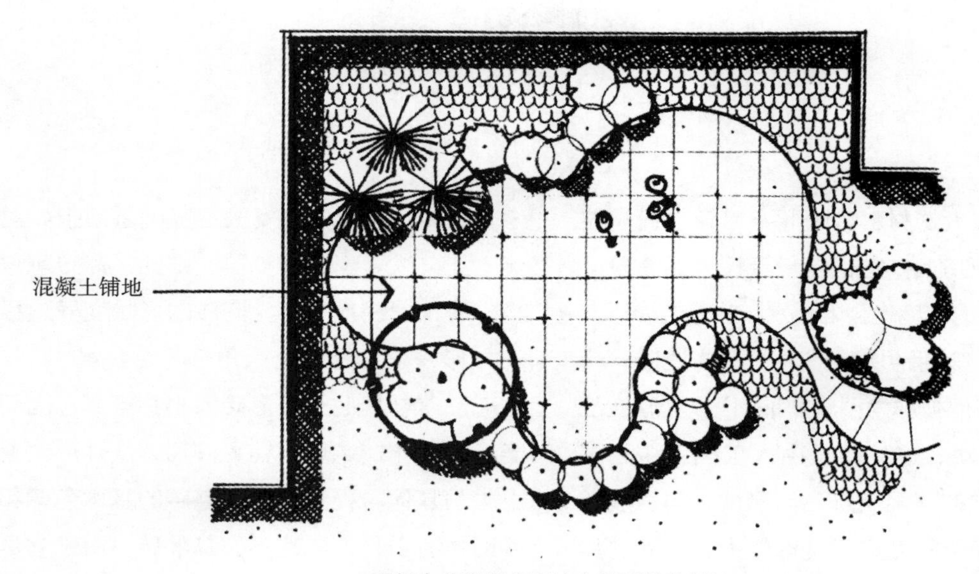


混凝土非常适合浇注自然形状的铺地

图 4-44

忆，造型彩砖都是由一固定大小和形状的模式而成型，而初凝的混凝土则容许各种图案印在其表面上。除了这一特点外，混凝土是一种经久耐用的铺地材料，它能承受长期强作用力的使用，而不会损坏。此外，混凝土的造价均低于石料或砖料。这主要起因于原料的低价和它施工周期短。正是由于混凝土的强度及相对较低的价格，而使它被当作铺地材料广泛使用。混凝土的最后一个优点是它无需受到过多的养护。任何所需的养护或维修都是由于铺设不当或盐蚀作用所致。

混凝土一个明显的特征和设计因素是真缝（伸缩缝）和假缝（Scoring lines）（图4–45）。伸缩缝（又称隔离缝）就是混凝土的垂直分界。实际上，伸缩缝也是分隔相接混凝土路面的空隙，它的作用是使路面的膨胀和收缩不会引起铺装结构的毁坏。这一空隙常用沥青或橡胶处理过的物质填充。作为铺地的构筑物，红杉或杉木的隔板也具有伸缩缝的功能。伸缩缝对于一个大面积的铺装地面来说，是绝对必要的。混凝土地面如果没有伸缩缝，地面必然会隆起或开裂。一般说来，大道、小路或其他大面积的铺装广场，伸缩缝之间的最大间距为9m。假缝也是混凝土地面的刻线（图4–45）。假缝的深度一般仅为0.3 ~ 0.5cm，而且它根本不将混凝土路面分断成独立的路段。从建筑的角度而言，假缝的作用是缓冲槽，以调节可能在路表面形成的龟裂。如果没有假缝，那么混凝土路面就会出现无规则的龟裂。一些专家们建议，在任何方向，假缝最好相距16cm。由此可见，在一块混凝土路面上，假缝一般多于伸缩缝。

无论是伸缩缝还是假缝，都是混凝土路面的重要组成部分。除了以上的结构功能外，它们也能为一块混凝土路面提供视觉上

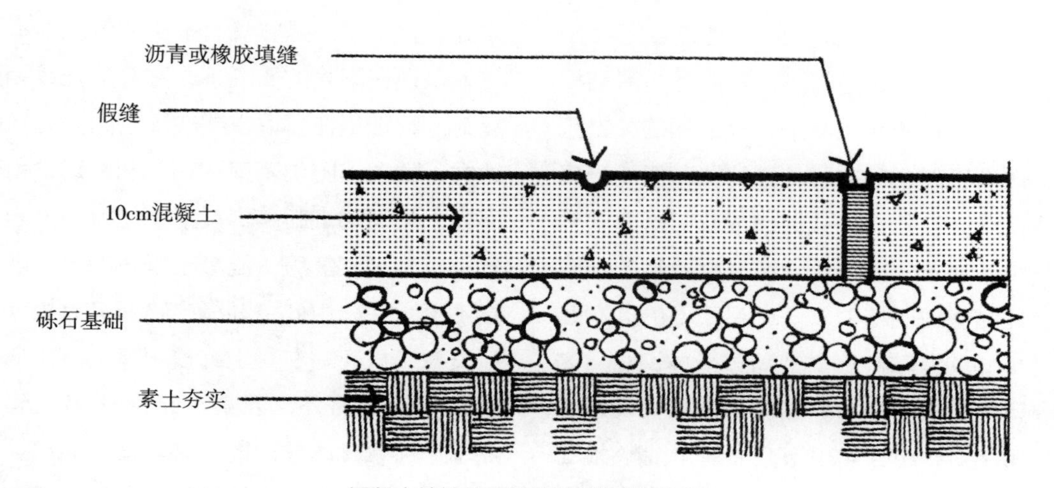


混凝土铺地的伸缩缝和假缝的剖面图

图 4–45

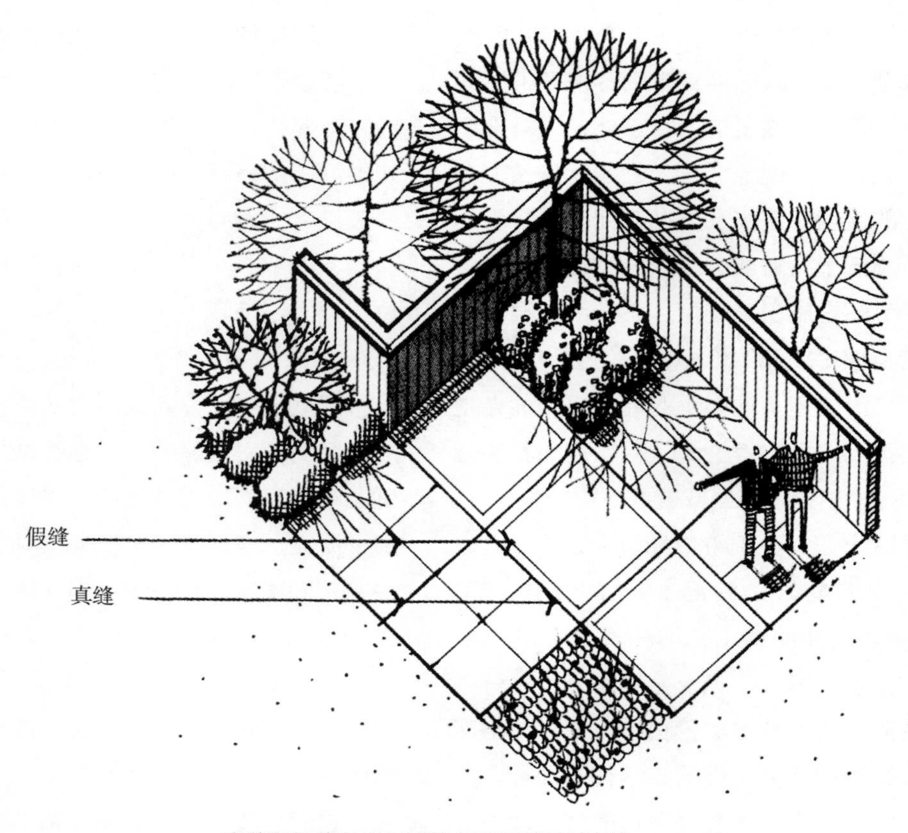


真缝和假缝在水泥铺装中提供图形和比例

图 4-46

的节奏、质地、规模以及观赏趣味等（图4-46）。此外，如前所述，它们还是联结混凝土路面与其相邻路面或其他结构的关键因素。作为平面布局来说，伸缩缝和假缝极易铺成直线，但若铺设成曲线或圆弧形时就较困难（图4-47）。因此，在具有曲线的地面上做伸缩缝或假缝时，一个最重要的问题是要避免伸缩缝和假缝与铺面边缘成锐角。如果有可能，应尽量将伸缩缝与地面铺装边缘成直角相交。图4-48表示了曲线状铺装地面中，伸缩缝可取与不可取的设计。

毫无疑问，混凝土铺装材料也有其不足之处。其中之一是它具有很强烈的反射率，也就是说在阳光的暴晒下，它会使光线强烈反射。特别是在夏季，或在那些阳光充足的地方，如在美国佛罗里达和亚利桑那，由于混凝土路面的耀眼和热反射，使得行人走在其上感到极不舒服。混凝土铺料的另一缺点是不透水性。由此，混凝土路面具有极大的径流量，从而需在其上铺设更多的下水道、排水管道。另外，混凝土路面还易受到在冬季用盐融化冰雪时的腐蚀，使路面出现驳蚀。然而，混凝土铺装的最大不足还是在于其不引人注意。这是由于其单调的色彩、呆

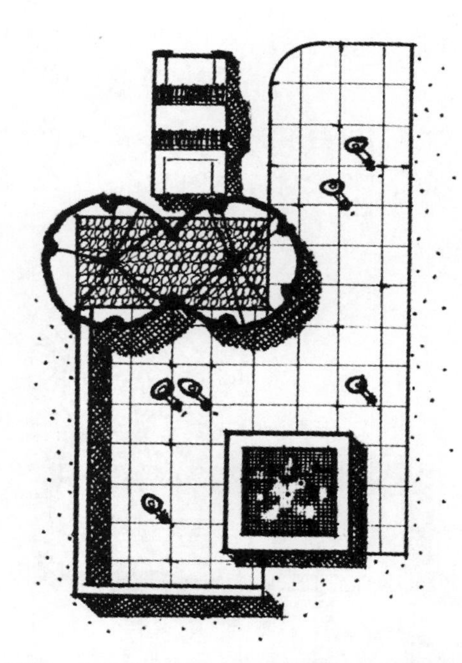

不合理：伸缩缝在设计中与其他要素的边缘视觉关系差

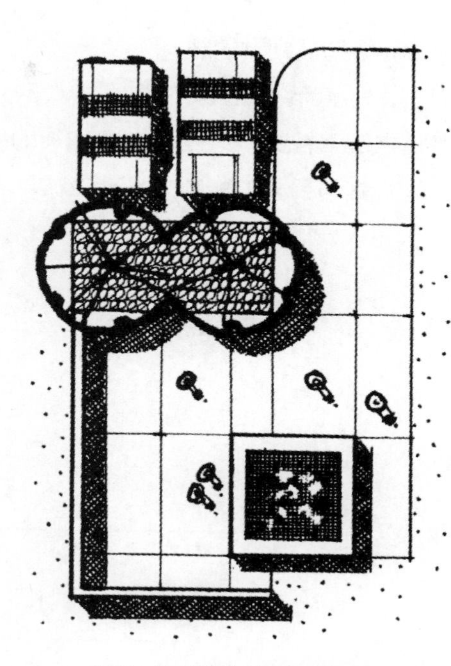

合理：伸缩缝有较强的视觉联系

图 4-47

不合理：伸缩缝与铺装边缘成锐角相交

合理：伸缩缝与铺装边缘成直角相交

图 4-48

板的形式不会造成视觉情趣。

不过，尽管混凝土有不讨人喜欢的色彩，但是在增强视觉效果上有许多弥补的办法，一是将其与另外的材料如石头或砖结合起来使用，这些材料不仅能缓和混凝土的单调性，而且能为其提供色彩和质地的对比（图4-49）。这些附加材料可以形成丰富多彩的造型，弥补了混凝土的不足。其二，是

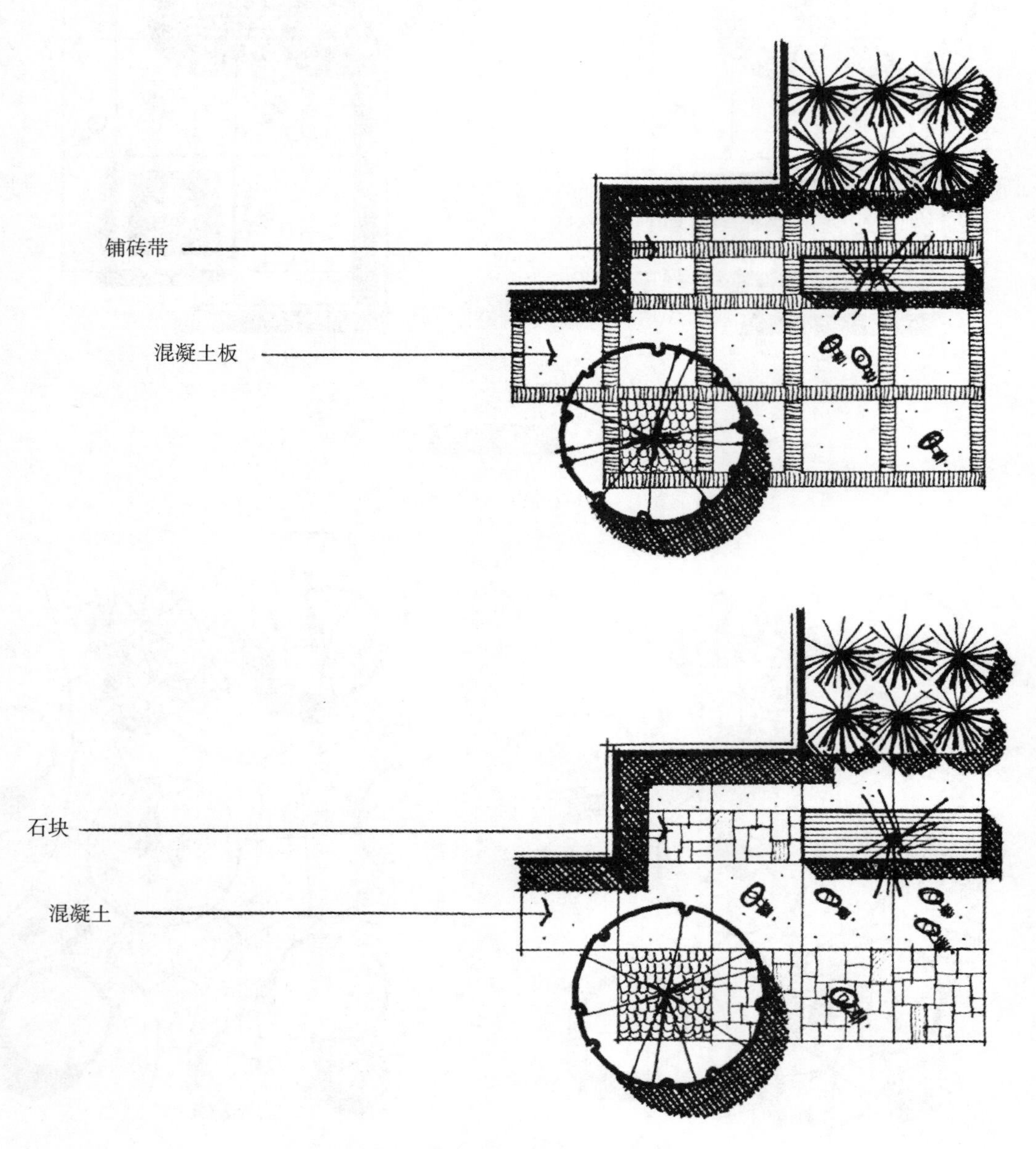


不同的方式增强了混凝土铺装的造型

图 4-49

在混凝土路未完全凝固前，使用扫帚略加以拂扫其表面，可使表面产生粗糙、砂质的面层，这种表面有一定的吸引力，同时也能防止反光，在下雨时也能防滑。

第三种办法，是在未干的混凝土上印刻出不同的图案或造型，可印成像石板、砖、瓷砖的模样。再加以类似其材料的涂料，使其达到乱真的地步。这种加有图案造型的混凝土，除能有助于观赏外，它还比真正的被模仿的材料更便宜，当然，美中不足的是它仍是复制品。

最后一点，混凝土加上色彩涂料也可以改善其外貌。不过，这种方法总的说来其效果不是很好，这是因为很难掌握加入混凝土中颜料的多少，而且也难使每一次的配料量一致。此外，混凝土中的色彩易随时间而消褪。

一种具有许多混凝土特性，并用来构成具有视线吸引力的铺装混凝土的变型，叫颗粒外露混凝土。这是一种极其特殊的混凝土，其中的颗粒暴露在外，从而使路面呈现具有许多种结构的、像砾石一样的外形（图4-50）。暴露颗粒可以直接加到混凝土中去，或在水泥铺完抹平后，再撒或嵌在其表面上。在上述两种情形中，覆盖颗粒的沙浆在未凝固前必须冲刷干净，使颗粒显露出来。颗粒的大小和色彩，以所需要的观赏效果而定。颗粒外露混凝土比一般混凝土贵。但它最适铺在那些需要极强的观赏效果的地面上，或那些既要有砾石似的结构，又要避免砾石之不足的铺装地面上。如私家花园中和人行道上（图4-51）。如果其细部设计得当，外露的颗粒混凝土铺地也可以用到室外空间中。但记住，这种铺地不适合于在那些用扫雪机清扫积雪的地方，因为扫雪机常会损坏地面。

前面曾提到，第二种通用混凝土铺装材料是预制混凝土铺装。在这种形式中，混凝

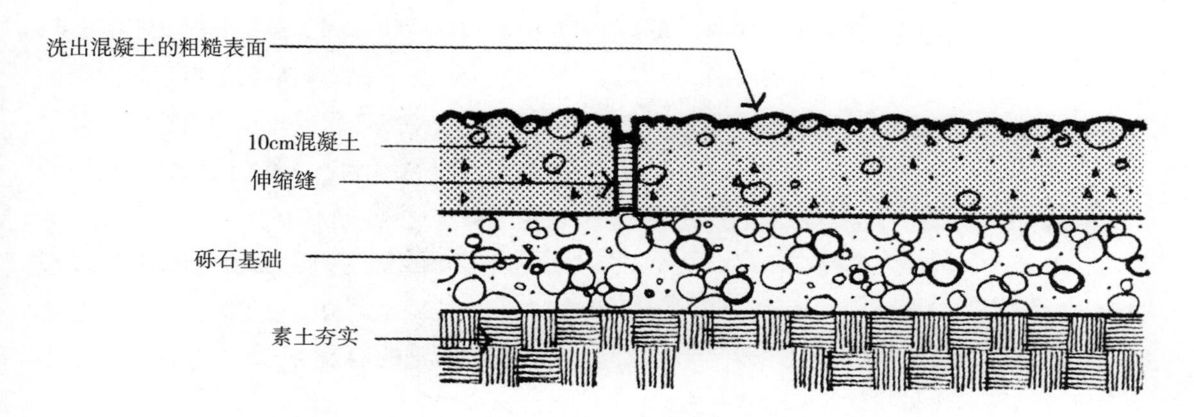


混凝土表面粗糙的剖面图

图 4-50

在私家花园空间中颗粒外露的混凝土铺地提供粗糙的质地

图 4-51

土可以浇注成具有各种大小规格和形状的混凝土构件。常见的构件呈正方形或长方形，也有八角形、圆形或三角形。预制混凝土可以用于全铺装上，也可以用在草地中，间隔排列，使混凝土块之间有一定的间距。这样可以使浅色的混凝土块和深色的草坪形成对比，构成极强的视觉效果（图4-52）。预制混凝土构件的这一作用最适宜于不太引人注目的地方，或作为全铺装和草坪之间的过渡。

一种独特的预制混凝土构件被设计用来将草坪或地被植物与铺装地面组成一方格状造型，叫“草坪网格”或“草坪铺装”（图4-53）。在其排列的空穴中，填满泥土种上草丛或地被植物。从表面上看去，方块的混凝土构件之间生长着草或地被植物（图4-54）。这种类型的预制混凝土构件，最适合使用在需要较稳固坚硬，同时又不能出现铺装地面呆板、枯燥的地面上。另外，在水流量较大的停车场，或较少使用的便道，或混凝土地面与草坪之间的过渡地区，也常常使用这种预制混凝土铺装。

从环境质量上来说，草坪铺装的优点是具有渗水性，这点与砾石相同。由此，它能减少铺装区域的地表径流，以及减少排水装备而减少费用。

*沥青铺装*：第二种广泛用于室外环境中的黏性铺装材料为沥青。沥青是由细小的石

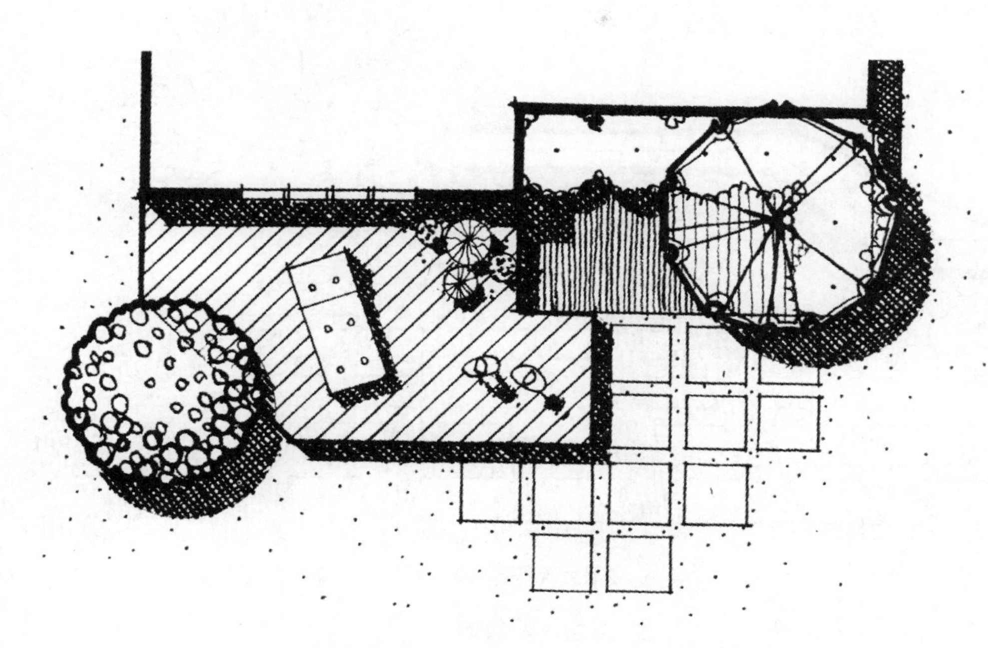

预制混凝土在草坪上浇注过渡性的、独特的形状

图 4-52

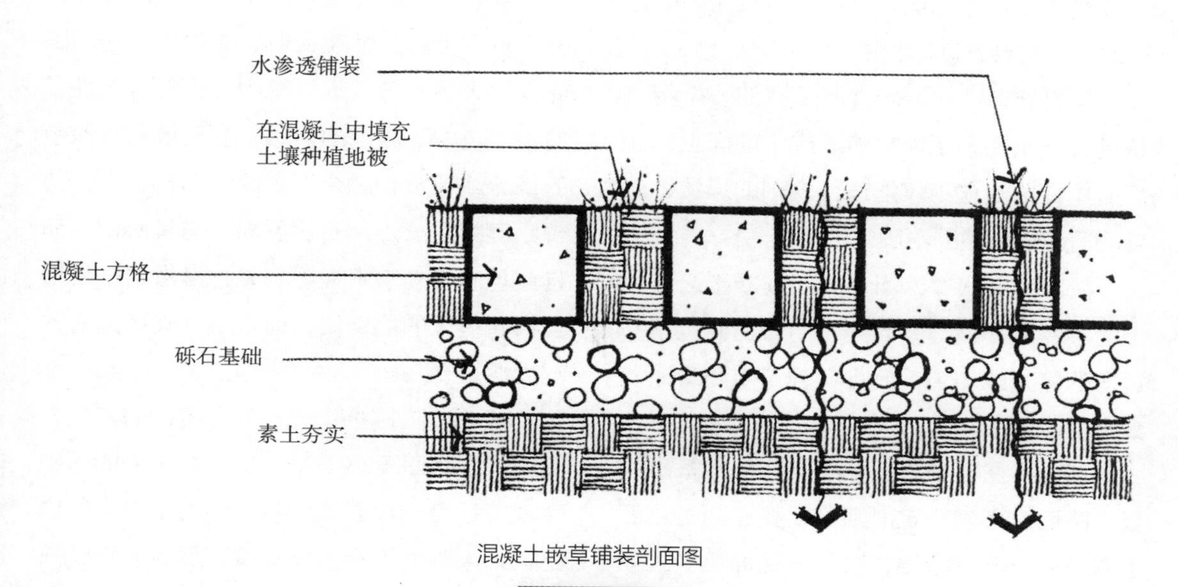


混凝土嵌草铺装剖面图

图 4-53

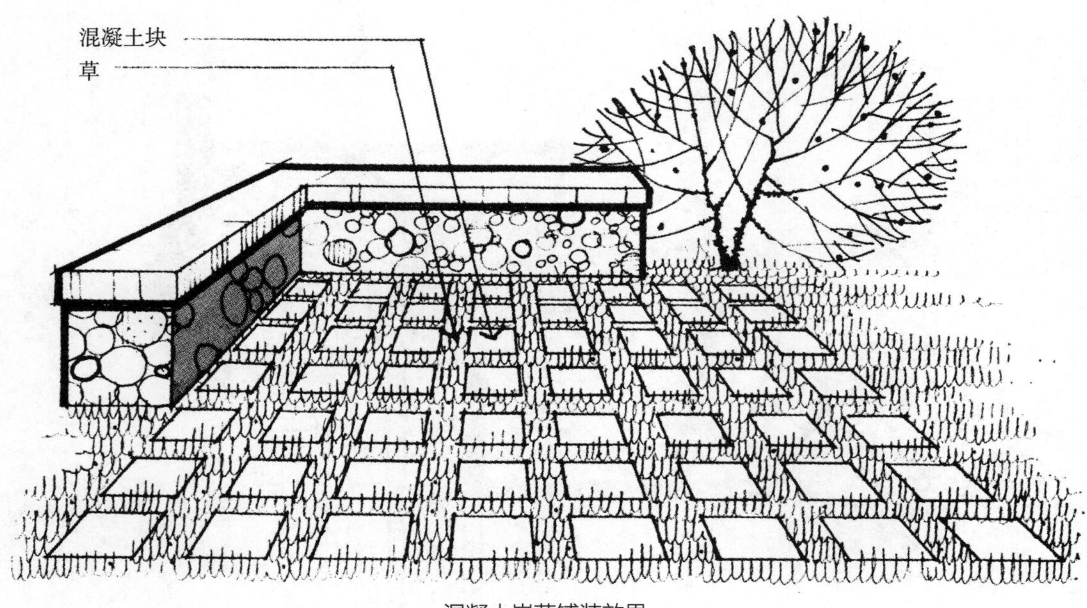


混凝土嵌草铺装效果

图 4-54

粒和原油为主要成分的沥青黏剂而构成。从结构上说，沥青与混凝土不同，因为沥青是一种具有柔韧性的铺装材料。当有压力的作用时，沥青会移动和折曲。

与混凝土一样，沥青所具有的一个特点是具有可塑性。沥青也能适应于地面上的任何形体，这使它不仅能适合规则的形状，而且能适应于自然的不固定的造型。

在自然形状中，沥青优于混凝土之处在于它不需要伸缩缝。此外，沥青路面也不需过多的修整或加工，而且在施工中沥青比混凝土更简单和方便。

不过，在养护方面，沥青路面却多于混凝土路面。每到一定时期，就要在沥青路面上覆盖一层沥青涂层，以保护路面免受毁坏性磨损。沥青的另一个不足之处，是它极易"啃边"，这就会使路面难看，又会增加额外的维修养护。

从色彩和特性来看，沥青尚不足以称得上是具有美感的铺装材料。在供人行走的路面上，大多数行人难以感到沥青的观赏性。但是，正因其深黑的色彩，它又极易与深色的草坪或地被相融合。在深色的背景上，沥青比混凝土或浅色石块更易于与其协调。而且深色沥青几乎不反射阳光，虽然这一特性会引起很大的热聚集，但也不会破坏沥青的沉稳性。

沥青在室外空间具有多种用途（图4-55），只要铺装路面不小于2.5m宽，那么它的可塑性就能适合于校园或公园之中的平滑人行道上。如果路面不及上述宽度，那么沥青就只能用人工铺设，而不能用机械。若将沥青与

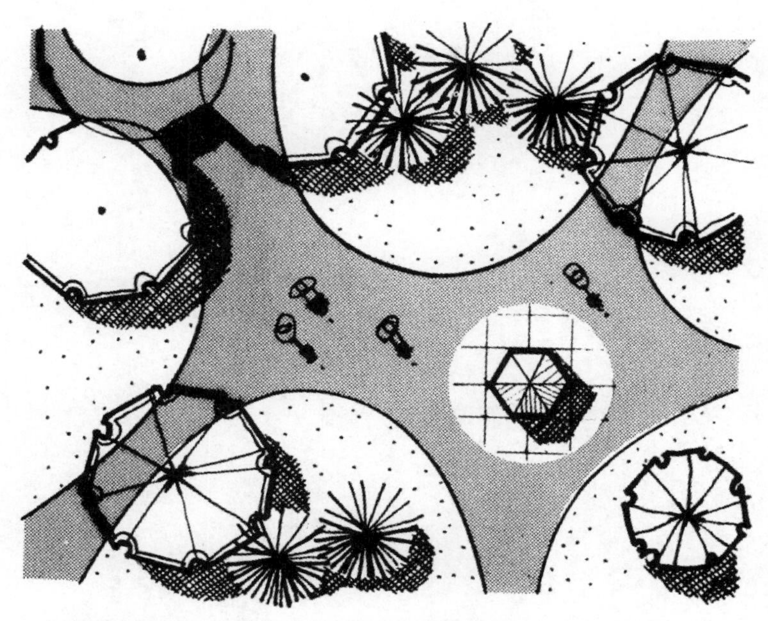

沥青铺地提供深色特性，适合不规则的道路和形状。可以不要伸缩缝

图 4-55

其他铺装材料结合使用，或在它尚未凝固前在其表面上印上图案，那么沥青也可在许多场合中得到引人注目的效果。如同在混凝土路面上一样，大型的模压机也能用在沥青路面上压出各种大小和形状的图形。鉴于沥青的非人格化的特性，以及其更能有效地在大面积空间中发挥特殊的作用，因此，最好不宜在小空间或私密空间中使用沥青。在外部环境中使用时，我们应将沥青作为可行的铺装材料加以考虑。

## 小结

在室外环境中，铺装地面既能满足实用功能的需要，又能达到美学的需要。它可以简单地被用来满足加强地面的承受力和耐磨的需要，以及从结构上维护行人和车辆的使用。除此之外，铺装地面还可因其色彩、质地以及铺设形式，为室外空间提供所要求的情感和个性。根据所选取的铺装材料，使空间产生规则的与城市一样的风格，或不规则自然的和私密的特征。铺装地面能在风景中作为导向因素，影响视觉的比例，建立统一性，构成各种各样的视觉情趣。由于铺装地面应用广泛，因此在铺装材料的选取方面应该加以仔细考虑，着重于弄清和掌握住石料、砖、瓷砖、混凝土和沥青等不同材料的类型和特点，这样才能为预期的用途和外貌选择出正确的材料。但是，无论使用何种铺装材料，都必须将其与所有其他设计要素相互配合，使之浑然一体。

5

# 园林构筑物

**台阶**

**坡道**

**墙与栅栏**

制约空间

屏障视线

分隔功能

调节气候

休息座椅

视觉作用

**挡土墙**

**设计原则**

**墙和栅栏的材料**

石块

砖

混凝土

木材

熟铁材料

**座椅**

休息、等候

交谈

观赏

看书、用餐

**小结**

在室外环境中，若仅使用地形、植物、建筑以及各种铺装等要素，并不能完全满足景观设计所需要的全部视觉和功能要求。一个合格的风景园林设计师还应知道如何使用其他有形的设计要素，例如园林基本构筑物。所谓园林构筑物是指景观中那些具有三维空间的构筑要素，这些构筑物能在由地形、植物以及建筑物等共同构成的较大空间范围内，完成特殊的功能。园林构筑物在外部环境中一般具有坚硬性、稳定性，以及相对长久性。园林构筑物主要包括踏跺（台阶）、坡道、墙、栅栏以及公共休息设施。此外，阳台、顶棚或遮阳棚、平台以及小型建筑物等也属于园林构筑物，不过，本章将不予以讨论。从以上所例举的种种构筑物可以看出，园林构筑物属于小型“建筑”要素，它们具有不同特性和用途。

本章将讨论和论述外部环境中台阶、坡道、墙体、栅栏、公共休息设施的不同特性和功能，以及设计原则。不过，本章将不论述设计和建造这些构筑物所需的技术数据和资料。如想获得这方面的知识还需参考其他书籍。

## 台阶

在景观中，游人或其他行人常常需要以某种安全有效的方式从地平面上某一高度迈向另一高度。而台阶和坡道则正可以帮助人们完成这种高度变化的运动。这两种结构都具有坚硬、永久性的表层，从而使人们能按其结构方式或以一定的倾斜度上、下移动。

与坡道相比较，台阶在景观中有利有弊。台阶的一个特点是它们由一系列水平面构成，在这些平面上人们感到“脚踏实地”，并且当出现水平高度的变化时，人们仍能保持平衡感。台阶能帮助人们在斜坡上保持稳定性。台阶的另一优点是在完成一垂直高度变化时，它们只需要相对短的水平距离。当高度一定时，要完成这一高度变化，台阶所需的水平距离大大小于坡道所需的水平距离。后面的图5-18就表明了这一差别。由此可见，台阶在其空间的利用上效果较好，尤其在狭窄、拥挤的园址中，更显示出它的优势。这也就是为什么台阶远比坡道的使用范围更广泛的原因之一。此外，台阶可以用各种不同的材料来建造，这样使它们在视觉上可以适应于任何场所。石头、砖块、混凝土、木材、枕木甚至于适当处理的碎石，只要边缘稳固，都可以作为台阶的材料。台阶除了适应坡度变化外，它们还能在景观中发挥其他的作用。台阶的其他功能将在本章中加以讨论。

反过来，台阶的一个最大缺点，则是有轮的交通工具如童车、自行车以及轮椅等均不能在上面行驶。除此之外，那些行动困难的老年人或残疾人也难以对其加以使用。也就是说，台阶之间的每一高度变化，对于那些残疾人来说，要想跨越是极其困难的。对于他们来说，台阶就像一道道“屏障”，阻止了他们在环境中的自由行动。遗憾的是，外部环境中的许多地方，正是由于这些台阶的存在，而将坐轮椅的人拒之于门外。因此，作为风景园林设计师来说，将台阶用于自己的设计中时，应该时刻牢记，要有供残疾人通行的结构。

台阶对于所有使用者来说，还有另一个缺点，那就是当台阶上被冰雪覆盖时，人们在上行走是非常危险的。在那些降雪多的地区，这是一长期为人所知的情况。在这些地区的冬季，长而宽的台阶常常禁止通行或只留窄窄的一条来使用。由于台阶具有这种潜在的危险性，因此，在降雪量多的地区，大量设计使用台阶也是不恰当的。

在设计台阶时，我们应知道和使用一些专用名词。踏面、上升面以及休息平台。上述这几个术语均如图5-1所示。所谓踏面是指人们踏脚的水平面，一般人就叫它为“阶层”。“上升面”则是指一个梯级的垂直部分，或高度。一般说来，在一组台阶中，上升面总是多于踏面一个。“休息平台”是指两组阶梯之间比较大的平面间隔。平台的主要作用是供人休息和缓冲的区域。而且在视觉上有调和作用。

在设计确定台阶的舒适度和安全感方面，其踏面与上升面之间的大小比例关系是一关键性因素。踏面与上升面的设计决定行人步伐。一组走起来没问题的台阶，人们甚至不注意它的存在，而一组走起来别扭的台阶，每个人都会发觉它的不方便。设计不好的台阶，很容易使人跳跃着走，或是一阶走两步，或是两阶之间跳跃上下。上升面和踏面之间的设计不好等于是在制造危险。

因此，在考虑室外台阶的上升面与踏面的大小比例时，有几点必须记住：第一，室外空间比较宽阔，容易使物体看起来较小，所以室外台阶比室内的台阶，在尺寸上应该稍大一点。第二，不同的气候因素，会直接影响到安全问题。例如雨、雪和冰等因素，使人们在室外行走比室内行走更危险。因此，室外的台阶应做得较宽阔而且平缓。这是为了配合室内外不同的空间比例与气候因素。

对于踏面与上升面之间的比例关系来说，普通的原则是，上升面尺寸乘以2，再加上踏面等于66cm（2R+T=66cm）。这条原则是从许多台阶的实例中归纳出来的，而一

台阶的模式

图 5-1

般人在这种比例的台阶上下，总感到舒适方便。按照这一关系计算，如果上升面高度为15cm，那么踏面就应为36cm。若上升面为14cm，踏面最佳大小为38cm。以上数字可以看出，上升面越高，则踏面就越窄。其他的公式和原则都是来源于经验和设计目的，积累而逐步形成的。但是不管我们采用何种方式来设计上升面和踏面的比例关系，都应记住，上升面的最小高度极限为10cm，最大高度极限为16.5cm（图5-2）。如果上升面高度小于10cm，那么，在室外空间中不易被察觉，很容易将人绊倒，造成潜在的危险。此外，小于10cm的上升面，在一固定的高度上就需建造更多的踏面。反之，如果上升面超过16.5cm，老年人及步伐较小的人行走则较难吃力。

一般说来，一组台阶的上升面的垂直高度应保持一个常数。如果其高度每层都在变化（图5-3），那么，顺阶而上的人就得不停地注意自己的每一步的落点，经常调整步伐，分散了人们的注意力，无形中增加了事故发生的可能性。另外在上升面的底部使用阴影线，可以提醒行人注意（图5-4）。如果在上升面的底部留一缩口，就形成阴影。

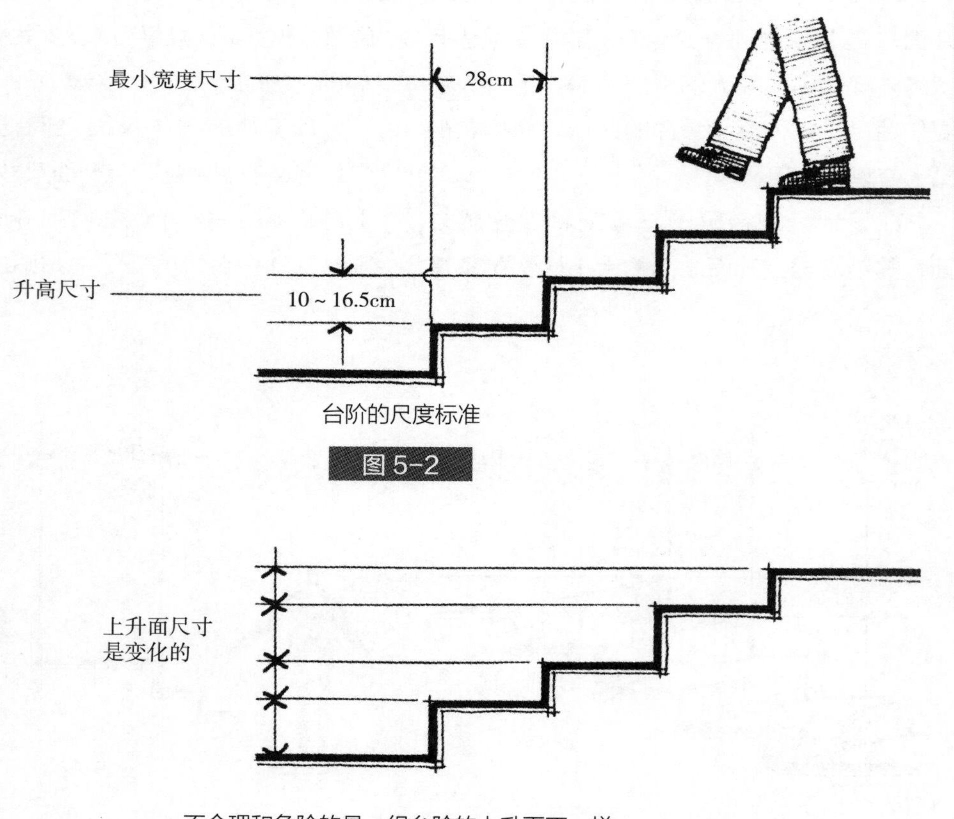


台阶的尺度标准

图 5-2

不合理和危险的是一组台阶的上升面不一样

图 5-3

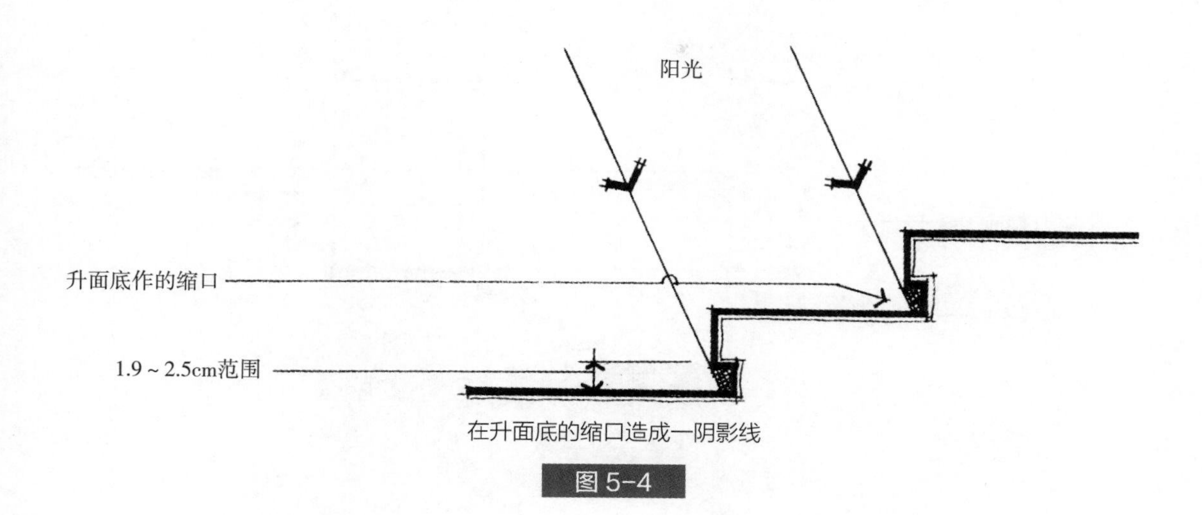


在升面底的缩口造成一阴影线

图 5-4

这种阴影线可以强调台阶的形状，使台阶在远处就很明显易见。但是，阴影线的缩口不宜设计得太高或太深，否则它会使行人的脚被绊住或陷入夹住。

在设计台阶时，我们除了应考虑上升面的大小外，还应考虑到上升面的数量，这种数量必须在一特定的台阶中确定下来。一般一组台阶决不能只有一个上升面，这是因为，在行走的路面上只有一个上升面的高度变化，不易被人察觉，从而会使人拐脚和绊跤。尤其是当造台阶的材料与毗邻的铺装材料相同时，这一步台阶更为危险，因它与周围环境已混为一体，使人更难以察觉台阶的存在。因此，行走地面的高度变化应当显而易见，才使行人有时间调整自己的步伐和落脚点。一般来讲，一组台阶最少应有2 ~ 3个上升面。

在一组台阶中垂面的最大值应符合这样一个关系，即两平台之间的全部上升面高度之和不大于122cm，这是对无扶手、护墙等保护设施的台阶而言。对于有保护设施的台阶最大值不超过183cm（图5-5）。这条原则道理很明显，第一，凡超过这一限制的台阶，不仅危险，而且要走完它也很累人，特别是那些行动困难的人尤为如此。第二，一条又长又高的台阶，从下仰望上去，在视觉上及心理上很容易产生高耸巨大的感觉，看到这么一条台阶，还没走就先觉得累和无力攀登。现实中有许多人常会因台阶过高而转身离去。

在一长串的台阶中加设平台，不仅可以冲淡景观上的单调感，而且在心理上也觉得不累，双腿也得到一定的休息（图5-6）。平台能使一组台阶看上去既平缓、又易攀登。实际情况证明，平台与台阶位置的交换布置也会影响视觉上的韵律感与行走时的节奏感。一个个台阶好像是一串重复的节拍，而平台正是一个休止符号（图5-7）。这也像我们在第一章地形的使用讨论中曾指出的那样（图1-76）。当一个人走在台阶上，平台的设置不仅影响景观，也为地形指出了观赏的位置。

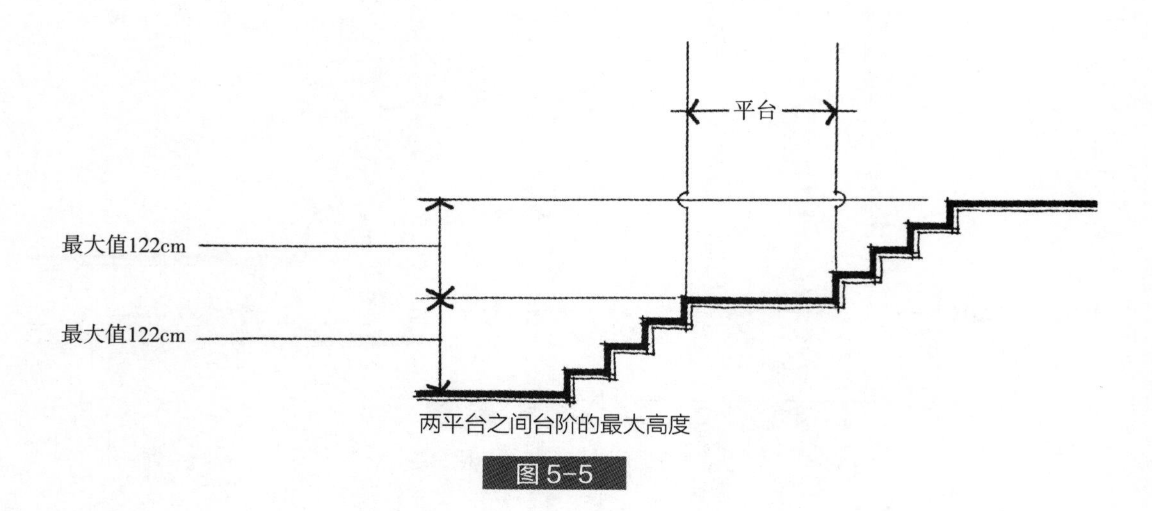


图 5-5

虽然，我们在前面曾提到，上升面与踏面的尺寸相互影响，但是我们必须注意，踏面的深度无论如何不能少于28cm（图5-2），这是为配合一般人脚掌的长度而定的。踏面如果少于28cm，人的脚掌不能完全踏在踏面上，走起来真是又艰难又危险。

另外，我们还应对一组台阶的所有踏步的平面安排加以考虑。对于有局限性的运动轨迹来说，只要有可能，踏步位置就应该设在与运动线的方向呈垂直的位置上（图5-8）。如果歪斜不垂直的话，上下台阶将会很不方便。同样，踏面的方向与深度在一组台阶中应该一样，除非，这些台阶是在开敞的广场中，或是台阶的变化是为了表现其特点。应当知道，不协调的变化除令人感到唐突外，并会发生意外的事故。在开敞的广场中，踏步的高度和深度可以适当变化，这是因为这里运动方向的局限性小，而且广场本身就比较悠闲自由。一组台阶的宽度和大小取决于它们的使用范围和预期的使用量。如果使用台阶的人多，则台阶就较宽。对于双

图 5-6

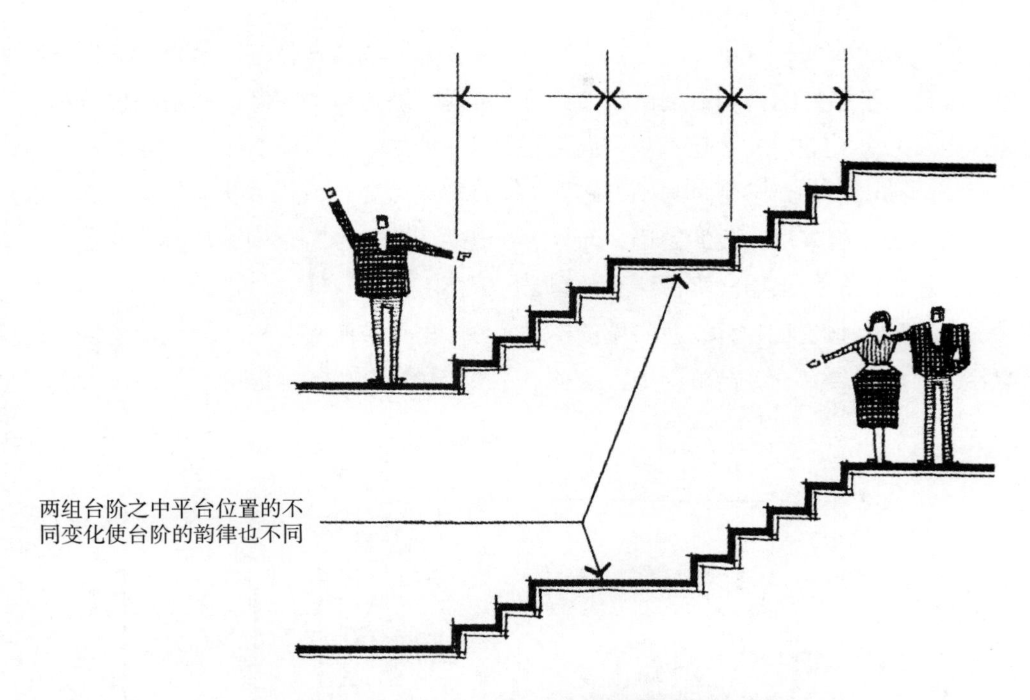


在一组台阶中，平台的位置为人减轻疲劳和影响其韵律

图 5-7

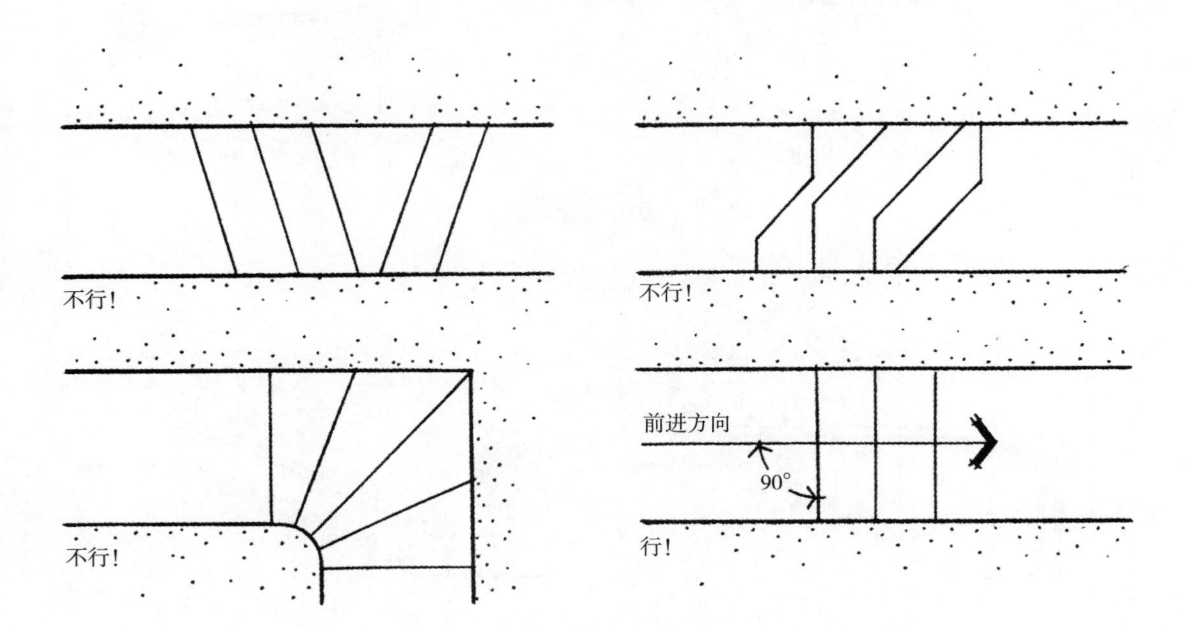


台阶在一限定的空间中，必须安排正确的角度才能引导游人的游览方向

图 5-8

向行人台阶，宽度不少于1.5m。

垂带墙和扶手栏杆的应用，是台阶设计和安全的另一内容（图5-9）。所谓垂带墙是指台阶两侧的夹墙，并介于台阶与相邻斜坡之间。夹墙不仅看起来是台阶的镶边，而且是台阶与斜坡之间的挡土墙。垂带墙大致有两种，一种如图5-10左图那样，垂带墙顶部的高度始终保持在最高一级台阶之上。这种设计方式的特点就是，台阶与垂带墙顶部的高差，随台阶的下降，而差距也就拉大了。另一种如图5-10右图所示，这种方式容许垂带墙大致随台阶梯形状而倾斜。其特点是，墙的顶部与台阶之间的高差，从上到下始终保持不变。

与垂带墙密切相关的因素是扶手栏杆，扶手栏杆是供人抓握的，并使行人上下台阶

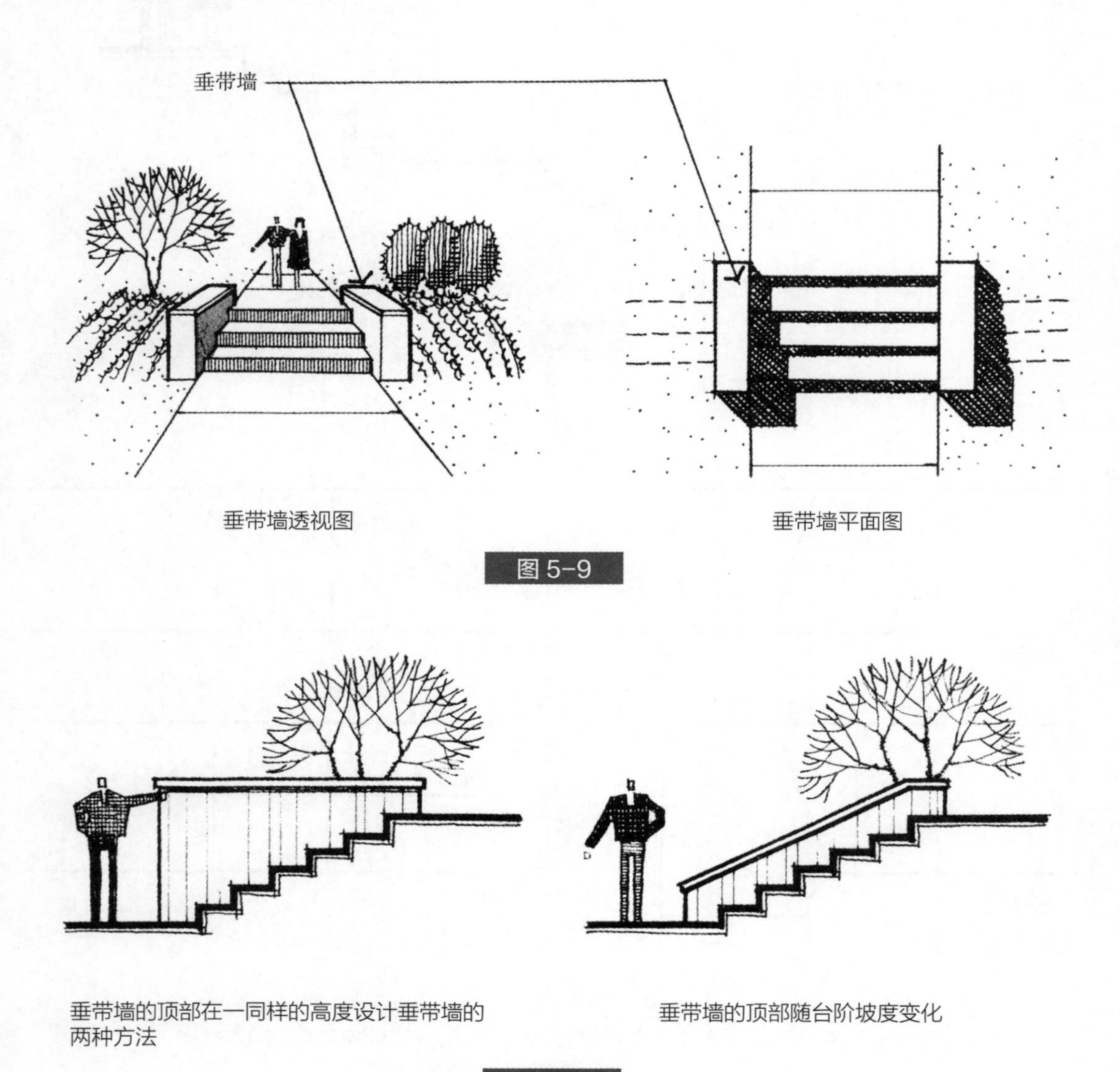


垂带墙透视图

垂带墙平面图

图 5-9

垂带墙的顶部在一同样的高度设计垂带墙的两种方法

垂带墙的顶部随台阶坡度变化

图 5-10

时保持平衡。在台阶上使用扶手栏杆还能控制上下台阶的运动方向。根据垂带墙的高度和外观要求，扶栏可以安置在墙内侧，也可置于墙体上。当然，扶栏也可以独自设置，不与垂带墙相连。为了人们抓握方便，扶手栏杆的高度为离踏面前沿81~91.5cm（图5-11）。此外，扶栏还应在台阶的始端和终端各自水平延伸出46cm左右，这样，行人在上下台阶前后仍可短距离地握住扶手。一般来说，为了安全起见，一组台阶，特别是在公共场所，至少应配置一根扶栏，对于宽大的台阶来说（图5-12），扶栏之间的间距应为6~9m。那些仅有几步阶级的台阶或私用，或不常使用的空间中的阶梯，可以不配设栏杆。

台阶除在景观中适用于两个区域之间的坡度变化外，它还具有其他一些功能。它能以暗示的方式，而不是实际有形封闭的方式，分割出外部空间的界限（图5-13）。如台阶所强调出两相邻区域之间的微小高度变化，使两区域之间产生空间分割感。台阶在这里展示了两个空间的起始的交替变换。台阶不能充当相邻室外空间的入口或门厅，这一功能与其潜在的空间限制特性相互关联。当行人穿行于景观中，台阶提醒游人，他们正在离开一空间而进入另一空间。从这一意义上可以看出，台阶具有转换空间的作用，它能为相邻空间提供缓慢而明显的转变。

从美学的角度来看，台阶在室外环境中还有一些美学功能。其一，是台阶可以在道路的尽头充当焦点物，或醒目的物体，如图5-14，台阶的这一功能就是能提供目标引导和引人注目。如果我们再与植物和墙体配合起来设计，那么台阶的这一美学功能将进一步得到加强。台阶的美学功能之二为它们能在外部空间中构成醒目的地平线。这些线条由于具有水平特性，因而能有效地建立起稳

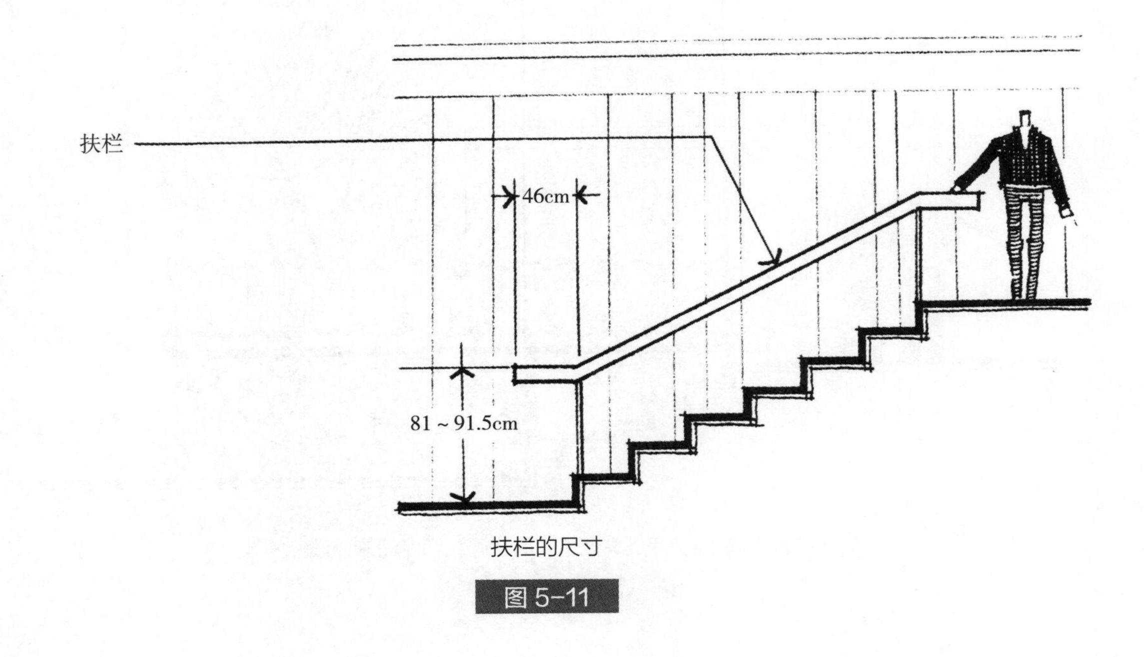


扶栏的尺寸

图 5-11

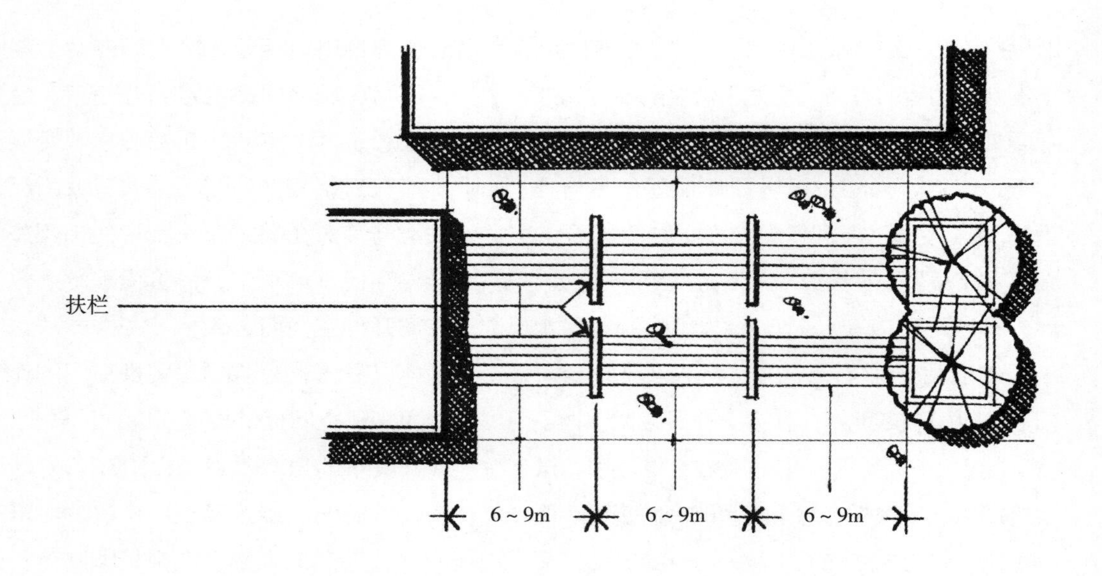


台阶中扶栏的宽度尺寸

图 5-12

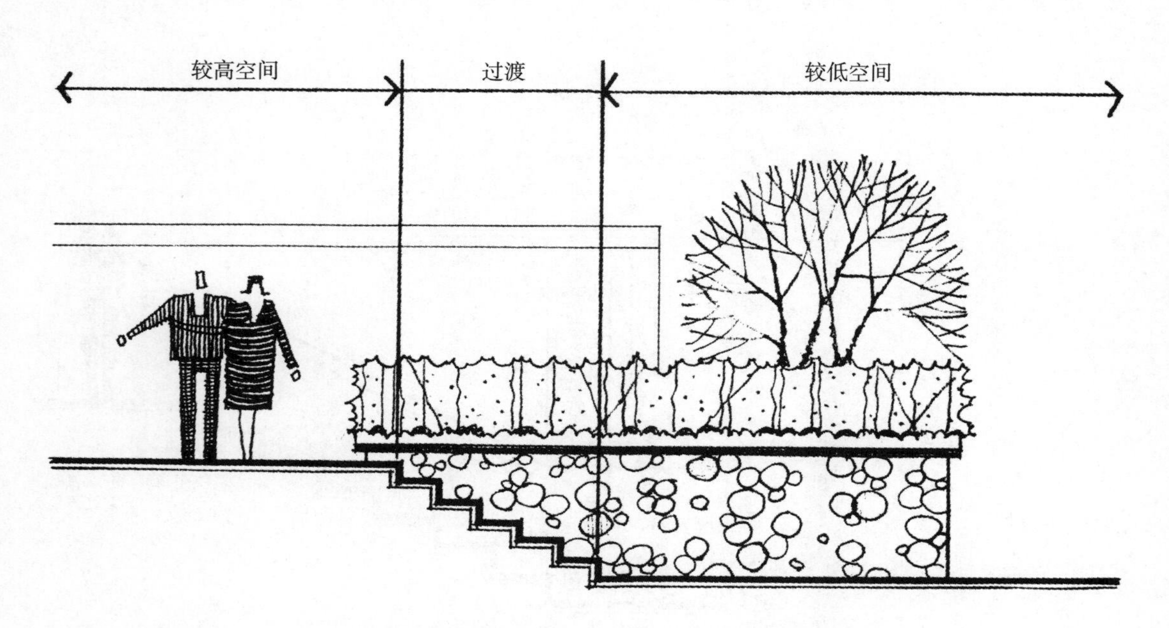


台阶分割室外空间成高低不同的空间和两者间的过渡空间

图 5-13

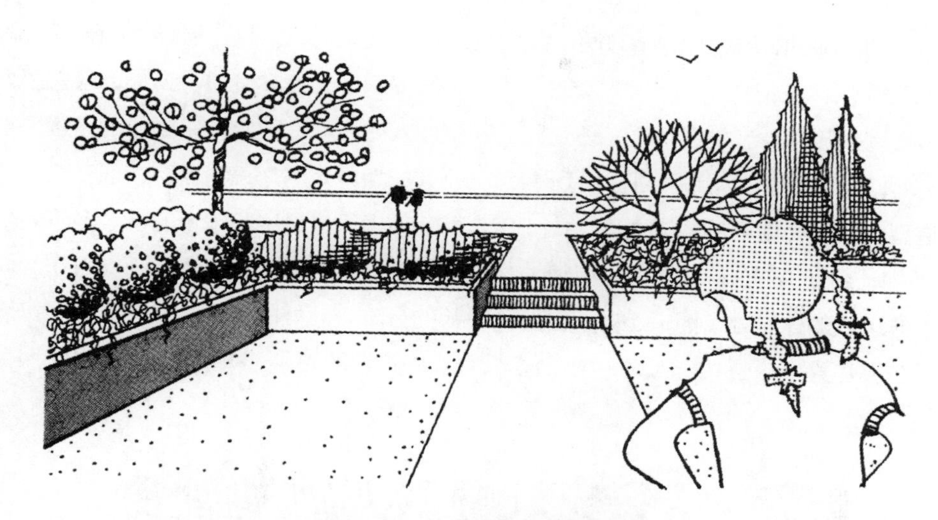

台阶可以成为步道终端的视线焦点

图 5-14

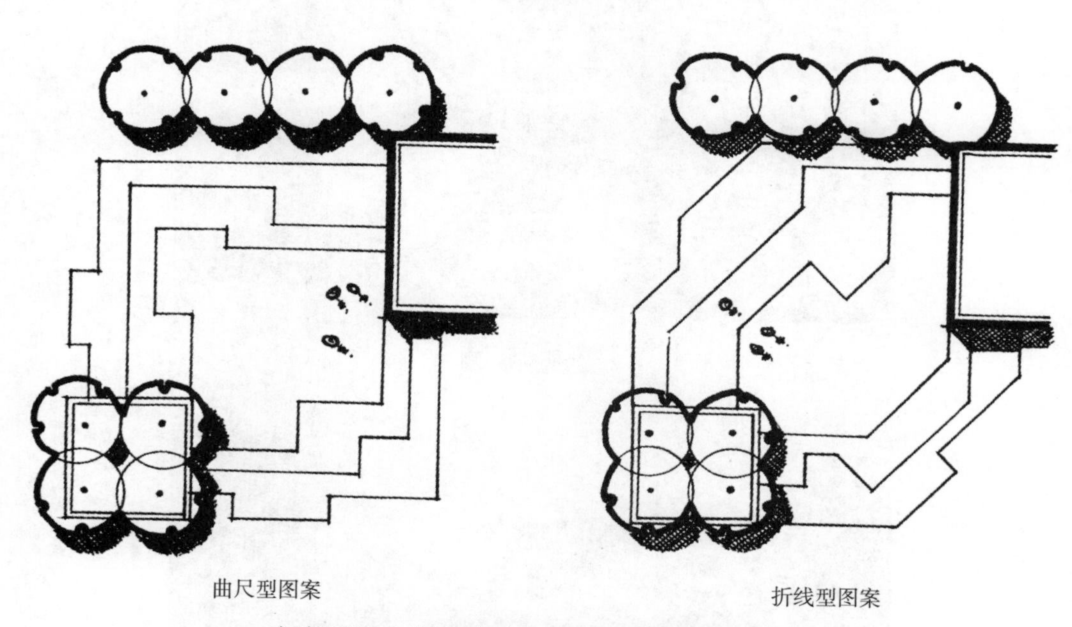


台阶可以用在广场空间中布置成引人注意的线形图案

图 5-15

定性，或重复变化线条形成抽象的形状，产生视觉的魅力（图5-15）。在无限制的空间如广场中，台阶能创造出线的图案，犹如曲折的地形等高线。这些线条不仅引人注意，使人留恋于空间之中，而且还会在阳光照耀下产生明暗的线形变化，从而使其变得生动明快。如由劳伦斯·哈尔普林所设计的两个实例，一是俄勒冈州，波特兰的“欢乐广场”，另一个是在纽约罗彻斯特的曼哈顿广场公园中的台阶形状，便是充分运用了由台阶所构成的线条造型，而成为重要的视觉要素。

在景观中，台阶还有一个潜在的用途。那就是作为非正式的休息处（图5-16），台阶的这一用途在那些繁华的公共行人区，或市区多用途空间中，而且休息场所如长椅又极其有限的情况下，尤其有效。另外，人们都喜欢观察他人的活动。因此，只要台阶设置得当，它就会成为观众的露天看台。在现在的设计中，台阶作为休息设施和看台的例子多不胜数，但在古老的设计中仅有一个，那就是纽约城排房前的台阶。此处的台阶都是公众聚会场所。图5-17所示的是温哥华的罗布森广场，在午餐

图 5-16

图 5-17

期间，人们便蜂拥而至，三五成群地坐在宽阔的台阶上无拘无束地进行交谈。

## 坡道

坡道是使行人在地面上进行高度转化的第二种重要方法。如前所述，坡道与台阶相比具有一重要的优点，那就是坡道面几乎容许各种行人自由穿行于景观中。在“无障碍”区域的设计中，坡道乃是必不可少的因素。在坡道斜面上，地面可以将一系列空间连接成一整体，不会出现中断的痕迹。不过应该注意，有些人感到在斜面上行走比阶梯上走更艰难。他们更喜欢阶梯。

坡道的一个显而易见的不足之处在于，为了取得稳定的、适宜的斜面，就需要比较长的水平距离来保持坡度高低变化（例证将在下一段举出）。在空间受到限制的区域，为了获得所需的距离和坡度，斜面只好被设计成蜿蜒曲折的形状。斜面的另一不足之处是当地面潮湿时，坡面又没有纹理或防滑材料铺设时，行人在上面行走将会随时有滑倒跌伤的危险。从视觉上来看，由于斜面相对较长，因而它总给人以不悦目和不协调的感觉。如果对坡道面不加以有意识的合理设计，那它看上去总像是事后才附加上去的，极不协调（实事上在某些场合中正是如此）。

如同设计台阶时一样，坡道的设计也应遵循几条原则。第一，坡道的倾斜度其最大比例无论如何不能超过8.33％或12：1。按照12：1的最大坡面边坡率计算，若要设计出一垂直高度为1m的斜面，其水平距离应为12m（图5-18）。而对于一组台阶来说，要获得同样的垂直高度，其水平距离只需1.52～1.83m。这一比较再次说明建造坡道需要比较宽广的区域，一条长坡上设计平台，也会给斜面的长度带来一定的影响。就如在台阶中出现平台的效果一样。平台也能

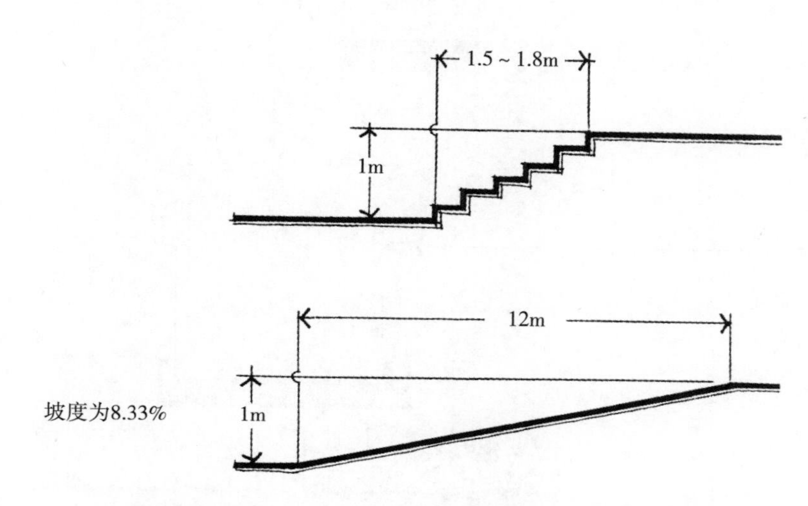


台阶和坡道垂直高度相同，而坡道在水平方向的距离大于台阶

图 5-18

从视觉上抵消斜面的长度。对于长距离的斜面来说（图5-19），被平台所隔开的两级坡道最大长度不得超过9m，而平台的最小长度应为1.5m（也就是说，每隔9m应设计一个平台）。至于说斜面的最小宽度则与台阶相类同，并根据其单行道或双行道而定出宽度。坡道的两边应有15cm高的道牙。并配置栏杆来限制行人于坡道内如图5-20。扶手栏杆的高度与位置，跟台阶的标准一样（高于地面81～91.5cm）。坡道的布局问题也应加以进一步考虑。一般说来，坡道应尽可能地设置在主要活动路线上，使得行人不必离开坡道而能达到目的地。最后还应提到，坡道的位置和布局应尽早地在设计中决定，这是因为我们需将它与设计中的其他要素相互配合，否则坡道会显得格格不入。总之，坡道应在总体布局中成为非常协调的要素。将坡道与台阶结合起来乃是一种创新的设计方法。这种方式在温哥华罗布森广场中的实例可以说明这一点。图5-21、5-22和5-23表现了坡道与台阶相结合，从而形成了“Z”字形布局的情况。

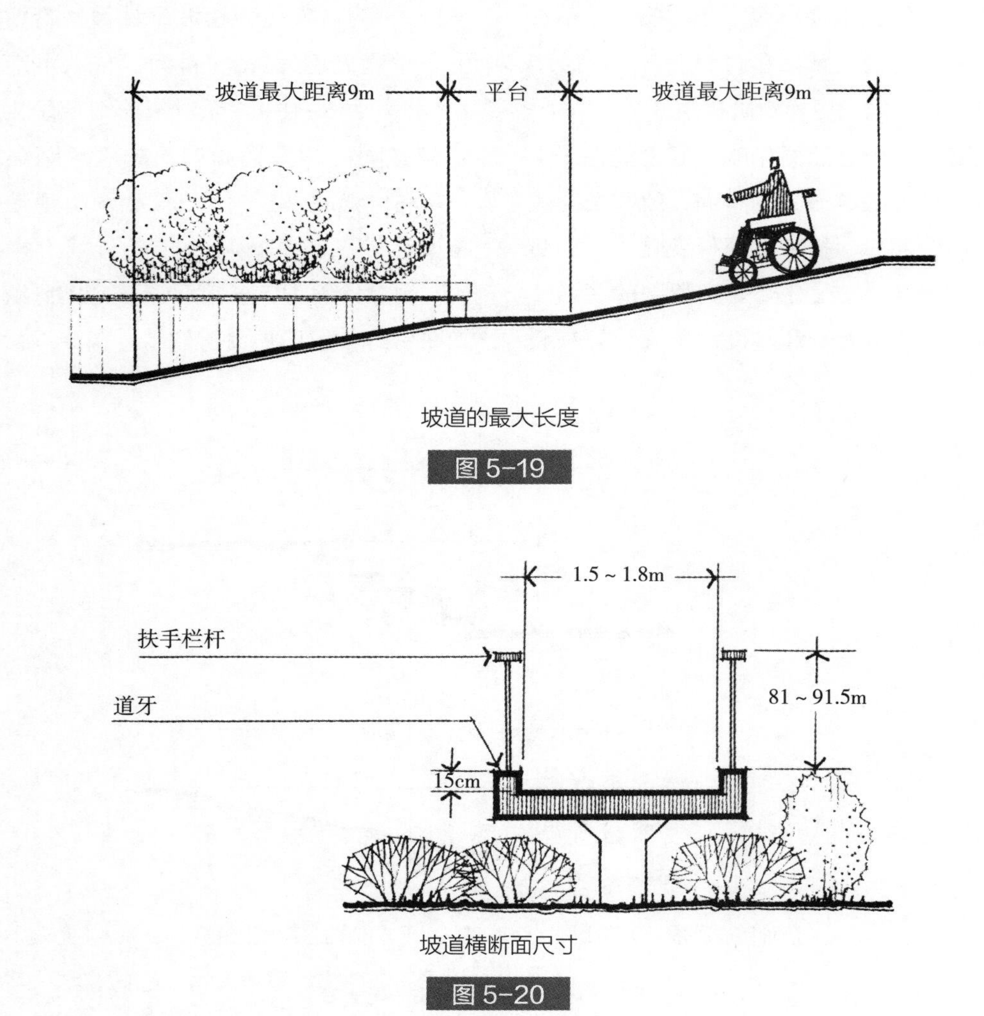


坡道的最大长度

图 5-19



坡道横断面尺寸

图 5-20

图 5-21

图 5-22

图 5-23

## 墙与栅栏

应用于外部环境中的另一种现场构筑形式便是墙体和栅栏。这两种形式都能在景观中构成坚硬的建筑垂直面，并且有许多作用和视觉功能。墙体一般是由石头、砖、或水泥建造而成。它可以分为两类，独立墙和挡土墙。独立墙是单独存在，与其他要素几乎毫无联系，而作为挡土墙来说，是在斜坡或一堆土方的底部，抵挡泥土的崩散。这两种墙在景观中的各种功能，在下面将进行讨论。栅栏可以由木材或金属材料构成，栅栏比墙薄而且轻。不论是墙，还是栅栏都有不同作用。下面我们将对其中某些部分加以概述。

**制约空间**　独立式墙体和栅栏可以在垂直面上制约和封闭空间（图5-24）。至于说它们对空间的制约和封闭程度，取决于它们的高度、材料和其他方面。也就是说，墙体和栅栏越坚实、越高，则空间封闭感越强烈。我们在前面讨论地形与植物时曾提到，当墙体或栅栏与观赏者之间的高度与视距为1：1时，墙体和栅栏便能形成完全封闭。如果墙体和栅栏超过1.83m高时，空间封闭感将达到最强。而那些低矮墙体或矮灌木只是暗示空间，而无实体来封闭空间范围。

在构成空间上，墙体和栅栏与地形和植物有着细微的差异。墙和栅栏可形成具有坚硬的、轮廓分明的垂直面空间，而植物则赋予空间轮廓较模糊、柔软的特点。因此，墙和栅栏空间以自身确切的、实在的边缘将空间连接在一起。它不像植物易变、不长久，也不像植物出现四季和年复一年的变化或交替。这就是说，它们非常稳定。不过，当墙和栅栏与植物合理配置在一起时，墙和栅栏的人工特点与植物的自然特性能形成很好的对比，更具魅力。

**屏障视线**　限制空间的墙体和栅栏也能对出入于空间的视线产生影响。一方面，我

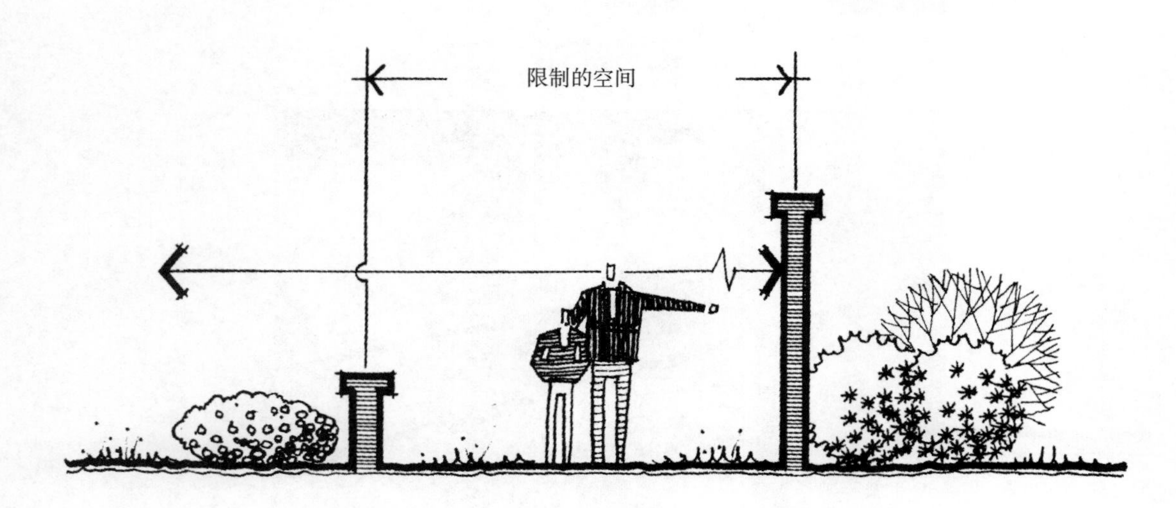


高墙完全封闭空间，而矮墙只是半封闭空间形成室外空间

图 5-24

们可以使用墙和栅栏将视线加以完全封闭，另一方面，也可以不同程度地部分封闭。由此可见，墙和栅栏的设计和布局取决于所需要的效果。

一般来说，高大（大于1.83m）厚实的墙体对封闭视线效果最佳，最完全。这种情况一般用于停车场周围，大路两侧，或那些不悦目的工业设施的四周。此外，高大的垂直面也适合于构成私密空间，这对于那些独家居住或多家居住的室外空间的私密性形成是极其必要的（图5–25）。人们一般来说，愿意利用那些不被人所窥视的外部空间。就完善私密性来说，墙和栅栏比地形或植物更为有效，这是因为墙体和栅栏更狭窄，不会占据更多的空间。用以屏障视线的大灌木，其厚度也许至少60cm，而栅栏或墙体仅需要几英寸就行了。完全私密的空间一般需要高大的墙体和栅栏，但在人们坐卧休息的隐蔽处，可以使用较矮小的墙和栅栏。不过，无论在屏障视线上有何种需要，墙或栅栏决不能设计成墙顶部与视线相平齐（图5–26），否则将给人一种似见非见的干扰感。其结果就会使人为了避开不完整的景物，而将视线上下移动。对于隐蔽处来说，墙体和栅栏的高度必须超过视线高度，而不是与其平齐。

在有些情况中，视线仅需部分被屏障（图5–27），这种方式一般来说，景物并非不悦目，而是需要用部分遮挡来逗引观赏者，诱惑他们向景物走去，以窥其全貌。使用漏墙或栅栏也可以对视线起到部分屏障作用，如图5–28、5–29，这些墙或栅栏的漏

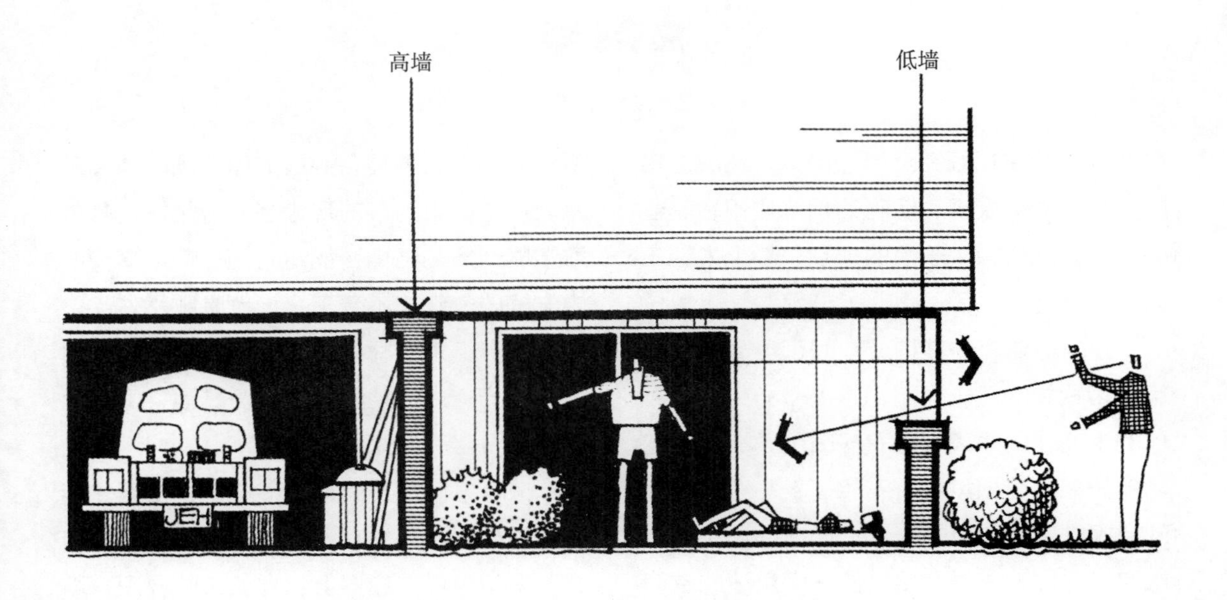


在限制的空间中，高墙提供了私密性，而矮墙当人坐卧时也能提供私密，但人站立时却没有

图 5–25

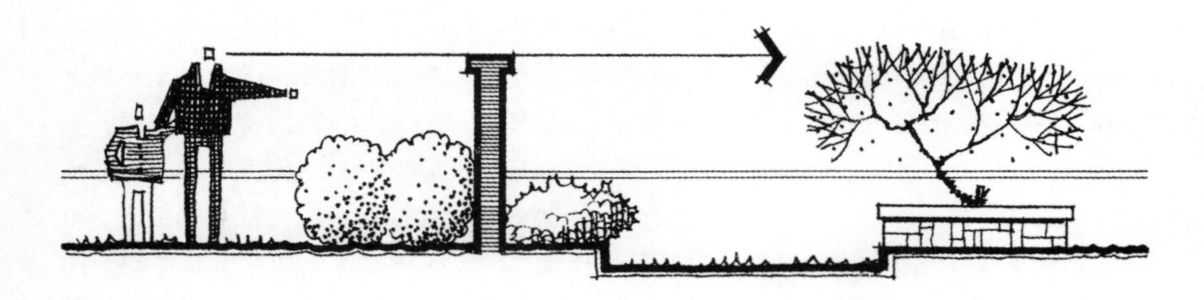

墙或栅栏的顶部，决不能与视平线平齐，这样会干扰景观

图 5-26

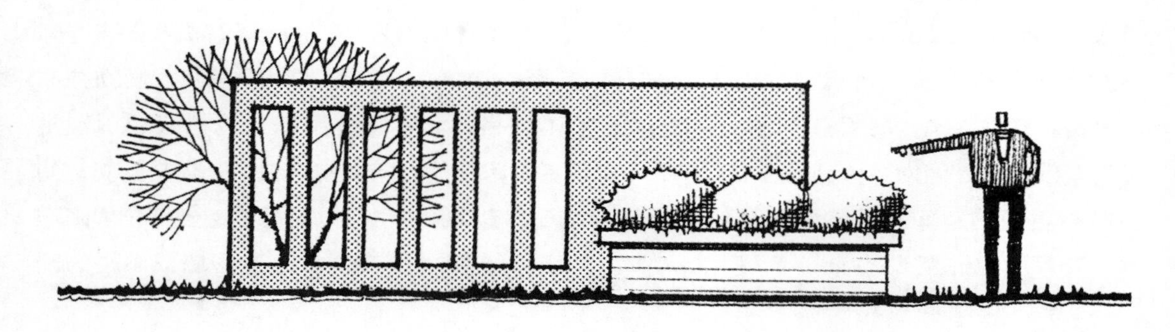

漏花墙和栅栏，通过对景物的藏或露创造观赏情趣

图 5-27

空部分不能使视线完全穿过墙体，造成虚实的变化。加上大小、明暗的相互作用，其趣味无穷。此外，由于墙的透空，看上去就不会显得笨重厚实了。

**分隔功能** 与其构成空间和屏障视线作用密切相关的另一作用，是墙和栅栏能将相邻的空间彼此隔离开。有些时候，在设计的功能分配布局上需要将不相同，甚至不协调的空间、用途布置在一起，此时，墙和栅栏像建筑的内墙一样，使这些不同用途的空间在彼此不干扰的情况下并存在一起。举例来说，一堵墙就可以用来将一个恬静的休息场所与紧邻的人声嘈杂混乱的停车场相隔离开来。再如，纽约市的现代艺术博物馆，其内雕塑园四周的围墙，能使人们尽情地享受园内宁静的气氛，不受干扰地欣赏雕塑作品。在整个英格兰乡村景色中，低矮的石墙和树篱将牧场、庄稼地、道路以及其他空间彼此隔离开，互不干扰。

在隔离作用方面，墙和栅栏也使区域范围界限分明，并为其所封闭的空间提供安全感。墙和栅栏在边界上建立长久的界限，增强了各自财产的位置范围。常言说“围栏好，邻里和”。这句常言表明邻里间地产界

图 5-28

图 5-29

分明，可以避免地产纠纷，可以让地产所有者清楚地知道其“领土”范围有多大。我们在居住区内，特别是在前院的地产界上修筑墙和栅栏时，必须先了解此区域的建造规范。许多市政当局对住宅前院区域围栏的高度和建筑红线有严格的规定，必须遵守执行。

墙和栅栏除可简单地标明地界外，它们还能以将人和牲畜维护在一区域内的方式提供安全感。从历史上来看，欧洲中世纪时代的村庄，常常筑有高大的城堡墙，环绕于村庄周围，以抵抗外来的入侵者，保护村庄安全。中国的长城也是一个古老的典范。当今墙和栅栏也被用于类似的目的中。它们被用来保护财产不受破坏，并抵制那些不受欢迎的行为和活动。在有些情况下，如环绕于一座游泳池，其墙和栅栏是满足安全的需要。图5-30，是位于亚特兰大的海厄特雷金塞的墙。它是为上述目的而修建的。从美学的角度来看，一个设计者既要为了安全，又要使

图 5-30

墙和栅栏具有一定吸引力。而要打破这种人工规则的形式确实是件不易的事。值得注意的是，如果墙和栅栏为安全而封闭连成整体时，如不配置其他要素，如植物、地形等，它会显得呆板、僵硬。

**调节气候**　独立的墙体和栅栏也可用于景观之中，最大限度地削弱阳光和风所带来的影响。高大的墙体或栅栏可以在太阳角度低时，如早晨和黄昏时，给建筑物或一个室外空间罩上墙的阴影（图5-31）。为了能遮蔽夏日午后的烈日，墙或栅栏的最佳位置应在建筑物或室外空间的西面和西北面。位于建筑物西面和西北面的墙或栅栏，无论是其自身也好，还是与植物相配合，都可以阻挡阳光照射在建筑物墙上，由此而降低了建筑物内部的温度。墙和栅栏作为阳光屏蔽物修筑于需得到遮护的地区的南面时，其遮荫效果较差，这是因为正午阳光的角度最大，它只能给墙和栅栏的北面投下最小的阴影。

墙或栅栏除能遮挡低角度的阳光外，它们也可以用来阻挡风。当风被阻于某一地区之外时，此区域的“敏感温度”（人能感到的温度）将因冷却风的减少而上升。墙或栅栏影响风力的方式取决于它们的正确设计。最初人们认为，厚实的墙体或栅栏对阻挡刮向某一区域的风来说似乎最恰当。然而，研究和实地考察证明，并非如此。实际上（图5-32）厚实的墙和栅栏都会产生一股下旋风，并且在背风面会形成反向风流。因此，为了最大程度地阻挡风，墙或栅栏应如第二章讨论植物障风那样，在平面布局上，留有一定空隙，使小部分气流穿过其间，并使风也能越过墙顶，而不会形成涡流风。我们已发现，远距离的防风墙，应在其上设有向上倾斜的通风孔，改变风流的运动方向，减少风的直吹力。在栅栏的设计中，应根据不同吹过栅栏的风流形式，而具有多种的形式。不管是什么形式，在选择何种最合适前，不

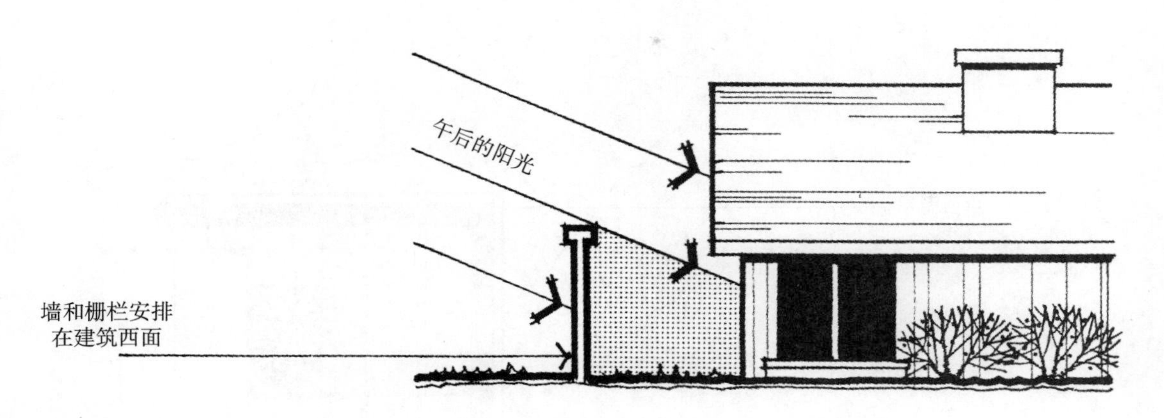


墙和栅栏布置在建筑西面可以防止西晒

图 5-31

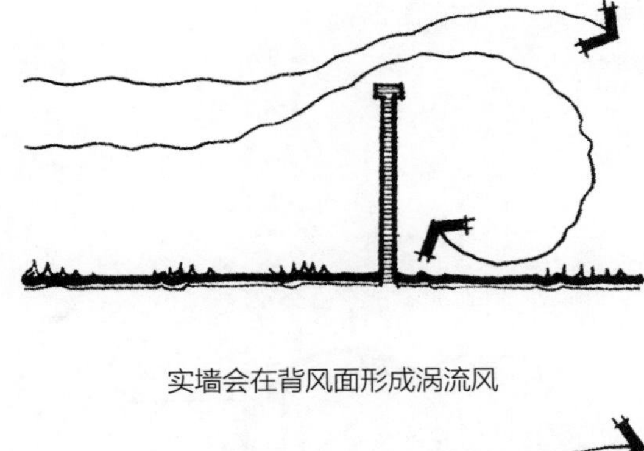

实墙会在背风面形成涡流风

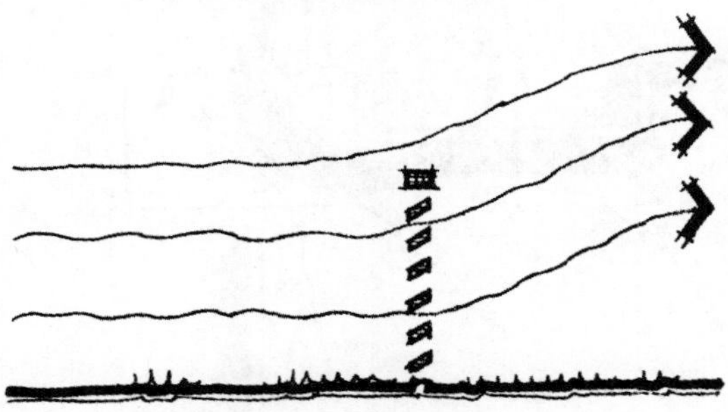

向上倾斜的通风口使气流从空间上方通过

图 5-32

必认真研究，而应对它们的位置加以优先考虑。在温带气候带内，为了阻挡冬季寒风，栅栏的最佳位置在防护区的西面和西北面（图5-33），这一位置也适于遮荫的需要。位于这两个朝向的墙和栅栏，可以起到防风、遮荫的双重效果。而沿海一带地区，要设墙和栅栏就得根据当地的风向和需要，来选择墙和栅栏的方位和位置。

以相同的方式，可以得到相反的作用，将墙和栅栏用来引导夏季的凉风，将风引入室外空间，使空间中的冷暖气流相互交换起到降温效果。在温带气候带内，墙和栅栏可以布置在一区域的西南方，这样它们便可以将来自于该方向的凉风引导入空间中（图5-34）。在栅栏自身的设计上，通风口的方向应朝向引导凉风吹向人们坐卧或站立的地方。切不能使用朝下的卧式通风口，否则风会随之朝下吹拂，其结果使灰尘、树叶或地面粉尘吹扬起来。

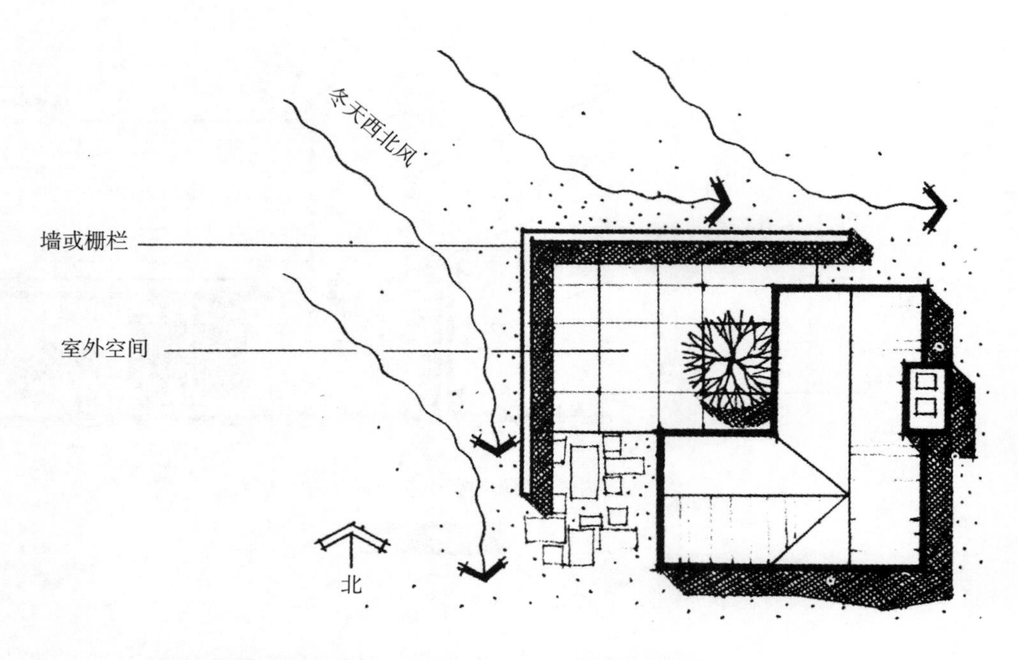


墙和栅栏能布置在建筑或室外空间的西北面，防御西北风

图 5-33

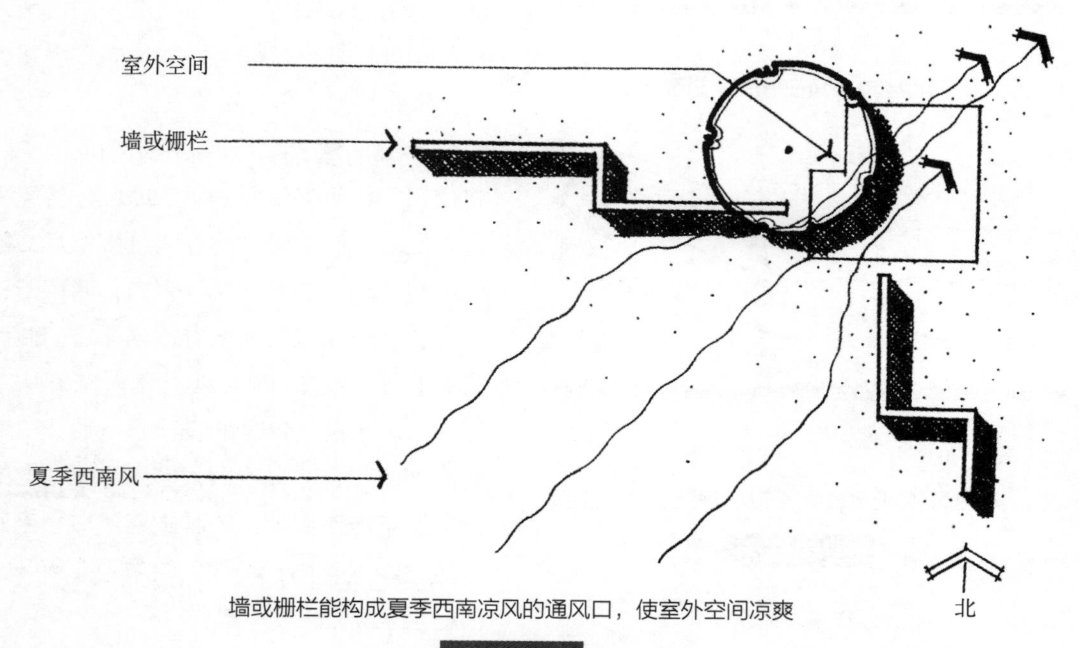


墙或栅栏能构成夏季西南凉风的通风口，使室外空间凉爽

图 5-34

**休息座椅** 低矮独立式墙和栅栏在充当其他功能角色的同时，也可作为供人休息的座椅。墙体的这种作用在使用频繁的城市空间或其他外部空间中，具有极其广泛的实用性。在这些地方，既要适应大量游人的就座需要，又不宜让许多的长凳堆塞在环境之中。而低矮墙体正好能解决这一矛盾。为了使人就座舒适，墙体必须高于地面46cm，宽度应为30.5cm左右。

**视觉作用** 除上述这些功能外，独立的墙体和栅栏还在景观中具有一系列视觉作用。它们可以成为一个空间中其他重要景物，如供人观赏的植物或一件雕塑作品的中性、永恒的背景。凡用于该种目的墙体，其本身不要太引人注目，否则它将会喧宾夺主，与它所衬托的景物相对立。墙体和栅栏在室外环境中的另一美学作用，与植物连接或协调其他因素的作用相类似。例如，一堵独立的墙可以将两组分别独立的植物加以连接，墙体可以充当其共用的背景，从视觉上将两植物连成一整体（图5-35）。类似的设计功能还体现在将建筑与其周围环境协调一致上。在将建筑物墙和结构融入周围环境方面，一堵墙犹如建筑物的“双臂”拥抱其周围环境，这样有助于使建筑和环境一体，形成新的环境（图3-62）。最后还应提到，独立墙和栅栏自身也是可以产生视觉趣味的因素。例如，一堵墙或一道围栏的平面布局，可以在一个空间上呈曲折和环绕的形状，这样，墙体便可以用变换方向的方式，引导人们的视线，并由此而引起空间的明暗变化，这一例子可以见图5-36右图所示。蜿蜒状墙体便有这些特性。另外，建造墙或围栏的材料，也是建立墙或栅栏的视觉效果的因素。

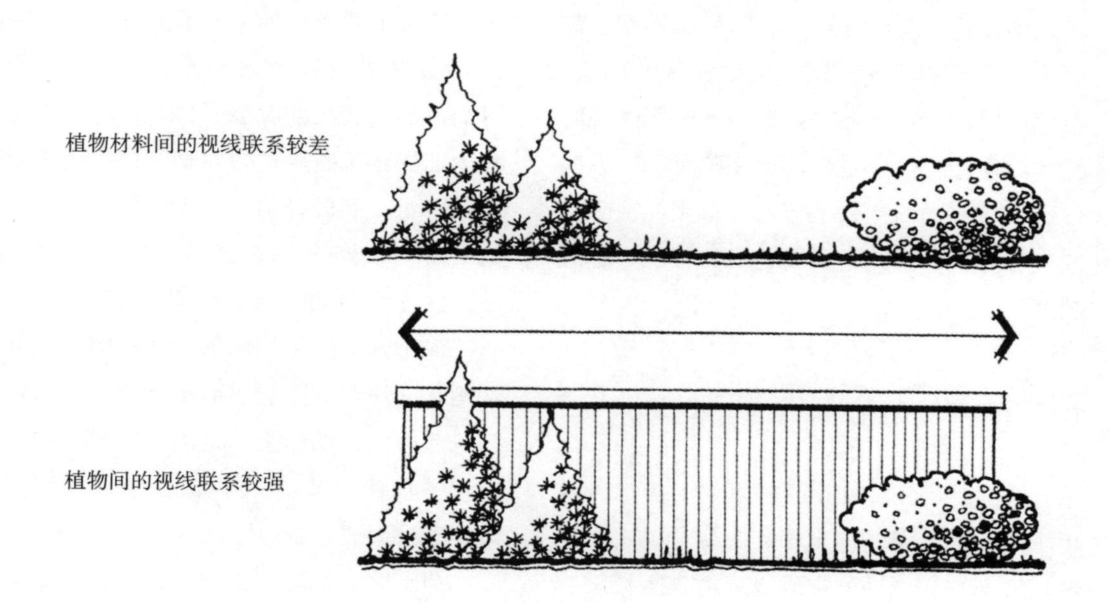


墙和栅栏可以作为植物材料的视觉联系物

图 5-35

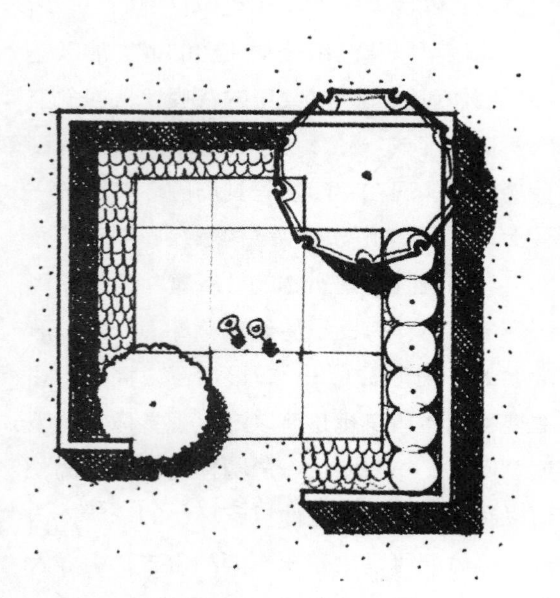

简单的墙体布局有较差的观赏性和空间

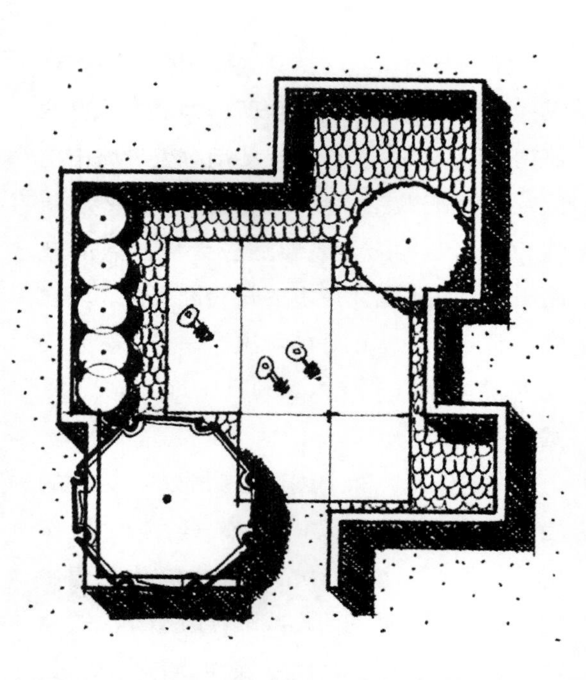

墙的曲折进出环绕空间，给空间提供观赏性和趣味性

图 5-36

不同的建筑材料或光线的明暗相互作用，都可构成不同的图案。若将墙表面绘上图画，也可使墙产生视觉魅力。这些图画既可是粗糙雕刻作品，也可是精心绘制的壁画。近些年来，城市中许多大型墙体，都用明快醒目的色彩和设计绘制了具有艺术风格的“超级图画”。

## 挡土墙

前面曾提到，使用于景观中的第二种常用墙体是挡土墙。挡土墙的主要功能乃是在较高地面与较低地面之间充当泥土阻挡物。挡土墙容许两个水平高度的地平垂直相邻。由此可见，挡土墙比位于两个水平高度地面间的缓坡更节省占地。为了能有效地阻挡泥土，就必须正确设计和建造挡土墙。只要有可能，挡土墙高度应小于122cm，这样可以减少结构施工费用。如果某一挡土墙需要高于122cm，则最好与土木工程师协商而定。另一种可供参考的方式是将墙体倾斜于斜坡，这样可增加其高度和强度（图5-37）。至于说排水，应在墙体顶部与土壤间挖截水沟槽，这样便可防止表面积水冲刷墙体和土表。此外，在墙体上一定间隔距离，应设计有“排水孔”，以便使内部的渗流能流出墙体，不会造成对墙的损害。

挡土墙除能阻挡土层塌落，它还有另外一些功能。如像独立式墙体一样，挡土墙也能制约空间和空间边界，为其他设计要素充

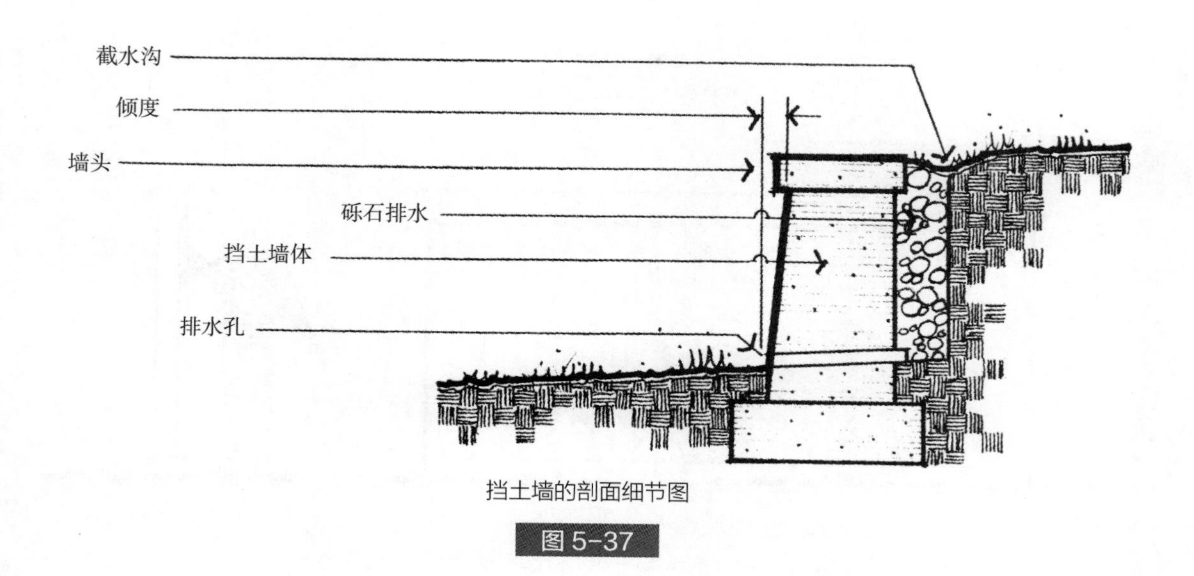


挡土墙的剖面细节图

图 5-37

当背景因素，充当建筑物与周围环境的连接体，以及自身成为具有吸引力的美学要素。与斜坡相比较，挡土墙能构成鲜明清晰的边缘和平面，这一切在视觉上是较显著的。此外，挡土墙还可作休息之用，如果用于此种目的，挡土墙也应像独立式墙一样，其高度应为40～50cm，坐面宽为30.5cm。

## 设计原则

在设计墙体和栅栏时，无论其形式和材料如何，都应该考虑到其美学因素。在墙和栅栏的设计中，由三个部分组成，① 勒脚，② 墙体或栅栏体，③ 墙头。（图5-38）是其示意图。类似于这三要素的其他构筑物如柱子、门等都有体现。勒脚是墙体或栅栏体与地面的接触面。它在视觉上对垂直立面的稳定有着支撑作用。对于勒脚的具体要求，应看其需达到何种强度而定。凡在不重要的地方，墙体或栅栏不需勒脚就可以直接延伸到地里。当需要增强勒脚的重要性时，它就应在设计上不同于墙体和栅栏体。勒脚应宽于墙体，这样在视觉效果上更明显，并看上去使墙体或栅栏更稳定，更坚固。一般说来，为了视觉上的稳定性，勒脚应该具有强烈的水平线，就这一点而言，当墙体或栅栏修筑在坡地上时尤为重要（图5-39）。从图中可以看出，在斜坡上，最好使勒脚以水平的分段、阶梯状排列于坡上。当使勒脚与坡面平行时，由此而产生的倾斜勒脚线会给墙或栅栏带来视觉上的不稳定感。在涉及到斜坡与墙体时，另一种方式是去掉勒脚、让墙随地形而起伏变化，形成迭落墙。

墙或栅栏表面是空间垂直面的组成部分。尽管表面的形式和结构各有不同，但要选择一具体的形式和结构，则必须根据美学特征、空间特性、功能作用及工程造价等来决定。尽管如此，某些设计原理还是应

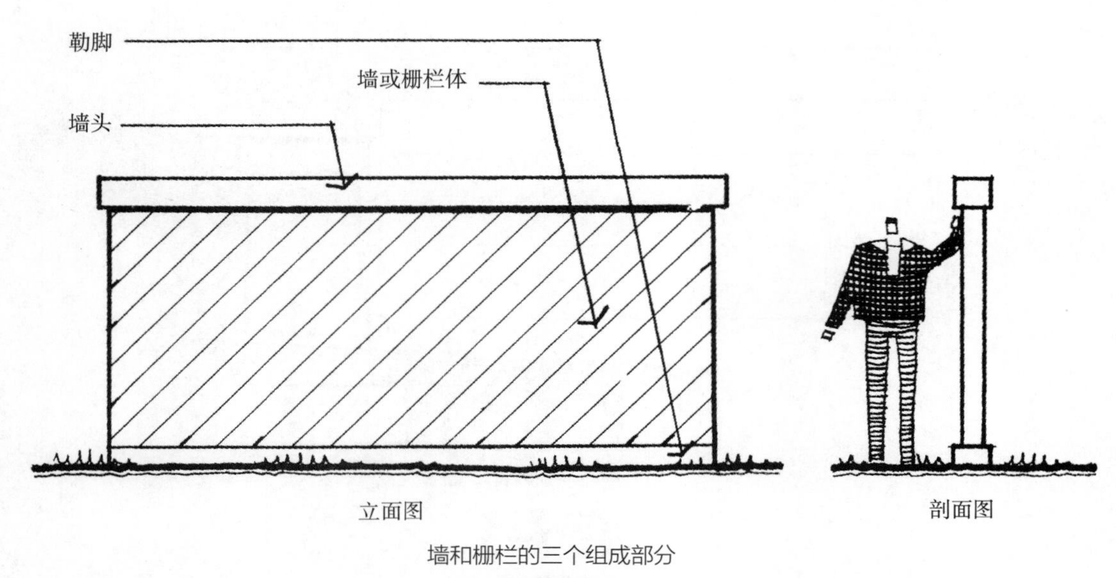


墙和栅栏的三个组成部分

图 5-38

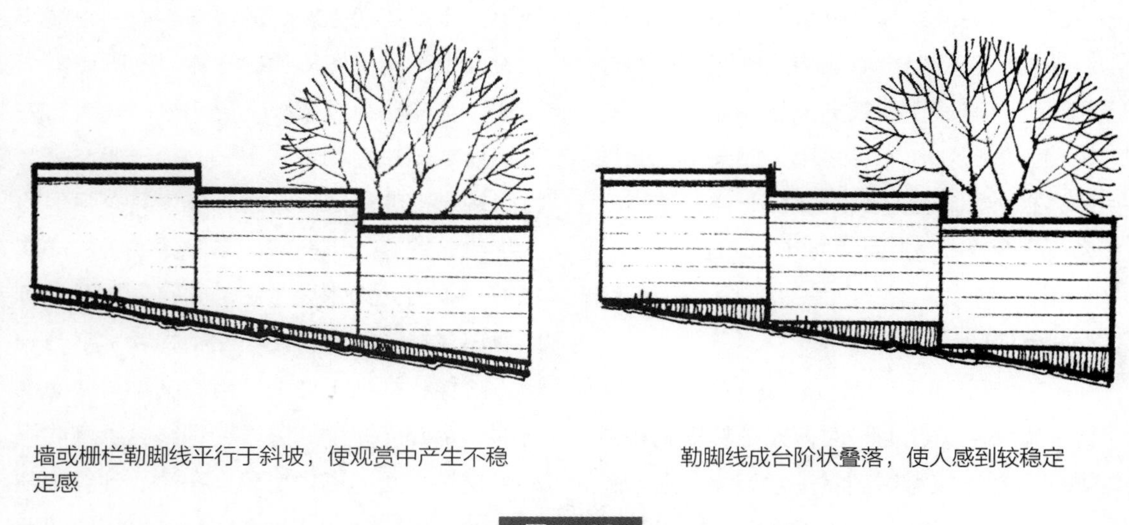

墙或栅栏勒脚线平行于斜坡，使观赏中产生不稳定感

勒脚线成台阶状叠落，使人感到较稳定

图 5-39

记住的。墙体的形式和材料都直接影响视觉效果和墙体的结构。例如，若墙体表面材料构成了强烈的水平线条，如图5-40左图所示，那么墙体或栅栏就会呈现极其细长和伸展的外观。这种效果可以突出水平地形，增强相邻建筑物中水平线的联系。或与竖线条

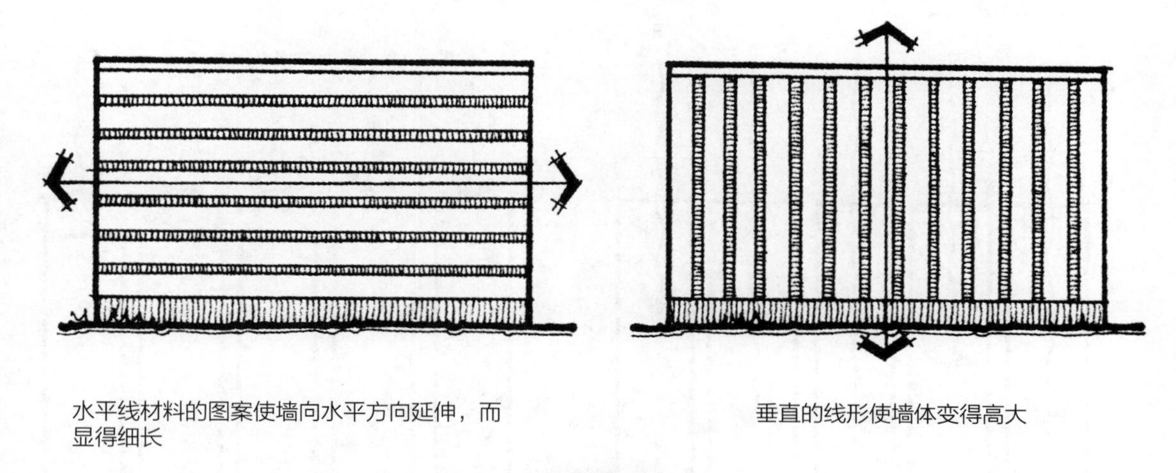

水平线材料的图案使墙向水平方向延伸，而显得细长

垂直的线形使墙体变得高大

图 5-40

的植物或其他直立型物体形成对比和反衬。反过来，如果墙或栅栏表面具有鲜明的垂直线条的话，那么墙就会显得更高、而短，如图5-40右图所示。就栅栏而言，若其立柱是栅栏的主要视觉要素的话，那么这些立柱不仅可突出栅栏的垂直性，而且其柱距还可形成重复而有节奏的图案。这些有节奏的图案，既有助于将前景中的空间和其他要素统一起来，又有助于构成栅栏的大小范围。柱距近时，产生一种小巧紧凑感，当柱距大时，则会产生较大的尺度感。如同植物一样，墙体或栅栏表面的质地、大小，也可对视距比例产生影响。具有粗糙质地，如大型块石的墙体表面，在视觉上有着近离观赏者的感觉，而质地细小的墙面则有远离观赏者之感。这就是所谓近大远小的效果。

墙体或栅栏的第三个组成部分是墙头。墙头有两个功能，一是实用性，二是观赏性。从实用来说，顶部可遮盖墙身，防止雨水渗入墙内。若水渗入墙内，在冬季会冻胀而破裂，破坏了墙体。对于木料的栅栏，栏顶也同样起着保护栏体的作用。一般来说，如无顶盖保护，木栏杆上端截面为5cm×10cm时，最易受渗水破坏。若将该种木料直立于空间中，雨雪就极易顺纹理而渗入木材内引起腐烂（图5-41）。而用以上尺寸的木材作为顶盖横放栅栏顶部时，便可防止此种现象的发生。从观赏角度而言，墙体或栅栏的顶部可补充完善墙体的立面形象。从某种意义上来说，顶部控制了墙体和栅栏表面，从而使视线不能从墙面上滑落到空中去。墙头犹如勒脚一样，也可以形成引人注意的水平线，在背景中留下剪影轮廓。为了突出墙头，其顶部做得要比墙面较宽厚，在阳光下能在墙上投下阴影，从而进一步突出了墙顶的线条和轮廓。

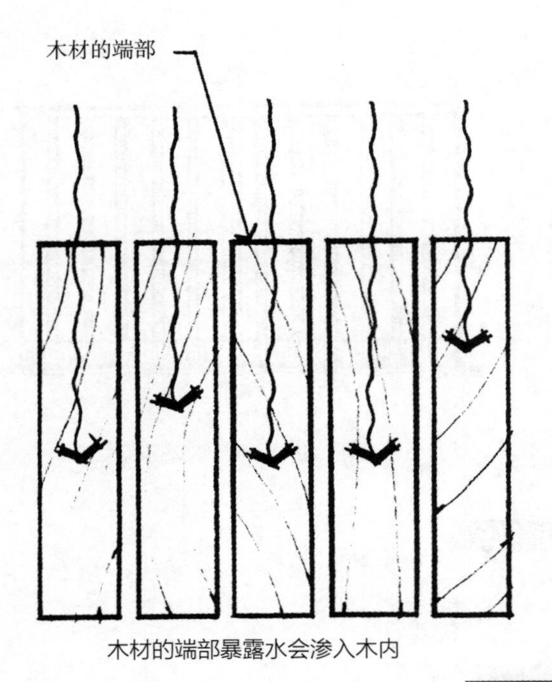


加了墙头，保护了木墙体使水不能渗入

图 5-41

## 墙和栅栏的材料

如前曾提到，独立的墙、挡土墙、以及栅栏各自都可由多种材料进行建造。其中常用的材料包括石块、砖、水泥、钢铁及木材。下面我们将对这些材料特性和作用加以具体的讨论。

**石块**　不同大小、形状和质地的石块，都可以用于建造墙和挡土墙。尽管石块的类型和结构各异，但它一般说来还是具有粗犷和自然的形态特征。同其他可用材料相比较，石头清晰的节理面易产生灰褐色调。石块用于建造那些坚固的墙体是最合适的材料。换言之，石块几乎不宜用来筑造那些较通透轻巧的墙体。

除开石墙的不同观赏特性来说，石块一般有两种形式用于墙体的建造，① 毛石（或天然石块），② 加工石。毛石的墙面粗糙，不规则，它最适合于自然环境和乡村环境中，作为对周围景物的反映。此外，毛石也可以使用于较正规的场所作为陪衬因素。加工石常用在那些需要更规整气氛的场所中。当其作为铺地用时，石块可根据需要的视觉效果而加工成各种大小和形状。矩形石块的使用范围更广泛，这是因为它施工方便。图5-42是几种石块形状的示意图。

无论是毛石，或加工石，用来建造墙体或挡土墙，都可使用下列两种方法：① 浆砌法，② 干砌法。浆砌法，就是将各石块用黏结材料结合一起。这种方法砌的墙较坚固结实持久，但比干砌法造价高，拆除困难。在有些墙体中，混凝土或水泥砖被作为“墙

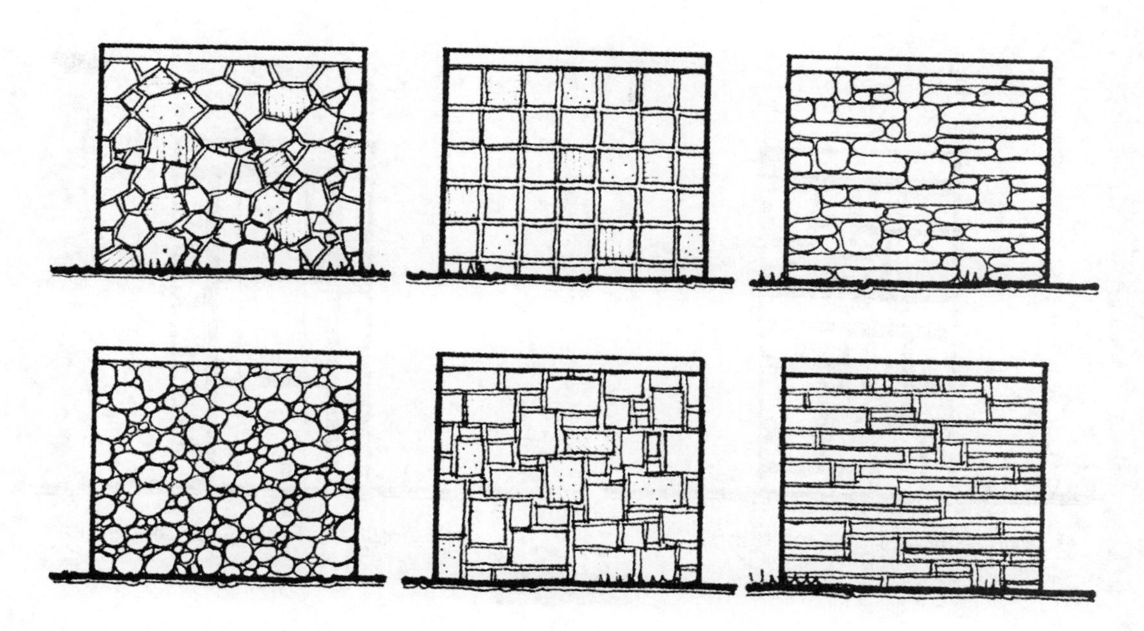

石墙的不同形式

图 5-42

芯”，将石块黏结于其表面。其效果与全部用石砌的墙一般无二（图5-43）。

干砌法，是不用任何黏结材料来修筑墙体。此种方法是将各个石块巧妙地镶嵌成一道稳定的群体，由于重力作用，每块石头相互咬合十分牢固。由此可见，此种方法砌的墙既能满足结构要求，又能满足观赏需要，但必须要求施工者有灵巧和熟练的工艺技术。干砌的墙体由于不需要黏结剂用于石缝中，在垒砌时要错落参差，增加稳固性，故其形成的墙面更引人注目。此外，若适当使石块间造成缝隙，可以取得强烈的明暗图案。干砌墙最适应的场所是在那些不受直接磨损的地方，如不准坐卧的地方。但应记住，干砌法墙的高度不宜过高，否则它将会倒塌。一般而言，干砌的墙越高，其基础面也就越宽。

**砖** 砖也是墙的建造材料，如铺地中，砖具有暖色调，和城市特征。砖比起石块来说，能形成较平滑、光亮的墙体表面。砖墙也能与相邻的建筑物的砖连接一起，从而有助于建筑物与室外墙和环境的统一。

砖修筑墙体可以有许多形式，这都取决于砖的不同排列方式。在每一层排列上，各个砖都可用下列三种方式之一进行砌墙，① 三七墙，② 二四墙，③ 竖砌式墙（图5-44）。二四墙是砖顺放排列，使墙面出现长而薄的砖形。三七墙，是将砖横放排列，使砖的两头构成墙面。顺向排列和横向排列的砖可以混合使用。竖砌砖墙是将砖直立而砌，使其砖的侧面竖直排列于墙面。有时也将这种砌墙作为地基层用。

砖墙最常见的砌砖形式为交叠式。将每

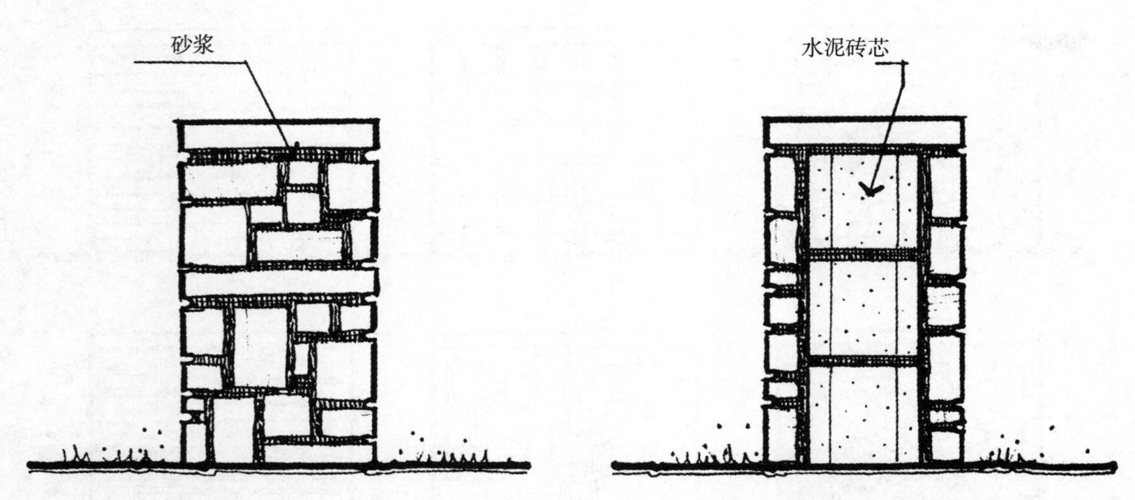


图 5-43

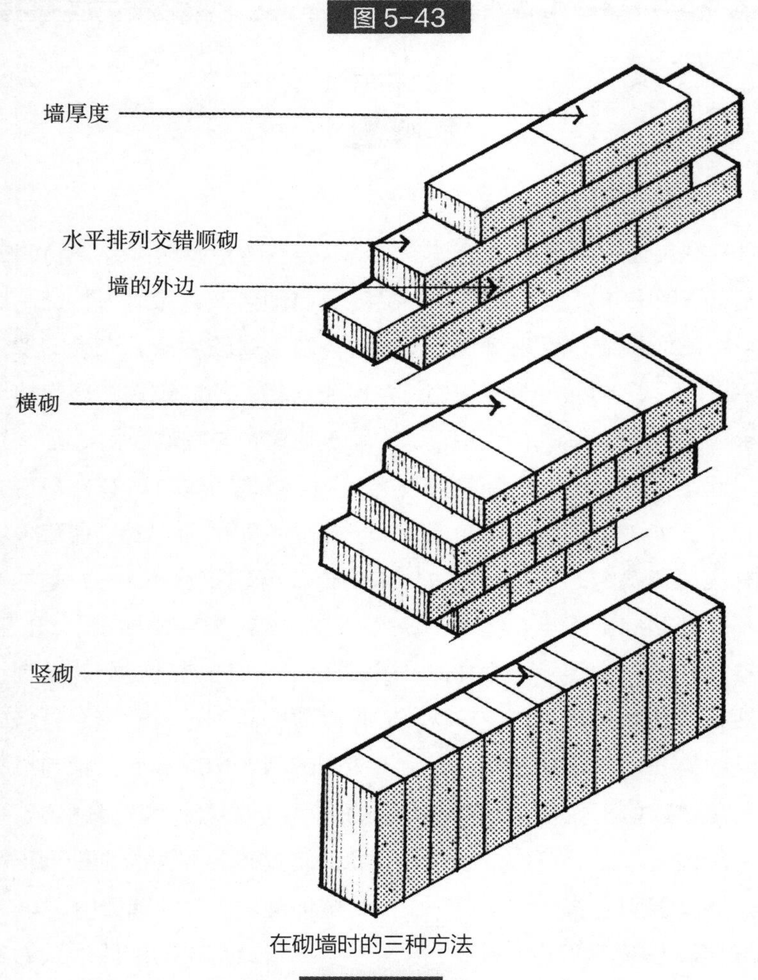


在砌墙时的三种方法

图 5-44

块砖平放，上下交错而成。其他形式包括英国式以及荷兰式，用整砖和半块砖交错砌成。（图5-45）。此外，还可以使墙面的砖块凹进或凸突地重复堆砌，构成其他形式。

同石墙一样，也必须在顶端做墙头，以防雨水，和取得完善视觉的效果。墙头通常是砌一列横置或竖立的砖块，或者用混凝土或石头来做（图5-46）。

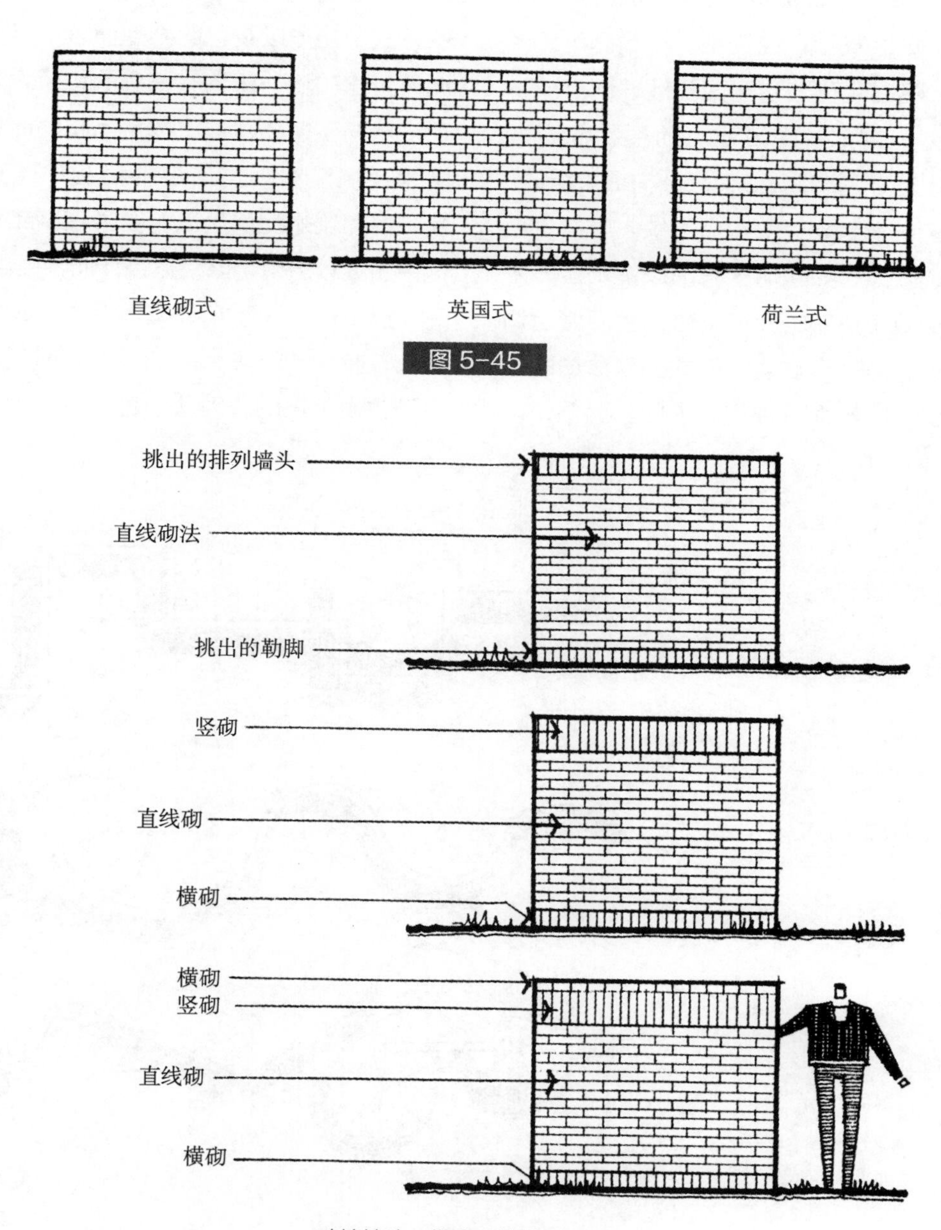


图 5-45

砖墙墙头、勒脚和墙体的砌法

图 5-46

**混凝土** 无论是墙，还是挡土墙，均可使用混凝土。犹如其用于铺地一样，均可作为现场浇注或预制材料来利用。当用于现场浇注时，具有灵活性和可塑性。由于水泥在凝固前为液态，故随模具能浇注成各种形体的墙体，如曲尺型、曲线型、折线型等（图5-47）。同时也可通过墙面的处理而形成不同的造型。例如，在墙面可随形状任意凹凸，形成很好的明暗图形（图5-48）。若使用粗木板在水泥墙面上印出木纹，可产生粗糙的木纹效果。如在墙上再加以锤剁会产生出其他的效果（图5-49）。尽管水泥墙色调冷淡灰暗；但使用许多的形式和方法加以处理，可使水泥墙面特别引人入胜。另外，由于现浇墙体需要劳动力少，因而其造价少于砖墙和石墙。

水泥建墙的第二种方法是以预制成型的方式来建墙。与砖一样，预制水泥件有不同大小、形状、色彩和结构标准的构件。从建筑方式、功能以及总的外型而言，用预制水泥件所建的墙与砖墙有更多的相似之处。而现浇墙却不同。从形状或平面布局而言，预制水泥墙没有现浇墙那种灵活和可塑之特性，但预制水泥墙可以有各种图案和造型，这些图案和造型可以根据设计而预先绘制。

预制件在大小和外型上有许多种类。如要加以归纳和分类，恐怕太难。但是有些类型是较为常用的，因此，还是可以加以简单

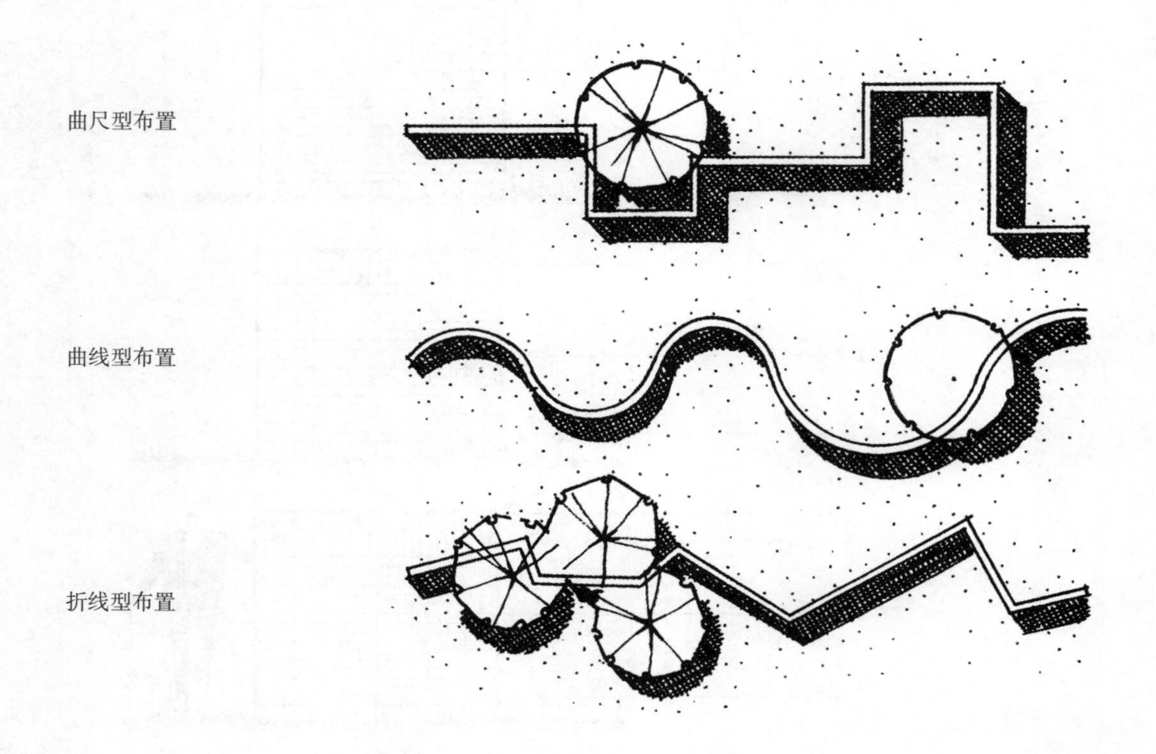


混凝土现场浇注能创造各种类型的墙体

图 5-47

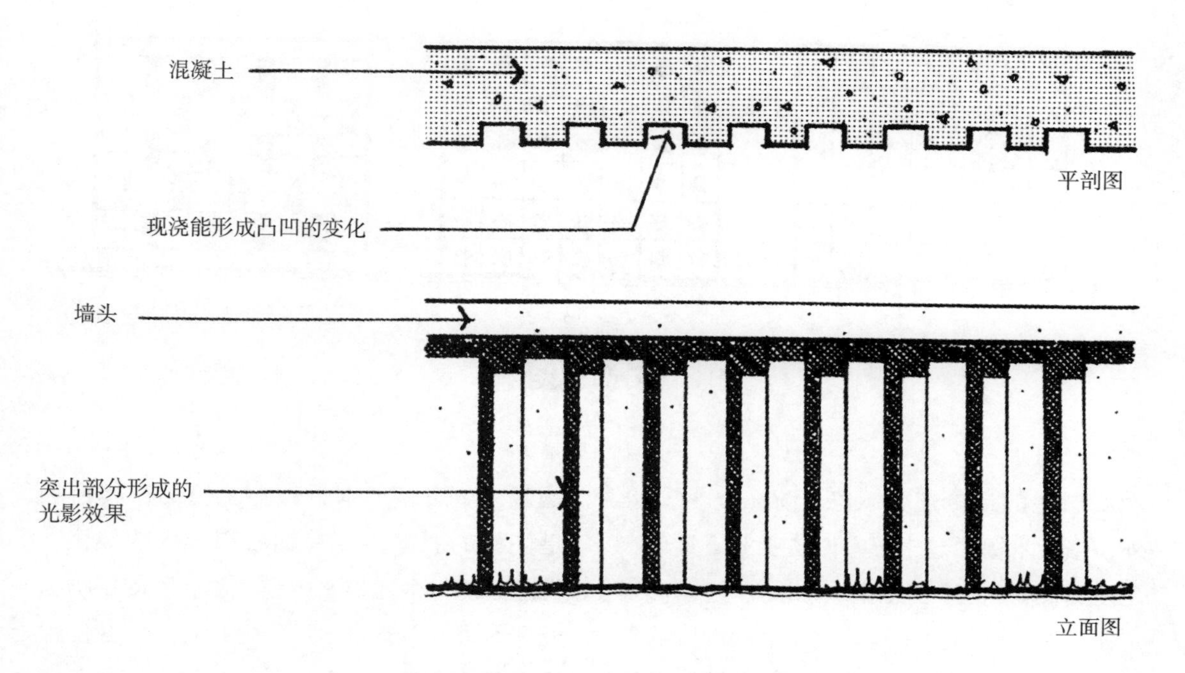


在模具的处理下，墙体能形成不同形式

图 5-48

图 5-49

地描述，这些类型包括标准水泥砖（20cm × 20cm × 40cm）。

水泥砖坯是介于标准水泥砖和泥砖之间的材料。它貌似泥砖，但实际上是水泥砖，这种材料常作为屏障墙。装饰混凝土花砖是指预先按不同的图案预制成的混凝土花砖，它有丰富精美的造型、通透的花格。适用于那些通透的花墙，那些墙具有独特的观赏特性。如图5-50所示的一些花砖的样式。

**木材** 木材也可以作为墙和栅栏的建造材料。根据其表面光洁度，木材有不同的观赏特性，从精制材到天然原木。与其他材料相比较，在垂直面上使用木质材料的优点，在于它相对来说较薄而轻。比如，同样高度，木栅栏就比砖石栅栏所需的支撑物少。

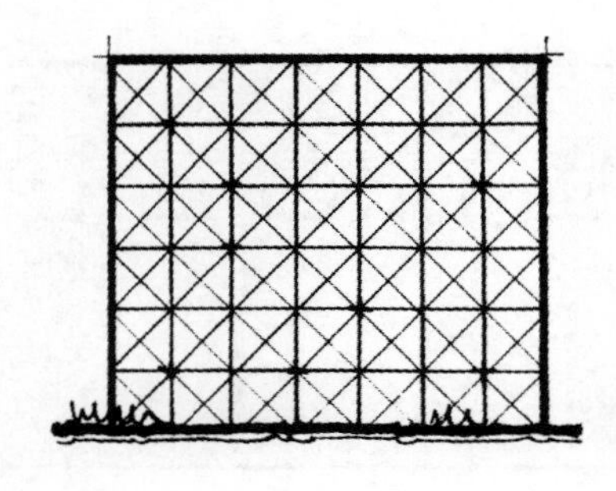
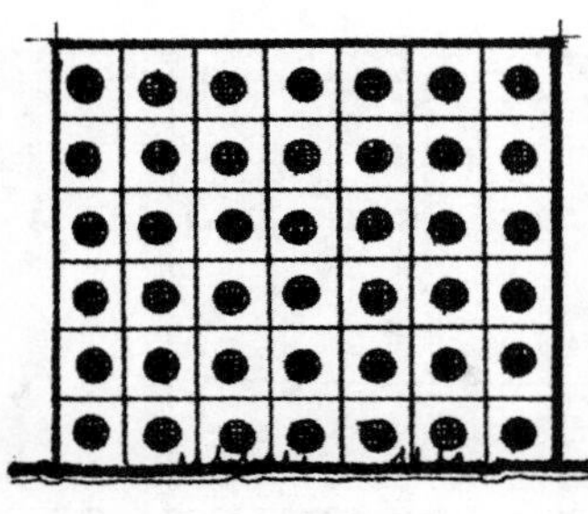
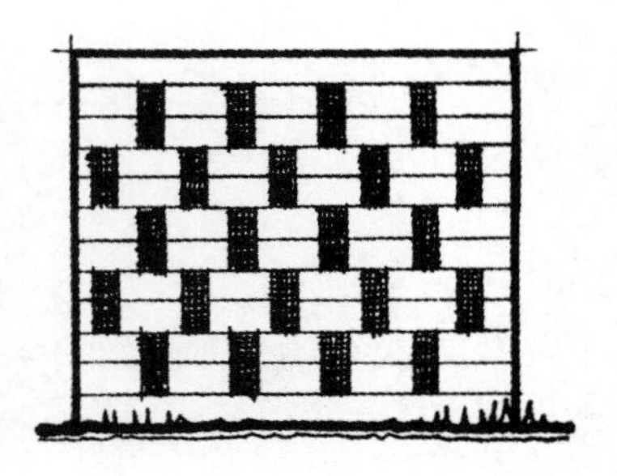

花砖墙

图 5-50

木质栅栏的造价还大大低于砖石栅栏。此外，修建木栅栏是十分方便省工的，其缺点是没其他材料经久耐用。木质材料还需得到定期维护，以防止其受风化和潮湿的腐蚀。木质墙面最易受损害的部分是与土地接触的部分。因此，这一部分应安置在排水良好、干燥的地方，尽量保持干燥。使用木材的另一局限性在于，必须以直线和平面状加以使用。

由于木材具有各种尺寸和长度，以及相对易于成形的特点，木材几乎可以按照所需要的任何方式来建造墙体。木质栅栏既可以完全做成实体的，也可以做成空透的，并在其间做成各种形状（图5-29）。木质栅栏可以看上去沉实厚重，也可以轻巧精细。直立的木板可突出围栏的高度，而平放的木材则可突出其长度。如前面曾提到的那样，当栅栏的立柱是栅栏的主要观赏部分时，那么其布局将直接影响栅栏的韵律及规模。图5-51是各种不同木质栅栏设计示意图。

粗壮的木材也可以用作挡土墙，在设计中，像铜铬砷酸盐液处理的木材须加以加压处理、防腐。用木材做挡土墙时，其目的是使墙的立面不要有耀眼和突出的效果。特别是能与木建筑产生统一感。除使用防腐处理木材外，枕木也可作为挡土墙。在使用枕木时应注意，对于有些未受过训练或普通的设计人员来说，他们总是将枕木作为灵丹妙药到处加以使用，这样的结果造成枕木泛滥。从美学的角度上看，枕木总是难与环境协调，故得少用枕木，最好用在偏僻的农村中，而不要用在正规的城市环境中。

**熟铁材料**　熟铁也是造栅栏的材料。凡是那些需要通透隔板或在墙体需装饰面的地方可使用熟铁。在栅栏表面，熟铁可以呈现简单的、直线的或精致图案的造型（图5-28）。熟铁因其造价、历史原因，而常用于较正规、庄重的环境之中。由于熟铁常呈黑色（当然也有涂成其他色彩的），当其被布置在明亮的背景之前，它能极大地展现其复杂的图案。同样，当日光和人造光源从背景照射铁栅栏时，也能产生引人入胜的效果（图5-52）。

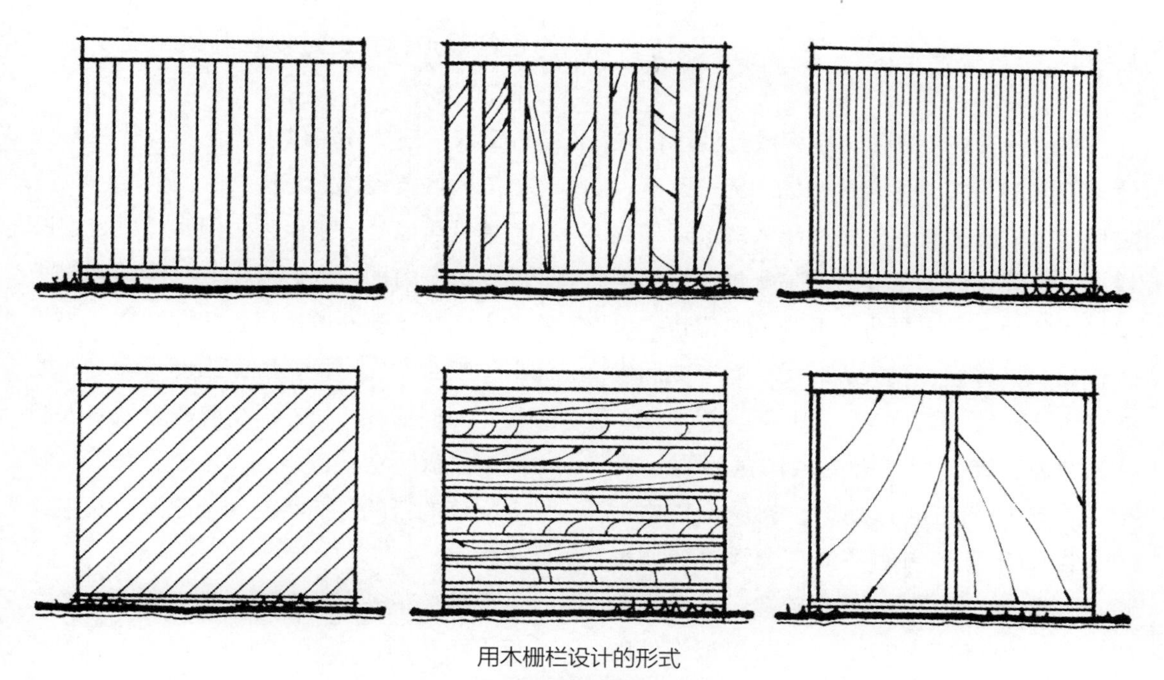

用木栅栏设计的形式

图 5-51

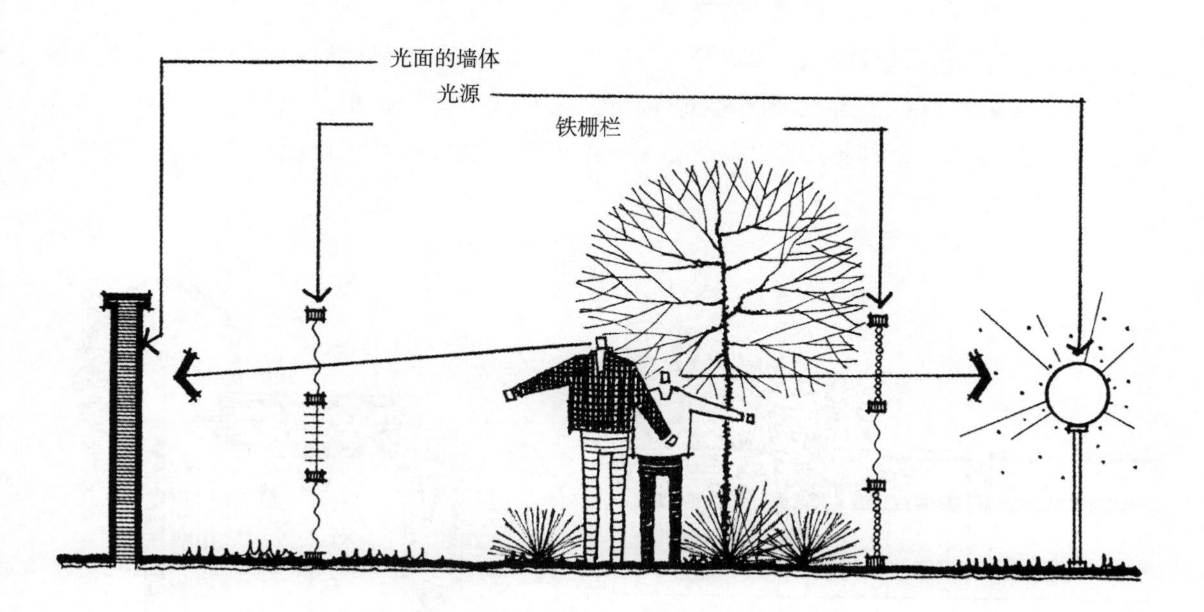


铁栅栏必须在光亮的背景下，才能有较好的观赏性

图 5-52

## 座椅

座椅、长凳、墙体、草坪或其他可供人休息就坐的设施，是园林构成的另一因素。它们可以直接影响室外空间给人的舒适和愉快感。室外座位的主要目的是提供一个干净又稳固的地方供人就坐。此外，座位也提供人们休息、等候、谈天、观赏、看书或用餐的场所。

**休息、等候** 无论在城市或乡村，任何一个活动场所或运动场，都应设置座位供人歇脚休息。例如一条长凳或其他座椅设施，安置于步行路或街道旁，可供人歇脚，这必将受行人的欢迎。在建筑物外的座椅也有同样的功能，可以使在建筑物内工作的人们出来休息一会，或是呼吸室外新鲜空气，以振作精神，提高工作效率。在建筑物主要出入口附近，安置一些座椅、矮墙、树木，对于出入该建筑物的人们，更是提供了一个方便约会的场所。在约定的地点，有地方就坐等候，总是令人方便的。

**交谈** 座椅除了供人们休息、等候外，也是三两好友谈论的好地方。任何场所只要有座椅就可以坐下来谈天。但是经过特别设计的座椅更有助于人们交谈。直线排列的座椅，人们在交谈时总是很别扭地转向对方，而群体组合安排座椅，能使人便于面对面地交谈（图5-53）。此外，在僻静之处，人们之间的交谈会更轻松自如。不过，并不是说为了交谈的目的，而将空间全部隔离起来或独立封闭。

**观赏** 许多人喜欢随便坐于某处观看来往行人和车辆，并引以为快。事实上，对某些人来说，观看别人的活动是他们最感兴趣的事之一。因此，所设计的座位应靠近主要的活动场所，但也不必直接安置在其中。例如，主要道路旁、人多的转角处或能俯视广场的地点，都是观察别人的好位置。如果，座位的地点比活动场所要稍高些，

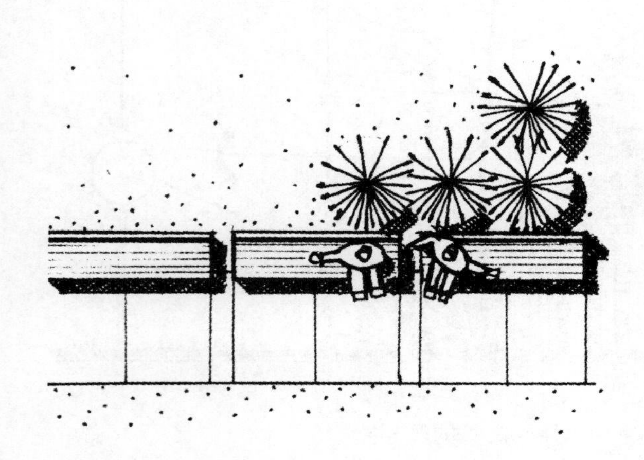

直线排列座凳交谈不方便

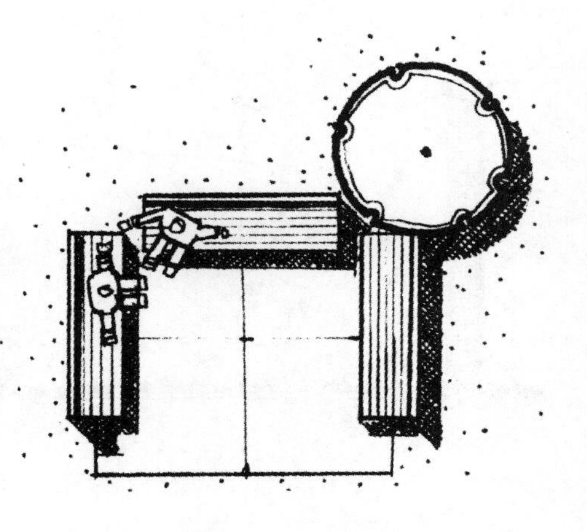

U字形布置人们可以面对面交谈

图 5-53

可以获得良好的视野，更有利于喜好观赏的人。

**看书、用餐** 座椅也是看书或用餐的好地方。看书的座椅，当然最适合于校园或教育机关，因为有些学生喜欢在座椅上看书，也有些喜欢躺在草地上，或靠在树旁。而座椅的干净表面，还可以放些书籍纸张。同样地，座椅也是进用午餐或是快餐食物的好地方。如果在座椅前附设桌子，则看书、用餐更加便利。

座椅的设计与安放位置必须配合其功能，所以要考虑到许多因素。如上所提到的那样，应安放在活动场所和道路的旁边，不能直接放于场所之中或道路上，否则人们会觉得挡住去处或四周混乱，使人坐立不安。最好是在角落或活动场所边沿，如果座椅背靠墙或树木，最令人觉得安稳、踏实（图5-54）。如果座椅背对空旷空间，而面对墙，这种设计是让人难以接受，这种情况不多见，也不必要。

另一个理想的场所是在树荫下或荫棚下，当然不可能完全都这样。当然树冠的高度限制了空间高度，同时提供荫凉（图5-55）。然而设置在比较空旷地上的座椅，也能为人们对座位的选择提供方便。有人喜欢绿荫，有人喜爱阳光。而在一年之中，有些日子能享受阳光是很舒适的，而晚秋、寒冬及早春之际，没有多少人愿意在室外就坐，热带地区的夏季也同样。对于一年中的这些气候因素应该多加考虑。秋冬之际，建筑物南边的座椅可以接受温暖的阳光，比较受欢迎。此外，应该注意不使座椅受到冬天寒冷的西北风的侵袭。在冬春季节，座椅决不应设置于建筑物北面或处于冬季寒风吹袭的走廊中。图5-56表示在小气候的条件下，座椅安置的理想位置。

从观赏和美学观点来看，座椅设施应该成为经过周密思考的总设计中不可分割的要素。也就是说，座椅设施的设计、位置以及布置形式等，应受到与其他因素一样的重

座椅安放在背后暴露的位置上，人们看到不舒服

当座椅背靠墙使人感到安稳舒服

图 5-54

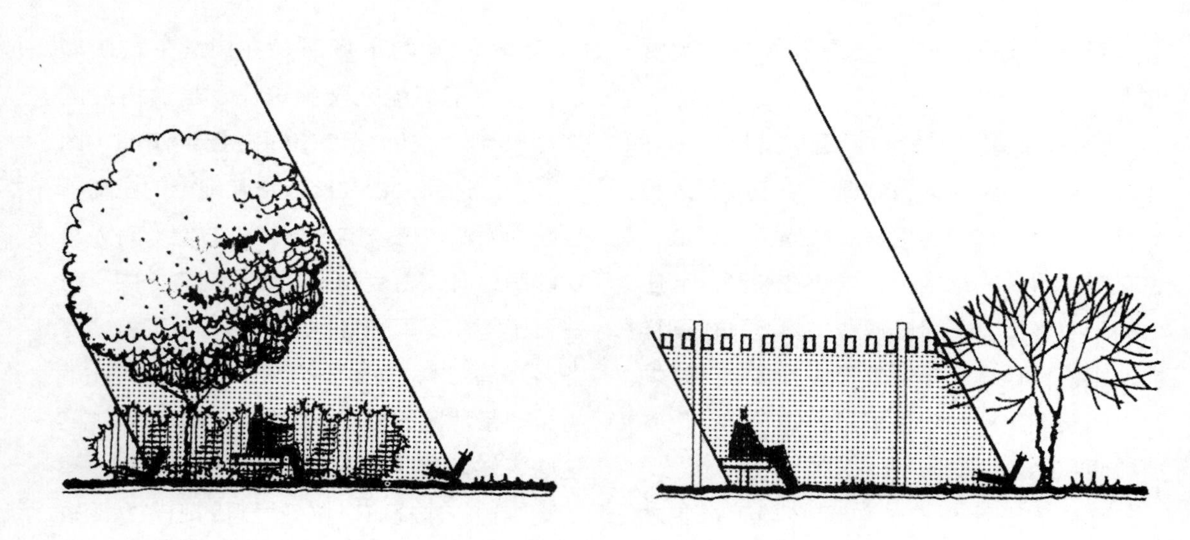

树冠下和花架下是布置座椅的好地方

图 5-55

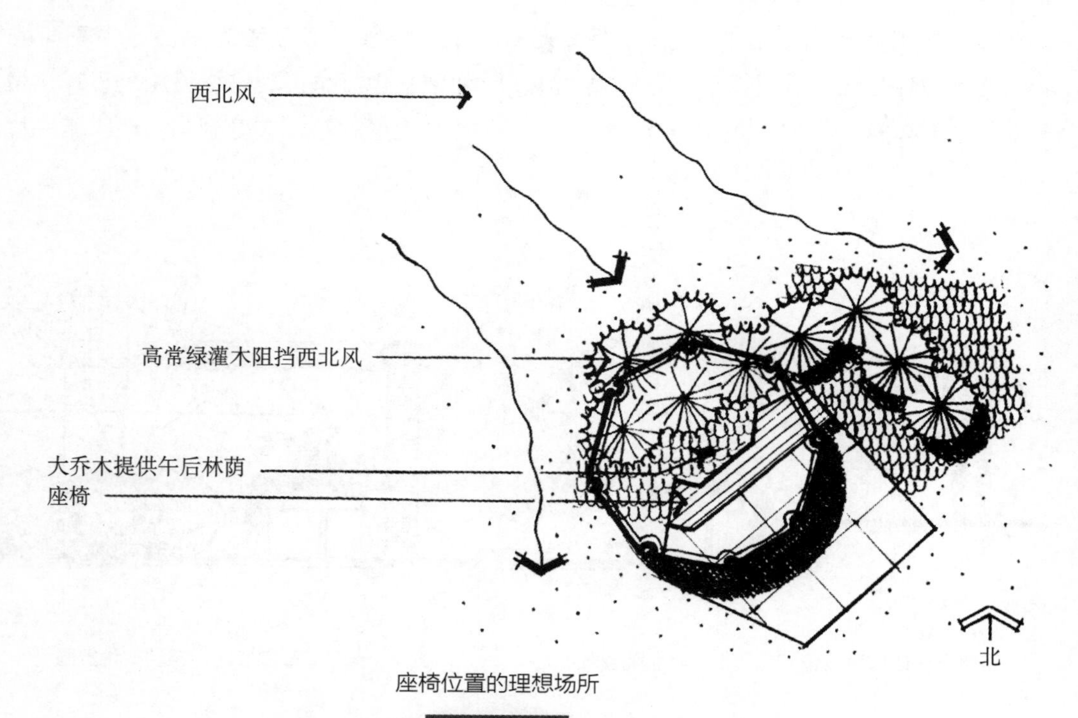


座椅位置的理想场所

图 5-56

视。但遗憾的是，有些设计并没有预先考虑到座椅，而在设计完后才加以考虑。一个值得注意的错误，是买来的座椅随意放置于公园中，这样往往会大煞风景。因此，座椅设施必须与其他要素和形状相互协调，这样才能与之融为一体。例如，有曲线的座椅就应安放于曲线的环境设计中，有折角的座椅就应安放在转角处（图5-57）。当然，这样的设计方式造价较高，这是因为它们需要根据现场的特定要求而特制座椅。为了使座椅设施与其他设计因素组合起来，最好是将座椅设施做成环绕此空间的矮墙。图5-58是在加利福尼亚州索萨利托的景观，此处，条凳充当着池边的栏杆作用。一般直的座椅或组合式座椅过于标准化，这些座椅能有机地组合布局在一区域内（图5-59）。组合式标准座椅合理布局，可让用者单独坐，群体就坐，相互交谈以及任意选择方向。常用的长椅不足之处在于，迫使就座者面向规定的方向就座。而组合座椅可提供方向的选择。如果每一座椅的高度有所变化，或在设计中再加上桌面，则组合座椅群将会出现更多的选择。尽管组合座椅有许多优越之处，但因其特性和占地较大，而不可到处使用。

在设计座椅时的一个关键问题，就是设计应有正确的尺寸，这样才能使座椅舒适实用。对于成人来说，座位应高于地面46～51cm，宽度为30.5～46cm，如图5-60所示。如果加靠背，那么靠背应高于座面38cm。而且座面与靠背应呈微倾的曲线，与人体相吻合。设计师也可能会设计出带扶手的座椅，那么扶手应高于座面15～23cm。座面下应留有足够的空间，以便放腿和脚。这样，所有座椅的腿或支撑结构应比座椅前部边缘凹进去至少7.5～15cm。另外，如果座

座椅线形与铺装线形不和谐

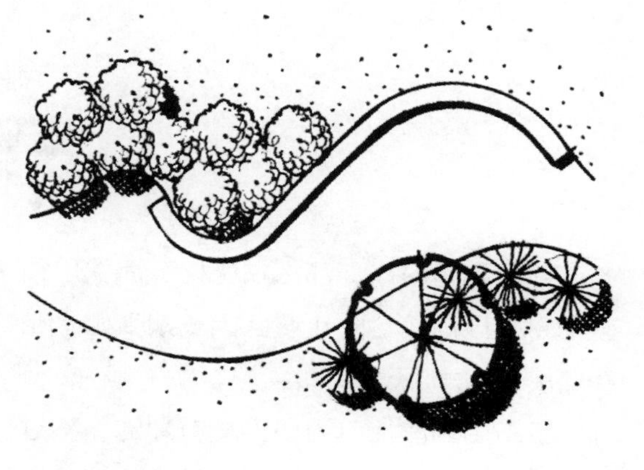
座椅与铺装线形协调

图 5-57

图 5-58

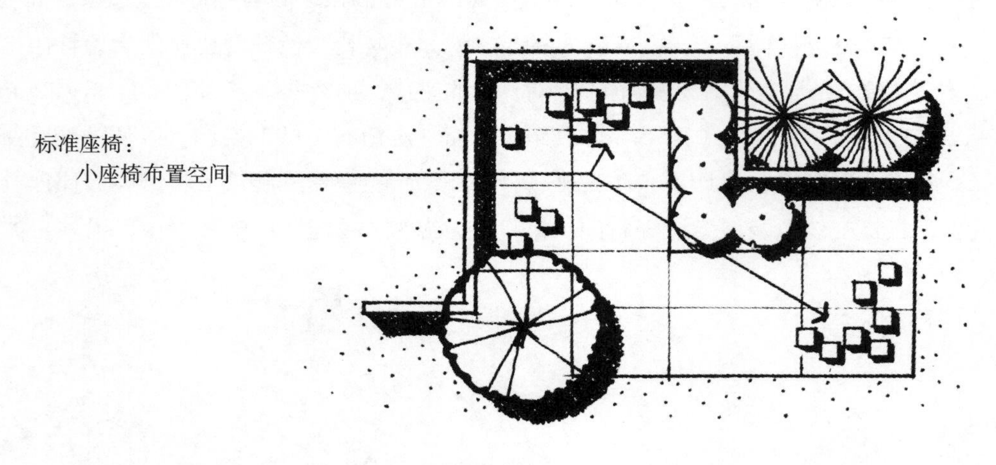


图 5-59

椅下不做铺地材料，那么在座椅下面就应铺硬面材料或砾石，防止该区因长期受雨水和践踏出现坑穴。

景观中的座椅可用多种材料建造，不过一般来说座面用木材是比较合适的。因为木质比较暖和、轻便，并且来源容易。图5-61是木凳的简单形式。石头、砖以及水泥也用于座面材料，不过暴晒后座面会烫人，难以就座。而在冬季又冷冰冰，令人难以忍受。再则，如果石头、砖及水泥铺砌不当，座面在雨后就不能及时干燥。以上所述材料均可以多种形式为所需要的设计内容和特性服务。

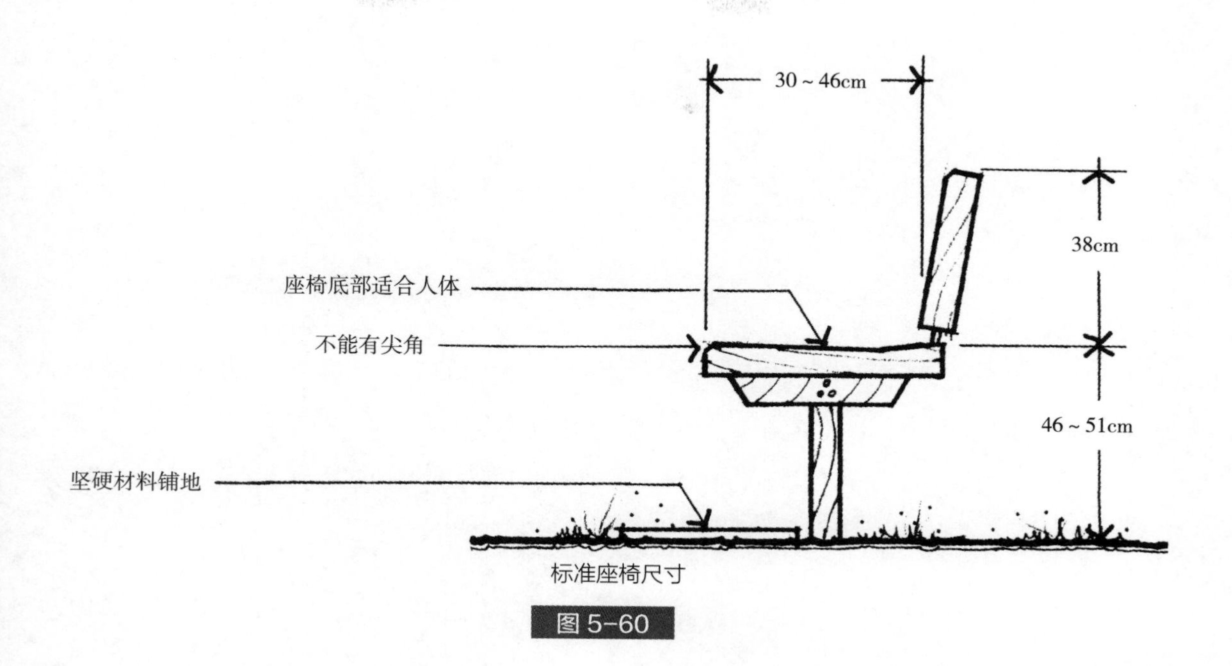


图 5-60

图 5-61

## 小结

台阶、坡道、墙、栅栏以及座椅等要素，均能增加室外环境的空间特性和价值。在较大的、较显著的要素如地形、植物和建筑的关系对比上，园林构筑物可算是规模较小的设计要素。它们主要被用以增加和完善室外环境中细节处理方面。台阶和坡道便于在两个不同高度面之间的运动，墙体和栅栏则为分割空间和空间结构提供方便。而座椅则为游人休息和观赏提供方便，从而使室外空间更人性化，对景观设施明智的使用，会使景观更具吸引力，更易满足人们的需求。

# 水

**水的一般特性**

水的可塑性

水体的状态

水声

水的倒影

**水的一般用途**

提供消耗

供灌溉用

对气候的控制

控制噪声

提供娱乐条件

**水的美学观赏功能**

平静的水体

流水

瀑布

喷泉

水景的组合

**小结**

水是用于风景园林和室外环境设计的另一自然设计因素。水是变化较大的设计因素，它能形成不同的形态，如平展如镜的水池、流动的叠水和喷泉。水除能作为景观中的纯建造因素外，还能有许多实用功能，如使空气凉爽，降低噪声，灌溉土地，还能提供造景的手段。本章主要讨论水在室外环境中的其他功能和视觉上独具的特征，以及在风景园林设计中所采用的不同形态。

和前面章节中所提到的其他设计因素相比较，水有着大量的、自身所独具的、区别于其他因素的特性。水是整个设计因素中最迷人和最激发人兴趣的因素之一。在室外环境中，很少有人会忽视或忘记水的形象。从一非常现实的观点上看，人类有着本能地利用水和观赏水的要求。人们需要水是为了生存，就像需要空气、食物和栖身之处一样。特别是在荒漠中的绿洲，更集中体现了在维持生命中，水这一角色的重要性。而这一最基本的、人类生存的必要因素，却有时被人们所忽略。因为在当今世界大多数发达的国家，拥有现代化技术，故取水是十分方便和容易的。而从历史上来看，这些国家和其他国家一样，它们早期的城镇和村庄都聚居在河边、湖畔、溪边和泉水旁，必要时还得挖井。在美国东部的波士顿、纽约、奥尔巴尼、费城、匹兹堡和巴尔的摩，在中西部的芝加哥、底特律、圣路易斯和辛辛那提，这都是在历史上与水紧密联系而发展的城市。对于我们祖先生活的社会，水不仅是人们维持生存的必需品，而且也是为人们提供食物、运输和娱乐的源泉。即使在今天美国西部和西南部的许多州，都以对水的可行性调查来作为这些地区发展决策的依据。在一些城市如像图森、亚利桑那，它们的未来发展也直接受到水的影响。

人们除了维持生命迫切需要水之外，在感情上也喜欢亲水。这是因为水具有五光十色的光影，悦耳的声响和众多的娱乐内容。在大多数条件下（除被污染的情况外），水都具有特殊的魅力，吸引人注意。从大多数的海岸线已被充分开发，以及沿海岸附近的房地产价格比较昂贵来看，足以说明这一点。20世纪60年代末在美国，全国1/3以上的人口居住在沿海岸的城镇中。在1km的海岸线内居住人口的增长率是全国平均增长率的3倍多。人们这种喜欢居住在水边的倾向，超过水对人的危害所潜在的威胁感。每年大量的财产损失和丧命，其原因是由于过分地接近于水体不留心造成的。事实上，在美国有3500万以上的人主要丧身于洪水。尽管这样，人们还是对水如此眷恋。

水除了有引人入胜的特性外，人在本能上更是喜爱接触水。我们都喜欢玩水，泡在水中觉得十分舒服、愉快。尤其是小孩子，对水的喜爱更为强烈，他们不知道水的危险，也不晓得水的可怕。无论是否有人鼓励，小孩总是喜欢玩水，可以把大量时间消耗在戏水中或水中娱乐上。甚至于大多数成年人，在水边漫步时，如果不玩玩水也会觉得难受，迟早会伸手摸摸水或脱鞋涉水，或打打水花。

水甚至于有着治疗效果。看看湖光水色，听听泉乐涛声，使人心情畅快，有着宁神安眠的效果。静坐在海边、湖畔、河流和溪旁，使人心绪平静安详。不论是波浪拍岸的节奏和小溪的潺潺流水声，都能安抚情绪使人心平气和。在20世纪70年代初期，就有人出版发行海浪的专辑唱片，可见水声对人情绪的影响。当播一段“海岸的心声”时，房间里充满了海边宁静的浪涛声，使人得以安静和满足。

水除这些特点外，更具有特殊的浪漫主义色彩。整个历史时期，众多的歌曲、诗歌、小说和电影都将水作为主题或背景。德巴斯作的“La Mer”和罗杰斯的“南太平洋”，都是以水作为乐曲中的主旋律。也有不少日落和恋人拥抱的摄影照片和名信片，都是以水作背景来烘托主景的浪漫气氛。甚至一些广告商也把湖泊、海洋作为他们产品（如汽车、肥皂、饮料等）的背景，衬托他们的产品吸引顾客从而获得更多利润。总之，水对人有不可否认的吸引力。室外空间的设计，除把握住地点、时间与手法以外，如能巧于理水，将使设计更加引人入胜。

## 水的一般特性

水具有许多自然特性，这些特性用于风景园林设计中影响着设计的目的和方法。

**水的可塑性**　除非结冰，否则水显然是一液体，其本身没有固定的形状，水形是由容器的形状所决定的。同体积的水能有无穷的、不同的变化特征，都取决于容器的大小、色彩、质地和位置。在此意义上，一个人要设计水体，而实际上是设计容器。所以，做一定形的水体，必须首先直接设计容器的类型，这样才能得到所需要的水体形象。由于水是一高塑性的液体因素，其外貌和形状也受到重力的影响，例如由于重力作用，高处的水向低处流，形成流动的水。而静止的水也是由于重力，使其体保持平恒稳定，一平如镜。

**水体的状态**　如上所述，根据水体的状态不同，可将水分成两大类：静水（平静少动），流水（流动变化）。这两大类型如图6-1所示。

静水：不流动的、平静的水，一般能在湖泊、水塘和水池中或在流动极缓慢的河流中见到。静水的宁静、轻松和温和，能使人在情绪上得到宁静和安详。面对一平如镜的水，人们极易陷入沉思之中。情绪也得到平衡，烦恼也会被驱出。在历史上，17世纪法国文艺复兴时期的园林和18世纪英国式园林，都很重视静水的安排。虽然任这两种类型的园林中，静水有着不同的形态，其作用都是为了强调景观，形成景物的倒影，以加强人们的注意力。在这章中关于静水在室外环境中的设计和应用将在较后再谈。

动水：第二种水的类型常见于河流和溪流中，以及瀑布、跌落的流水和喷泉。动水与静水相反，流动的水具有活力，令人兴奋和激动，加上潺潺水声，很容易引起人们的注意。波光晶莹，光色缤纷，伴随着水声淙淙，令人兴奋欢欣。流水具有动能，在重力的作用下由高处向低处流动。高差越大，动能越大，流速也越快。历史上，在意大利16世纪文艺复兴时的台地园，和法国凡尔赛宫的喷泉，都说明了动水在园林中的重要作用。动水在园林设计中有许多用途，最适合用于引人注目的视线焦点上。流动水的设计原则在后面加以讨论。

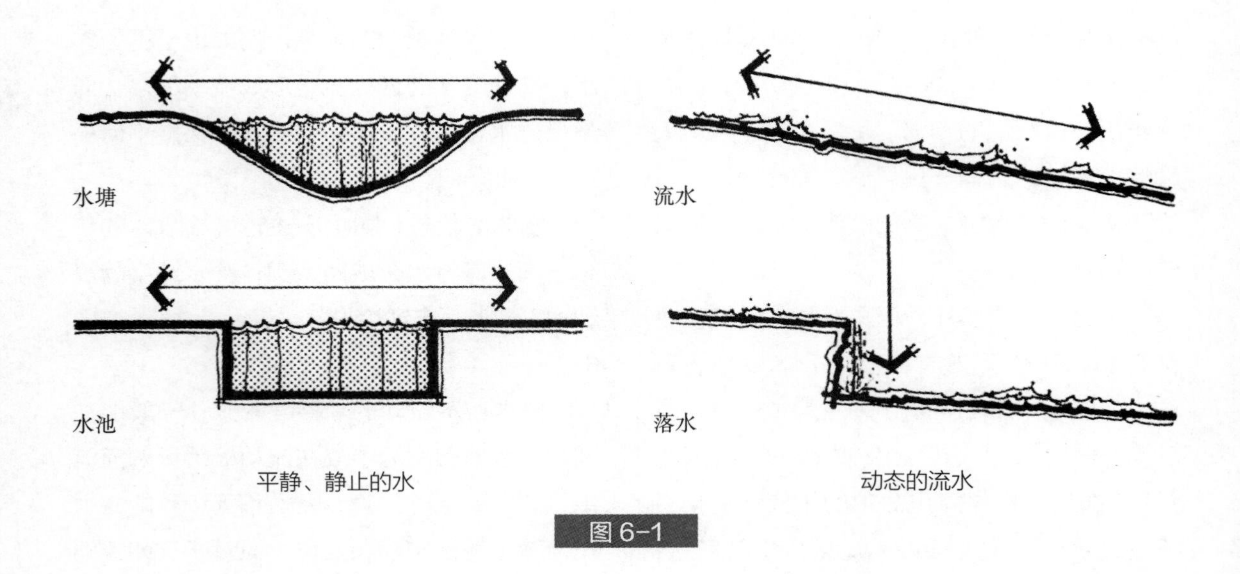


图 6-1

**水声** 水的另一个特性是当其流动时或撞击一实体时会发出音响。依照水的流量和形式，可以创造出多种多样的音响效果，来完善和增加室外空间的观赏特性。而且水声也能直接影响人们的情绪，能使人平静温和，也可以使人激动、兴奋。海边浪涛永不停息、有节奏的声响，令人安详平静，而瀑布的阵阵轰鸣，令人冲动激昂。水声包括涓涓细流、断续的滴水、噗噗冒泡、喷涌不息、隆隆怒吼、澎湃冲击或潺潺作声等各种迷人的音响效果，当然，水的声响还远不止这些。

**水的倒影** 水的另一个值得注意的特征，是水能不夸张地、形象地映出周围环境的景物。平静的水面像一面镜子，在镜面上能再现出周围的形象（如土地、植物、建筑、天空和人物等），所反映的景物清晰鲜明，如真似幻地令人难以分辨真伪（图 6-2）。当水面被微风吹拂，泛起涟漪时，便失去了清晰的倒影，景物的成象形状碎折，色彩斑驳，好似一幅印象派或抽象派的油画。但人们仍能理解。

除了能真实地映照景物的形象之外，水也能模糊地反映出容器与景物的特性，以下根据各种因素分别讨论。

坡度：大家知道，在河流或溪流中的水流，直接反映了河底和溪底的坡度。任何坡度都能使水流动，坡度越陡，水的流速就越快，水流得越快，水声也就越大，也更能吸引人。而流水蕴藏着动能，也就具有冲蚀的动能。

容体的形状和尺度：由于水具有不稳定性和流动性，如果没有斜坡或驳岸的阻挡和包容，水将向四处溢流。故容体的形状决定了水体的形状。例如，当驳岸边沿为曲折多变的自然形状时，则水体的形状为不规则的水体；当岸壁是光滑平直时，则水体为规则式。容体的尺寸大小，对水也有影响，尤其是对流水有着直接影响。例如，流量恒定不变的水在较宽的

图 6-2

沟渠河流中比较稳定，但流到较窄的地方便会产生十分汹涌的急流，这是因为到此受阻，减小了过水面积（图6-3）。

*容体表面质地*：容体表面材料的质地也影响着水的流动。同流量的水通过同样宽的沟渠时，如果渠底和边较光滑，无障碍时，其流水较容易流动也较平静，但在比较粗糙的沟渠中，水流流动较慢，容易形成湍濑。这种现象常见于城市里为了使排水更快、更有效，而将弯曲蜿蜒的河流改

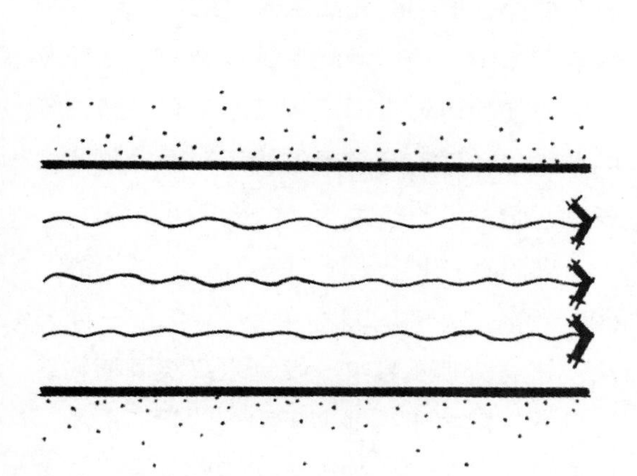

等宽平滑的渠道，形成平稳、流畅的流水

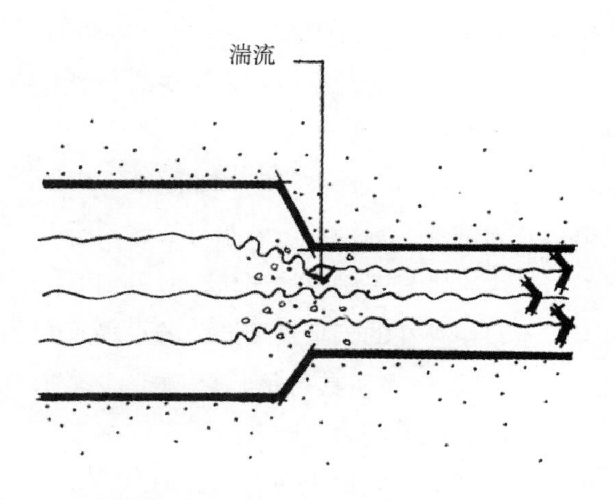



渠道宽度突然减小，会产生汹涌的湍流

图 6-3

造成平滑笔直的渠道。不幸的是，这样做使得自然界的动物和鱼类失去了栖息地，同时减少了土层的渗水，增加了渠道的冲蚀。

温度：大家知道，水常常可以有从液体变为固体的戏剧性变化。当气温降到0℃以下时，水就会结冰。当然水的外表也就发生了变化。一池平静不动的水，可能看起来颜色深沉，而结冰后表面却是明亮耀眼。同样，流动的水在结冰后，其表面常产生独特的纹路和图案。这些自然之美，在阳光的辉映之下更显得风采动人。

风：风是影响水体特征的另一环境因素。本来是一平如镜的水面，在强风的吹袭之下会泛起层层白浪。一池静止的水体其水面的平静与否，可以说完全取决于风的影响。

光：光与水的相互作用，影响着视觉上的特性和气氛。当水在流动和跌落时，光影闪烁。而静止不动的水在乌云遮天时，则变得暗淡无光。在一定条件下，水能像玻璃和透明塑料一样具有折光性，而又像不透明固体一样具有吸光性。因此，光与水的相互作用能影响人的情绪，能使欢乐愉快的心情变得愁郁悲伤。

由以上几项影响水的性质的因素，可以得出几点结论。其一，由于水是液体，所以在设计中水本身无确定的形状，所见到的特性，都是由外在的因素直接造成的。水只能由环境因素来表现其特征，环境条件改变了，水的特征也随之而改变，可以说水在各个方面都是靠环境来表现其特色的。其二，因为水受到许多因素的影响，因此，水是具有高度可塑性和富于弹性的设计元素。水受到外来因素的影响，而不时地改变着自己的风貌。由于水有许多出人意料的变化，因而能使整个设计产生许多趣味性。

## 水的一般用途

水在室外空间设计和布局中有许多作用。有些用途与设计中的视觉方面有直接的关系，而另一些则是属于实用上的需要。这一节先谈水的实用功能，下一节再讨论水在设计中的观赏功能。

**提供消耗**　水当然可供人和动物用于消耗。虽然这与整个设计、某些运动场地、野营地、公园等并无直接关系，但是这些因素中的确存在着消耗水的因素，所以水源、水的运输方法和手段对于水的使用价值，变成了设计决策的关键。

**供灌溉用**　水常具有的实用功能是用来灌溉稻田、花园草地、公园绿地以及类似的地方。对于比较干旱的乡村，如加利福尼亚、亚利桑那、新墨西哥和科罗拉多，如果没有灌溉，植物就无法生长。此外也可将肥料溶于水中，凭借灌溉系统来施肥，这种方法既方便又可节省时间和费用。有灌溉系统的草地能经受得起超量的使用，因为草坪生长在水源充足的条件下，生长健壮繁茂。

灌溉有三种类型：① 喷灌，② 渠灌，③ 滴灌。喷灌是园林中最常用的一种方法，是装置喷头系统，喷洒水来浇灌植物，这种方法需要永久性埋于地下的管道系统。渠灌则较简单，但被灌溉区域必须有一定坡度自流。滴灌是在地面或地下安置灌水装置，使水点滴地，缓慢持续地灌溉植物。滴灌最适合单体植物的灌溉，比如滴灌一株单株植物就胜过灌溉大面积的草坪。比较上两种灌溉方法，滴灌是最有效而且最节约水的灌溉方法。

**对气候的控制** 水可用来调节室外环境空气和地面温度。大家知道，大面积的水域能影响其周围环境的空气温度和湿度。在夏季，以水面吹来的微风具有凉爽作用；而在冬天，水面的热风能保持附近地区温暖。这就使在同一地区有水面与无水面的地方有着不同的温差。例如，在大面积的湖区，这种现象能提高1月份的平均温度大约3℃，相反，在同一地区的7月份可降低2℃。根据一天的温度变化来看，当陆地比水体热时，微风从湖面吹向陆地，使得一天内十分凉爽，微风至少能降低气温6℃。

较小水面有着同样的效果。水面上水的蒸发，使水面附近的空气温度降低，所以无论是池塘、河流或喷泉，其附近空气的温度一定比没有水的地方低。如果有风直接吹过水面，刮到人们活动的场所，则更加强水的冷却效果（图6-4）。西班牙摩尔人在阿尔罕布拉宫所建的花园，就利用了这个原理来调节室内外的空气温度。

**控制噪声** 水能用于室外空间减弱噪声，特别是在城市中有较多的汽车、人群和工厂的嘈杂声，可以用水来隔离噪声。利用瀑布或流水的声响来减少噪声干扰，造成一个相对宁静的气氛（图6-5）。纽约市的帕里公园，就是用水来阻隔噪声的。这个坐落在曼哈顿市的小公园，利用挂落的水墙，阻隔了大街上的交通噪声，使公园内的游人减少了噪声的干扰。由于这些噪声的减弱，人们在轻松的背景下，就不会感到城市的混乱和紧张。其他用跌水来掩盖噪声的例子如，由劳伦斯·哈普林设计在华盛顿西特勒的自由之路公园和在温哥华的罗布森广场（图6-26）。

**提供娱乐条件** 水的另一在景观中的普遍作用，是提供娱乐条件。水能作为游泳、钓鱼、帆船、赛艇、滑水和溜冰场所。这些水上活动，可以说是对整个国家湖泊、河

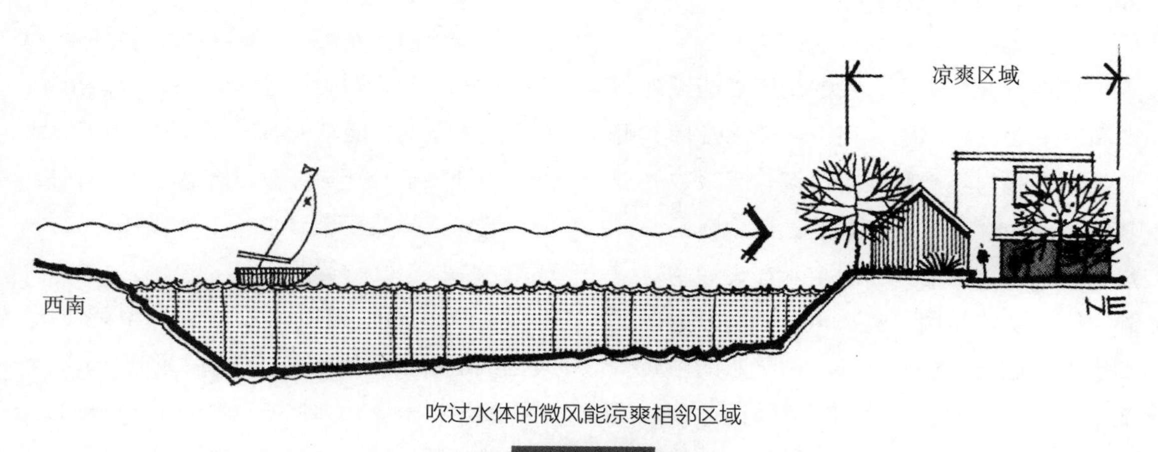


吹过水体的微风能凉爽相邻区域

图6-4

流水和瀑布能形成悦耳的音响，改变噪声

图6-5

流、海洋的充分利用。而风景园林设计师的任务之一是对从私家房后的水池到区域性的湖泊和海滨所需要的不同水上娱乐设施的规划和设计。为配合娱乐活动，这些设施包括浴室、码头、野餐设施以及住房。在开发水体作为娱乐场所时，要注意不要破坏景观和保护水体，同时得巧妙布置和保护水源。

## 水的美学观赏功能

水除了以上较为一般的使用功能以外，还有许多美化环境的作用。要使水发挥其观赏功能，并与整个景观相协调，所采取的步骤与其他设计元素是相同的。这也就是说，风景园林设计师首先要决定水在设计中对室外空间的功能作用，其次再分析以什么形式和手法才适合于这种功能。由于水的性质多变，存在着多种视觉上的用途，因此，在设计时要谨慎进行。以下就水的动态与静态分别讨论其较为常见的视觉美感上的作用。

**平静的水体**　室外环境中静止水，依其容体的特性和形状可分为规则式水池和自然式湖塘。

*规则式水池*：所谓水池是指人造的蓄水容体，其池边缘线条挺括分明，池的外形属于几何形，但并不限于圆形、方形、三角形和矩形等典型的纯几何图形。例如在阿尔汉布拉的默特尔庭院等。

在设计中，水池的实际形状，当然是以其所在的位置及其他因素来决定。水池一看便知是人造的，而非天然形成（图6-6），因此，水池最适合于以平直线条为主的市区空间，或是人为支配的环境里。水池用于室外环境中有以下几种目的。

平静的水池，其水面如镜，可以映照出天空或地面物，如建筑、树木、雕塑和人。水里的景物，令人感觉如真似幻（图6-7），为赏景者提供了一个新的透视点。

水池是范围在坚硬的几何形体中的静止水体

图 6-6

图 6-7

水池水面的反光也能影响着空间的明暗。这一特性要取决于天光、水池的池面、池底以及赏景者的角度。例如在阳光普照的白天，池面水光晶莹耀眼，与草地或铺装地面的深沉暗淡形成强烈的对比。池中水平如镜，映照着蓝天白云，令人觉得轻盈飘逸。同时反衬着沉重厚实的地面。有时这种效果能使沉浑、坚实的地面有一种虚空感。

我们认为有许多因素可以增强水的映射效果。首先，从赏景点与景物的位置来考虑水池的大小和位置。对于单个的景物，水体应布置在被映照的景物之前，观景者与景物之间（图6-8），而长宽取决于景物的尺度和所需映照的面积多少而定。所要得到的倒影大小，可借助于对剖面图的研究，还可运用视线到水面的入射角等于反射角的原则。透视法也可以运用（图6-9）。

另一应考虑的因素是水池的深度和水池

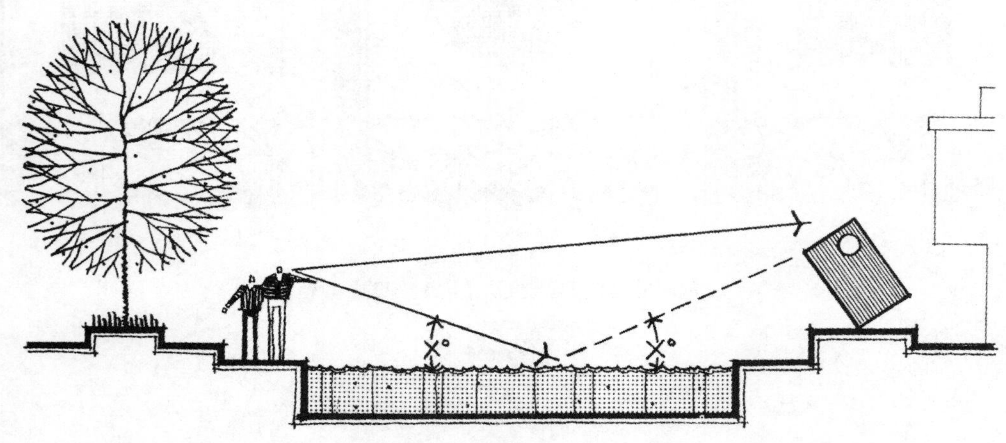

水池放在观赏者与景物之间能形成倒影

图 6-8

用透视图研究水池中的影像

图 6-9

表面色调。水面越暗越能增强倒影。要使水色深沉，可以增加水的深度，加暗池面的色彩。要达到变暗的有效方法，是在池壁和池底漆上深蓝色或黑色。当池水越浅，或容体内表面颜色较明亮，水面的反射效果就越差（图6-10）。

另一要考虑的因素是水池的水平面和水面本身的特性。要使反射率达到最高，水池内的水平面应相对地高一些，并与水池边沿高度造成的投影有关，以及水面的大小和暴露程度。同时有倒影的水池要保持水的清澈，不可存有水藻和漂浮残物。最后一点是保持水池形状的简练，不至于从视觉上破坏和妨碍水面的倒影。

如果水池不是用以反射倒影之用，那么可以特殊地处理水池表面，以达到观赏的趣味性。水池的内表面，特别是水池的底部，可以使用引人注目的材料、色彩和质地，并设计成吸引人的式样（图6-11、图6-40）。例如在匹兹堡的波特公园中，大喷泉水池的底部用河卵石布置成美丽的图案（图4-31）。在住房后的游泳池的边和底部漆上条形的图案，能形成另一种令人感兴趣的独特效果。当加上水的波动，池底的灯光，整个图案便增添了另一番观赏情趣。如果再加上微风的吹拂和其他驱使水面形成的波动，则水中的图案时隐时现，产生千变万化的效果。

一池平静的水，在室外环境中能作为其他景物和视点的自然前景和背景（图6-12），水面能像草坪、地被和铺装一样，可以作为其他元素如雕塑、建筑、孤植树或喷泉柔和的背景。而且同时，还能在水中映照出主要景物的倒影，从而强调了景物的形象，也为人们提供了不同的观赏效果（图6-7）。在做这些用途时，水池的形状和表面不可做得太夺目，以免喧宾夺主。

自然式水塘：静止水的第二种类型是自然式水塘。与规则式水池相比，水塘在设计上比较自然或半自然。然而，水塘可以是人造的，也可以是自然形成的。水塘的外形通常由自然的曲线构成（图6-13），这种形象最适合于乡村或大的公园内。水塘的大小与驳岸的坡度有关，同面积的水塘，驳岸较平

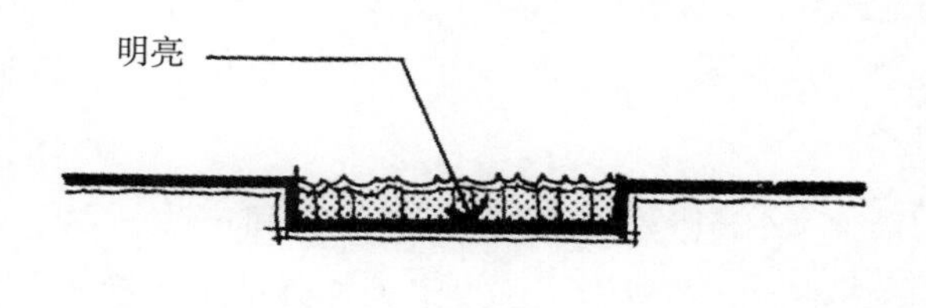


不合适的效果：浅水池水面反光

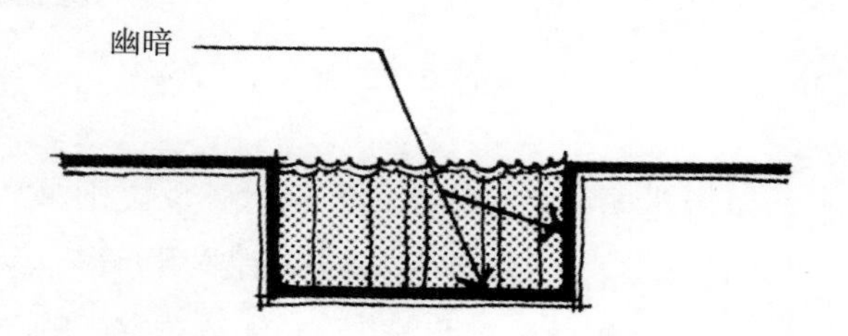


合适的效果：深水池有幽暗的水面

水池条件对反射的影响

图 6-10

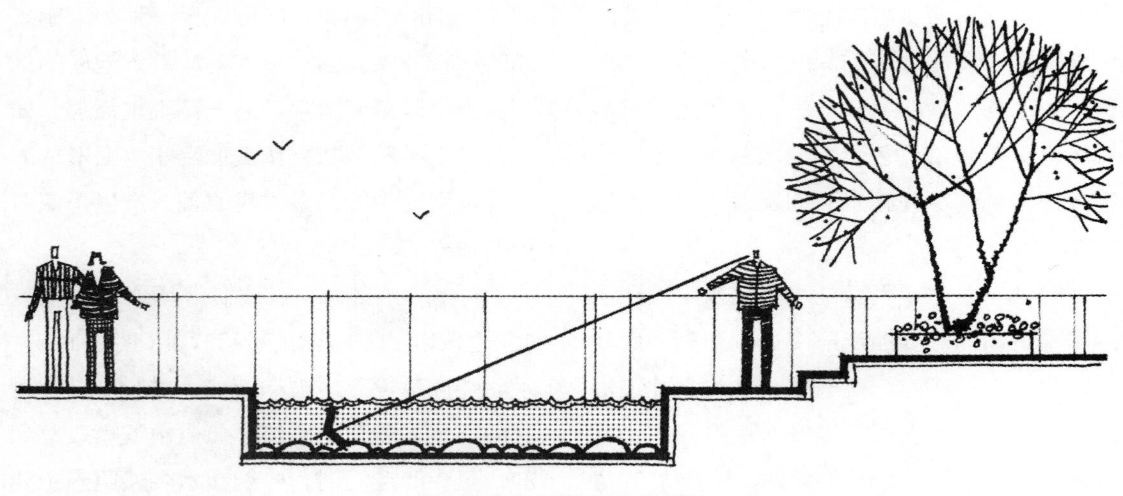

浅水池能让人看见池底的质地

图 6-11

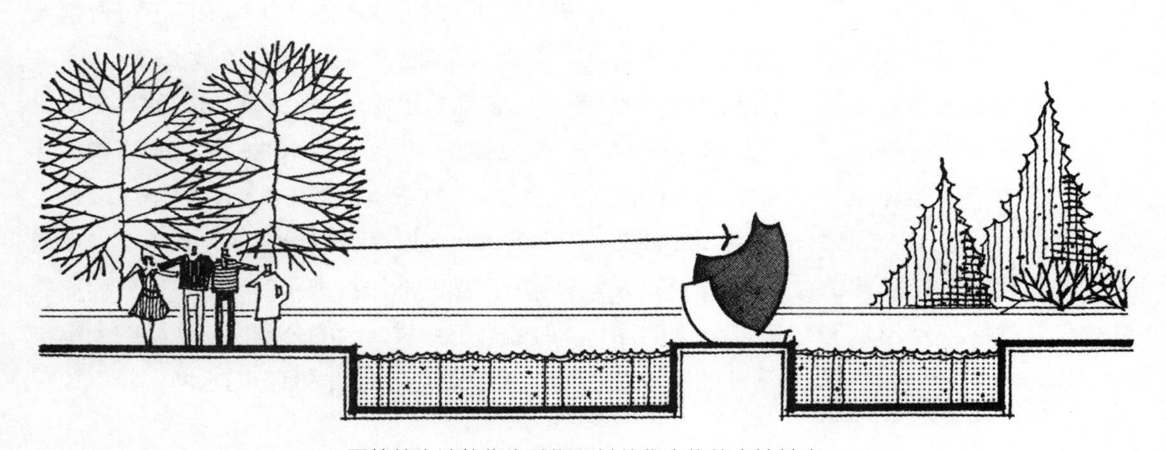

平静的水池能作为雕塑和其他焦点物的中性基座

图 6-12

缓、离水面近看起来水面就较大，反之则水面就感觉较小（图6-14）。就其本质而言，池塘的边沿就像空间的边沿一样，对空间的感觉和景点有相同的影响。水塘除了前面所述的所有水池的功能外，自然池塘还有下列几项功能。

（1）自然池塘可使室外空间产生一种轻松恬静的感觉。这是因为在外形上水塘比水池更为柔和。这种情形常见于英国自然式园林中，例如在斯托黑德或布伦海姆的园林中。利用自然式池塘，结合起伏的地形和自然式种植的树丛，形成一派宁静的田园风光。

水塘由静止的水面和柔软的、曲折的自然形体组成

图 6-13

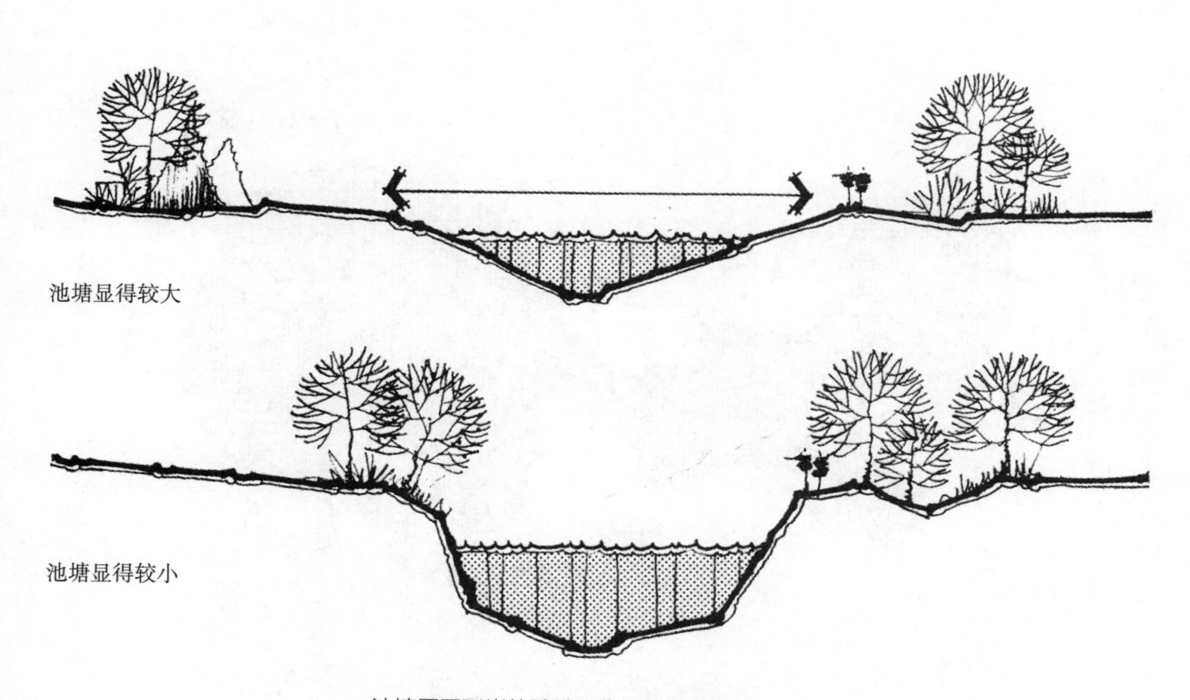


池塘周围驳岸的陡峭程度影响着水体的大小感

图 6-14

（2）由于水塘具有这种平静的静态感，因此，它可以在景观中作为一基准面。正因为塘面是水平的，故能为附近的地形和树丛提供一相对的高程点，以水面为基准面来判断和比较其他因素的高低变化。尽管水塘有这种功能，但作为标高水准面，它必须安排在所在环境的较低处。当水塘的位置高于周围环境时，便会对较低的地面产生一种不舒服的压迫感，当它的位置过高，则更不能作为水准面了。

（3）在景观中水塘可以作为联系和统一同一环境中的不同区域的手段（图6-15）。水在任何位置上都倍受人的注意，因为在室外环境中，水的观赏特性与其他因素有着明显的差异。因此，水塘在视觉上使设计中不同的因素，凭借着与水的联系，而将其组合成一个整体。当水塘作为主景或景观特殊部分的焦点时，这种用途特别有效。尤其是在大面积的设计中，这种统一作用可以避免各区域散乱和无归属。如果赏景者在一区域看到水塘的一部分，而走到另一区域后又看到的是另一部分。这两部分水塘的景色，被游览者记忆和回想，前后呼应联系在一起。

（4）由图6-15所示，水塘有另一个功能，就是对景物的展现。可以从吸引人注意的一点，将景观逐渐展开，并引导人们逐渐地通过一系列的室外空间，一片水塘或一湖面，如果有一部分消失或隐藏在小丘或树丛之后，会使人产生神秘和迷离感。正如一条蜿蜒的小径，路的尽头消失在视线外。这种

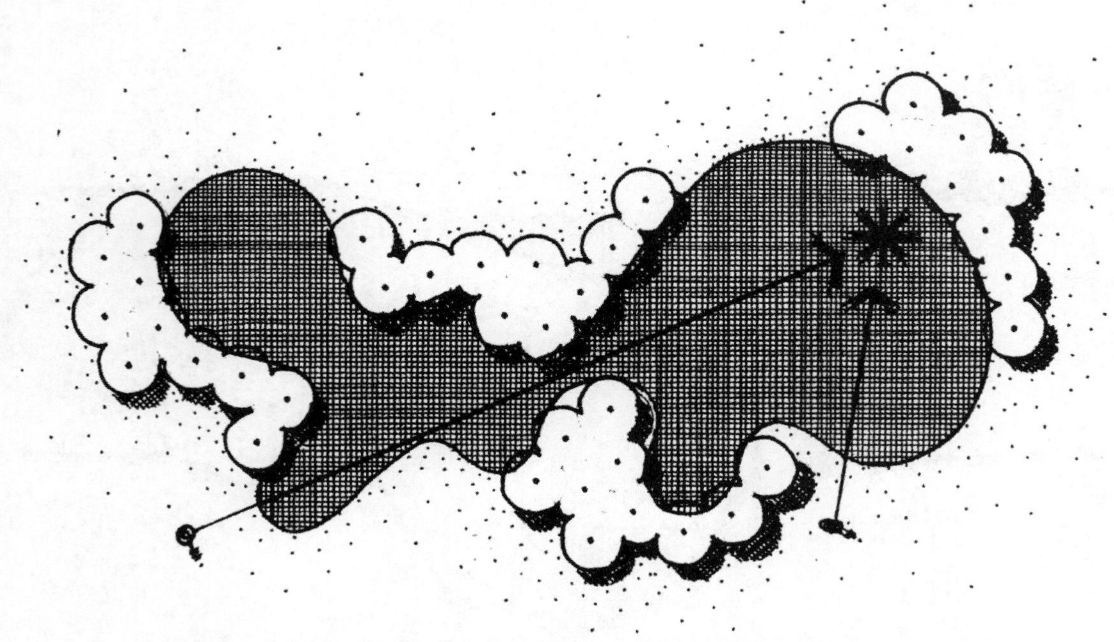

自然式水池能从视觉上将不同的景观联系和统一在一起。由于在一点上，又不能一目了然全景，故又创造了神秘感

图 6-15

情况会令人极想探个究竟，而寻访被障住的另一边的景物。

**流水** 流水是用以完善室外环境设计的第二种水的形态。流水是任何被限制在有坡度的渠道中的、由于重力作用而产生自流的水。例如自然界中的江河、溪流等。应注意在此流水不包括从陡峭高处跌落而下的瀑布。流水最好是作为一种动态因素，来表现具有运动性、方向性和生动活泼的室外环境。

作为一种观赏因素，依据规划的关系和设计的目的，以及与周围环境的关系，来考虑水所创造的不同效果。流水的行为特征，取决于水的流量、河床的大小和坡度、以及河底和驳岸的性质。如前面所提到，河床的宽度及深度不变，而用较光滑和细腻的材料做河床，则水流也就较平缓稳定，这样的流水适合于宁静悠闲的环境。

要形成较湍急的流水，就得改变河床前后的宽窄，加大河床的坡度，或河床用粗糙的材料，如卵石或毛石。这些因素阻碍了水流的畅通，使水流撞击或绕流这些障碍，导致了湍流、波浪和声响。

流水形成的不同视觉效果，可以帮助理解水通过沟渠时产生的机械运动。例如，将渠道的底部做成起伏的波浪形状，这就使沿渠道流动的水随渠底的起伏而形成翻滚的波浪（图6-16）。流水要翻越坡峰，必须加快速度和压力以便翻越，就使得此点的流速比谷地较快。这种快慢的交替形成波浪。在平面上，这种原理同样适用。在同流量的水流中增加障碍物，阻碍了水流，也会形成湍流和波浪（图6-17）。渠道的宽窄也影响着水的流速，同流量的水在宽的渠道中比窄渠中流得缓慢、平稳（图6-18）。如果渠道的宽窄变化较突然，将会造成汹涌的波涛。汹涌的流水能泛起易感觉的浪花和声响，比平缓的流水更引人注意。因此，可在景观中作为引人注目的观赏和聆听因素。因此，翻腾的急流适用于室外体育运动和娱乐活动。在自然界的湍急河流里，人们常在其中划船、放筏和娱乐。如西弗吉尼亚的新河，宾夕法尼亚州的河流和科罗拉多河，都是以这些特点而吸引着人们。

**瀑布** 景观中的第三种类型是瀑布，瀑

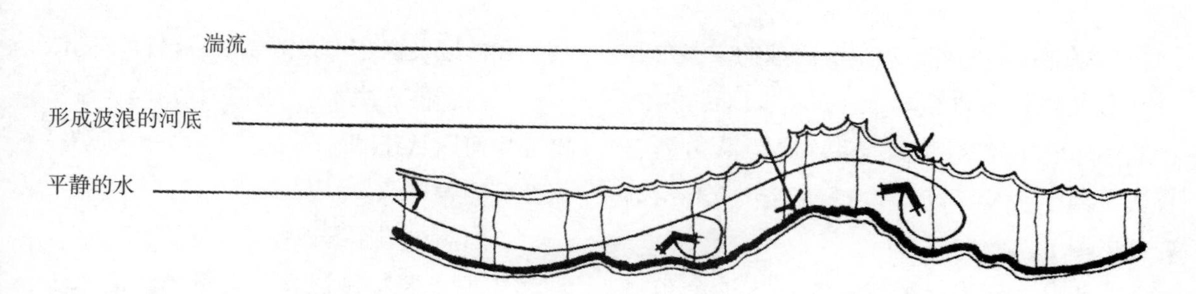


河床剖面：水的形态取决于河底和驳岸的构造

图 6-16

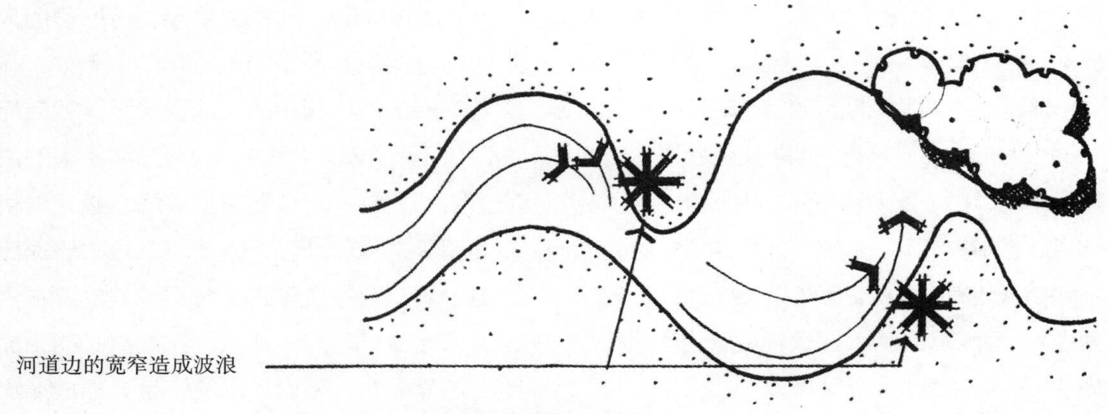


河流驳岸使流水形成波浪

图 6-17

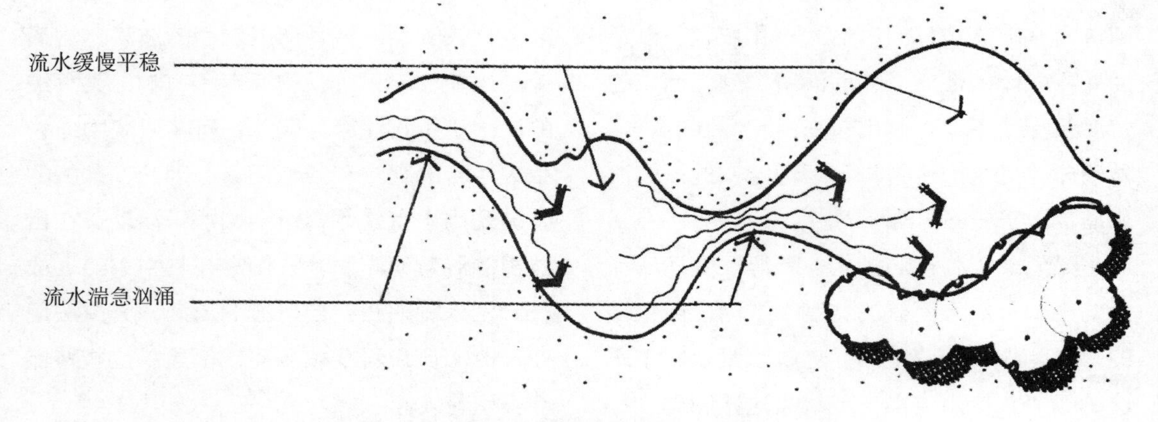


流水的速度快慢取决于河道的宽窄

图 6-18

布是流水从高处突然落下而形成的。瀑布的观赏效果比流水更丰富多彩，因而常作为室外环境布局的视线焦点。瀑布可以分为三类：① 自由落瀑布；② 跌落瀑布；③ 滑落瀑布。

**自由落瀑布**：顾名思义，这种瀑布是不间断地从一个高度落到另一高度（图 6-19）。其瀑布的特性取决于水的流量、流速、高差以及瀑布口边的情况。各种不同情况的结合，能产生不同的外貌和声响。瀑布的应用可以从花园中的涓涓声响到尼亚加拉大瀑布的轰鸣。

自由落瀑布作为设计的不定因素，在处理和表现上要特别认真研究瀑布的落水边沿，才能达到所要求的效果，特别是当水量较少的情况下。边沿的不同产生的效果也就

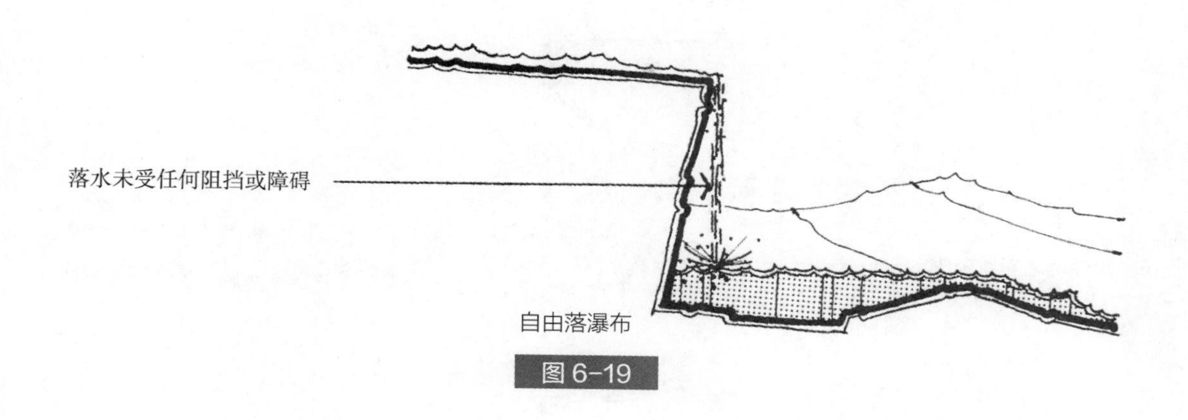


图 6-19

不同（图6-20）。完全光滑平整的边沿，瀑布就宛如一匹平滑无皱的透明薄纱，垂落而下。边沿粗糙，水会集中于某些凹点上，使得瀑布产生皱折。当边沿变得非常粗糙而无规律时，阻碍了水流的连续，便产生了水花，瀑布便呈白色。

如图6-21所示，影响形象和声响因素的，还有瀑布落下时所接触的表面。当瀑布落下的水撞击在尖硬的表面如岩石或混凝土上时，便水花四溅，同时也产生剧烈泼溅的声响。当落下的水接触的是水面，溅起的水花便要少得多，声音也小。

另一个设计应注意的因素，是瀑布所在位置上的光线如何。如果有强烈的光源，如

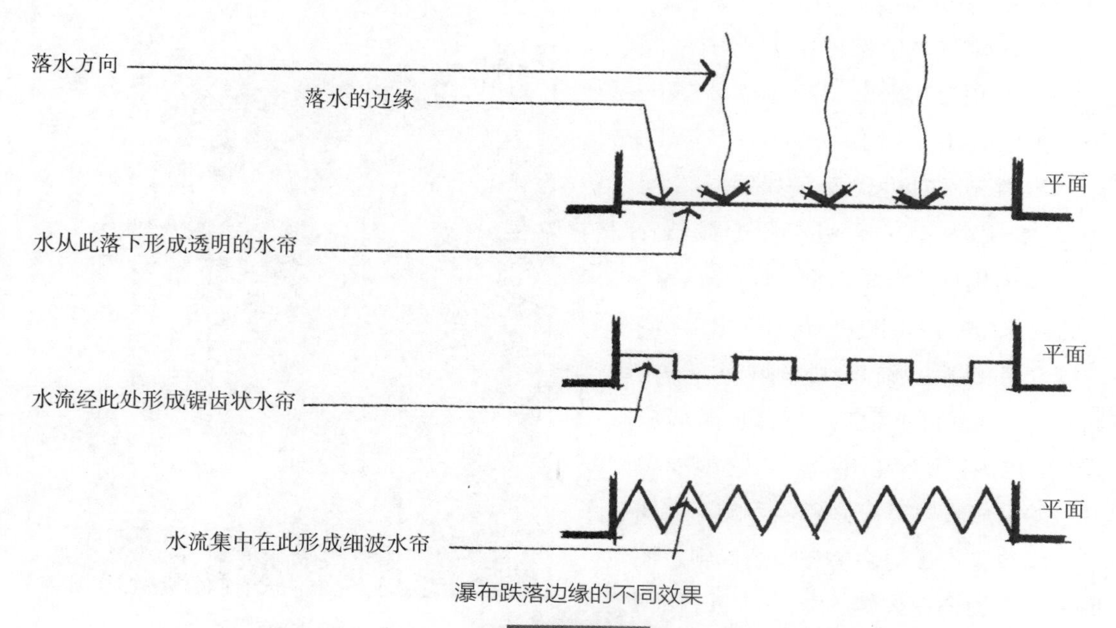


图 6-20

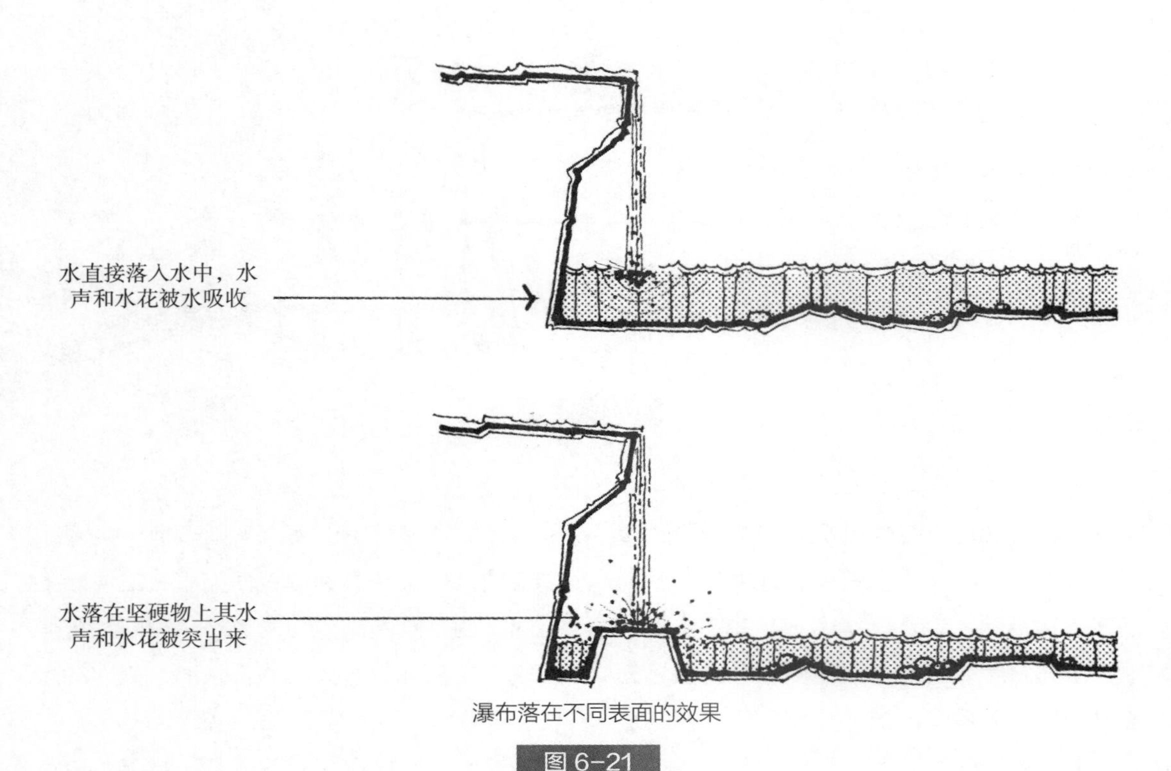


瀑布落在不同表面的效果

图 6-21

太阳光照射在瀑布的背面（图6-22），瀑布会晶莹透明，光斑闪烁，更加引人入胜。

自由落瀑布在自然界中的例子是很多的，如尼亚加拉大瀑布，黄石国家公园的厄珀瀑布和托尔瀑布，约塞米特国家公园的布里达尔维瀑布。其他的例子如图6-23和图6-24，其中图6-23是华盛顿州的瀑布。图6-24是莱特设计的流水别墅。

适合于城市环境的变形瀑布叫作水墙瀑布。顾名思义是由瀑布形成的墙面。通常用泵将水打上墙体的顶部，而后水沿墙形成一连续的帘幕从上往下挂落。这种在垂面上产生的光声效果是十分吸引人的。水墙的例子可以在曼哈顿的帕利公园中见到。还有芝加哥的石油公司大厦（图6-25），和不列颠哥伦比亚省温哥华市的鲁滨逊广场如（图

图 6-22

图 6-23

图 6-24

图 6-25

图 6-26

6-26）。帕利公园中的瀑布为小公园提供了很好的景观，其产生的水声也减少了城市中的不和谐的噪声。

*跌落瀑布*：瀑布的第二种类型是跌落瀑布。是在瀑布的高低层中添加一些障碍物或平面，这些障碍物好像瀑布中的逗号，使瀑布产生短暂的停留和间隔（图6-27）。跌落瀑布产生的声光效果，比一般瀑布更丰富多变，更引人注目。控制水的流量、跌落的高度和承水面，能创造出许多趣味和丰富多彩的观赏效果。合理的跌落瀑布应模仿自然界溪流中的跌落，不要过于人工化。如跌落层数过多，造成瀑布不像瀑布，造成不良的后果。

*滑落瀑布*：水沿着一斜坡流下，这是第三种瀑布类型（图6-28）。这种瀑布类似于流水，其差别在于较少的水滚动在较陡的斜坡上。对于少量的水从斜坡上流下，其观赏效果在于阳光照在其表面上显示出的湿润和光的闪耀，水量过大其情况就不同了。然而斜坡表面所使用的材料也影响着瀑布的表面。滑落瀑布可像一张平滑的纸，或形成扇形的图案，或细微的波纹（图6-29）。在瀑布斜坡的底部由于瀑布冲击着静水，而会产生涡流或水花。滑落瀑布比自由落瀑布和跌落瀑布趋向于平静和缓。滑落瀑布的例子在波士顿科普利广场的中心水池中能见到。在那，水从中心喷泉喷出，落在放射状池面上，顺坡而流回池底循环使用。

必要时，可在一连串的瀑布设计中，综合使用以上三种类型的瀑布方式，以创造不同的效果。彼此之间相互补充，形成多样化的造型。在冬天，瀑布结冰后，更有出人意料的效果，因结冰瀑布造型与光线相互作用会产生独特的奇景。

**喷泉**　在室外空间设计上，水的第四种类型是喷泉。喷泉是利用压力，使水自喷嘴

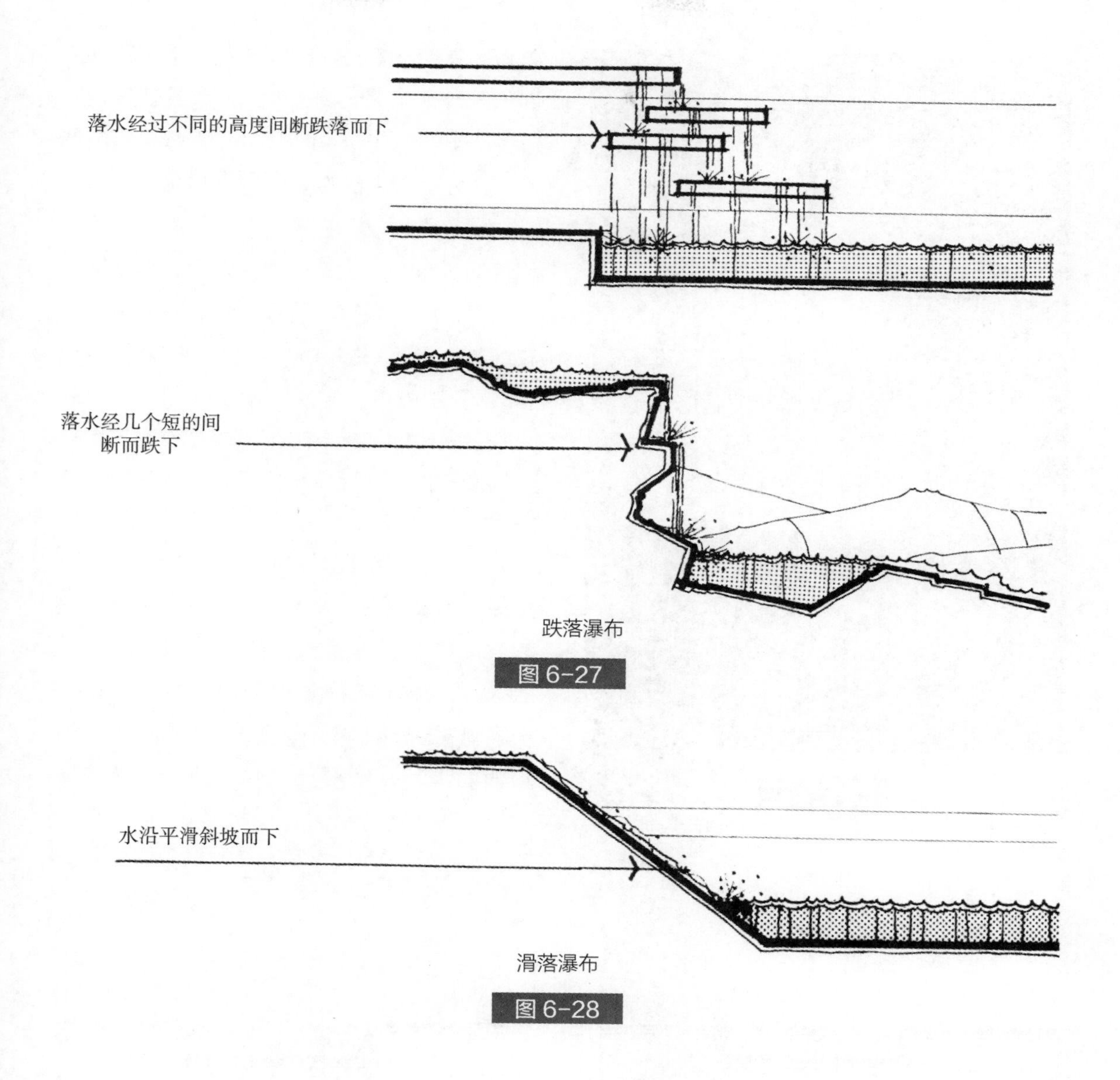


跌落瀑布

图 6-27

滑落瀑布

图 6-28

喷向空中。喷泉的水喷到一定高度后便又落下。因此，喷泉与先前讨论过的瀑布，在某些方面形成对比。大多数的喷泉由于其垂直变化加上灯光的配合，因此，成为设计组合中的视线焦点。喷泉的吸引力，取决于喷泉的喷水量和喷水高度。喷泉能从一条水柱，到各种大小水量和喷水形式的、组合多变的喷泉。大多数喷泉都装设在静水中，相比较之下，才能表现其魅力。依其形态特征，喷泉可分四类，单射流喷泉、喷雾式泉、充气泉、造型式喷泉（图6-30）。

*单射流喷泉*：这是一种最简单的喷泉，水通过单管喷头喷出。单管喷泉有着相对清晰的水柱，一般较简单。单管喷泉的高度取决于水量和压力两因素。当喷出的水落回池面时，通常会造成独特的水滴声，故独特的

图 6-29

单管喷泉适合安排在幽静的花园中和室外空间的安静休息区（图6-31）。单管喷泉也可以多个组合在一起（图6-32）形成丰富的造型，作为引人注目的中心。

*喷雾式泉*：喷雾泉由许多细小雾状的水和气通过有许多小孔的喷头喷出，形成雾状的喷泉。喷雾泉有一特殊现象，就是其外形较细腻，看起来闪亮而虚幻，同时还会发出"嘶嘶"的声音。作为一设计元素，可以用来表示安静的情绪。喷雾泉也能作为增加空气湿度和作为自然空调因素，布置在室外环境中。

*充气泉*：充气泉相似于单管喷泉之处，是一个喷嘴只有一个孔。而不同之处在于充气泉喷嘴孔径非常大，能产生湍流水花的效果。这是由于在喷射时，水中混合空气一同喷压出的结果。翻搅的水在阳光下显得耀眼而清新，使得充气泉特别吸引人（图

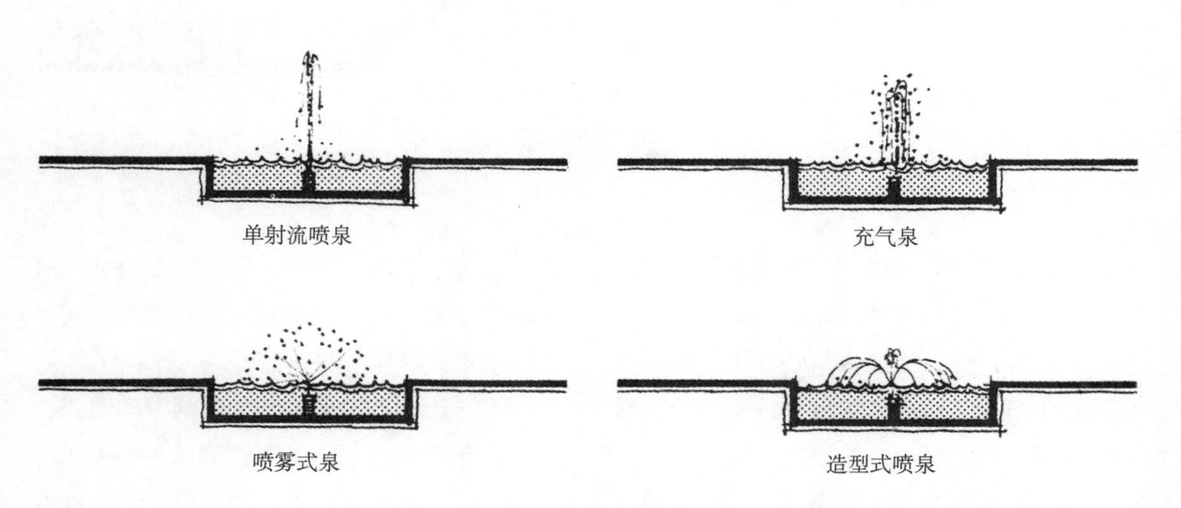


喷泉的不同类型

图 6-30

图 6-31

6-33），充气泉很适合于安放在景观中的突出景点上，这是由它的观赏特性所决定的。这例子可在匹兹堡波因特公园中和华盛顿的市政府大楼前见到（图6-34）。

*造型式喷泉*：造型式喷泉是由各种类型的喷泉通过一定的造型组合而形成的喷泉。“闪耀的晨光”和“蘑菇型”是两种普遍的造型式喷泉。在设计造型喷泉时要对其所放置的位置特别注意。造型喷泉有着透明的、优美造型的外貌（图6-35），最适合于安放在要求有造型的公共空间内，而不适于悠闲空间。

**水景的组合**　这一节主要描述所有类型的喷泉和水体，用于设计中组合成各种类型和独特的效果。引人注意的不同水的造型，用于组合的例子在德斯特别墅的联合水体中可见到（图6-36）。在那运用了静水、跌水和喷泉相互结合在一起，创造出了不同的观赏效果和声响。在中心布置一大瀑布，产生

图 6-32

图 6-33

图 6-34

大的水花，边上用了小叠水，产生的光斑犹如花边，加上两种单管喷泉和涌泉，使瀑布喷泉相互对比衬托，显得景观十分壮观，丰富多彩。

另一例子是在匹兹堡的梅隆广场，在那，喷泉结合平坦、静止的圆形基座，当水落下时，像从盘子的结构中溢出（图6-37），定时改变喷泉的高度和速度，能改变喷泉的形象（图6-38、图6-39），因此，水能显示出不同的变化效果，给予观赏者大量水的声象特征，如涌浪水花，晶莹透明的水雕塑，滴水，飞溅的水造型以及水声。水甚至能瞬息万变，如华盛顿赫什霍恩博物馆的中心喷泉，在那充气式喷泉每时每刻都在改变着水量和泉高，产生丰富多彩的不同观赏效果（图6-40、图6-41、图6-42）。

不管是什么类型的水或何种组合的水体，用在室外空间时，它们都要与设计的目

图 6-35

图 6-36

图 6-37

图 6-38

图 6-39

图 6-40

图 6-41

图 6-42

的和其本身固有的特征保持一致。都必须紧密结合当地的气候特点和用的关系来加以布置。例如，在世界上较干热的地区，水是一种有益的和必须的因素。在那水能作为身体上和心理上的凉爽因素。而水大量使用在多雨的地区是不合适的，因在那里水只能增加环境的潮湿和阴郁的情绪。

最后，水能协调全部的其他因素，使其他因素成为整个设计的组成部分，它像其他设计因素一样，不能等设计完成后才加入，而是与设计的各因素同步进行。如果在设计中我们使用得当，水能增加室外空间的活力与情趣。

## 小结

水的特性是其本身的形体和变化依赖于外在的因素。故在设计时，应首先研究容体的大小、高度和容体底部的坡度。还有些不能加以控制的因素，如阳光、风和温度，它们都能影响水体的观赏效果。平静的水在室外环境中能起到倒映景物的作用，一平如镜的水使环境产生安宁和沉静感，流动的水则表现环境的活泼和充满生机感，而喷泉犹如一惊叹号，强调着景观焦点。运用水的这些特性，能使室外环境增加活力与乐趣。

# 7

# 设计程序

前面的章节，已经论述了风景园林的基本设计要素在室外环境中的作用和特点，而这些章节的内容只是单独讨论某一要素，可能使设计者的注意力倾向于某一因素，而忽视了其他因素的影响和制约。然而很少有在园林设计中，只是单独使用地形、植物、铺装或水体的。尽管设计师必须通晓每种设计要素，但最终要获得成功的室外环境设计，就必须深思熟虑，极其细致地对全部的设计要素进行有机的组合。

进行总体布局时，要考虑到所选用的全部设计要素，能用来加强和突出设计的目的，解决存在的问题，创造出所要求的环境质量。这些设计要素能相互协调、弥补各自的不足方面。在深入局部设计时，必须研究每一要素与其他要素的和谐和统一问题。例如，在设计地形时，不能不考虑地形将怎样影响建筑、植物和铺装的布置。它们之间不能以孤立的、琐碎的、无联系的方式来处理，而要考虑到设计的每一要素对其他要素的影响。

要处理好一系列设计要素之间的关系，和众多设计要素与用地的关系，以及满足用户提出的要求。多数风景园林设计师都必须经历一系列分析和创造性的思考过程。这个过程叫“设计程序”，设计程序有助于设计者进行收集和利用全部与设计有关的因素，从而完成风景园林的设计，并使设计尽可能达到预期的效果，及美学与功能上的和谐。

设计程序还有大量的作用：① 为获得设计方案，它能提供合乎逻辑性的、有组织的设计骨架。② 有助于确定设计方案能否与设计的先决条件（园址、顾主的需求、预算等）配合。③ 有助于帮助园主选择使用土地的最佳方案。④ 作为向园主解释设计和论证的基本资料。

有时候设计程序也可理解为解决问题的程序。它包括一系列可遵循的步骤。一般说来，这些步骤对建筑师、工业工程师、工业设计师和科学家在解决问题时也同样适用。对于园林设计师来说，设计程序主要包括下列步骤。

1. 承担设计任务

2. 研究和分析工作（包括园址调查）

（1）准备基本图纸

（2）园址现状景物分类（收集资料）和分析（评估）

（3）征求园主要求

（4）开展设计

3. 设计

（1）功能分区图

（2）与用地相关环境的功能分区图

（3）设计构思图

（4）造型研究

（5）初步设计

（6）设计草图

（7）总体平面图

（8）局部设计

4. 施工图

（1）总体放线平面图

（2）竖向设计图

（3）种植设计图

（4）细部结构图

5. 施工

6. 工程估算（工程评估）

7. 养护管理

设计程序的这些步骤，反映了一件事物始终的思维过程。然而这些步骤在进行时，有很多是相互重叠、渗透的。并无分明的界限，可以前后同时并进。例如，当设计者还未进行园址调查和分析时，可能已开展了与园主洽谈的工作。或造型阶段已是初步设计的一部分了。有时设计程序有严格的阶段性，只有完成一个步骤后，才能进行下一步骤。有时这种顺序又有可逆性和反复性，后一步骤得到的资料又反馈到先前的步骤中去。例如把广泛收集的各种典型的数据资料列成一园址分析图表，这个表直接决定以后设计思想的特点和设计形式。然而设计思想的形成，又需要从对园址的踏勘和访问园主而获得。同时设计也就开始了。因设计者凭自己的经验和丰富的知识，在看园址时已有了应怎样做此设计的想法。这说明设计的步骤是相互联系和依赖的。

还有一些情况也得说明一下。首先，设计程序的应用能从一步变化到下一步，每一步都有严格的程式，然而要用不同的方法来完成。同样地，每一步骤的重点地方也可改变。例如，园址非常荒芜，或难以归类，则园址分析就无意义了。另外，园主不关心应做什么，或要什么，这就不需纳入程序。在许多情况中，全部的设计过程，只用初步设计就可以完成，也就不需再通过其他阶段了。

对于初学设计者来说，最重要的是要了解完美而且实际的设计并不会魔术般地产生出来，而需经过反复思考与修改。没有不通过努力就能产生好的设计的奥妙公式，或神秘的灵感。而设计程序并非一输入资料就能得到圆满的设计方程式。它只是各设计步骤的骨架。而设计的成功与否，在于设计师的观察、经验、知识、判断力和创造力。这些因素都运用在整个程序的骨架中。如果某一因素缺少，那么，即使设计者严格地按步就班地履行设计程序的每一步骤，也无法得到好的设计。在设计程序中，设计师要不断地思考将要出现什么和还有什么问题，例如“为什么我要这样做?”“什么是我希望达到的?”“这些必要吗?”“有更有效的方法吗?”。设计需要多方面敏锐的观察、思考、反复研究以及某种程度在心灵方面的创造力等，来激发我们的情绪。在此，特别要强调的是，设计包括理性方面（归类、分析、设计的发展和结构知识）和直观的感性方面（造型和形体的感觉、美学特征等）。设计程序只是一种设计步骤的框架，它本身不能将理性和感性组合，而只是协助设计者将工作系统化，并尽可能地找出最佳的设计方案。

设计程序的意义在于组织设计者的作品，并避免在设计过程中忽略和忘记某些因素，对初学者按照程序来进行设计是非常必要的，并将每步都记录归档。在学习初可能要多花时间与精力，但对有经验的设计师而言，一些设计步骤除非有不寻常的影响作用，一般都能很快地处理。经多次练习后，自然熟能生巧。

在下面我们将仔细讨论设计程序的各个步骤。

## 承担设计任务

设计程序的第一步，是园主对设计者进

行的设计委托。在第一次洽谈中所讨论的问题为：园主需要什么，设计者何时该做什么，造价问题。讨论后，设计者根据园主的意图，起草一份详细的协议书，如果园主无意见，双方便在协议书上签字，以免以后产生误解，甚至法律上诉讼等问题。

## 研究与分析

一旦签定合同后，设计师便需要取得园址地形图和所涉及到的财产权和分析资料。然后对园址进行实地勘查。实地调查就像其他创作一样，如写作和报告稿或研究大纲，都必须深入了解其课题的背景知识和利弊条件，才能指导较后阶段的创作。

**准备基本的平面图** 在进行设计前，必须准备作为一切分析和设计所需的基本图纸。一般所要求的基本图纸由园主提供（如产权图、地形图等）。假如园主无法提供此项资料，则可请测验人员或进行航空测绘，这些花费都应由园主负担。

对于小型的用地如私人住宅，园主或住户能否有建筑和宅地范围的详细平面图，区域的现状图等。如果园主没有这些资料，设计师必须实地踏勘，进行草测，准备出所需要的平面图。作为小园址（0.1~2hm$^2$）其比例尺为：1∶100，1∶200，1∶250，而较大的园址其比例尺为：1∶350，1∶600，1∶1200。比例尺的选择取决于设计目的所需的尺度。一般细部设计比例较大。图纸的大小也决定着设计的规模。在现状地形图上，应标出下列现状的状况。

1. 产权线（如果知道，应标出方位和距离）。

2. 地形（虚线表示的等高线，所需的高程点）。

3. 植物（在小的园址中，应标出树木的大小和种类）。

4. 水体（溪流、湖面、水池等）。

5. 建筑，包括下列内容：

（1）底层平面的门和窗

（2）地下室的窗户

（3）下水口

（4）室外水龙头

（5）室外电缆

（6）空调机和供暖泵位置

（7）室外照明（建筑物上及其园址上的）

6. 其他构筑物，如：墙、围栅、电力、电话亭、电讯线、地下管道、消防栓等。

7. 道路、公路、停车场、散步小径、平台。

8. 园内外的公共设施，包括电力、电话、煤气、水、污水管道、雨水管。

9. 园址有关的环境，如相邻的路和街道，相邻的建筑、电话亭、植物、水体等。

10. 对深入设计所需考虑的任何因素。

如图1-4和图7-1的现状图，简明，清晰，因为在设计程序较后的步骤中要用它（它可以是复制品）。其上的图例不要画得太复杂，太细致。例如，原有树画一简单的圆圈就行了，不要做出复杂的枝和叶符号。要注意保持图纸简洁和完整，不要使图面内容杂乱无章，这样会妨碍以后作图的机动性。在设计中任何需要改变的因素，如原有的小径、道路、建筑或树木，都可用很轻的虚线来表示，使其不有碍于新的设计内容。

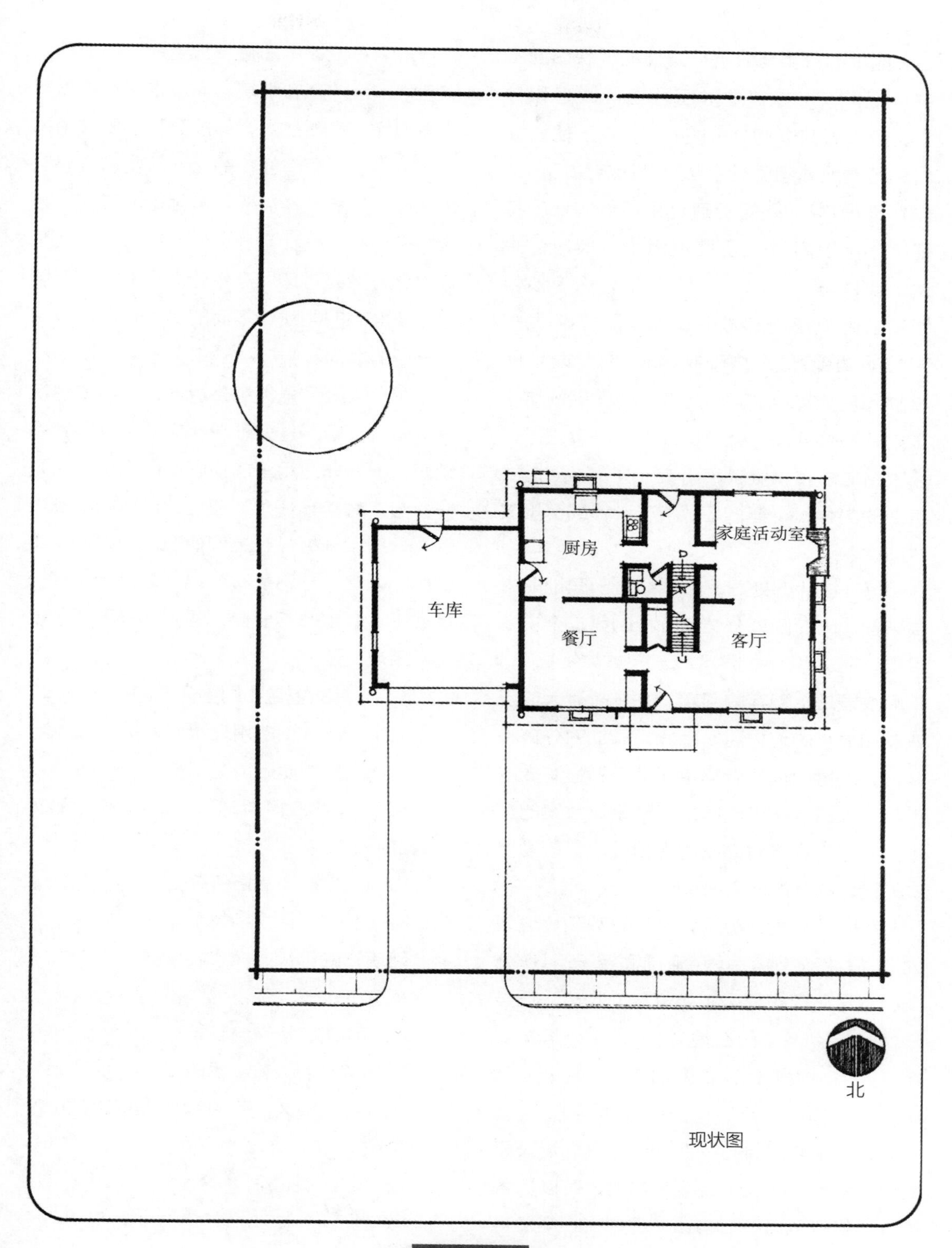


图 7-1

**园址的分类与分析** 园址的现状图准备好以后，下一步则是对园址进行调查和分析。最初的调查和分析的目的，在于使设计者尽可能地熟悉园址（宛如设计者生活、工作在那一样），以便于确定和评价园址的特征、存在的问题以及发展潜力。换句话来说，就是园址的优缺点是什么?什么应该保留和强化?什么应该被改造或修正?如何发挥园址的功能?什么是限制因素?你对园址的感觉和反应如何?实质上，设计程序的这一步，很像你要写一篇文章或准备一篇报告，而去图书馆收集资料和研究一样。不知道要表现的内容和特征，是做不了设计或写出文章的。

每一设计的处理，必须适合于园址的先决条件。因而园址分类和分析的第二个主要目的，是为设计提供“线索”或“钥匙”，来解决园址上现存的问题，并具有最大的正效益和最小的负作用。因此，园址的分类和分析，是协助设计者解决园址问题最有效的工具，虽然也可以向园主解释设计方案的逻辑推理过程，但对园主的作用较小。能为所做的设计内容提供依据和理由。

在园址分类分析中，必须记载和评估下列内容。每项内容有两个明显的部分。① 分类、定义和现状记录（如资料的收集，记录它们是什么，在什么地方。）。② 分析，对重要的情况做评估并做出判断。它是好还是坏?会如何影响设计?是否能被代替?是否会限制园址上某些特点的发挥？等等。记录园址现状资料（分类）是较容易的。可以用各种方法将资料组织汇编在一起。在收集资料中，照相机是有效的工具。因为照片可以用来查对用在设计中的每一份资料，或帮助人们回忆园址的现状情况。而决定资料或材料的重要性（也就是对资料的分析）则较为困难。事实上，没有经验的设计师常常容易忽略这点。分析工作需要很多经验和知识，才能知道什么对设计有利，什么有害，以及预知设计方案将对环境产生什么影响。分析能力需要准确的判断，下面的例子是财产编目和分析的情况。

在介绍园址分类和分析时，大量的情况将被研究。以下是园址现状应被考虑因素的纲要，但并非适用于任何状况的园址，只是一参考。对于某一些新园址，设计师必须决定与分类和分析最有关的情况。因为一些不重要的因素，并不能有效地帮助设计，甚至造成干扰。因此不要使你的工作弄得过于复杂和困难。

1. 园址的位置和周围环境的关系

（1）园址周围的用地状况和特点

相邻土地的使用情况和类型

相邻的道路和街道名称，其交通量如何?何时高峰?

街道产生多少噪声和眩光?

（2）相邻环境识别特征

建筑物的年代、样式及高度

植物的生长发育情况

相邻环境的特点与感觉

相邻环境的构造和质地

（3）标出地区、居住区中主要机关的位置

学校

警察局、消防站

教堂

商业中心和商业网点

公园和其他娱乐中心

（4）标出相邻交通的状态

道路的类型、体系和使用量

交通量是否每日或随季节改变到园址的主要交通方式，假如两种以上何者最适用？何时？

附近公共汽车路线位置和时刻表

（5）相邻区的区分和建筑规范

允许的建筑形式

建筑的高度和宽度的限制

建筑红线的要求

道路宽度要求

允许的建筑

限制围栅和墙的位置和高度

2. 地形

（1）标出整个园址中的不同坡度（坡度分析）

标出供建筑所用的不同坡度

用地必须因地制宜，适应园址中的不同坡度

（2）标出主要地形及每种的特色

凸状地形

凹状地形

山脊

山谷

（3）标出冲刷区（坡度太陡）和表面易积水区（坡度太缓）

（4）标出现有建筑物室内室外的标高

（5）检查园址各区行走是否舒服（与坡度有关）

（6）标出所有踏跺和挡土墙顶端和底部的高差

| | 财产编目 | 研究分析 |
|---|---|---|
| A. | 12m高糖槭<br>生长较好<br>树冠9m<br>秋色叶为橘黄 | · 保留；用于建筑的西边遮荫<br>· 能作为室外平台蔽荫的“天花板” |
| B. | 西南坡有较好的谷地景观 | · 谷地朝向有利于坐东向西别墅的布置<br>· 夏季有来自西南的凉风；不要阻挡<br>· 在炎热的夏季午后需要遮荫 |
| C. | 有山毛榉、糖槭和橡树林地 | · 在夏季，林中有黑暗、封闭感<br>· 能用于不强烈的功能使用<br>· 限制此区域的土壤等级 |
| D. | 建筑的入口用双扇门，步行道为2m宽 | · 建筑南面要保持开敞，能享受冬天的阳光<br>· 入口区感到拥挤，可加宽以避免这一弊端<br>· 需注意使汽车易于通过建筑入口和停车 |
| E. | 土壤类型，黏土不低于pH5.9 | · 土壤密度为2～5单位/英亩<br>· 化粪系统不能安放在此处 |

3. 水文与排水

（1）标出每一汇水区域与分水线检查现在建筑各排水点

标出建筑排水口的流水方向

（2）标出主要水体的表面高程检查水质

（3）标出河流、湖泊的季节变化洪水和最高水位

检查冲刷区域

（4）标出静止水的区域和潮湿区域

（5）地下水情况

水位与季节的变化

含水量和再分配区域

（6）园址的排水

是否附近的径流流向园址?若是，在什么时候?多少量?

园址上的水需多少时间可排出?

4. 土壤

（1）土壤类型

酸性土或碱性土?

沙土还是黏土?

肥力?

（2）表层土壤厚度

（3）母土壤深度

（4）土壤渗水率

（5）不同土壤对建筑物的限制

5. 植物

（1）标出现有植物的位置

（2）对大面积的园址应标出

不同植物类型的分布带

树林的密度

树林的高度和树龄

（3）对较小园址应标出

植物种类

大小（高度、宽度和乔木的树冠高）

外形

色彩（树叶和花）和季相变化

质地

任何独特的外形或特色

（4）标明所有现有植物的条件、价值和园主的意见（喜欢或不喜欢?）

（5）现有植物对发展的限制因素

6. 小气候

（1）全年季节变化，日出及日落的太阳方位

（2）全年不同季节、不同时间的太阳高度

（3）夏季和冬天阳光照射最多的方位区

（4）夏天午后太阳暴晒区

（5）夏季和冬季遮荫最多区域

（6）全年季风方位

（7）夏季微风吹拂区和避风区

（8）冬季冷风吹袭区和避风区

（9）年和日的温差范围

（10）冷空气侵袭区域

（11）最大和最小降雨量

（12）冰冻线深度

7. 原有建筑物

（1）建筑形式

（2）建筑物的通高

（3）建筑立面材料

（4）门窗的位置

（5）对小面积园址上的建筑有以下要标明：

室内的房间位置

如何使用和何时用?

何种房间使用率更高

地下室窗户的位置（离地面深度）

门窗的底部和顶部离地面多高

室外下水，水龙头，室外电源插头

室外建筑上附属的电灯，电表，煤气表，衣服干燥机通风口等

挑檐的位置和离地面高度

由室内看室外的景观如何

——看到什么

——是否遮蔽或加强景观效果

8. 其他原有构筑物

（1）墙、围栅、踏跺、平台、游泳池、道路的材料，状况和位置

（2）标出地面上的三维空间要素

9. 公用设施

（1）水管、煤气管、电缆、电话线、雨水管、化粪池、过滤池等在地上的高度和地下的深度

与市政管线的联系

电话及变压器的位置

（2）空调机或暖气泵的高度和位置检查空气流通方向

（3）水池设备和管网的位置

（4）照明位置和电缆设置

（5）灌溉系统位置

10. 视线

（1）由园址每个角度所观赏到的景物

若是好景，是否应强化?

若景观不好，是否删去?

无所谓好坏

（2）了解和标出由室内（常使用的房间）向外看到的景观

在设计中如何加以处理

（3）由园址内外看到的内容

由园址外不同方位看园内的景观

由街道上看园内

何处是园内最佳景观

何处是园内最差景观

11. 空间与感觉

（1）标出现有的室外空间

何处为“墙”（绿篱、墙体、植物群、山坡等）

何处是荫翳的“天花板”（树冠等）

（2）标出这些空间的感受和特色开敞、封闭、欢乐、忧郁

（3）标出特殊的或扰人的噪声及其位置

交通噪声

水流声

风吹松枝的声音

（4）标出特殊的或扰人的气味及位置

12. 园址的功能

（1）标出园址怎样使用（做什么、在何处、何时用?怎样用?）

（2）标出以下因素的位置、时间和频率

园主进出路线和时间

办公和休息时间

工作和养护

停车场

垃圾场

服务人员

（3）标出维护、管理的地方

（4）标出需特别处理的位置和区域沿散步道或车行道与草坪边缘的处理儿童玩耍破坏的草坪

（5）标出到达园址时的感觉如何?看到什么?

（6）在冬季需铲雪的位置

园址分类分析的例子如图7-2和图7-3所示。

**与园主商谈** 在对园址进行的调查分类和分析完成后，设计师应对园主的要求和希望进行详细了解，以便在设计方案中，能正确反映园主的期望和需求。要得到这些，最好的方法是与园主交谈，征求意见。并深入了解园主需要什么、喜欢什么，将来他们希望如何使用庭园。在此阶段，最好是召集庭园的使用者和维护管理者一起参与讨论。例如在住宅花园设计中，家庭中的全体成员都应提出意见，因他们有不同的，甚至是对立的意见。如果出现争议的问题需要解决，设计师应有明确的看法来加以协调。虽然这一步要与用户面谈，但在某些问题上则是很困难，甚至是不可能的。例如，公园或住宅区设计中，使用者甚众，我们根本不可能一一做个别访谈，或根本不知道应找谁谈。在此情况下，设计者可以去找与此公园或住宅区相似的、现有公园和住宅区的使用者，进行取样调查访问。

以下是住宅设计方案中与园主交谈项目的简单大纲。这只是一般性准则，因为不同的园主和设计内容会有所变化，因此，它并不是一成不变地适用于任何情况。

1. 家庭成员

（1）标出家庭成员及他们的年龄、职业、爱好、兴趣、活动、习惯等。他们花费多少时间用于一种活动与爱好上?此项活动如何影响园林设计?在家中消耗多少时间?外出消耗多少?

饲养何种动物?有何特点?谁玩?是否养在室外?

了解个人兴趣，如室外烹饪，日光浴，散步，阅读等。

（2）了解每一个家庭成员对庭园的特殊要求和希望，依其轻重缓急加以排列。

2. 招待活动

（1）确定使用频率、时间（白天或夜晚），及其与会的人数（平均数或最大值）。

（2）确定室外使用的设施。

参加者是否有特殊的需求和活动?

3. 娱乐

（1）标明家庭成员在家时，从事何种娱乐活动（垒球、足球、羽毛球、排球，跳绳、游泳等）。

（2）确定每种活动中家庭的参与者，活动频率，活动的季节或时间，以及所需要的空间范围。

（3）如果有儿童，应标出儿童的特殊要求。

在何处玩耍?

他们喜欢什么活动?

可能出现什么样的问题?

4. 庭园

（1）家庭成员是否喜欢从事庭园的工作?

如果喜欢，每天花费多少时间于园内?由谁做?

他们喜欢何种形式的庭园（蔬菜园、花园、草花、蕨类等）。

他们对庭园的位置有何偏好?

（2）确定出家庭人员最喜爱的植物，拟定一份偏爱的植物表将很有帮助注意不受欢迎的植物。

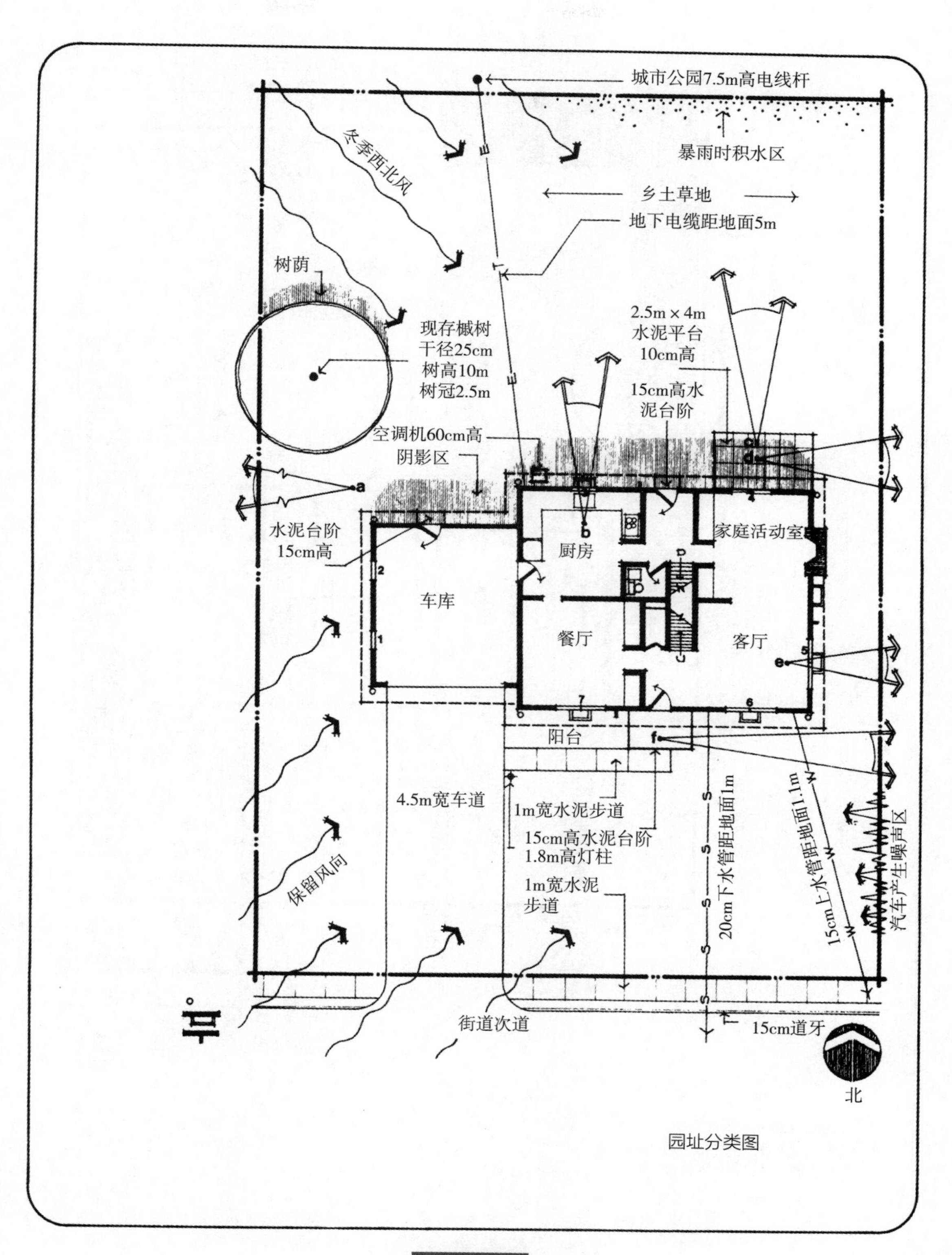
城市公园7.5m高电线杆
暴雨时积水区
冬季西北风
乡土草地
地下电缆距地面5m
树荫
现存槭树
干径25cm
树高10m
树冠2.5m
2.5m × 4m
水泥平台
10cm高
15cm高水
泥台阶
空调机60cm高
阴影区
水泥台阶
15cm高
厨房
家庭活动室
车库
餐厅
客厅
阳台
4.5m宽车道
1m宽水泥步道
15cm高水泥台阶
1.8m高灯柱
1m宽水泥
步道
20cm下水管距地面1m
15cm上水管距地面1.1m
汽车产生噪声区
保留风向
街道次道
15cm道牙
北
园址分类图

图 7-2

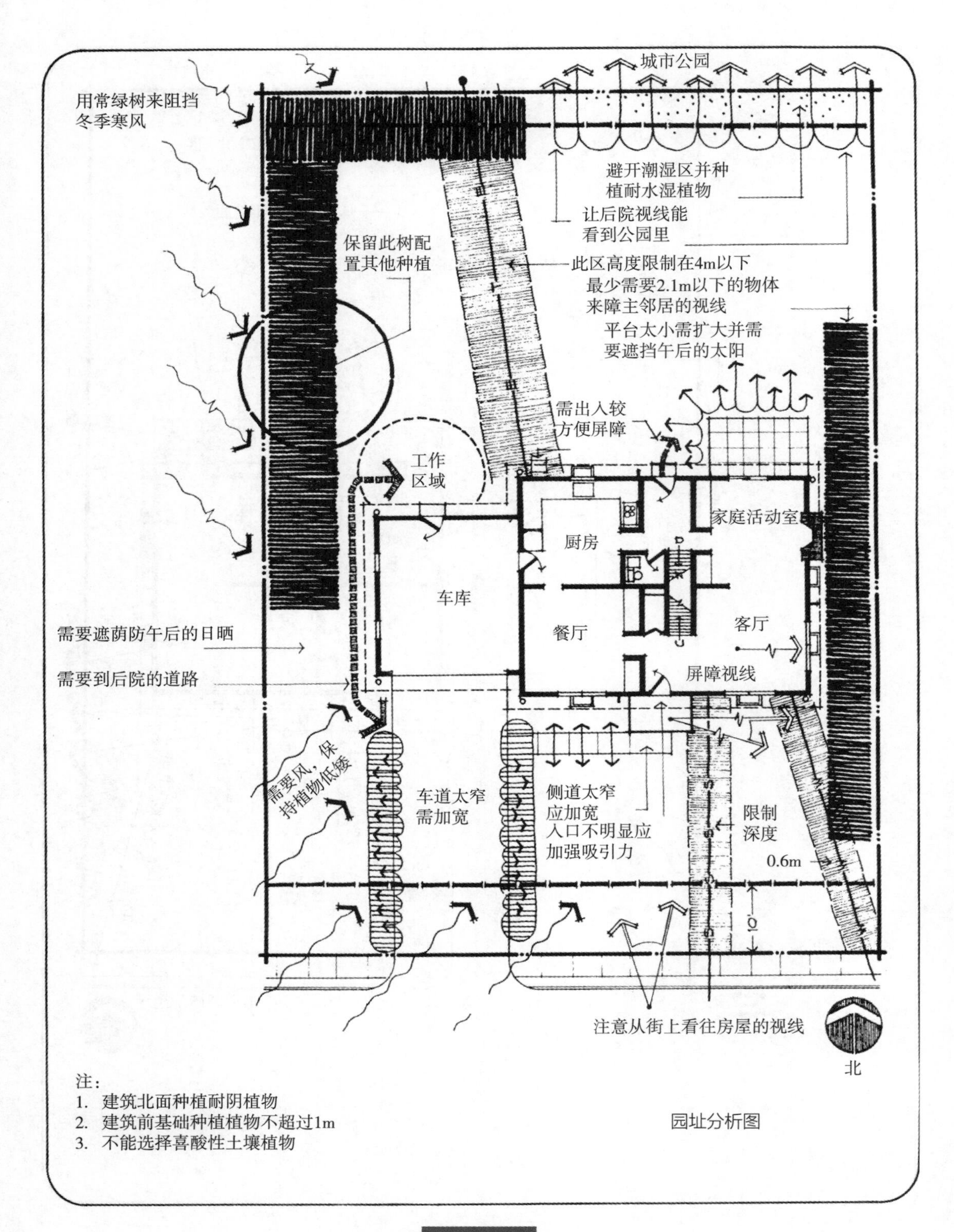
城市公园
用常绿树来阻挡
冬季寒风
避开潮湿区并种
植耐水湿植物
让后院视线能
看到公园里
保留此树配
置其他种植
此区高度限制在4m以下
最少需要2.1m以下的物体
来障主邻居的视线
平台太小需扩大并需
要遮挡午后的太阳
需出入较
方便屏障
工作
区域
家庭活动室
厨房
车库
餐厅
客厅
需要遮荫防午后的日晒
需要到后院的道路
屏障视线
需要风，保
持植物低矮
车道太窄
需加宽
侧道太窄
应加宽
入口不明显应
加强吸引力
限制
深度
0.6m
注意从街上看往房屋的视线
北
注：
1. 建筑北面种植耐阴植物
2. 建筑前基础种植植物不超过1m
3. 不能选择喜酸性土壤植物
园址分析图

图 7-3

5. 养护管理

（1）定出将来在养护管理上愿花费的时间和平时花费多少时间整个养护管理是否由园主自己承担?

（2）了解园主认为应特别养护的问题。

（3）了解用户养护所用的工具种类，是否对设计是一限制因素?是除草机或剪草机?

6. 经费预算

（1）确定出园主乐意花费多少资金和时间（一次性投资?还是分期完成?）。

（2）注意：预算款项必须按时一次存入户头，因为设计和施工是不能停顿的。通常只要设计的效果好，园主会乐意增加工程预算，而一项设计工程并非在短期内完成，可能会持续几年的时间，故在估算时必须考虑原材料和人工的涨价因素。

**规划设计的深入** 设计规划是一个包括全部设计要素和设计需求问题的大纲或检核表。它具有两个目的，一是作为园址调查分类和分析、征求用户意见的综合摘要，二是作为同设计目的再次比较的清单。根据第一项作用，设计规划将分析的结果和所做的事情整理成一简练有秩序的摘要。如果在园址调查分析及用户调查中已将资料收集，整理记录也很有系统，那么在设计规划时就轻松、快速。设计大纲的第二个目的，是提醒设计师在方案中必须处理的问题。当设计师完成初步设计后，可以利用大纲去检查该做的事情是否的确完成了?在园址中是否包括了正确的单元数量?停车空间是否足够大?建筑的西南方是否有遮荫?平台是否按比例设计?是否遮挡了向西的视线?娱乐设施是否与要求的活动内容一致?是否解决了车库附近的排水等问题。假如时间和预算许可，则可以利用规划大纲作基础，与园主再一次商谈，进一步将设计规划等事宜如何进行加以沟通。所写的设计规划大纲，通常包括三个相关的部分：① 设计内容和目的表格（可能是局部设计的过程，或总体的大纲）；② 设计所包含元素（空间或物体）表格；③ 完成设计所需的特殊因素表格。在设计中所涉及到的元素，必须列出它的尺寸、材料、及其他的重要特征。

规划大纲的第一方面是设计目的表格，它限制着需求的表格，有助于设计的思考，设计构思的建立和设计目标的实现。以下就是分析条目的例子。

目的：在城市广场中创造一清晰可辨的入口。

项目：

1. 创造一在尺度上具有“公共”性的入口空间。

2. 入口处的铺装有变化，使其易见和易识别。

3. 允许对从入口到广场的视线加以控制。

4. 在入口处提供一焦点引人注意，使他们在此滞留。

规划设计大纲有另外的因素时，要求更为详细，更为清楚，下面是一规划设计大纲的不同方面的简单图表。

从上面这个表格不难看出，一些初期的设计决策已经形成。在这时期所给的设想越

| 元素（空间） | 尺寸 | 材料 | 注意 |
|---|---|---|---|
| 入口前的道路 | 1.52m宽 | 混凝土或铺砖 | 必须延伸到公路边沿；装设地灯照明 |
| 房屋西边的遮荫树 | 15m高，树冠9m（成年树） | ？（现在未知） | 留心电话线 |
| 公共娱乐中心 | $280m^2$ | 自然杉木材 | 必须位于园址的中心，并可以看到园址的所有地区 |
| 三座网球场 | 23.78m×36.59m | 柏油基础<br>铝制围栅 | 必须在1%～3%的坡度范围内 |
| 遮挡北边 | 最少1.5m高 | 绿篱或木栅 | 必须全年都有保护效果 |
| 前庭草坪 | 最少$110m^2$ |  | 造型简单，易养护管理 |
| 工作区、工作台和贮藏室 | $9m^2$ | 混凝土地面 | 靠近车库和花园；避免日晒；遮挡平台视线 |
| 公共汽车站 | $20m^2$ | 封闭式砖砌雨棚 | 必须位于枫树林道上，便于走路到公共中心 |
| 攀缘架 | 最少2.5m高 | 原木做 | 放在沙上，能保持平衡 |
| 水面 | $14m^2$最深1.5m | 混凝土 | 必须是入口处视线的焦点 |

多，而后的设计步骤就越容易，这是因为，许多设计的决策这时已做出。然而，当你在进一步解决设计的实际问题时，你会发现有一些资料被遗漏，或未被列出，这一点人们会理解的。然而设计大纲能帮助我们清醒地思考和指导设计。

## 设计

**功能分区图**　这是设计阶段的第一步骤。在此阶段，设计师在图纸上以图示的形式，来进行设计的可行性研究（注意在此阶段，设计师开始设计时是用“理想的图示”来进行，它是较为理想的功能图，更抽象、更简单、更通俗）。并将先前的几个步骤，包括园址调查、分析、用户意图及设计深入等研究得到的结论和意见放进设计中。在设计阶段，研究开始是属于较一般的、松散的、较粗放的设计（功能分区图和设计构思图），而在较后阶段，则为深入、确切而肯定的设计方案（单体设计）。

再说功能分区图是设计开始的起点。功能分区图的目的，是确定设计的主要功能与使用空间是否有最佳的利用率和最理想的联系。此时的目的是协助设计的产生，并检查在各种不同功能的空间中可能产生的困难，及与各设计因素间的关系。在此，设计者正力求将不同的功能安排到不同部分中去，使功能与形式成为一体。

理想的功能分区图与园址无直接的关系，它只是将设计的主要功能与空间的关系，用一般的圆圈或抽象的图形表示出来。故在此为初步设计阶段，并非设计的正式图。这些圆圈和抽象符号的安排，是建立功能与空间的理想关系的手段。在制作理想的功能分区图时，设计者必须考虑下列问题。

1. 什么样的功能产生什么样的空间，同时与其他空间有何衔接。

2. 什么样的功能空间必须彼此分开，要离多远?在不调合的功能空间之间，是否要阻隔或遮挡?

3. 如果将一空间穿越另一空间，是从中间还是从边缘通过?是直接还是间接通过?

4. 功能空间是开敞，还是封闭?是否能向里看，还是由里向外看的空间。

5. 是否每个人都能进入这种功能空间?是否只有一种方法或多种方法?

理想的功能分区图是画在白纸上，不用任何比例，并与园址已知的任何条件均无关系。图7-4是表示的一住宅的理想功能分区图的例子，它必须表达如下内容：

6. 一个简单的圆圈表示一个主要的功能空间。

7. 功能空间彼此间的距离关系或内在联系。

8. 每个功能空间的封闭状况（开放或封闭）。

9. 屏障或遮蔽。

10. 从不同的功能空间看到的特殊景观。

11. 功能空间的进出口。

12. 室内的功能空间与预想的室外空间一致。

13. 注解。

必须深入研究理想的功能分区图的各种不同布局。不要太固执地坚持一个方案，除非问题简单到只需一个显而易见的答案。

**园址功能关系图** 设计的下一步，是把所知道的园址资料和情况，在功能分区图的基础上，用园址功能关系图表示出来。园址功能关系图，将表示与理想功能分区图一样的内容，不同之处，在于多了两个附加考虑因素：① 功能空间必须表现精确的基地条件，包括与原有建筑的内部房间的关系。② 功能空间必须依据比例、尺度来绘制，以助记忆。在这步，设计者心须注意的有：① 关于园址上的主要功能空间的位置。② 关于功能空间彼此的关系。全部的功能空间所涉及的详细内容如图7-5所示。

由于设计者现在将园址中的因素考虑进去了，在功能分区图的基础上，有所深入，使设计更具体化，更符合园址的实际情况。这种对分区图的改变不必担心或保留。设计师可以直接在园址分析图上叠加图，加以研究和发展出园址功能关系图，这是强迫设计者在发展设计中加深对园址的了解。园址功能关系图是落实在功能空间的实际比例尺寸上。因此，叠加图技术，有助于使设计师很容易看到园址上的实际情况，和空间的大小、位置、尺度。根据先前的设计程序步骤，筛选出最佳方案。

**设计初想图** 设计初想图（构思图）是由园址功能关系图直接演变而成。两者不同之处是，初想图的图面表现和内容都较详细。初想图将园址功能关系图所组合的区域

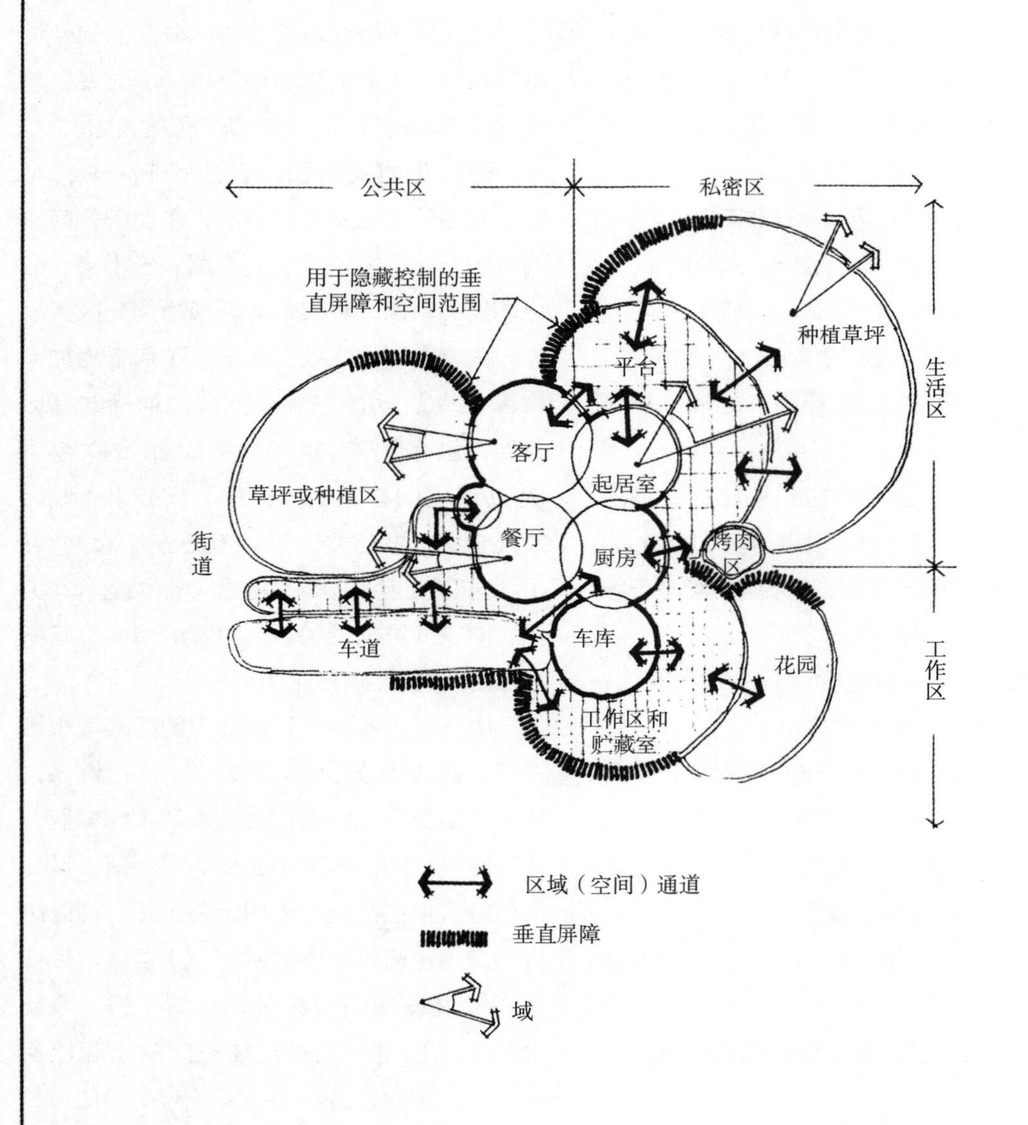
公共区
私密区
用于隐藏控制的垂直屏障和空间范围
种植草坪
平台
生活区
客厅
起居室
草坪或种植区
餐厅
街道
厨房
烤肉区
车库
车道
花园
工作区
工作区和贮藏室
区域（空间）通道
垂直屏障
域

功能分区图

图 7-4

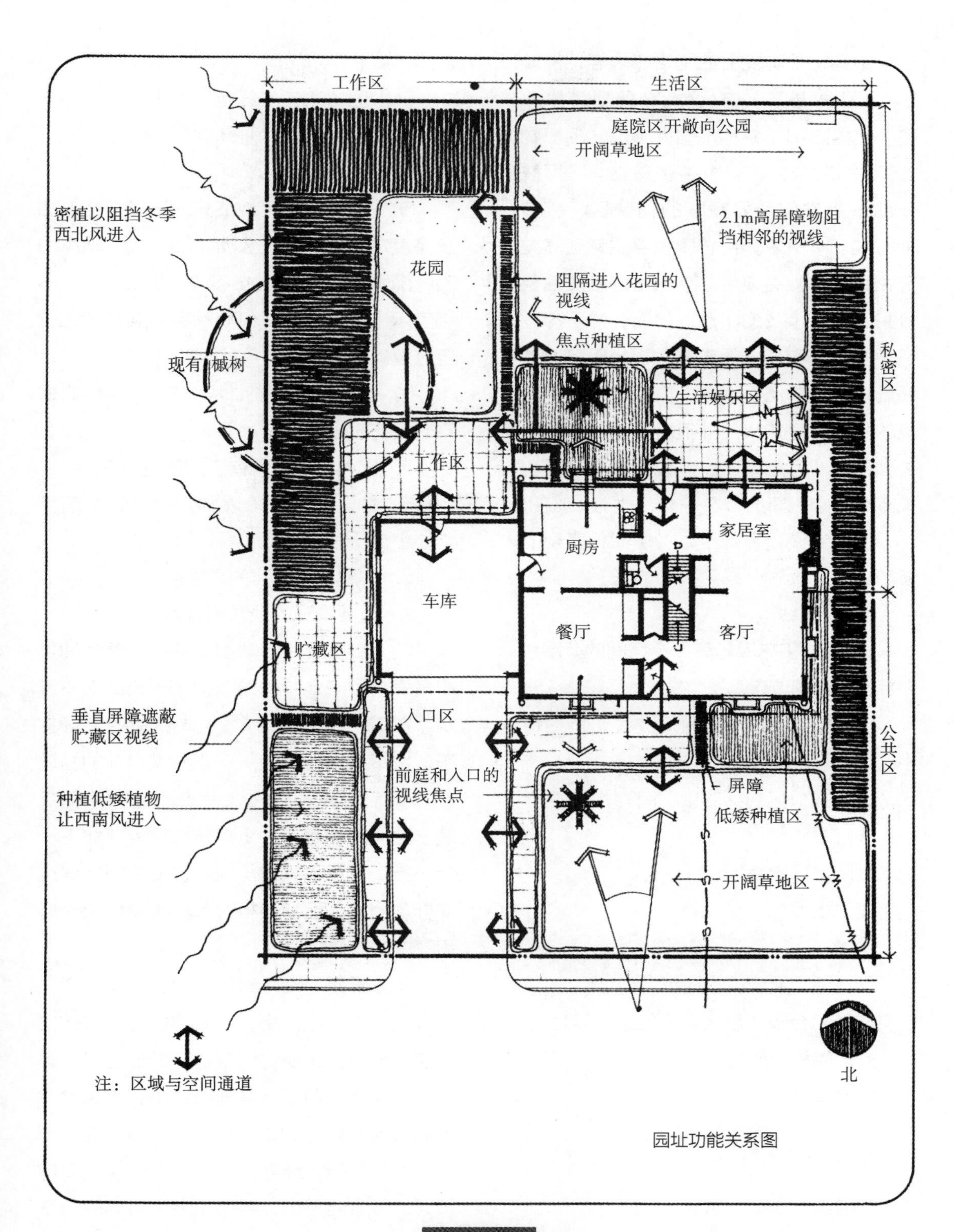
工作区
生活区
庭院区开敞向公园
开阔草地区
2.1m高屏障物阻挡相邻的视线
密植以阻挡冬季西北风进入
花园
阻隔进入花园的视线
焦点种植区
现有 槭树
生活娱乐区
私密区
工作区
厨房
家居室
车库
餐厅
客厅
贮藏区
垂直屏障遮蔽贮藏区视线
入口区
公共区
前庭和入口的视线焦点
屏障
种植低矮植物让西南风进入
低矮种植区
开阔草地区
北
注：区域与空间通道
园址功能关系图

图 7-5

分得更细，并明确它的使用和内容，例如图7-5，原本是“入口区”，在此则具体为步道、室内走廊及各种不同大小形式的植物。如图7-6所示，或“中央社交空间”再被细分成各副空间，如开敞的铺装区、坐椅、种植区、亭子等。初想图也要注意到高差的变化。另外，必须用徒手做出圆圈及抽象符号来表示所涉及的问题。然而，并不涉及此区域的造型和形式的研究。初想图可以套在园址功能关系图上进行，以便于将前阶段形成的想法、位置和尺寸很容易地深入发展下去。值得注意的是，一些设计者将园址功能关系图与构思图结合在一起，成为一张图。

以住宅设计为例子，构思图将表现的内容为：

1. 产权线。

2. 房屋和车库标有每个房间的范围线，并标出门窗的位置。

3. 主要功能空间的范围线，包括每一小区域。

（1）入口区包括的副空间为：

步行道

庭院或外走廊

座位场地

踏跺

种植池、雕塑、水池等

（2）平台和休息区包括的副空间为：

长形躺椅、座椅

野餐桌

烤肉台

平台

种植池、雕塑、水池等

（3）草坪区包括的副空间为娱乐的特殊形式（除非娱乐活动不受场地限制）。

（4）服务和工作区包括的副空间为特殊的工作形式（木工、种植器具）及贮藏。

（5）花园。

（6）植物种植用地细分为不同植物形态及高度的种植范围（例如91.5～122cm高的落叶灌木，2.13～2.44m高的常绿灌木）。不必表示出树种名称，但庭荫树和观赏树之位置应被确定出。

（7）游步道（例如从前院到后院的道路，或花园道路）。

4. 出入口以及所有空间的进出口。

5. 墙、围栅、障隔物、绿篱、遮荫植物、小土丘等。

6. 主要高程变化的高程点。

7. 重要景观的强调和遮蔽。

以上所有空间元素都必须用圆圈或抽象符号表示出来，特殊的造型和形象此时不涉及（在下一部分讨论）。这一阶段的关键在于，在不妨碍或影响下一步造型设计的基础上，尽可能细致深入地考虑功能关系和尺度。这样的初想图才更理想，更容易往下一步进行。需注意，初想图不仅要分割空间或安排各因素，而且还得对每一因素所用材料和高度加以要求。

**造型研究** 设计到目前为止，设计者仍然只是处理一些比例，及对功能与位置的实用性考虑而已。换句话来说，设计者只是解决了现实实用问题。从现在开始，所探讨的重点转入对设计的造型和感觉上来。设计师拿一份初想图，能够创造出与上述功能安排相同，而主题不同、特点和造型各异的一系列设计方案。对于一小规模的局部办公建筑

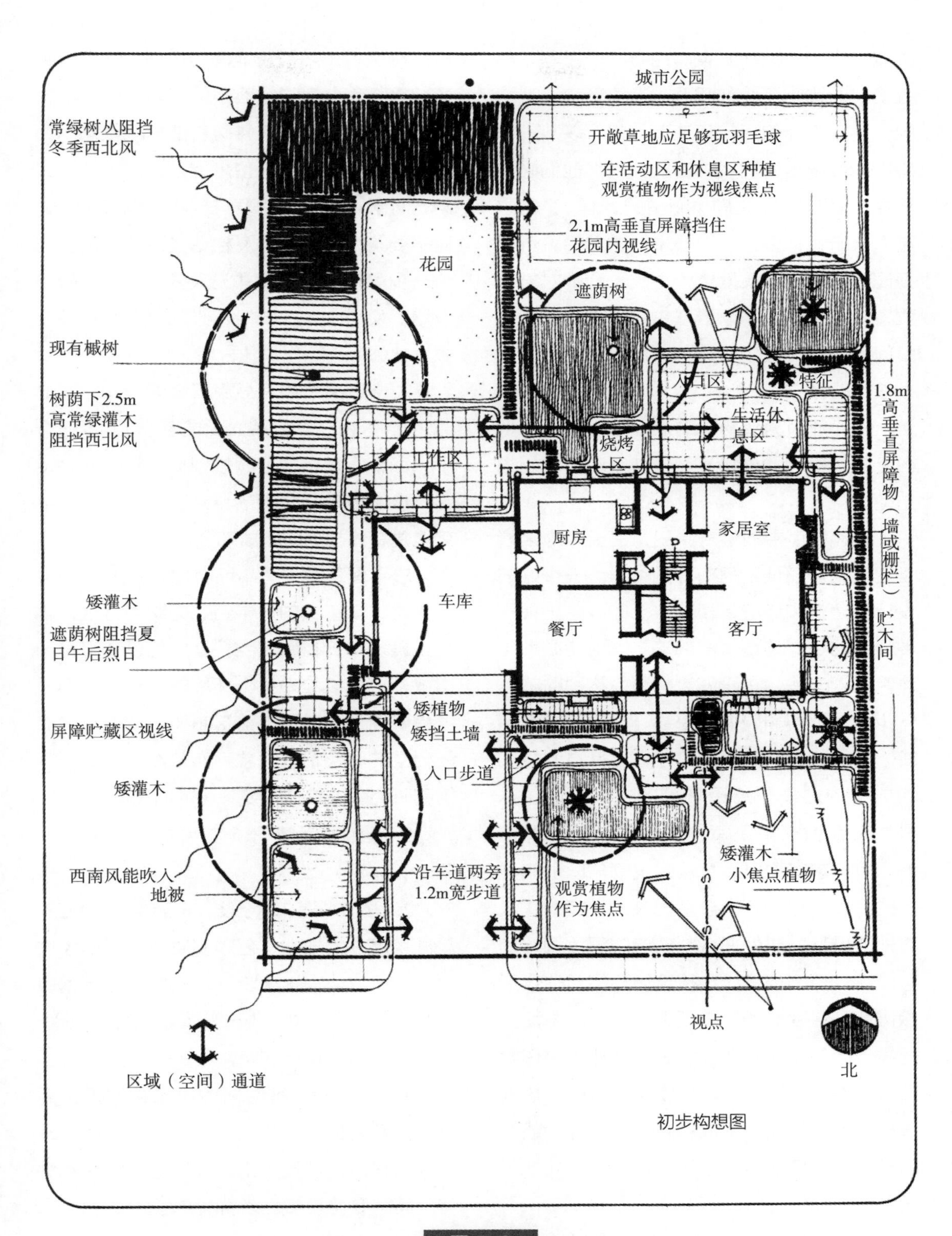
城市公园
常绿树丛阻挡
冬季西北风
开敞草地应足够玩羽毛球
在活动区和休息区种植
观赏植物作为视线焦点
2.1m高垂直屏障挡住
花园内视线
花园
遮荫树
现有槭树
入口区
特征
1.8m
高
垂
直
屏
障
物
（
墙
或
栅
栏
）
树荫下2.5m
高常绿灌木
阻挡西北风
生活休
息区
烧烤
区
工作区
厨房
家居室
车库
矮灌木
餐厅
客厅
贮
木
间
遮荫树阻挡夏
日午后烈日
矮植物
屏障贮藏区视线
矮挡土墙
FOYER
入口步道
矮灌木
矮灌木
小焦点植物
西南风能吹入
沿车道两旁
1.2m宽步道
地被
观赏植物
作为焦点
视点
北
区域（空间）通道
初步构想图

图 7-6

或城市广场，设计方案可能有一个主题，有直线、曲线、弧线、圆形、三角形的造型构图，这些设计的形状和造型，都可以从一初想图中发展出所需要的形式，当然他们必须选择一造型设计主题（造型的式样），使它最适合于设计要求。设计主题的选择，可根据园址的特点、尺度或园主及设计师对园址位置的偏好而定。而造型主题，为整个设计空间的安排奠定了结构和顺序，故造型主题是设计的骨架。

设计师根据头脑中的造型基本主题，把图上的圆圈和抽象符号变成特定的、确切的造型。

设计程序中的这一步里，主要考虑因素是建筑物与园址四周的视觉关系。一个好的设计其建筑和环境是相互协调的，并出现一种强烈的相同造型主题的感觉。要使园址与建筑融为一体，在研究设计造型构图时的第一步，是延伸和强调印象线，有时称“强感线”（Lines of force），例如建筑物的墙、门或窗的边缘与周围环境的关系（记住这些线条在前面第三章已讨论过，图3-38、3-39）。这些扩展线是从建筑物与园址间混乱的线条造型中归纳总结出来的。例如，入口处的造型，要处理得与建筑物很协调，则可以将入口的边缘线与建筑墙和门窗的线形相协调。这种概念，必须直接将建筑平面上的线条向外延伸到环境中去，使建筑与环境都共存着统一的线形。当远离建筑时，这种方法的表现就显得不太重要了。这种外延伸的印象线，只能启发创作思想，不会限制创造力。

看图7-7，造型研究，是处理设计中硬质结构因素（如铺装地面、道路、水池、种植池等）和草坪边缘线条的手段。造型与初想图一样，只处理植物材料的外观型态，而不管植物的细部。造型研究是以简单徒手线条，将所有设计因素及分区按比例画出来，而不要与“强感线”及构造线造成混淆。与前一步骤相同，在此并无太多复杂的符号的应用。最后，在此阶段，必须根据上述多项做一评估，选择出最佳方案。

关于造型阶段，最后再强调一句，它最适用于较小的园址（2hm$^2$或更小），不适合于大面积园址，如公园规划或风景区的开发上。虽然能用在其中的特殊区域或局部，那只能是总体规划的组成部分。

**总平面草图**　总平面草图是将所有的设计素材，以正式的、半正式的制图方式，将其正确地布置在图纸上。全部的设计素材一次或多次地被作为整个环境的有机组成部分考虑研究过。根据先前初想图及造型研究时所建立的间架，再用总平面草图进行综合平衡和研究。总平面图要考虑的问题如下：

1. 全部设计素材所使用的材料（木材、砖、石材等）、造型。

2. 画在图上的树形，应近似成年后的尺寸。尺寸、形态、色彩和质地，都得经过推敲和研究。在这一步，画出植物的具体表现符号，如观赏树、低矮常绿灌木、高落叶灌木等，都应确定下来。

3. 设计的三维空间的质量和效果包括每种元素的位置和高度，例如树冠、凉篷、绿廊、绿篱、墙及土山。换言之，所有素材彼此间高度关系都必须加以考虑。

4. 等高距一般为1～2m。这要看设计

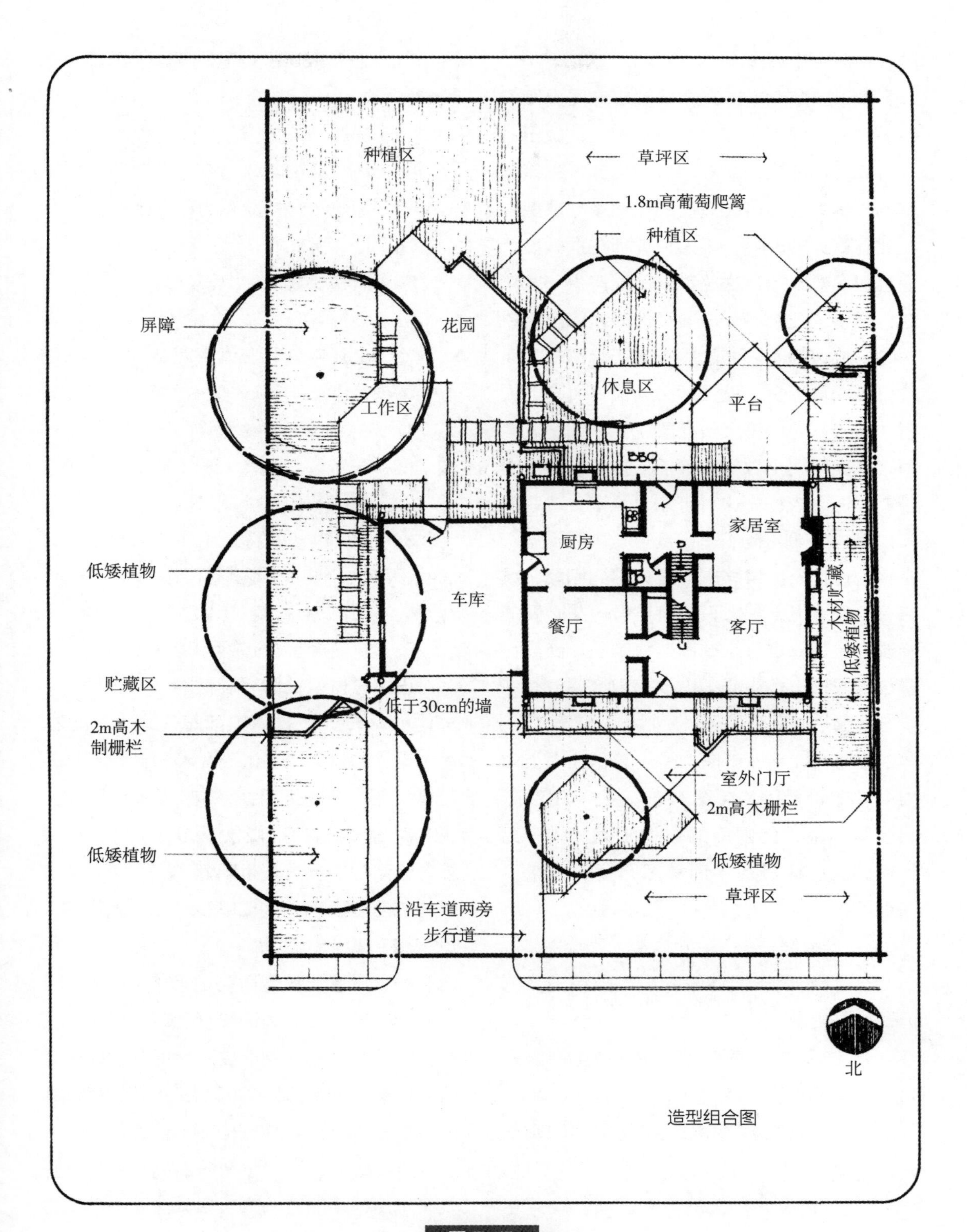
种植区
草坪区
1.8m高葡萄爬篱
种植区
屏障
花园
休息区
平台
工作区
BBQ
厨房
家居室
低矮植物
车库
餐厅
客厅
木材贮藏
低矮植物
贮藏区
低于30cm的墙
2m高木
制栅栏
室外门厅
2m高木栅栏
低矮植物
低矮植物
草坪区
沿车道两旁
步行道
北
造型组合图

图 7-7

的复杂情况和规模。

总平面草图最好是在造型研究图上发展深入完善。将草图纸套在造型图上，做出各式不同类型的草图。直到做出设计者觉得满意的方案为止。可能先前的初想图和造型图在此有很大的改变。因为设计师在推敲设计内容时，对比较特殊的因素可能产生一些新的构思，或受到另外一些设计因素的影响或制约，故得返回去修改原来的初想图。在完成总平面草图后，设计师必须检查所有的内容，是否都完全符合设计要求。在此，设计师有必要向园主做一次简单汇报，作为反馈研究改进之依据。这时可能要给园主一些时间去研讨。因为他们毕竟是第一次看到这一完整的设计。如果园主对设计感到满意，或只有少量意见，那么设计者进行一些必要的修改，便可以进行正式图的绘制了。当然这要看园主提出多少必须修改的内容了，有许多方案都是在向园主汇报后就可以定案了。

总体设计平面草图均是用徒手在图上做出全部的设计因素（图7-8），它利用线条的虚实，粗线使图面的效果明确清楚，易于识图。总体设计平面草图必须表示出下列事项：

1. 产权线。

2. 标出用于设计中的原地形和主要的标高。

3. 园路与街道的衔接，其他重要因素如建筑邻接的基地。

4. 所有建筑物或构筑物的平面轮廓或基础轮廓。

5. 所设计园址上的所有因素，均用它们自己的图例做出。

（1）通车路、步行道、平台、踏跺、草坪等。

（2）道路与停车场。

（3）桥、花架、船坞等。

（4）植物（包括原有的和设计的）。

（5）墙、围篱等。

（6）阶梯、坡道、山石。

（7）设计等高线。

除了上述以外，总体平面草图还必须注意以下项目。

1. 主要活动区域（例如草地、社交开放空间、服务区、自然林区、露天剧场等）。

2. 设计因素的材料和形态。

3. 植物的一般特征（如大小、外形、落叶、常绿、阔叶常绿等）。

4. 主要立面高度变化使用的标高点。

5. 对特殊情况的说明和判断。

**正式总体设计图**　设计的下一步是正式总体设计图。在总体平面草图向园主汇报后，设计师根据园主的意见，重新对设计做了修改后，在原图上再做出修改后的图。正式图与草图的不同之处，除了必须的修改外，绘图的表现方法也明显不同。正式图是以传统的制图学方式加以表现，比起草图来更严谨和规范（如图7-9）。正式图的一些建筑线、产权线和硬质结构因素（如墙、平台、步行道等）的边缘线是利用丁字尺、三角板等绘图工具绘制而成。然而其他因素如植物仍然是徒手绘制。因此，正式总体设计图比草图需花费更多的时间来绘制。

而有些设计师为了节省时间和费用，正式图也用徒手的方法来表现。而有些园主则不在乎图面的漂亮。因此，可根据经费和时

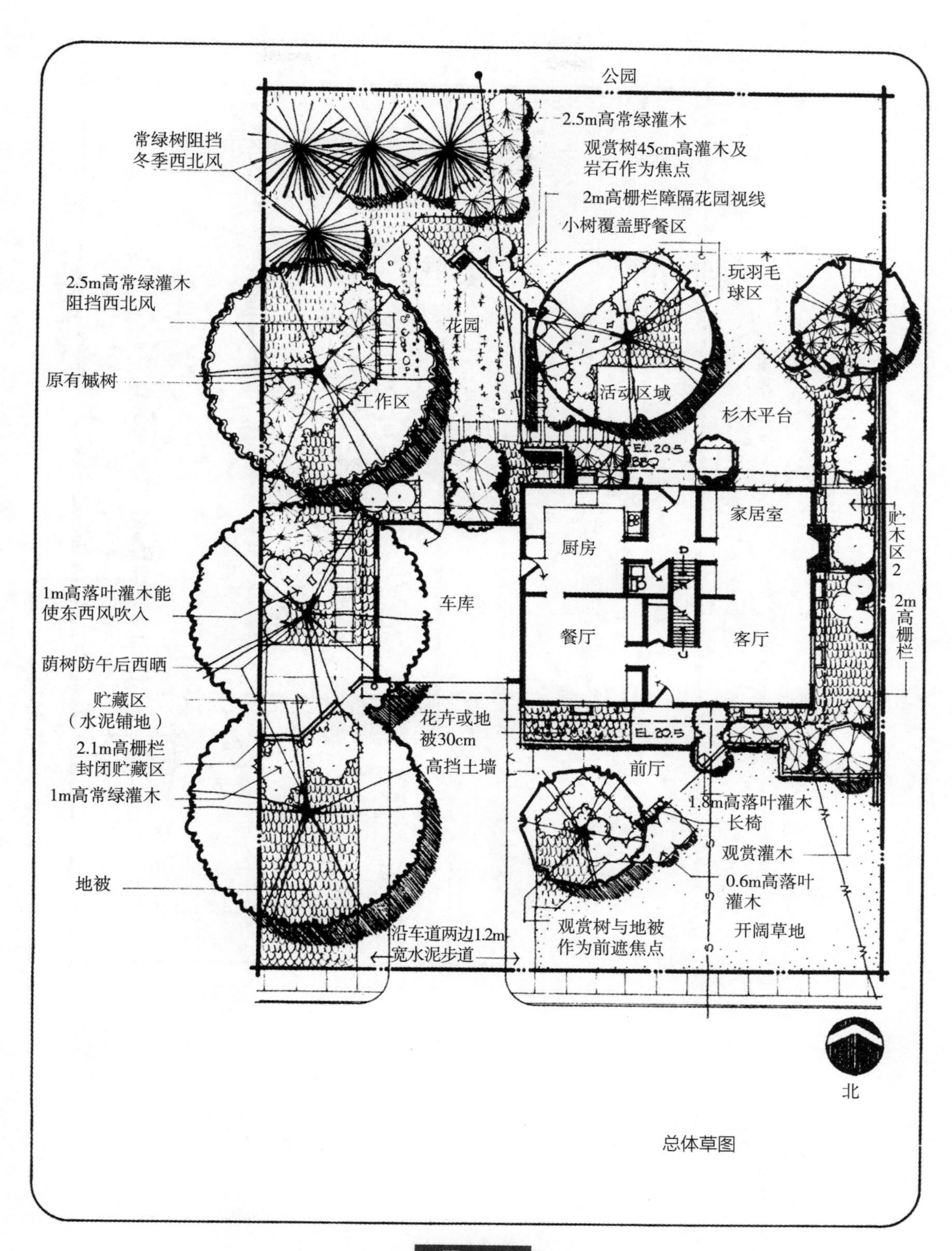
公园
2.5m高常绿灌木
观赏树45cm高灌木及
岩石作为焦点
2m高栅栏障隔花园视线
小树覆盖野餐区
常绿树阻挡
冬季西北风
2.5m高常绿灌木
阻挡西北风
原有槭树
玩羽毛
球区
花园
工作区
活动区域
杉木平台
EL.20.5
BBQ
家居室
贮木区2
厨房
车库
餐厅
客厅
2m
高
栅
栏
1m高落叶灌木能
使东西风吹入
荫树防午后西晒
贮藏区
（水泥铺地）
2.1m高栅栏
封闭贮藏区
1m高常绿灌木
花卉或地
被30cm
高挡土墙
EL.20.5
前厅
1.8m高落叶灌木
长椅
观赏灌木
0.6m高落叶
灌木
地被
观赏树与地被
作为前遮焦点
开阔草地
沿车道两边1.2m
宽水泥步道
北
总体草图

图 7-8

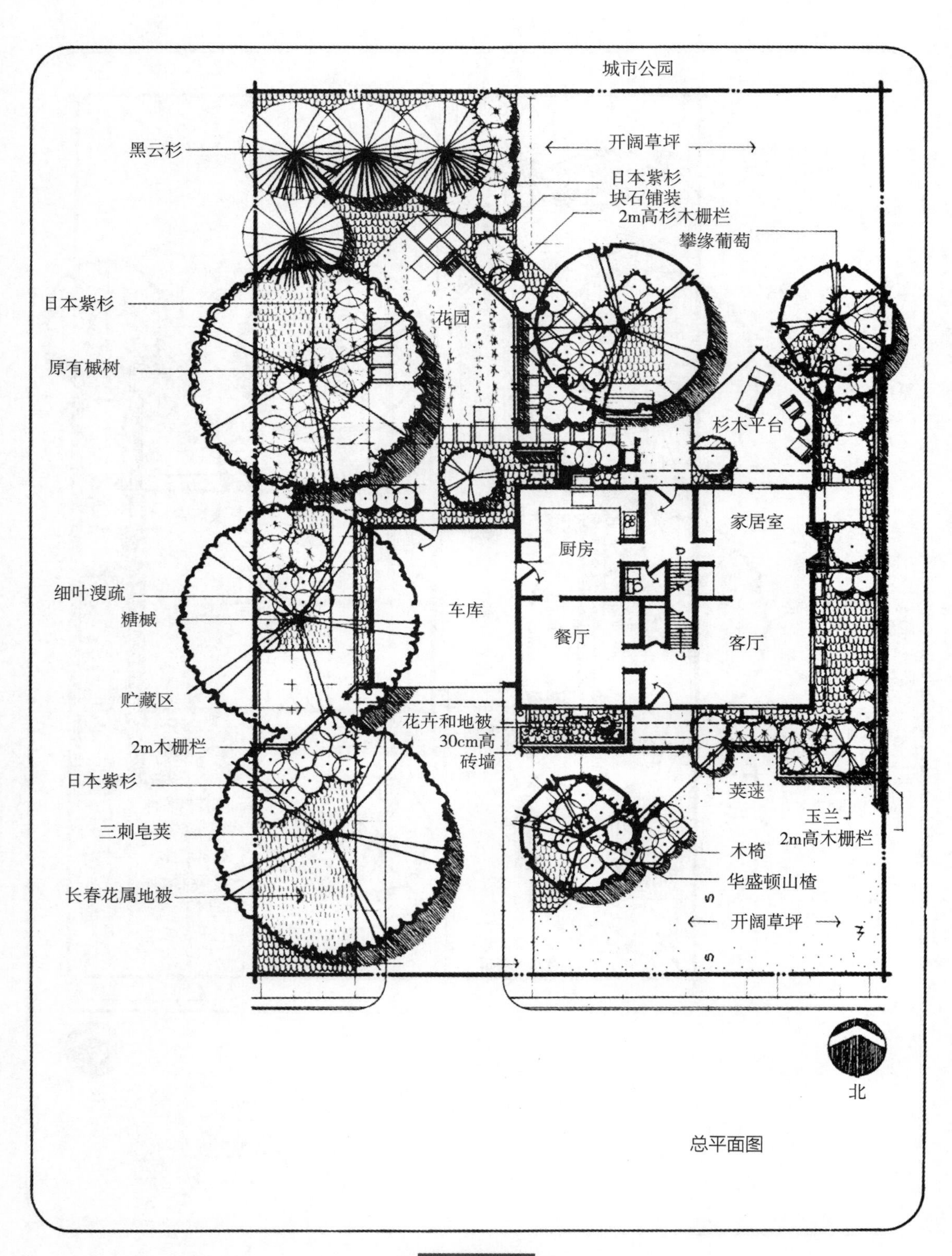
城市公园
开阔草坪
黑云杉
日本紫杉
块石铺装
2m高杉木栅栏
攀缘葡萄
日本紫杉
花园
原有槭树
杉木平台
家居室
厨房
细叶溲疏
车库
糖槭
餐厅
客厅
贮藏区
花卉和地被
30cm高
砖墙
2m木栅栏
日本紫杉
荚蒾
三刺皂荚
玉兰
2m高木栅栏
木椅
华盛顿山楂
长春花属地被
开阔草坪
北
总平面图

图 7-9

间多少、园主的要求，对图面的表现采取不同的方法，以达到最佳的效果。

**局部设计图** 一些设计要求做深入的局部设计。对于一些较小的园址，如住宅或一小型公园，总体图和局部图用一张图就行了。然而一些设计内容包含了对土地使用的多重性，可以用局部放大，加以研究各个细节问题。在整个园址中，总体图与局部图是相互联系的。作为图纸，局部放大图与总体图有同样的内容，还附加下列细节。

1. 建筑底层平面的全部房间，门和窗等。

2. 平面要做的内容有屋顶平面（用轻的虚线表示）、地下排水口、水龙头、电源插座、窗户、墙、空调机等。

3. 单体与群体植物的分类和标名，得根据植物的大小、形态、色彩和质地。如果局部设计是设计程序中最后一个阶段（再没有更深入、更细的设计存在的话），此时植物才能定名。

4. 设计等高线，应用1～0.5m的等高距来表示。一般情况下，应在主要的高点或低点标出高程点，如像围墙或围篱顶部。

局部设计图应画得十分整洁清楚，像正式总体图一样，可以用绘图工具，或徒手做出不同的设计因素的图例。局部设计图是最完整的图纸。

**技术设计图** 设计的最后一步是技术设计图，在设计中，设计师必须对设计因素的外形细节和材料整个联系起来。例如，技术设计对铺装的图案，墙和围篱的造型，入口标志等都得深入考虑，又如花架的节点也得做出，这些常建立在研究特殊区域的设计中（园址的入口、前庭、平台、水池和阳台）。其图中的剖面和立面，比例尺为1：20和1：4。技术设计图给了设计师和园主一清楚详细的设计状况，特别是在那些有争议的地方。技术设计图只是联系了设计的观赏特性和比例尺度，而不考虑详细技术和结构。

## 结构设计图

完成设计程序的设计阶段后，设计者下一步准备结构设计。在这一步所要求的图纸，有总体放线设计图、高程图、植物图和构造大样图，也包括计划说明书。所有这些图与全部设计要素的结构有直接的联系。结构工程师以它们作为设计的指导和依据。在此阶段，设计者必须考虑详细的技术和设备等问题，不要忽略。

## 施工

当全部的结构图完成后，用它们进行招标。虽然，过程各有不同，但承包合同一般授于报价较低的承包者。当工程合同签字后，承包者便对设计进行施工。工程的时间是变化的，可能为1天或数月。设计者应常到现场察看，尽管没承包施工人员的邀请，但风景园林设计师尽可能地去现场察看工程的实施情况，提出需要注意的意见。在一定条件下，在施工阶段，问题和事故常常发生，设计人员必须加以回答和解决。在设计的实施阶段，要求改变设计的某些方面也是常有的，设计师要保证工程的顺利进行，那么这些变更和改动应越快越好。

## 工程的评价与养护管理

在设计工程完工后，设计过程并未完成。设计师必须一次次地观察和分析，如何做才能随时间的推移而更趋于完善。并从设计建成后的使用中，学习更多的东西。设计者应自问：“此设计的造型和功能是我预先所想象的吗?”“此设计哪些是成功的?”“还存在什么缺点和不足?”“对所做的内容，下次我将怎样地与此不同?”。设计者从施工中学习知识是十分重要的，能把从中得到的收益，带到将来的相似设计中去，避免在下次重犯同样的错误。设计到此阶段不难看出，它仍是设计程序的继续。在过去的阶段该学的，该做的已完成，但应有个评价和总结，以便在以后的设计中有所前进和提高。故评价也是设计程序的一部分。

设计程序的最后是养护管理。设计的成功不仅是在图纸上设计得好，施工中保质保量，而且还在于良好的养护管理。一个设计常常遇到两个问题：资金缺少，养护管理很差。大家知道，养护管理者是最长远的、最终的设计者。对于这一点是被公认的。因为错误线形的校正，植物的形体和尺度，有缺陷因素的安排，一般的修剪和全部的收尾工作，都取决于养护管理人员。如果在养护管理阶段，没对设计存在的缺陷有所认识，或没完全理解设计意图，最终设计将不会得到最佳的效果。对于设计者，在设计的初期考虑到养护管理是十分重要的。养护人员则是设计完善的基础。

## 小结

以上各阶段说明，设计程序是一复杂的过程，它将所给的任何条件用于表现设计意图，尽可能地促进或达到最佳的设计效果。这个程序是各步骤或阶段的骨架，有助于设计者提高在解决问题上的创造力和思维。设计者可将程序作为一工具，辅助设计者解决面临的问题。设计程序要求设计者具备广泛的知识和丰富的经验，然而，设计程序也是一延续的过程，能从一个设计课题和经验延续到下一个设计中。

# 建筑景观专业更多经典图书

## 内容简介

本书是一本建筑景观专业的经典著作，由北京大学俞孔坚教授领衔翻译，并作序推荐。

全新第二版修订版本新增多张全彩照片和50余幅黑白插图。

建筑景观的美学目标必须与生态需要、文脉目标和使用者三方面取得平衡并相互融合。

全书分为8章，每章分别介绍了各种城市开放空间的类型及其设计导则，搭配丰富且精炼的案例分析，每一案例分析附带有场地规划图、场地用途的简要陈述以及关于此场地规划方案的成功和不足之处的总结。本书着重介绍不同类型的开放空间并给出设计建议。适合建筑、景观专业的师生及从业者学习参考。

## 内容简介

本书是托马斯教授专为中国青年建筑师和建筑学子编写的建筑入门教材。作者不仅引导读者从宏观的思维方式去观察建筑、理解建筑，而且从初学者的角度提出了建筑设计中需要注意的思维方式和基本概念。本书不仅有助于建筑专业初学者建立系统的概念和框架，可以当做建筑学子的学习“地图”来读；也可以作为青年建筑从业者的“解毒剂”；此外，作者简洁又耐人寻味的文字更会给读者留下很多思考与探索空间。